Alfred Böge / Walter Schlemmer

Aufgabensammlung zur Mechanik und Festigkeitslehre

Hinweise

für die erfolgreiche Benutzung der Aufgabensammlung beim Nacharbeiten und beim Selbststudium

- Schreiben Sie die gegebenen und gesuchten Größen aus der Aufgabenstellung heraus.
- Fertigen Sie wenn irgend möglich eine Skizze an und tragen Sie die gegebenen Größen ein.
- Versuchen Sie im Teil „Statik", die rechnerische Lösung durch die zeichnerische zu bestätigen und umgekehrt.
- Versuchen Sie im Teil „Dynamik", vom v, t-Diagramm auszugehen.
- Wenn Ihnen das Lösen einer Aufgabe Schwierigkeiten bereitet, lesen Sie möglichst sofort im Lehrbuch nach.
- Haben Sie nach etwa einer Viertelstunde noch keinen Lösungsansatz gefunden, dann unterbrechen Sie besser Ihre Arbeit und versuchen es später noch einmal.

  Sollten Sie auch dann noch nicht weiter kommen, nehmen Sie sich am besten eine der folgenden oder davorstehenden Aufgaben vor.
- Kommen Sie mit einer Aufgabe gar nicht zurecht, und Sie haben keine Möglichkeit nachzufragen, dann sehen Sie sich an, wie im Lösungsbuch begonnen worden ist.

Alfred Böge
Walter Schlemmer

Aufgabensammlung zur Mechanik und Festigkeitslehre

Unter Mitabeit von Wolfgang Weißbach

11., überarbeitete Auflage

mit 516 Bildern und 907 Aufgaben

V

Friedr. Vieweg & Sohn Braunschweig/Wiesbaden

Approbiert für den Unterrichtsgebrauch an Höheren technischen und gewerblichen Lehranstalten in der Republik Österreich unter Aktenzeichen Zl. 25.066/1-14a/76.

Abgestimmt auf die **Lösungen** ab der **6. Auflage**

1. Auflage 1960
1. Nachdruck 1962
2. Nachdruck 1963
3. Nachdruck 1964
2., verbesserte Auflage 1965
3., durchgesehene Auflage 1966
4., durchgesehene Auflage 1969
1. Nachdruck 1970
2. Nachdruck 1971
5., vollständig neu bearbeitete und erweiterte Auflage 1974
6., durchgesehene Auflage 1975
Nachdruck 1977
7., überarbeitete Auflage 1979
Nachdruck 1980
8., überarbeitete Auflage 1981
9., durchgesehene Auflage 1981
Nachdruck 1982
10., durchgesehene Auflage 1983
11., überarbeitete Auflage 1984
1. Nachdruck 1985
2. Nachdruck 1985

Umschlaggestaltung: Hanswerner Klein, Leverkusen
Satz: Friedr. Vieweg & Sohn, Braunschweig
Druck und buchbinderische Verarbeitung: Lengericher Handelsdruckerei, Lengerich
Printed in Germany

ISBN 3-528-74011-6

Vorwort

Diese Aufgabensammlung ist für Fachschulen – Technik – (Technikerschulen) und für die Eingangsvorlesungen an Fachhochschulen bestimmt. Sie ist Teil des aus *Lehrbuch, Höhere Mathematik* zum Lehrbuch, *Aufgabensammlung, Formelsammlung* und *Lösungsbuch* bestehenden **Lehr- und Lernsystems Mechanik und Festigkeitslehre.**

Die Ergebnisse für die Aufgaben sind am Schluß des Buches angegeben. Da der Lösungsgang selbst ein wichtiger Teil des Lernvorganges ist, vor allem beim Selbststudium, liegt auch ein Lösungsbuch vor.

Die Zusammenstellung der wichtigsten Formelzeichen steht am Anfang des Buches, ebenso das griechische Alphabet. In allen fünf Büchern stimmen die Zeichen für die Größen mit den Empfehlungen der neuesten Fassung des Normblattes DIN 1304 überein. Für die zeichnerischen Darstellungen wurde die z.Zt. gültige Ausgabe des Normblattes DIN 406 zugrunde gelegt.

Wir haben die Hoffnung, mit unserer Arbeit den Lehrern an den Fachschulen – Technik – und an anderen Schulformen Anregungen und Stoff zur Weiterentwicklung der Fachdidaktik auch für angrenzende Fächer vorzulegen.

Alfred Böge
Walter Schlemmer
Wolfgang Weißbach

Braunschweig, im April 1984

Inhaltsverzeichnis

4 Dynamik

5 Festigkeitslehre

Das griechische Alphabet

Alpha	A	α	Ny	N	ν
Beta	B	β	Xi	Ξ	ξ
Gamma	Γ	γ	Omikron	O	o
Delta	Δ	δ	Pi	Π	π
Epsilon	E	ϵ	Rho	P	ρ
Zeta	Z	ζ	Sigma	Σ	σ
Eta	H	η	Tau	T	τ
Theta	Θ	ϑ	Ypsilon	Υ	υ
Jota	I	ι	Phi	Φ	φ
Kappa	K	κ	Chi	X	χ
Lambda	Λ	λ	Psi	Ψ	ψ
My	M	μ	Omega	Ω	ω

Die wichtigsten Formelzeichen

Statik in der Ebene, Schwerpunktslehre, Reibung

A	m^2; mm^2	Fläche, Flächeninhalt
d, D	m; mm	Durchmesser
e	mm	Schwerpunktsabstände e_1, e_2
e		Eulersche Zahl
F	N	Kraft
F_A, F_B, F_C ...	N	Stützkraft
F_N	N	Normalkraft, senkrecht auf einer Fläche stehend
F_R	N	Reibkraft
F_r, F_{res}	N	resultierende Kraft; Resultierende
F_x	N	Kraftkomponente in x-Richtung
F_y	N	Kraftkomponente in y-Richtung
F_u	N	Umfangskraft, tangential angreifend
f	mm	Hebelarm der Rollreibung
F'	N/m	Längenbezogene Belastung, Streckenlast, gleichmäßig verteilte Last
G	N	Gewichtskraft
h	m; mm	Höhe
k		Anzahl der Knoten eines Fachwerks
l	m; mm	Länge
M	Nm	Drehmoment
M_A	Nm	Anzugsmoment
M_k	Nm	Kippmoment
M_R	Nm	Reibmoment
M_s	Nm	Standmoment
n	min^{-1}	Drehzahl
P	W = Nm/s; kW	Leistung
p	N/mm^2	Flächenpressung, Pressung
S	N	Stabkraft (S_1, S_2 usw.)
S		Standsicherheit
V	m^3; mm^3	Volumen
x, y	mm	Schwerpunktsabstände der Teilflächen und Teillinien
x_0, y_0	mm	Schwerpunktsabstände des Gesamtgebildes
η		Wirkungsgrad
μ		Gleitreibzahl, Zapfenreibzahl
μ_0		Haftreibzahl

μ'		Keilreibzahl, Gewindereibzahl
ρ, ρ_0		Reibwinkel = Öffnungswinkel des halben Reibkegels
ρ'		Reibwinkel im Gewinde

Dynamik

a	m/s²	Beschleunigung
c	N/m; N/mm	Federrate
c	m/s	Geschwindigkeit nach dem Stoß
d	mm	Teilkreisdurchmesser am Zahnrad
F	N	Kraft
F_R	N	Reibkraft
F_u	N	Umfangskraft, tangential angreifend
F_z	N	Fliehkraft (Zentrifugalkraft)
G	N	Gewichtskraft
g	m/s^2	Fallbeschleunigung
h	m	Steighöhe, Fallhöhe, Hubhöhe
i	m; mm	Trägheitsradius
i		Übersetzung
J	kgm^2	Trägheitsmoment
k		Stoßzahl
l	m; mm	Länge
M	Nm	Drehmoment
m	kg	Masse
m	mm	Modul
n	min^{-1}	Drehzahl
P	W = Nm/s; kW	Leistung
r	m; mm	Radius, Abstand von der Drehachse
s	m	Weg
t	s; min; h	Zeit
v	m/s; km/h	Geschwindigkeit
W	J = Nm	Arbeit, Energie, Arbeitsvermögen
W_{kin}	J = Nm	kinetische Energie, Bewegungsenergie
W_{pot}	J = Nm	potentielle Energie, Höhenenergie
W_{rot}	J = Nm	Rotationsenergie, Drehenergie
α	$rad/s^2 = 1/s^2$	Winkelbeschleunigung
η		Wirkungsgrad
ρ	kg/m^3	Dichte
φ	rad	Drehwinkel
ω	rad/s = 1/s	Winkelgeschwindigkeit

Festigkeitslehre

A	mm^2	Fläche, Querschnitt
A_0	mm^2	Ursprungsfläche (vor der Belastung)
b	mm	Stabbreite
d	mm	Stabdurchmesser, Wellen- oder Achsendurchmesser
d_0	mm	ursprünglicher Stabdurchmesser (vor der Belastung)
E	N/mm^2	Elastizitätsmodul
e_1, e_2	mm	Abstände der Randfasern von der neutralen Faser
F	N	Kraft, Belastung
F_K	N	Knickkraft
F_N	N	Normalkraft
F_q	N	Querkraft
F'	N/m	Längenbezogene Belastung
G	N; kN	Gewichtskraft
G	N/mm^2	Schubmodul
I	mm^4	axiales Flächenmoment 2. Grades, auch I_x, I_y (bezogen auf die x- bzw. y-Achse)
I_p	mm^4	polares Flächenmoment 2. Grades
i	mm	Trägheitsradius
l	mm	Stablänge
l_0	mm	Ursprungslänge (vor der Belastung)
M	Nm; Nmm	Drehmoment
M_b	Nm; Nmm	Biegemoment
M_v	Nm; Nmm	Vergleichsmoment
n	min^{-1}	Drehzahl
P	W = Nm/s; kW	Leistung
p	N/mm^2	Flächenpressung, Pressung
T	Nm; Nmm	Torsionsmoment
ν		Sicherheit gegen Knicken; Knicksicherheit
V	m^3; mm^3	Volumen
W	mm^3	axiales Widerstandsmoment, auch W_x, W_y (bezogen auf die x- bzw. y-Achse)
W_p	mm^3	polares Widerstandsmoment
β_k		Kerbwirkungszahl
γ		Schiebung, Gleitung
δ	%	Bruchdehnung
ϵ		Dehnung
λ		Schlankheitsgrad
λ_0		Grenzschlankheitsgrad
σ	N/mm^2	Normalspannung
R_m (σ_B)	N/mm^2	Zugfestigkeit
σ_b	N/mm^2	Biegespannung

σ_D	N/mm^2	Dauerfestigkeit des Werkstoffs
σ_d	N/mm^2	Druckspannung
σ_K	N/mm^2	Knickspannung
σ_l	N/mm^2	Lochleibungsdruck (Flächenpressung bei Nieten)
σ_n	N/mm^2	rechnerische Nennspannung
σ_P	N/mm^2	Proportionalitätsgrenze
R_e (σ_S)	N/mm^2	Streckgrenze
$R_{p\,0,2}$ ($\sigma_{0,2}$)	N/mm^2	0,2-Dehngrenze
σ_{Sch}	N/mm^2	Schwellfestigkeit des Werkstoffs
σ_W	N/mm^2	Wechselfestigkeit des Werkstoffs
σ_z	N/mm^2	Zugspannung
σ_{zul}	N/mm^2	zulässige Normalspannung ($\sigma_{z\,zul}$, $\sigma_{d\,zul}$, $\sigma_{b\,zul}$)
τ	N/mm^2	Schubspannung
τ_a	N/mm^2	Abscherspannung
τ_t	N/mm^2	Torsionsspannung
τ_{zul}	N/mm^2	zulässige Schubspannung
φ		Verdrehwinkel
ω		Knickzahl

Hydraulik

A	m^2; mm^2	Kolbenfläche, Rohrquerschnitt
d	m; mm	Kolbendurchmesser, Rohrdurchmesser
e	m	Abstand des Druckmittelpunkts vom Flächenschwerpunkt
F	N	Kraft
F_a	N	Auftrieb
F_b	N	Bodenkraft
F_s	N	Seitenkraft
g	m/s^2	Fallbeschleunigung
I	m^4	axiales Flächenmoment 2. Grades
l	m	Rohrlänge
m	kg	Masse
$\dot{m}$	kg/s	Massenstrom
p	$Pa = N/m^2$; bar	hydrostatischer Druck, statischer Druck
V	m^3	Volumen
$\dot{V}$	m^3/s	Volumenstrom
w	m/s	Strömungsgeschwindigkeit, Ausflußgeschwindigkeit
η		Wirkungsgrad
ρ	kg/m^3	Dichte
μ		Reibzahl zwischen Kolben und Dichtung
μ		Ausflußzahl
φ		Geschwindigkeitszahl

1 Statik in der Ebene

Das Drehmoment

1 An der Handkurbel eines Wellrades mit l = 360 mm Kurbellänge und d = 120 mm Wellendurchmesser wirkt eine Handkraft F = 200 N.

a) Wie groß ist das erzeugte Drehmoment?

b) Wie groß ist die Kraft F_1, die dadurch im Seil hervorgerufen wird?

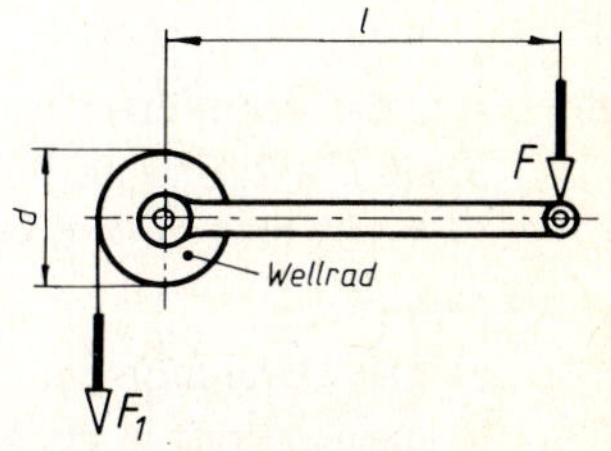

2 Eine Spillanlage mit d = 200 mm Trommeldurchmesser entwickelt im Seil eine Zugkraft F = 7 kN. Welches Drehmoment M ist an der Trommelwelle erforderlich?

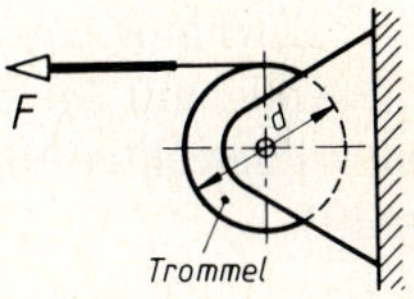

3 Eine Schraube soll mit einem Drehmoment von 62 Nm angezogen werden. Welche Handkraft muß am Schraubenschlüssel in l = 280 mm Abstand von der Schraubenmitte mindestens aufgebracht werden?

4 Ein Kräftepaar mit den Kräften F = 120 N erzeugt ein Drehmoment M = 396 Nm. Welchen Wirkabstand l hat das Kräftepaar?

5 An der Bremsscheibe mit dem Durchmesser d = 500 mm wirkt das Drehmoment M = 860 Nm. Welche tangential am Scheibenumfang wirkende Bremskraft F ist zur Erzeugung eines gleichgroßen Bremsmomentes erforderlich?

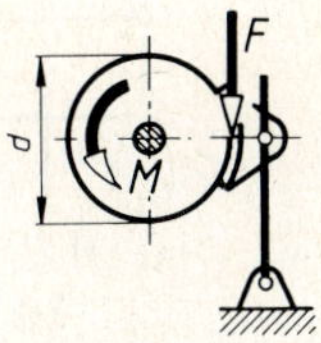

6 In der Pleuelstange eines Verbrennungsmotors wirkt in der gezeichneten Stellung mit $\alpha = 7°$, l_1 = 248 mm und d = 72 mm eine Druckkraft von 11 kN.

Gesucht:

a) ihr Wirkabstand von der Kurbelwellenmitte,

b) das auf die Kurbelwelle wirkende Drehmoment.

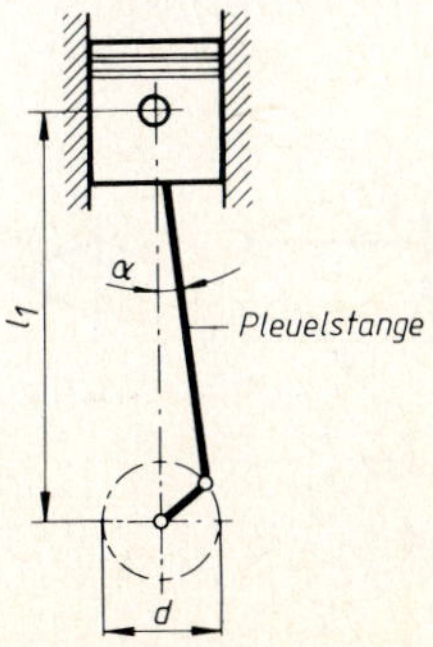

7 An der Exzenterwelle einer Presse wirkt das Drehmoment $M = 280$ Nm. Die Abmessungen sind $\alpha = 30°$, $l_1 = 320$ mm, $l_2 = 55$ mm.

a) Welchen Wirkabstand von der Exzenterwellenmitte hat die Druckkraft, die in der gezeichneten Stellung in der Kolbenstange erzeugt wird?

b) Wie groß ist der Betrag dieser Druckkraft?

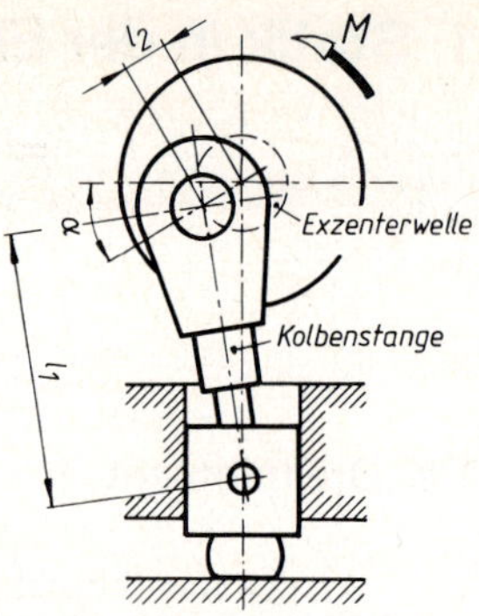

8 Auf das Pedal einer waagerecht stehenden Fahrrad-Tretkurbel wirkt die senkrechte Kraft $F = 220$ N im Wirkabstand $l_1 = 210$ mm. Die Kettenraddurchmesser betragen $d_1 = 182$ mm, $d_2 = 65$ mm und der Radius des Hinterrades $l_2 = 345$ mm.

Gesucht:

a) das Drehmoment an der Tretkurbelwelle,

b) die Zugkraft in der Kette,

c) das Drehmoment am hinteren Kettenrad,

d) die Kraft, mit der sich das Hinterrad am Boden in waagerechter Richtung abstützt (Vortriebskraft).

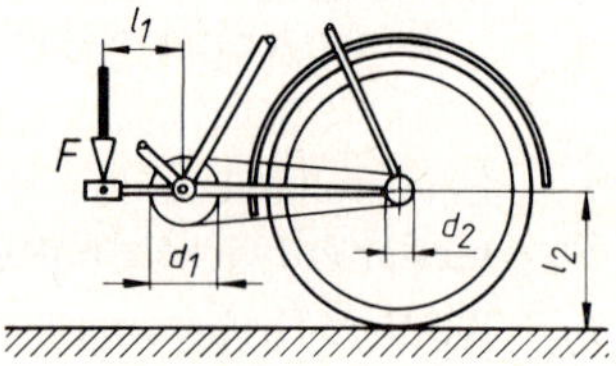

Das Freimachen der Bauteile

9 bis **28** Die in den folgenden 20 Bildern dargestellten Körper sollen freigemacht werden. Die Gewichtskräfte greifen jeweils im bezeichneten Schwerpunkt S der Körper an.

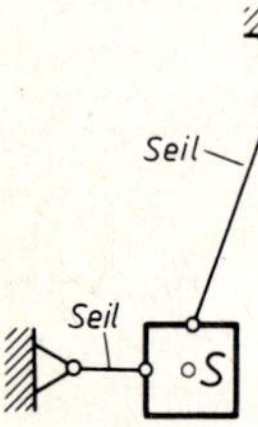

9

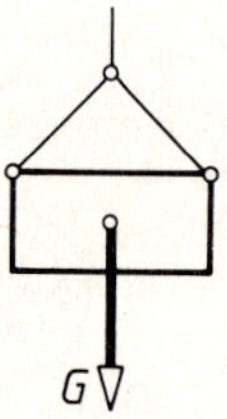

10

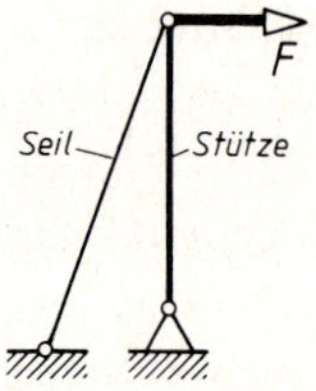

11

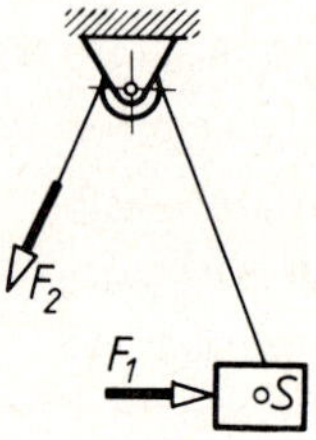

12

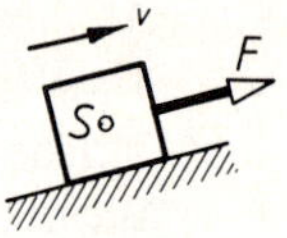

13

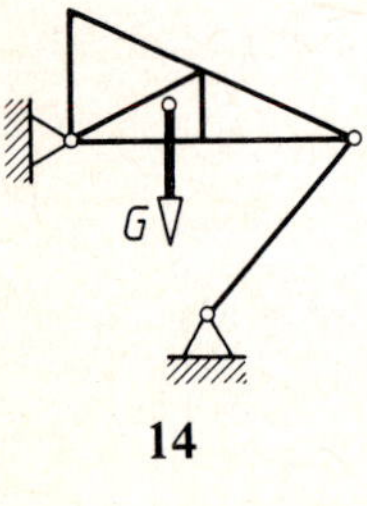

14

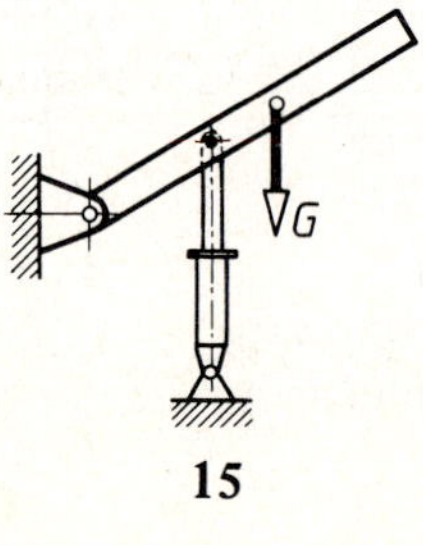

15

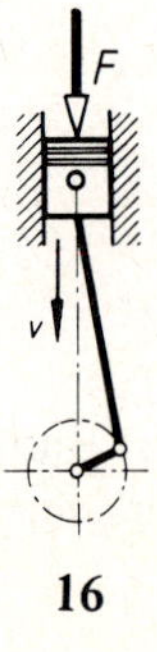

16

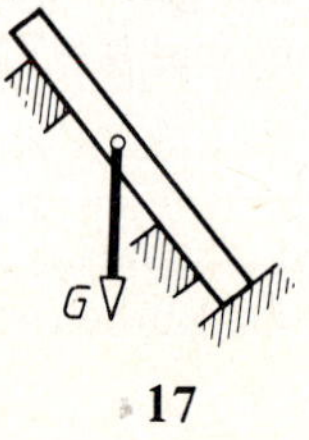

17

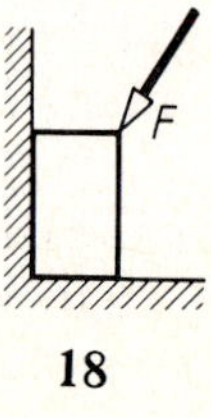

18

S 2

1) 9) 12) 14) 15) 17) 18)

21) 24) 26) 28)

S 9

61) 62) 65)

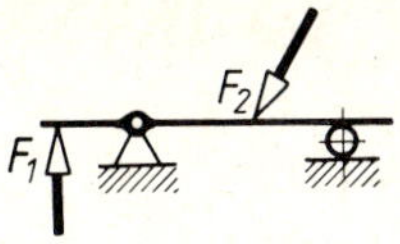

19

20

21

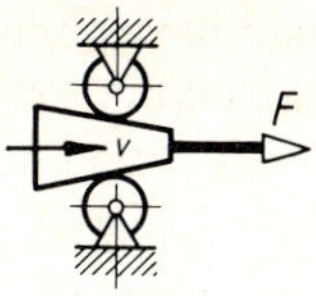

22

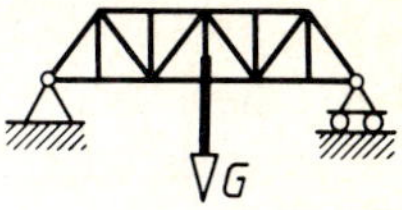

23

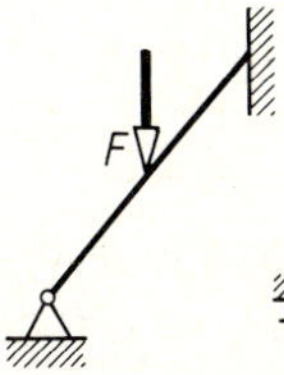

24

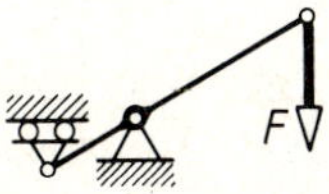

25

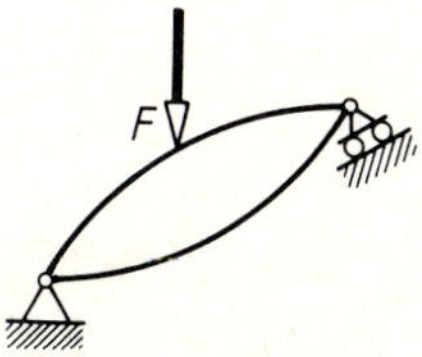

26

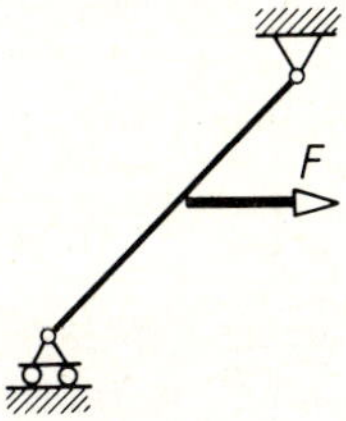

27

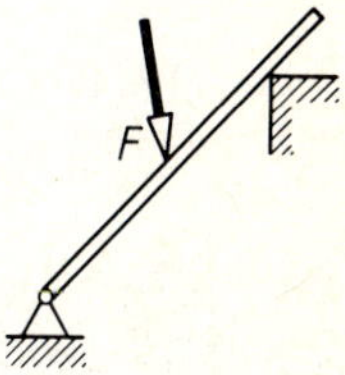

28

Zeichnerische und rechnerische Ermittlung der Resultierenden im zentralen Kräftesystem

Zeichnerische und rechnerische Zerlegung von Kräften im zentralen Kräftesystem (1. und 2. Grundaufgabe)

29 Zwei Kräfte $F_1 = 120$ N und $F_2 = 90$ N wirken am gleichen Angriffspunkt im rechten Winkel zueinander.

Wie groß ist

a) der Betrag ihrer Resultierenden,

b) der Winkel, den ihre Wirklinie mit der Kraft F_1 einschließt?

30 Unter einem Winkel von $135°$ wirken zwei Kräfte $F_1 = 70$ N und $F_2 = 105$ N am gleichen Angriffspunkt.

Gesucht:

a) der Betrag der Resultierenden,

b) der Winkel zwischen den Wirklinien der Resultierenden und der Kraft F_2.

31 Zwei Kräfte wirken unter einem Winkel von $76°30'$ zueinander. Ihre Beträge sind $F_1 = 15$ N und $F_2 = 25$ N.

Gesucht:

a) der Betrag der Resultierenden,

b) der Winkel zwischen den Wirklinien der Resultierenden und der Kraft F_1.

32 Das Zugseil einer Fördereinrichtung läuft unter $\beta = 40^\circ$ zur Senkrechten von der Seilscheibe ab. Senkrechtes Seiltrum und Förderkorb ergeben zusammen eine Gewichtskraft $F = 50$ kN.

a) Welchen Betrag hat die Resultierende aus den beiden Seilzugkräften, die als Lagerbelastung in den Seilscheibenlagern A auftritt?

b) Unter welchem Winkel zur Senkrechten wirkt sie?

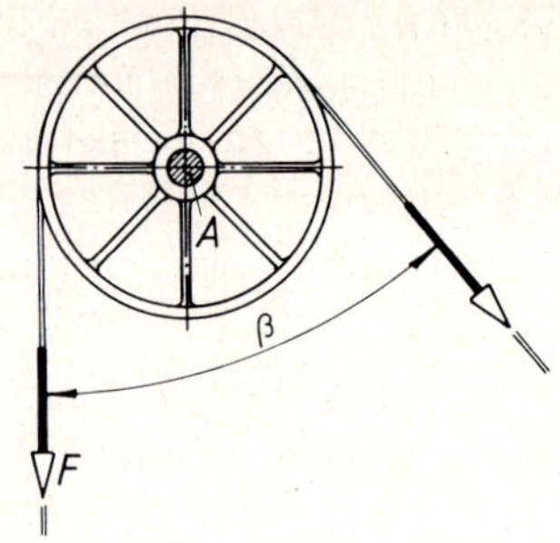

33 Zwei Spanndrähte ziehen mit den Kräften $F_1 = 500$ N und $F_2 = 300$ N an einem Pfosten A unter einem Winkel $\gamma = 80^\circ$ zueinander.

Gesucht:

a) der Betrag der Spannkraft F_s, die den Kräften F_1 und F_2 das Gleichgewicht hält,

b) der Winkel β.

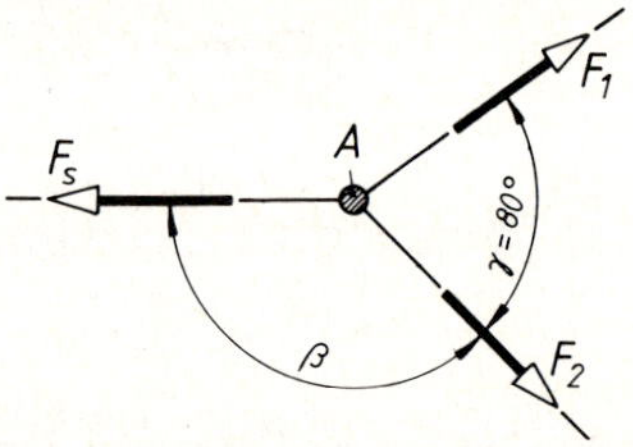

Lösungshinweis: Die Spannkraft F_s ist die Gegenkraft der Resultierenden aus F_1 und F_2, d.h. sie hat gleichen Betrag und gleiche Wirklinie, ist aber entgegengesetzt gerichtet.

34 Vier Männer ziehen einen Wagen an Seilen, die nach Skizze in die Zugöse der Deichsel eingehängt sind. Die Zugkräfte betragen $F_1 = 400$ N, $F_2 = 350$ N, $F_3 = 300$ N und $F_4 = 500$ N.

Gesucht:

a) der Betrag der Resultierenden F_r,

b) der Winkel α_r, unter dem sie zur Wagenlängsachse wirkt,

c) ihr Richtungssinn.

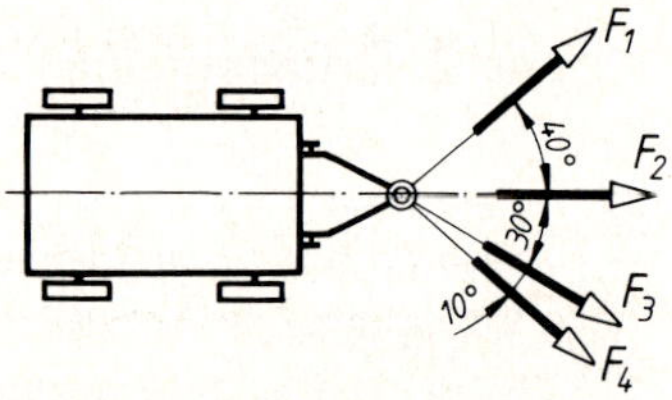

35 Ein Kettenkarussell ist mit vier Personen unsymmetrisch nach Skizze besetzt. Die im Betrieb auftretenden Fliehkräfte $F_1 = 1{,}2$ kN, $F_2 = 1{,}5$ kN, $F_3 = 1{,}0$ kN und $F_4 = 0{,}8$ kN wirken dabei als Biegekräfte auf den Zentralmast.

a) Wie groß ist der Betrag der resultierenden Biegekraft?

b) Unter welchem Winkel zur Kraft F_2 wirkt sie?

c) Welchen Richtungssinn hat sie?

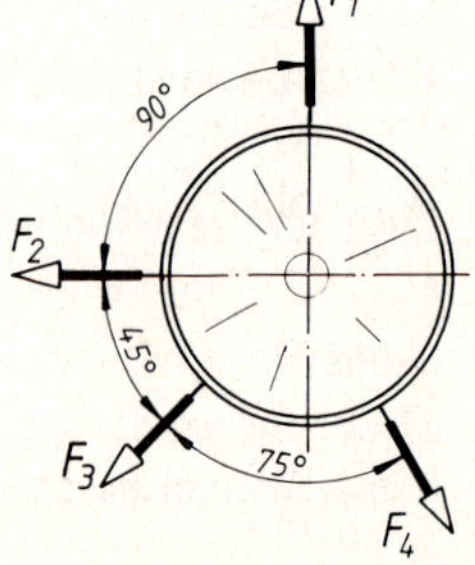

36 Ein Telefonmast wird durch die waagerechten Spannkräfte von vier Drähten belastet. Die Spannkräfte sind $F_1 = 400$ N, $F_2 = 500$ N, $F_3 = 350$ N und $F_4 = 450$ N.

Gesucht:

a) der Betrag der Resultierenden,
b) der Winkel, den ihre Wirklinie mit der Kraft F_3 einschließt,
c) ihr Richtungssinn.

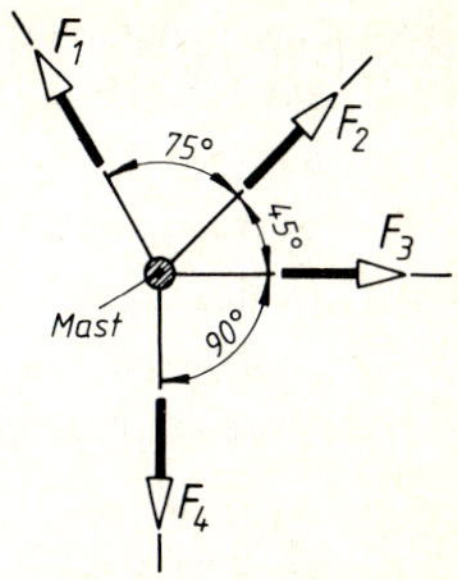

37 Ein zentrales Kräftesystem besteht aus den Kräften $F_1 = 22$ N, $F_2 = 15$ N, $F_3 = 30$ N und $F_4 = 25$ N. Die Winkel zwischen den vier Kräften und einer positiven x-Achse als Bezugslinie sind $\alpha_1 = 15°$, $\alpha_2 = 60°$, $\alpha_3 = 145°$, $\alpha_4 = 210°$.

Gesucht:

a) der Betrag der Resultierenden F_r,
b) der Winkel α_r, den sie mit der x-Achse einschließt,
c) ihr Richtungssinn.

38 In einem zentralen Kräftesystem wirken die Kräfte $F_1 = 120$ N, $F_2 = 200$ N, $F_3 = 220$ N, $F_4 = 90$ N und $F_5 = 150$ N. Die Angriffswinkel zur positiven x-Achse sind $\alpha_1 = 80°$, $\alpha_2 = 123°$, $\alpha_3 = 165°$, $\alpha_4 = 290°$, $\alpha_5 = 317°$.

Gesucht:

a) der Betrag der Resultierenden F_r,
b) der Winkel α_r zur positiven x-Achse,
c) ihr Richtungssinn.

39 Die Kräfte $F_1 = 75$ N, $F_2 = 125$ N, $F_3 = 95$ N, $F_4 = 150$ N, $F_5 = 170$ N und $F_6 = 115$ N wirken an einem gemeinsamen Angriffspunkt unter den Winkeln $\alpha_1 = 27°$, $\alpha_2 = 72°$, $\alpha_3 = 127°$, $\alpha_4 = 214°$, $\alpha_5 = 270°$, $\alpha_6 = 331°$.

Gesucht:

a) der Betrag der Resultierenden F_r,
b) der Winkel α_r zwischen der Resultierenden und der positiven x-Achse,
c) der Richtungssinn der Resultierenden.

40 Eine Kraft $F = 25$ N soll in zwei senkrecht aufeinander stehende Komponenten F_1 und F_2 zerlegt werden. Die Wirklinien von F und F_1 sollen den Winkel $\alpha = 35°$ einschließen.

Ermitteln Sie die Beträge von F_1 und F_2!

41 Zerlegen Sie eine Kraft $F = 3600$ N in zwei Komponenten F_1 und F_2, deren Wirklinien unter den Winkeln $\alpha_1 = 90°$ und $\alpha_2 = 45°$ zur Wirklinie von F liegen!

Wie groß sind die Beträge der Kräfte F_1 und F_2?

42 Eine Stützmauer erhält aus ihrer Gewichtskraft und dem auf einer Seite gelagerten Schüttgut eine Gesamtbelastung $F_r = 68$ kN, die unter $\alpha = 52°$ zur Senkrechten wirkt.

a) Wie groß ist die senkrecht auf die Mauersohle wirkende Kraft F_{ry}?

b) Wie groß ist die waagerecht wirkende Kraft F_{rx}, welche die Mauer umzukippen versucht?

43 Ein Lager nimmt nach Skizze eine Gesamtbelastung $F_A = 26$ kN auf.

Welche Radialkraft F_{Ax} und welche Axialkraft F_{Ay} wirkt auf das Lager?

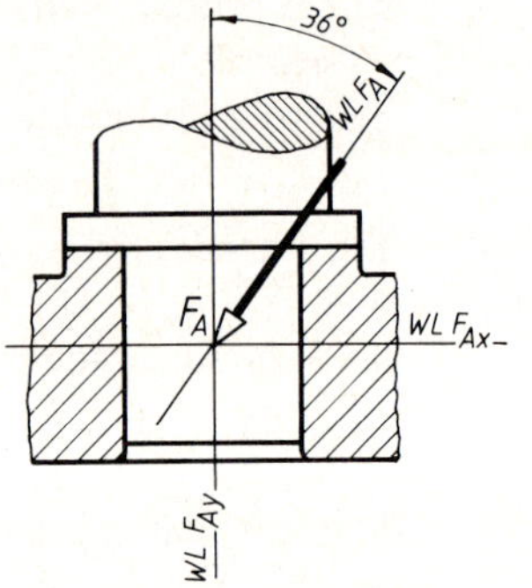

44 Der Sparren (Strebe) eines hölzernen Dachstuhles ist durch einen einfachen Versatz mit dem Streckbalken (Schwelle) verbunden. Die Strebkraft $F = 5{,}5$ kN wirkt unter dem Winkel $\alpha = 40°$ auf den Streckbalken. Dort zerlegt sich F in die Komponenten F_1 und F_2, die senkrecht auf ihren Stützflächen stehen.

Ermitteln Sie die Komponenten F_1 und F_2!

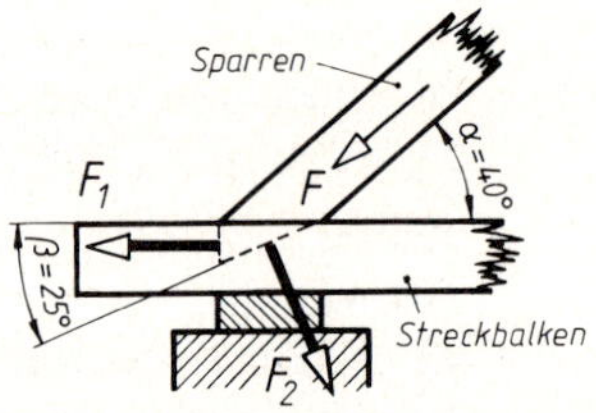

45 Zwei Kräfte F_1 und F_2 wirken unter dem Winkel $\alpha = 145°$ zueinander. Ihre Resultierende ist $F_r = 75$ N. Sie schließt mit der Kraft F_2 den Winkel $\beta = 60°$ ein.

Wie groß sind die Beträge von F_1 und F_2?

46 Zwei gleich große Kräfte F schließen einen Winkel $\alpha = 70°$ ein. Ihre Resultierende ist $F_r = 73$ kN.

Ermitteln Sie die Beträge der beiden Kräfte F!

47 Die zum Ziehen eines Waggons erforderliche Zugkraft $F = 1{,}1$ kN wird durch zwei Seile nach Skizze aufgebracht.

Wie groß sind die erforderlichen Seilkräfte F_1 und F_2?

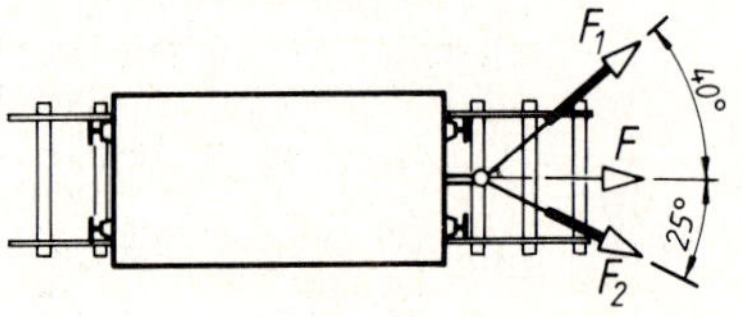

48 Der Lasthaken eines Kranes erhält durch die beiden Seilkräfte F_1 und F_2 eine senkrechte Gesamtbelastung $F = 30$ kN.

Welche Kräfte wirken in den beiden Seilen?

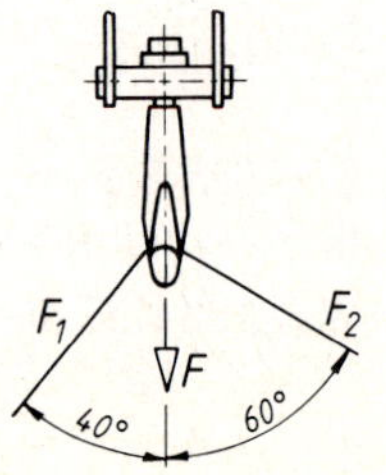

Zeichnerische und rechnerische Ermittlung unbekannter Kräfte im zentralen Kräftesystem (3. und 4. Grundaufgabe)

49 Einer senkrecht wirkenden Kraft $F = 17$ kN soll durch zwei Kräfte F_1 und F_2 das Gleichgewicht gehalten werden, die unter den Winkeln $\beta_1 = 30°$ und $\beta_2 = 60°$ zur Waagerechten wirken.

Ermitteln Sie die Beträge der beiden Gleichgewichtskräfte!

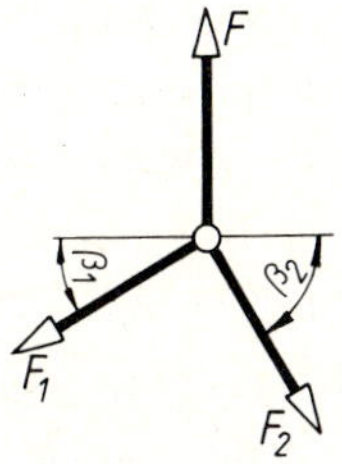

50 Drei nach Skizze an Seilen hängende Körper sind im Gleichgewicht, wenn $\alpha_3 = 80°$ und $\alpha_2 = 155°$ ist. Die Gewichtskraft des Körpers 1 beträgt 30 N.

a) Entwickeln Sie aus dem Ansatz der Gleichgewichtsbedingungen die Gleichungen zur Berechnung der Gewichtskräfte der Körper 2 und 3!

b) Wie groß sind diese Gewichtskräfte?

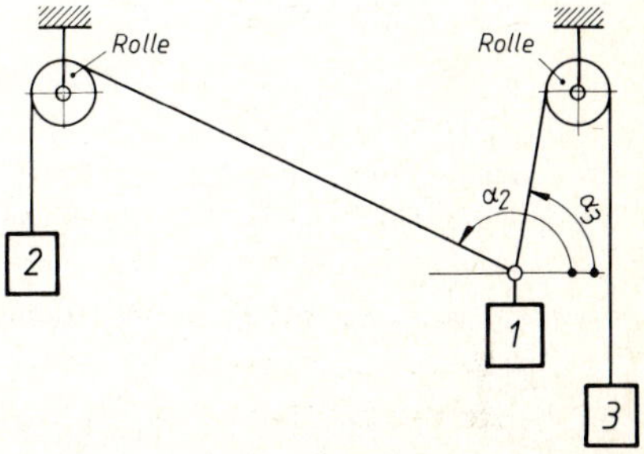

51 Ein zentrales Kräftesystem besteht aus den Kräften $F_1 = 320$ N, $F_2 = 180$ N, $F_3 = 250$ N, die unter den Winkeln $\alpha_1 = 35°$, $\alpha_2 = 55°$, $\alpha_3 = 160°$ zur positiven x-Achse wirken. Es soll durch zwei Kräfte F_A und F_B im Gleichgewicht gehalten werden, die mit der positiven x-Achse die Winkel $\alpha_A = 225°$ und $\alpha_B = 270°$ einschließen.

a) Wie groß sind F_A und F_B?

b) Welchen Richtungssinn haben sie?

52 Bei der schematisch skizzierten Kniehebelpresse wird durch die Kraft F_1 die Koppel nach rechts bewegt und damit das Kniegelenk gestreckt. Der Winkel φ wird dabei auf Null verkleinert. Die untere Schwinge bewegt dabei den Schlitten mit dem Werkzeug nach unten und übt auf das Werkstück die veränderliche Preßkraft F_p aus.

Entwickeln Sie eine Gleichung für die Preßkraft $F_p = f(F_1, \varphi)$ und berechnen Sie die Preßkraft F_p für die beiden Winkel $\varphi = 5°$ und $\varphi = 1°$ als Vielfaches der Koppelkraft F_1! (Reibung vernachlässigen).

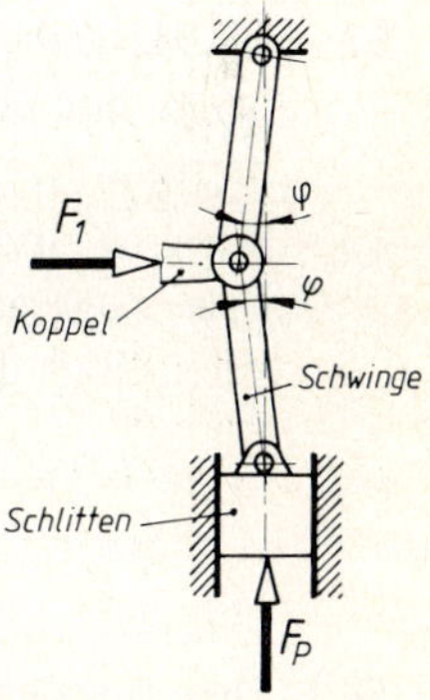

53 Ein zentrales Kräftesystem besteht aus den Kräften $F_1 = 5$ N, $F_2 = 8$ N, $F_3 = 10{,}5$ N und F_4 mit den zugehörigen Angriffswinkeln $\alpha_1 = 110°$, $\alpha_2 = 150°$, $\alpha_3 = 215°$ und $\alpha_4 = 270°$. Sie werden im Gleichgewicht gehalten durch eine Kraft F_g, deren Wirklinie mit der x-Achse zusammenfällt.

a) Wie groß muß die Kraft F_4 sein?

b) Wie groß ist die Gleichgewichtskraft F_g?

54 Eine Ziehwerks-Schleppzange wird mit der Seilkraft $F_s = 120$ kN gezogen.

Entwickeln Sie eine Gleichung für die Kraft in einer Zugstange $F_1 = f(F_s, \beta)$ und ermitteln Sie die Zugkräfte in den Zugstangen 1 und 2, die unter dem Winkel $\beta = 90°$ zueinander stehen!

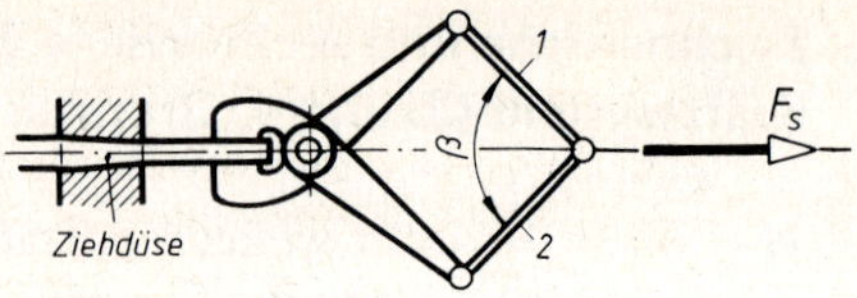

55 Der skizzierte Drehkran mit den Abmessungen $l_1 = 3$ m, $l_2 = 1{,}5$ m, $l_3 = 4$ m wird durch die Kraft $F = 20$ kN belastet.

a) Wie groß sind die Kräfte im Zugstab Z und im Druckstab D?

b) Zerlegen Sie die Stabkraft F_Z in eine waagerechte und eine senkrechte Komponente F_{Zx} und F_{Zy}!

c) Zerlegen Sie in gleicher Weise die Stabkraft F_D!

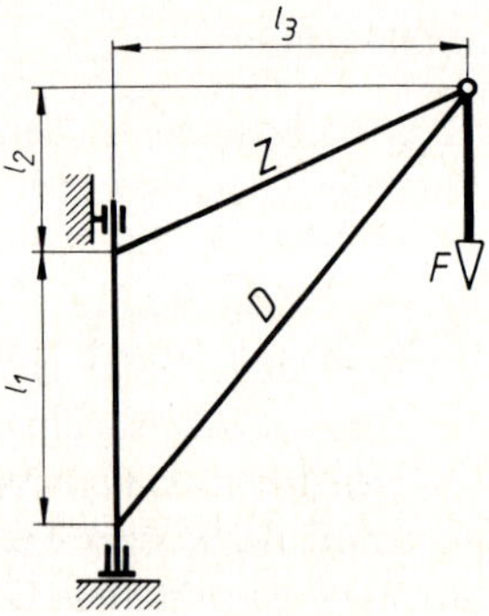

56 Eine Rundstahlstange mit einer Gewichtskraft von 1,2 kN liegt auf der skizzierten Zentriereinrichtung mit dem Öffnungswinkel $\beta = 100°$.

Ermitteln Sie die Stützkräfte an den Auflagestellen!

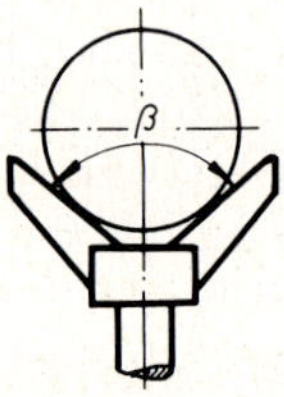

57 Ein Maschinenteil mit der Gewichtskraft $G = 50$ kN hängt mit einem Seil am Kranhaken. Die Maße betragen $l_1 = 1{,}2$ m, $l_2 = 2$ m, $l_3 = 0{,}95$ m.

Wie groß sind die Kräfte in den beiden Seilspreizen? (Die Zugkraft im Kranhaken ist gleich der Gewichtskraft des Werkstücks.)

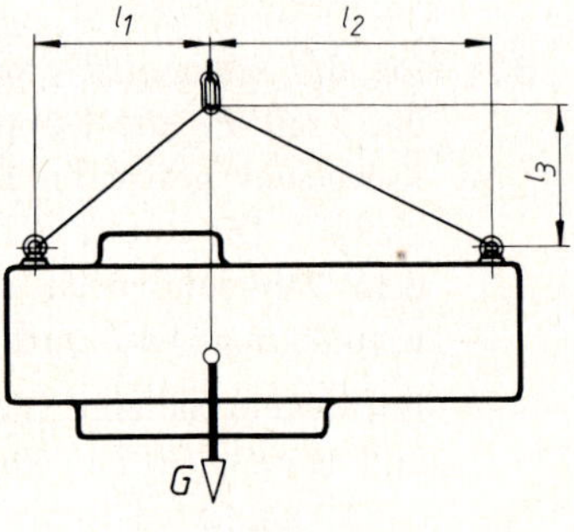

58 Die skizzierte Lampe mit der Gewichtskraft $G = 220$ N wird vom Wind so bewegt, daß das Seil um $\beta = 20°$ aus der Senkrechten ausgelenkt wird.

Wie groß ist der Luftwiderstand F_w der Lampe und welche Zugkraft F nimmt das Seil auf?

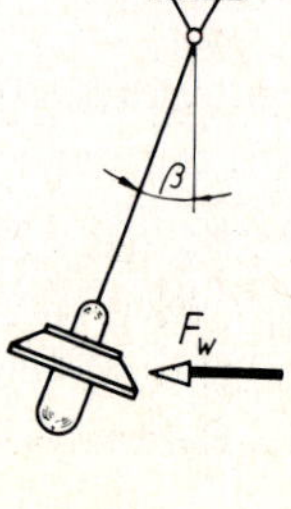

59 Der Laufbahnträger für eine Einschienen-Laufkatze ist an Hängestangen nach Skizze befestigt. Jedes Stangenpaar muß im ungünstigsten Falle durch die Belastung von Träger, Laufkatze und Nutzlast die maximale Kraft $F = 12$ kN aufnehmen. Der Winkel β beträgt 40°.

Welche maximale Zugkraft tritt in den Hängestangen auf?

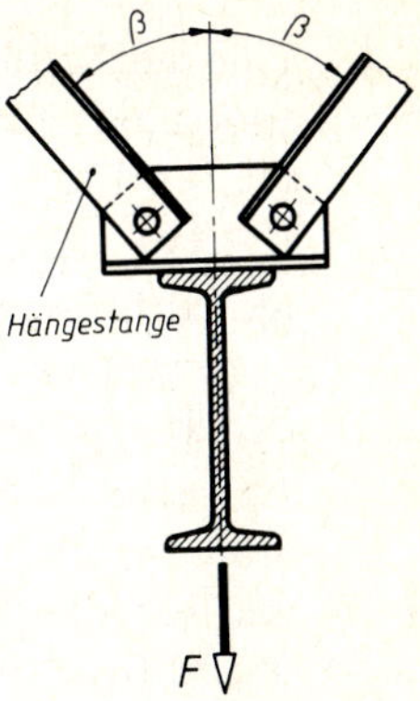

60 Ein prismatischer Körper mit einer Gewichtskraft von 750 N liegt auf zwei unter den Winkeln $\gamma = 35°$ und $\beta = 55°$ zur Waagerechten geneigten ebenen Flächen auf. Wie groß sind die Stützkräfte an den Flächen A und B?

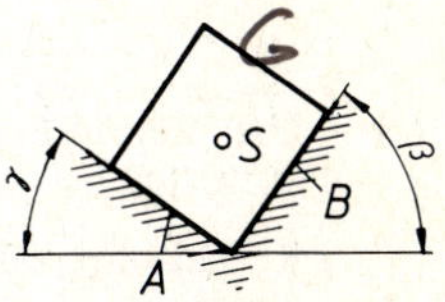

61 Eine Walze mit einer Gewichtskraft von 3,8 kN hängt an einer Pendelstange unter $\gamma = 40°$ und drückt auf die darunter angeordnete zweite Walze. Die Abstände betragen $l_1 = 280$ mm, $l_2 = 320$ mm.

Ermitteln Sie die Zugkraft F_s in der Pendelstange und die Anpreßkraft F_r zwischen den Walzen!

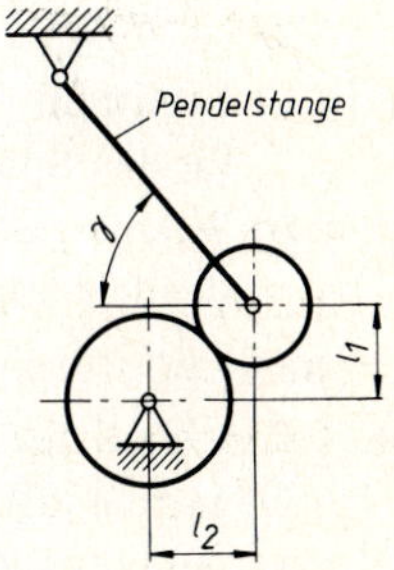

62 Eine Kolbendampfmaschine hat den Kolbendurchmesser $d = 200$ mm, im Zylinder wirkt der Überdruck $p = 10$ bar. Die Schubstange hat die Länge $l = 1000$ mm, der Kurbelradius beträgt $r = 200$ mm.

Ermitteln Sie für die gezeichnete Stellung der Schubstange

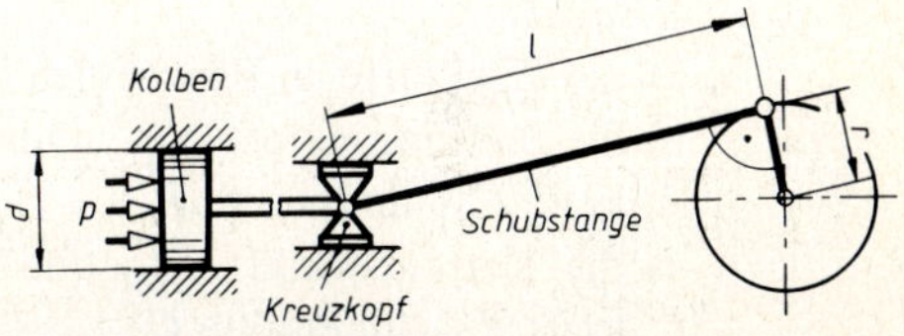

a) die Kolbenkraft F_k,
b) die Schubstangenkraft F_s und die Normalkraft F_N, mit der Kreuzkopf auf seine Gleitbahn drückt (Reibung vernachlässigen),
c) das Drehmoment, das an der Kurbelwelle erzeugt wird.

63 Auf den Kolben eines Dieselmotors wirkt die Kraft $F = 110$ kN. Die Pleuelstange hat die skizzierte Stellung mit $\gamma = 12°$.

a) Mit welcher Kraft drückt der Kolben seitlich gegen die Zylinderlaufbahn?
b) Wie groß ist die Kraft, mit der die Pleuelstange auf den Kurbelzapfen drückt?
(Die Reibung soll vernachlässigt werden.)

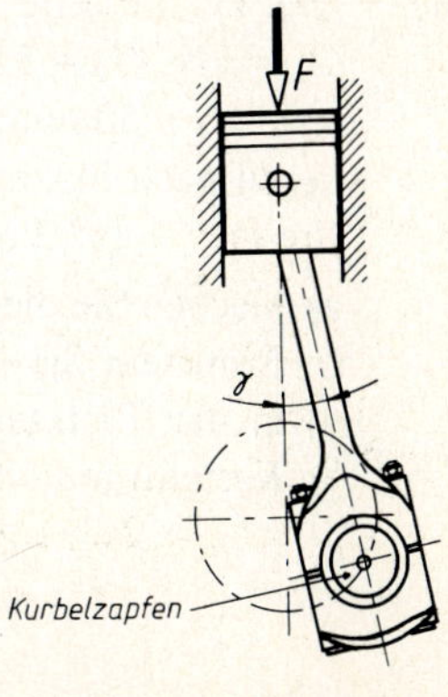

64 Eine am Kranhaken hängende Last mit einer Gewichtskraft von 2 kN soll zum Absetzen seitlich um $l_2 = 1$ m verschoben werden. Die Höhe beträgt $l_1 = 4$ m.

a) Welche waagerechte Verschiebekraft muß aufgewendet werden?

b) Wie groß sind die Zugkräfte in beiden Seilen?

Lösungshinweis: Die beiden Seilkräfte sind gleich groß. Die Wirklinie ihrer Resultierenden geht durch den Mittelpunkt der unteren Seilrolle, der damit also als Angriffspunkt von drei Kräften angesehen werden kann.

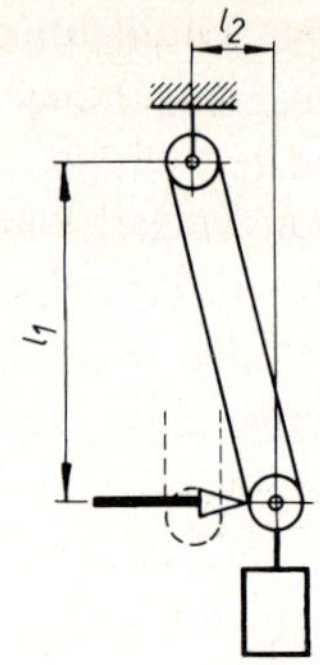

65 Die pendelnd aufgehängte Riemenspannrolle S wird durch die Gewichtskraft des Spannkörpers K belastet, die im stillstehenden Riemen eine Spannkraft $F = 150$ kN erzeugen soll. Die Winkel betragen $\beta = 60°$ und $\gamma = 50°$.

a) Ermitteln Sie die erforderliche Gewichtskraft für den Spannkörper!

b) Welche Belastung wirkt auf das Lager der Pendelstange?

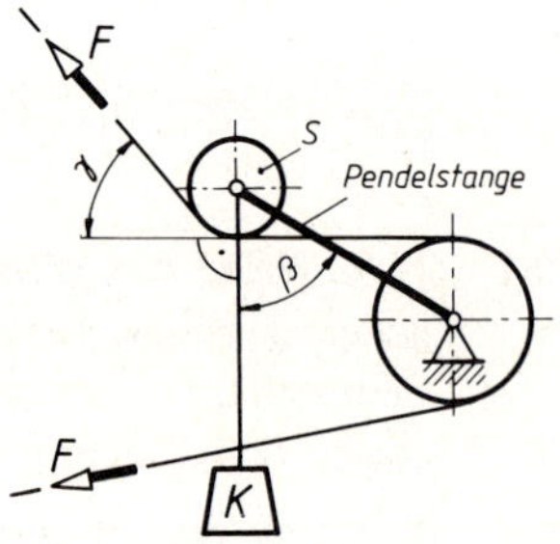

66 Ein Werkstück belastet das Krangeschirr mit der Gewichtskraft $G = 25$ kN. Die Abmessungen betragen $l_1 = 1{,}7$ m, $l_2 = 0{,}7$ m, $l_3 = 0{,}75$ m.

Gesucht:

a) die Zugkräfte in den beiden Seilen S_1 und S_2,

b) die Kettenzugkraft F_{k1} und die Balkendruckkraft F_{d1} im Punkte B,

c) die Kettenzugkraft F_{k2} und die Balkendruckkraft F_{d2} im Punkte C.

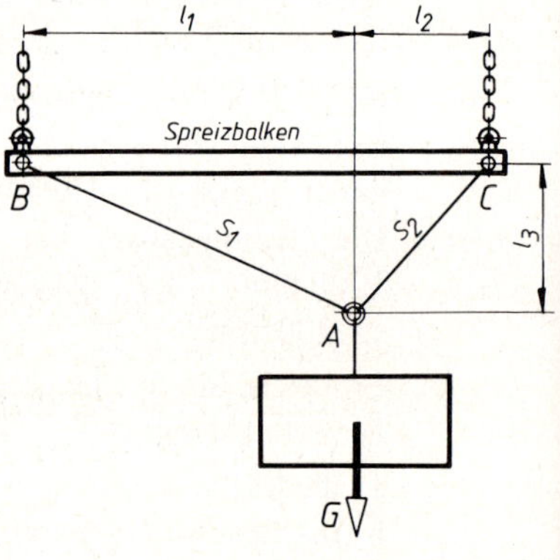

67 Drei zylindrische Körper mit den Gewichtskräften $G_1 = 3$ N, $G_2 = 5$ N, $G_3 = 2$ N und den Durchmessern $d_1 = 50$ mm, $d_2 = 70$ mm und $d_3 = 40$ mm liegen nach Skizze in einem Kasten mit $l = 85$ mm Breite.

a) Machen Sie die Körper einzeln frei!

b) Ermitteln Sie die Kräfte, mit denen die Körper in den Punkten A bis F aufeinander oder auf Kastenwand und -boden drücken!

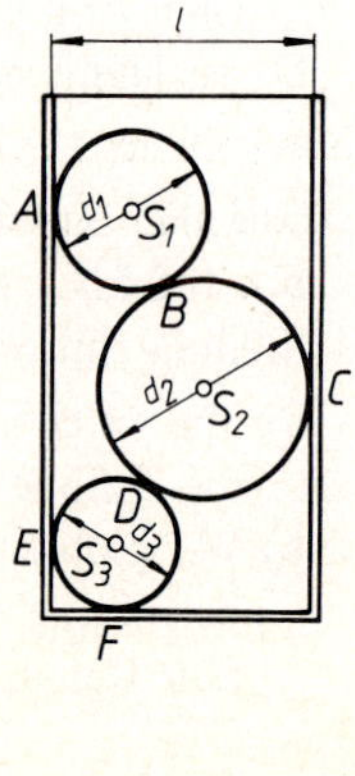

68 Drei Körper sind an Seilen befestigt, von denen zwei über zwei Rollen geführt sind. Die Gewichtskräfte $G_1 = 20$ N und $G_2 = 25$ N sind mit G_3 im Gleichgewicht, wenn das rechte Seil unter dem Winkel $\gamma = 30°$ zur Waagerechten steht.

a) Entwickeln Sie aus dem Ansatz der Gleichgewichtsbedingungen die Gleichungen zur Berechnung von G_3 und β!

b) Unter welchem Winkel β stellt sich das linke Seil zur Waagerechten ein und wie groß ist die Gewichtskraft G_3?

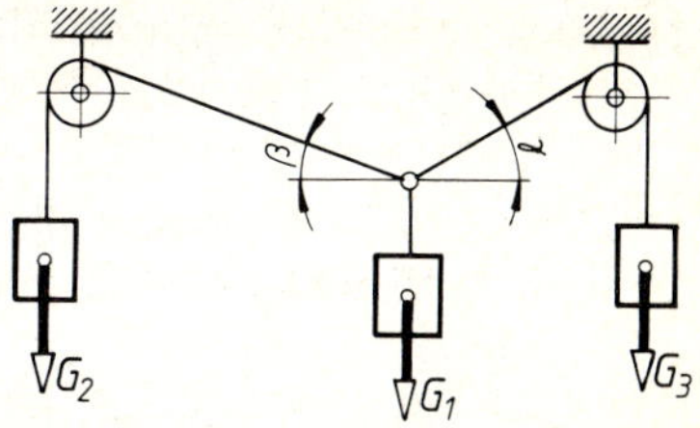

69 In einem Fachwerk bilden die an einem Knotenpunkt angreifenden Kräfte immer ein zentrales Kräftesystem, das im Gleichgewicht ist. Das skizzierte Fachwerk wird belastet durch die Kräfte $F_1 = 15$ kN, $F_2 = 24$ kN; in den Auflagern A und B wirken die Stützkräfte $F_A = 18$ kN und $F_B = 21$ kN senkrecht nach oben.

Ermitteln Sie, beginnend beim Punkt A, die Kräfte in den Stäben 1 bis 4 des Fachwerkes! (Bezeichnen Sie Zugkräfte mit Pluszeichen, Druckkräfte mit Minuszeichen!)

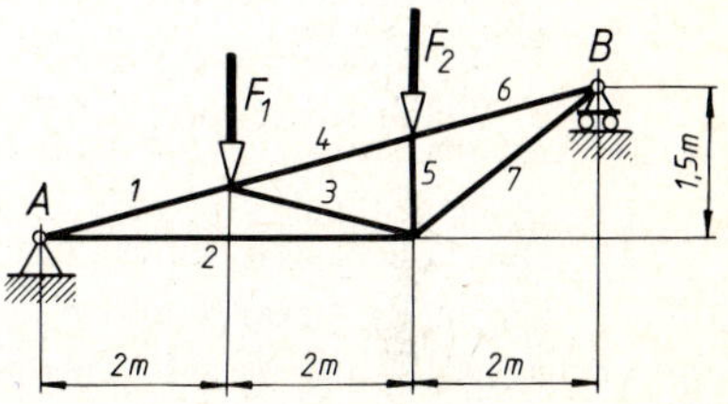

70 Die Knotenpunktlasten des Dachbinders betragen $F = 10$ kN und $F/2 = 5$ kN. In den Lagern wirken senkrecht nach oben gerichtete Stützkräfte $F_A = F_B = 30$ kN.

Ermitteln Sie die Stabkräfte für die Stäbe 1, 2, 3 und 6 des Fachwerkes! (Zug: +, Druck: –)

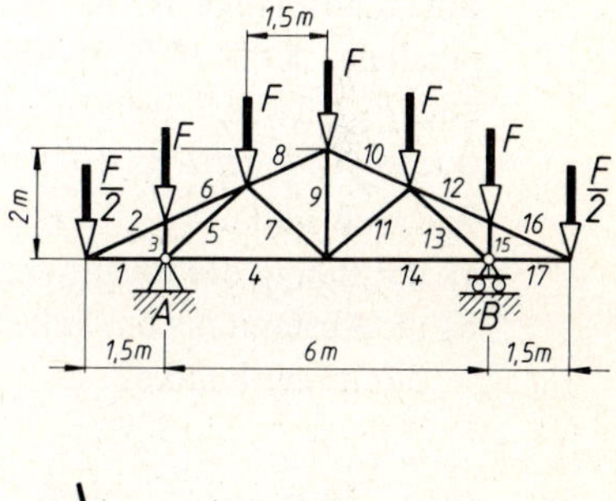

71 Der Tragarm eines Freileitungsmastes nimmt drei Kabellasten von je $F = 10$ kN auf.

Ermitteln Sie die Stabkräfte 1 bis 6! Achten Sie dabei besonders auf Stab 3! (Zug: +, Druck: –)

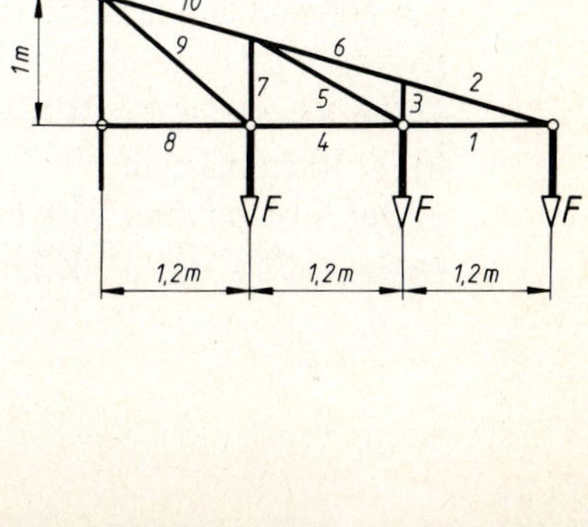

Zeichnerische und rechnerische Ermittlung der Resultierenden im allgemeinen Kräftesystem – Seileckverfahren und Momentensatz (5. und 6. Grundaufgabe)

72 Zwei parallele, gleichsinnig gerichtete Kräfte $F_1 = 5$ N und $F_2 = 11{,}5$ N wirken in einem Abstand $l = 18$ cm voneinander.

Gesucht:

a) der Betrag der Resultierenden F_r,

b) ihr Abstand l_0 von der Wirklinie der Kraft F_2.

73 Zwei parallele Kräfte $F_1 = 180$ N und $F_2 = 240$ N haben einen Abstand $l = 780$ mm voneinander. F_1 wirkt senkrecht nach oben, F_2 senkrecht nach unten.

Wie groß sind

a) der Betrag der Resultierenden F_r,

b) ihr Abstand von der Wirklinie der Kraft F_1?

c) Welchen Richtungssinn hat die Resultierende?

74 Die Achslasten eines Lastkraftwagens betragen $F_1 = 50$ kN und $F_2 = F_3 = 52$ kN, die Achsabstände $l_1 = 4{,}7$ m und $l_2 = 1{,}3$ m.

Gesucht:

a) der Betrag der Resultierenden F_r (= Gesamtgewichtskraft),

b) der Abstand ihrer Wirklinie von der Vorderachsmitte (= Schwerpunktsabstand).

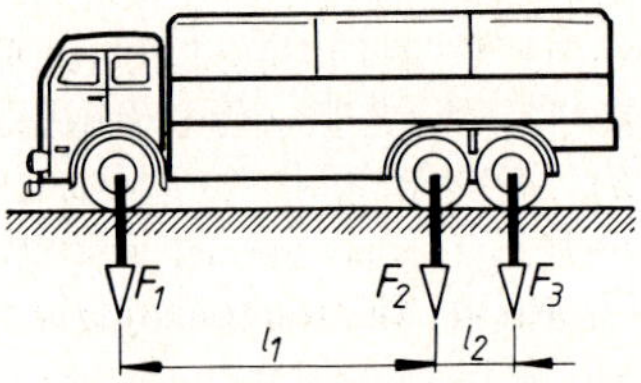

75 Eine Laufplanke ist nach Skizze durch drei parallele Kräfte $F_1 = 800$ N, $F_2 = 1{,}1$ kN und $F_3 = 1{,}2$ kN belastet. Die Abstände betragen $l_1 = 1$ m, $l_2 = 1{,}5$ m und $l_3 = 2$ m.

Wie groß sind

a) der Betrag der Resultierenden F_r,

b) ihr Abstand l_0 vom linken Unterstützungspunkt der Planke?

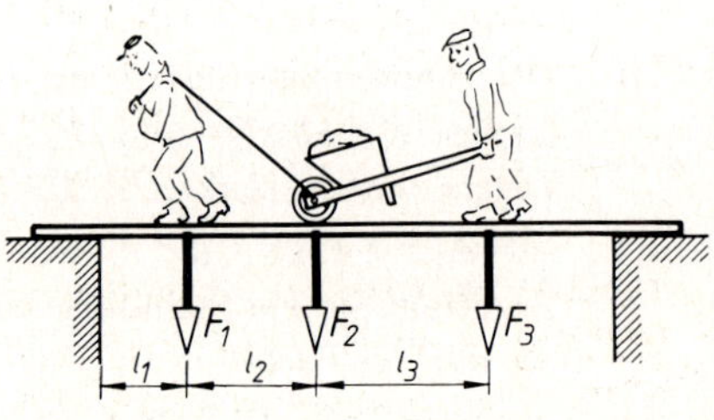

76 Eine Welle wird durch drei parallele Zahn- und Riemenkräfte $F_1 = 500$ N, $F_2 = 800$ N und $F_3 = 2100$ N belastet. Die Abstände betragen $l_1 = 150$ mm, $l_2 = 300$ mm und $l_3 = 150$ mm.

Gesucht:

a) der Betrag der Resultierenden,

b) ihr Richtungssinn,

c) der Abstand ihrer Wirklinie von der linken Lagermitte.

(Beachten Sie, daß die Kräfte nicht gleichgerichtet sind!)

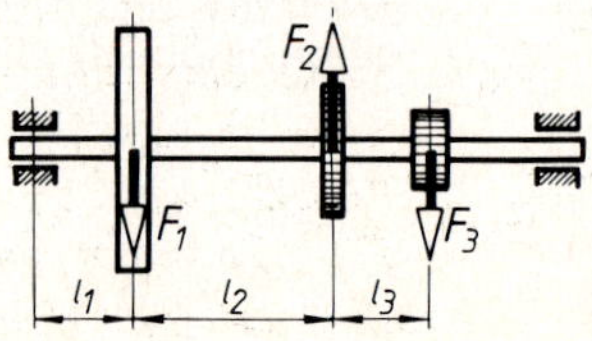

77 Der skizzierte Drehkran wird mit folgenden Kräften belastet: Höchstlast $F = 10$ kN, Eigengewichtskraft $G_1 = 9$ kN, Gegengewichtskraft $G_2 = 16$ kN. Die Abstände betragen $l_1 = 3{,}6$ m, $l_2 = 0{,}9$ m und $l_3 = 1{,}2$ m.

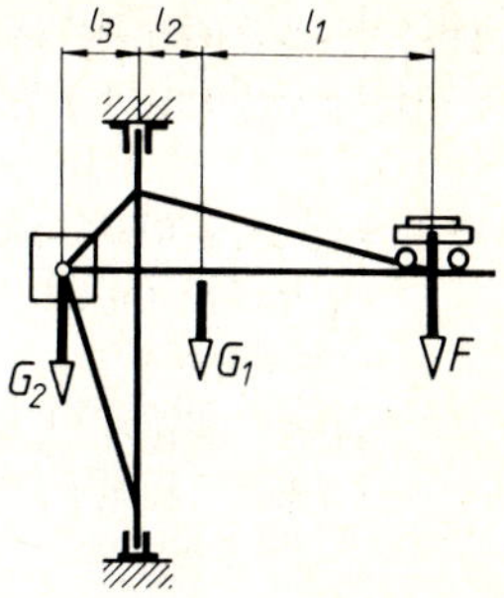

Wie groß sind

a) der Betrag der Resultierenden der drei Kräfte,
b) ihr Abstand l_0 von der Drehachse,
c) der Betrag der Resultierenden aus Eigengewichtskraft und Gegengewichtskraft bei unbelastetem Kran,
d) ihr Abstand l_0 von der Drehachse?

78 Über eine Riemenscheibe von 480 mm Durchmesser läuft ein Treibriemen. Im oberen, ziehenden Trum wirkt die Kraft $F_1 = 1{,}2$ kN. Das untere, gezogene Trum ist belastet mit $F_2 = 350$ N und läuft unter einem Winkel von 10° zum oberen Trum zurück.

Gesucht:

a) der Betrag der Resultierenden F_r der beiden Riemenkräfte,
b) ihr Winkel α_r zum oberen Riementrum,
c) ihr Abstand l_0 vom Scheibenmittelpunkt,
d) das Drehmoment, das sie an der Riemenscheibe erzeugt.
e) Vergleichen Sie das Drehmoment mit der Drehmomentensumme aus den beiden Riemenkräften, bezogen auf den Scheibenmittelpunkt!

79 Ein Träger ist mit zwei parallelen Kräften $F_1 = 30$ kN und $F_2 = 20$ kN belastet und dazwischen durch ein Seil mit der Zugkraft $F_s = 25$ kN unter einem Winkel $\alpha = 60°$ schräg nach oben abgefangen. Die Abstände betragen $l_1 = 2$ m, $l_2 = 1{,}5$ m und $l_3 = 0{,}7$ m.

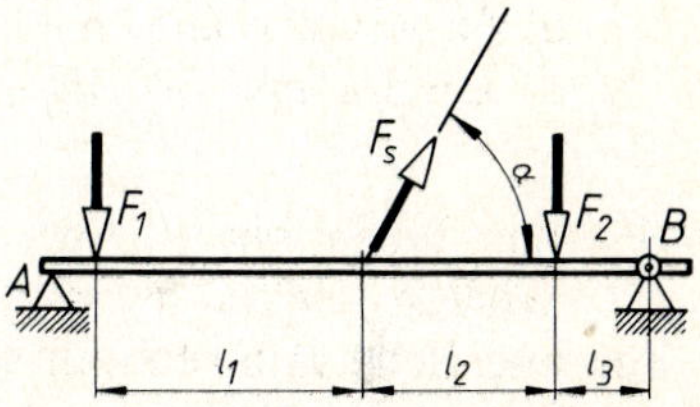

Wie groß sind

a) der Betrag der Resultierenden aus den drei Kräften,
b) der Winkel, den ihre Wirklinie mit der Senkrechten einschließt,
c) ihr Abstand vom Lager B?

Lösungshinweis: Messen Sie den Abstand *rechtwinklig* vom Punkt B auf die Wirklinie von F_r!

80 An einer Bodenklappe wirken ihre Gewichtskraft $G = 2$ kN, die Kraft $F_1 = 1{,}5$ kN und über eine Kette die Kraft $F_2 = 0{,}5$ kN. Die Abstände betragen $l_1 = 0{,}2$ m, $l_2 = 0{,}8$ m, $l_3 = 0{,}9$ m und der Winkel $\alpha = 45°$.

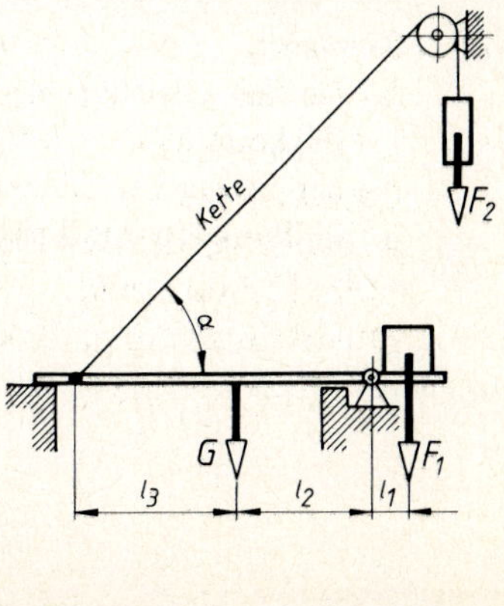

Gesucht:

a) der Betrag der Resultierenden,
b) ihr Winkel zur Waagerechten,
c) ihr Wirkabstand vom Klappendrehpunkt O.

81 Der skizzierte zweiarmige Hebel wird mit den Kräften $F_1 = 300$ N, $F_2 = 200$ N, $F_3 = 500$ N und $F_4 = 100$ N belastet. Die Abstände betragen $l_1 = 2$ m, $l_2 = 4$ m, $l_3 = 3{,}5$ m, der Winkel $\alpha = 50°$.

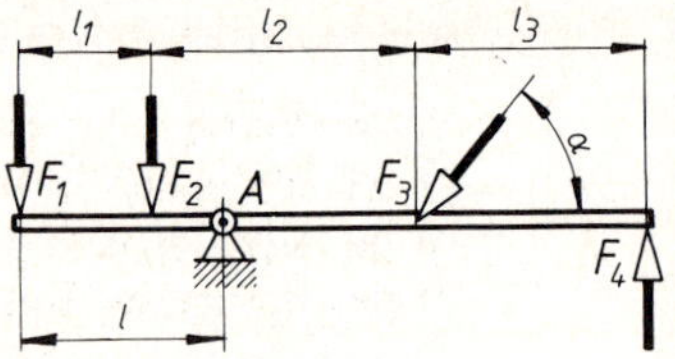

a) Wie groß ist der Betrag der Stützkraft im Lager A?
b) Unter welchem Winkel zum Hebel wirkt die Stützkraft?
c) Wie groß muß der Abstand l des Hebellagers A vom Angriffspunkt von F_1 sein, wenn der Hebel im Gleichgewicht sein soll?

Lösungshinweis: Die Stützkraft ist die Gegenkraft der Resultierenden aus F_1, F_2, F_3, F_4.

82 Eine Sicherheitsklappe mit der Eigengewichtskraft $G = 11$ N verschließt durch die Druckkraft $F = 50$ N einer Feder eine Öffnung von $d = 20$ mm lichtem Durchmesser in einer Druckrohrleitung. Der Hebeldrehpunkt ist so zu legen, daß sich die Klappe bei $p = 6$ bar Überdruck in der Rohrleitung öffnet. Die Abstände betragen $l_1 = 90$ mm und $l_2 = 225$ mm.

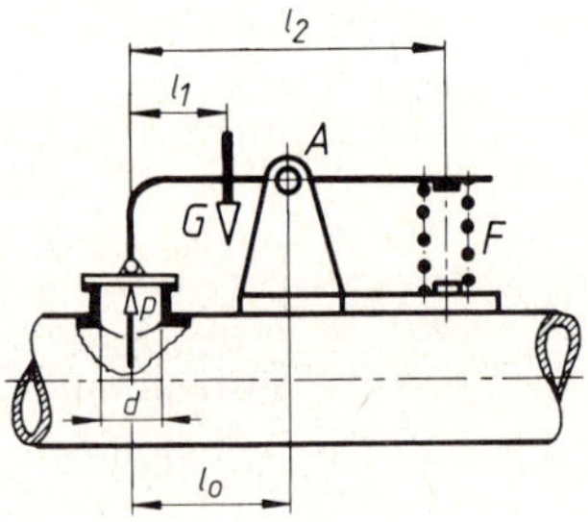

a) Mit welcher Kraft wird der Hebeldrehpunkt A belastet?
b) Wie groß muß der Abstand l_0 für den Hebeldrehpunkt A gewählt werden?

Zeichnerische und rechnerische Ermittlung unbekannter Kräfte im allgemeinen Kräftesystem

3-Kräfte-Verfahren und Gleichgewichtsbedingungen (7. und 8. Grundaufgabe)

83 Die gleichlangen Arme eines Winkelhebels schließen den Winkel $\beta = 120°$ ein. Der waagerechte Arm trägt die senkrecht nach unten wirkende Last $F_1 = 500$ N.

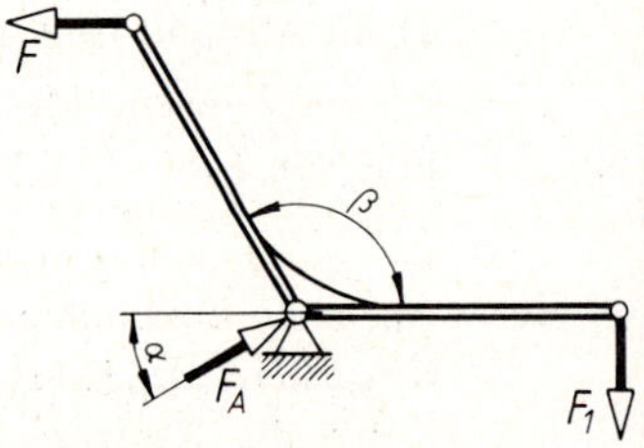

Gesucht:
a) die für Gleichgewicht erforderliche waagerechte Zugkraft F,
b) der Betrag der Stützkraft F_A im Hebeldrehpunkt,
c) ihr Winkel α zur Waagerechten.

84 Die beiden Stangen AC mit $l_1 = 3$ m und BC mit $l_2 = 1$ m Länge sind an den Stellen A und B drehbar gelagert und im Punkte C gelenkig miteinander verbunden. In der Mitte der Stange AC greift die Kraft $F = 1$ kN unter dem Winkel $\alpha = 45°$ an.

Gesucht:

a) der Betrag der Stützkraft in der Stange BC,
b) der Betrag der Stützkraft im Punkt A,
c) der Winkel, den diese Stützkraft F_A mit der Stange AC einschließt.

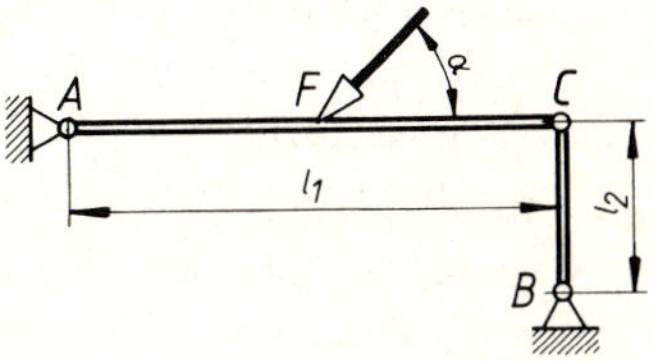

85 Eine Tür mit der Gewichtskraft $G = 800$ N hängt so in den Stützhaken A und B, daß nur der untere Stützhaken senkrechte Kräfte aufnimmt. Die Abstände betragen $l_1 = 1$ m und $l_2 = 0{,}6$ m.

a) Wie liegt die Wirklinie der Stützkraft F_A?

Wie groß sind

b) der Betrag der Stützrkaft F_A,
c) der Betrag der Stützkraft F_B,
d) die waagerechte Komponente F_{Bx} und die senkrechte Komponente F_{By} der Stützkraft F_B?

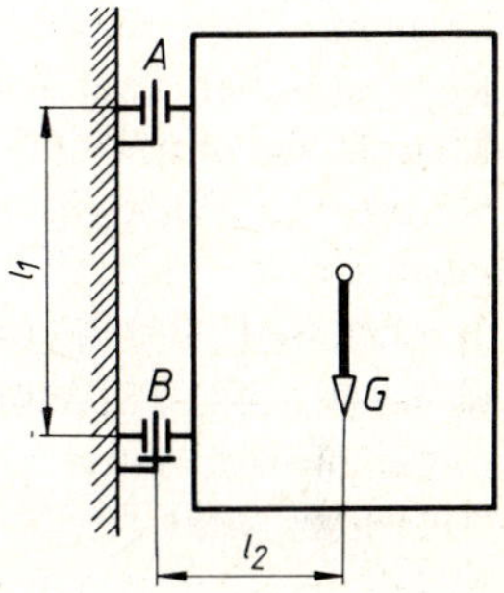

86 Die Umlenksäule einer Fördereinrichtung wird am Kopf A durch die Kraft $F = 2{,}2$ kN nach Skizze unter dem Winkel $\alpha = 60°$ belastet. Die Säule ist um ihren Fußpunkt C schwenkbar und wird durch ein Seil gehalten. Die Abstände betragen $l_1 = 0{,}9$ m, $l_2 = 1{,}1$ m und $l_3 = 0{,}9$ m.

Gesucht:

a) der Betrag der Seilkraft F_B,
b) der Betrag der Stützkraft F_C,
c) der Winkel zwischen der Wirklinie von F_C und der Waagerechten.

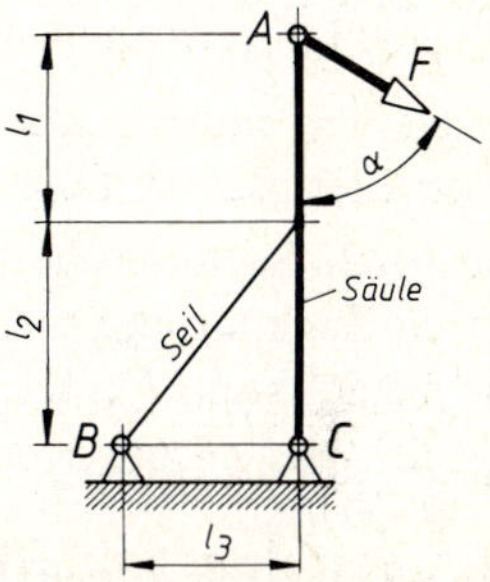

87 Ein Ausleger trägt im Abstand $l_1 = 1$ m von seinem Kopfende die Last $F = 8$ kN. Die anderen Abstände betragen $l_2 = 3$ m und $l_3 = 2$ m.

Gesucht:

a) der Betrag der Zugkraft F_k in der Haltekette,
b) der Betrag der Stützkraft F_A im Auslegerlager,
c) die waagerechte Komponente F_{Ax} und die senkrechte Komponente F_{Ay} der Stützkraft F_A.

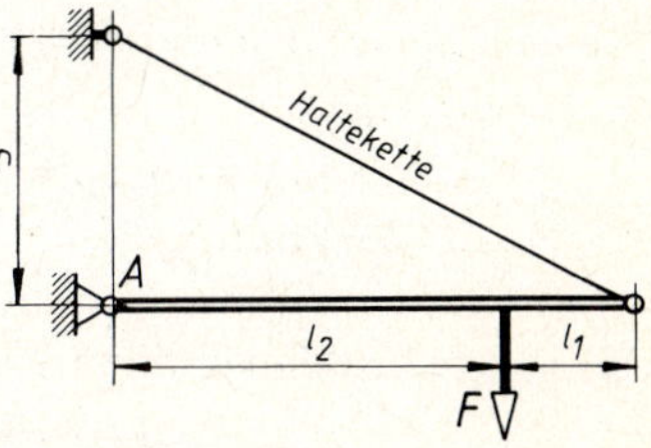

88 Auf einer Drehmaschine ist ein Drehkran zum Einheben schwerer Werkstücke aufgebaut, der die Last $F = 7{,}5$ kN trägt. Die Abstände betragen $l_1 = 1{,}6$ m und $l_2 = 0{,}65$ m.

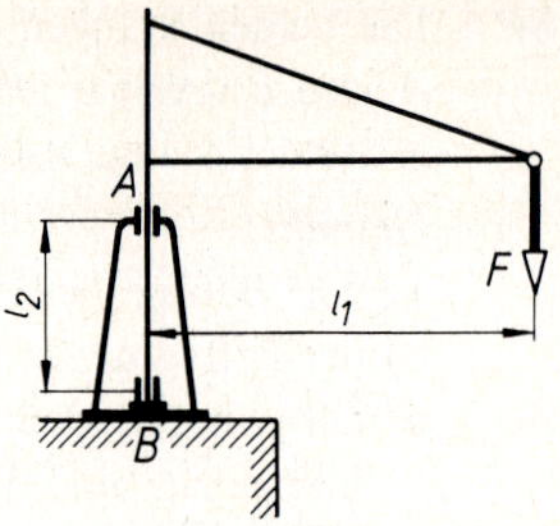

Gesucht:

a) die Lagerkraft F_A,
b) die Lagerkraft F_B,
c) die waagerechte Komponente F_{Bx} und die senkrechte Komponente F_{By} der Kraft F_B.

89 Eine am Fuße schwenkbar gelagerte Säule ist am Kopf zwischen zwei Winkeln geführt. Sie trägt eine Konsole, die mit $F = 6{,}3$ kN belastet ist. Die Abstände betragen $l_1 = 0{,}58$ m, $l_2 = 2{,}75$ m und $l_3 = 2{,}1$ m.

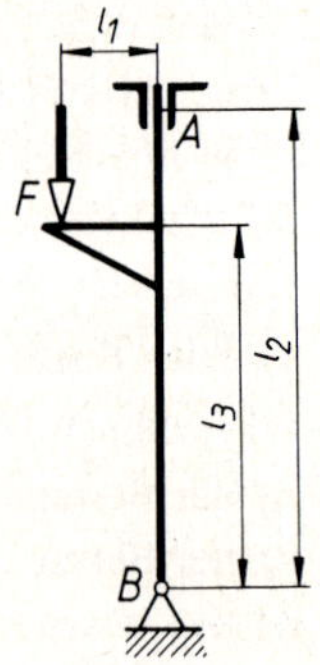

Gesucht:

a) der Betrag der Stützkraft F_A,
b) der Betrag der Stützkraft F_B,
c) der Winkel, unter dem die Kraft F_B zur Waagerechten wirkt.

90 Der waagerecht liegende Gittermast hat die Höhe $l_1 = 20$ m und die Gewichtskraft $G = 29$ kN, die im Abstand $l_2 = 6{,}1$ m vom Lager A wirkt. Zum Aufrichten werden zwei Seile am Kopf einer Pendelstütze befestigt. Das eine davon wird an der Mastspitze, das andere am Zughaken einer Zugmaschine eingehängt, die den Mast dann aufrichtet. Der Abstand l_3 beträgt 1,3 m, der Winkel $\beta = 55°$.

Ermitteln Sie für die gezeichnete waagerechte Stellung der Mastachse

a) die Zugkraft im Seil 1,
b) die Belastung F_A des linken Mastlagers A,
c) die waagerechte Komponente F_{Ax} und die senkrechte Komponente F_{Ay} der Kraft F_A,
d) den Winkel α zwischen Seil 2 und Pendelstütze, wenn im Seil 2 die Zugkraft $F_2 = 13$ kN betragen soll,
e) die dann in der senkrecht stehenden Pendelstütze auftretende Druckkraft F_3!

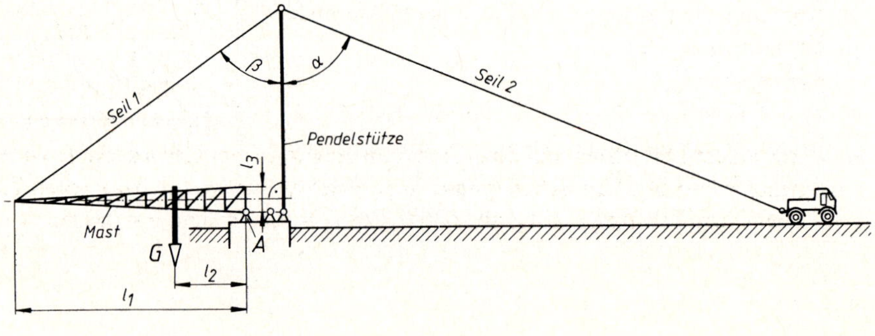

91 Der Klapptisch einer Blechbiegepresse ist mit der Kraft $F = 12$ kN belastet und wird durch einen Hydraulikkolben gehoben.

Ermitteln Sie für die waagerechte Stellung des Tisches

a) die erforderliche Kolbenkraft F_k,

b) den Betrag der Lagerkraft F_s in den Schwenklagern,

c) den Winkel, den diese Lagerkraft mit der Waagerechten einschließt.

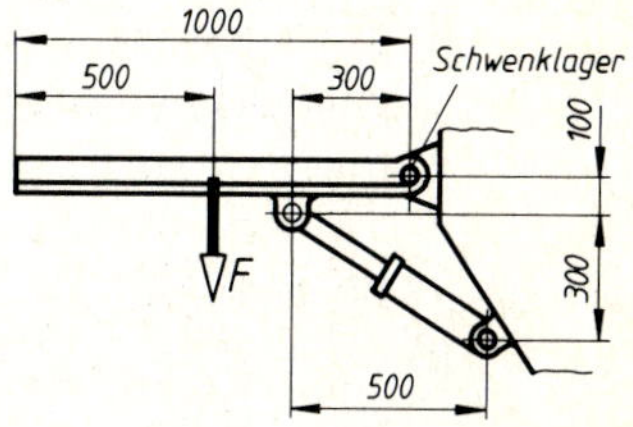

92 Eine Bogenleuchte mit der Gewichtskraft $G = 600$ N ist nach Skizze im Punkt A drehbar montiert und bei B durch ein Seil abgefangen. Die Abstände betragen $l_1 = 3$ m, $l_2 = 2{,}7$ m, $l_3 = 1$ m und $l_4 = 1{,}2$ m.

Gesucht:

a) die Zugkraft F_B im Seil,

b) die Stützkraft im Lager A,

c) der Winkel, unter dem die Kraft F_A zur Waagerechten wirkt.

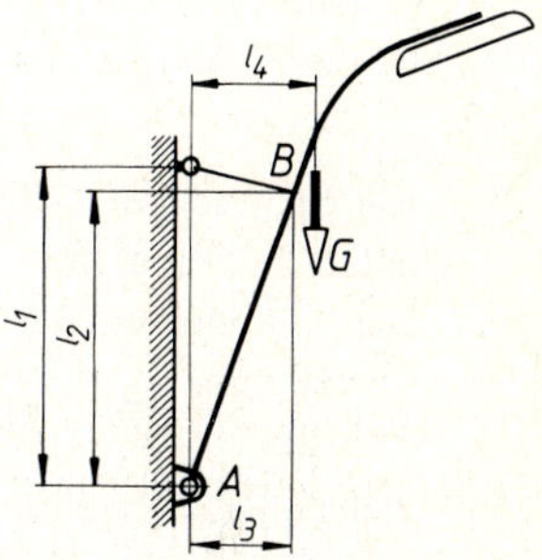

93 Das skizzierte Vorderrad eines Fahrrades ist mit $F = 250$ N belastet. Die Abmessungen betragen $l_1 = 200$ mm, $l_2 = 750$ mm und $\alpha = 15°$.

Gesucht:

a) der Betrag der Stützkraft im Halslager B,

b) der Betrag der Stützkraft im Spurlager A,

c) der Winkel zwischen Kraft F_B und Lenksäule,

d) der Winkel zwischen Kraft F_A und Lenksäule.

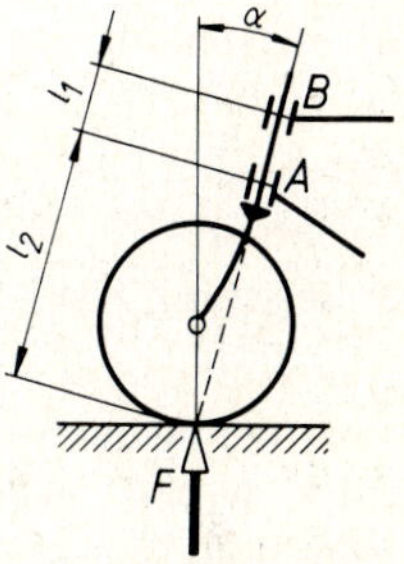

94 Ein Bremspedal mit den Abmessungen $l_1 = 290$ mm, $l_2 = 45$ mm und $\alpha = 75°$ wird mit der Kraft $F = 110$ N betätigt.

a) Welche Kraft wirkt im Gestänge B?

b) Wie groß ist die Lagerkraft F_A?

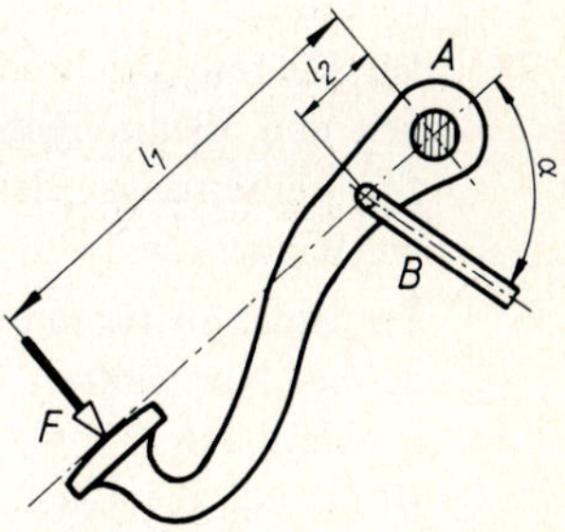

95 Mit einem Hubkarren soll eine Transportkiste mit einer Gewichtskraft von 1,25 kN gehoben werden. Ihr Schwerpunkt liegt senkrecht unter dem Tragzapfen T, die Abmessungen betragen $l_1 = 1{,}6$ m, $l_2 = 0{,}2$ m, $l_3 = 0{,}21$ m und $d = 0{,}6$ m.

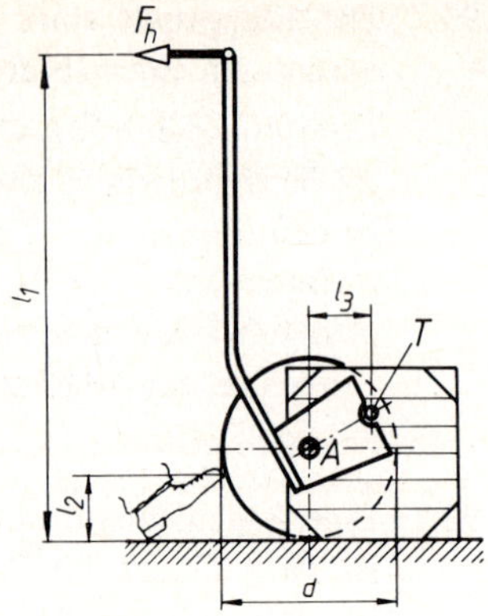

Gesucht:

a) die erforderliche waagerechte Handkraft F_h,
b) die Belastung der Karrenachse A sowie ihre Komponenten in waagerechter und senkrechter Richtung F_{Ax} und F_{Ay},
c) die Normalkraft F_N, mit der jedes Rad gegen den Boden drückt,
d) die Kraft F, mit der in der Höhe l_2 gegen jedes der beiden Laufräder gedrückt werden muß, damit der Karren nicht wegrollt,
e) die Komponenten F_x und F_y der Kraft F.

96 Ein Spannhebel-Kistenverschluß wird in der gezeichneten Stellung mit der Kraft $F = 60$ N geschlossen. Die Abmessungen des Verschlusses betragen $l_1 = 10$ mm, $l_2 = 80$ mm, $l_3 = 65$ mm, der Winkel $\alpha = 120°$.

Welche Kräfte treten auf
a) in der Zugöse Z,
b) im Lager A?

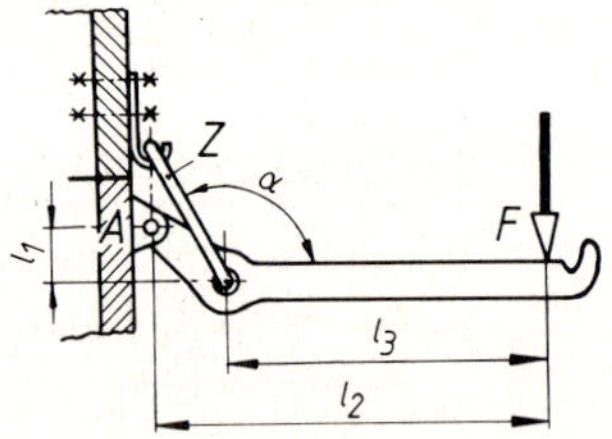

97 Zur Herstellung von schrägen Schweißkantenschnitten ist der Tisch einer Blechtafelschere hydraulisch neigbar. Für die skizzierte Tischstellung mit den Winkeln $\alpha = 30°$, $\beta = 70°$, der Länge $l = 0{,}3$ m und der Belastung $F = 5{,}5$ kN sind zu ermitteln:

a) die Kolbenkraft F_k des Hydraulikkolbens,
b) der Betrag der Stützkraft im Gelenk A,
c) der Winkel zwischen Tischoberfläche und der Wirklinie von F_A.

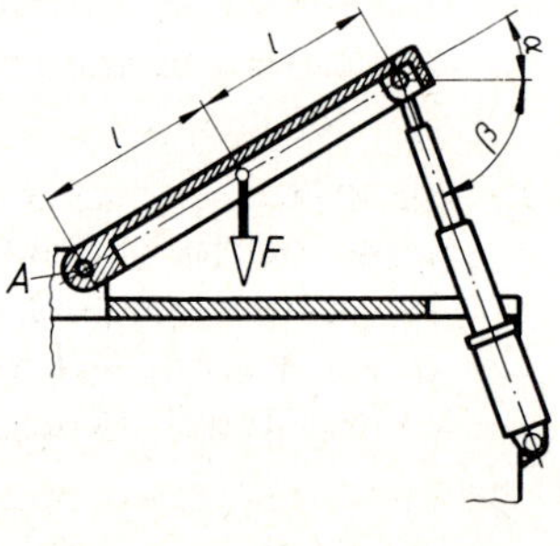

98 Die Klemmvorrichtung für einen Werkzeugschlitten besteht aus Zugspindel, Spannkeil und Klemmhebel. Die Zugspindel wird mit der Zugkraft $F = 200$ N betätigt. Die Abmessungen des Klemmhebels betragen $l_1 = 10$ mm, $l_2 = 35$ mm, $l_3 = 20$ mm, der Winkel $\alpha = 15°$.

Ermitteln Sie für reibungsfreien Betrieb
a) die Normalkraft F_N zwischen Keil und Gleitbahn,
b) die auf die Fläche A des Klemmhebels wirkende Kraft,
c) die Kraft, mit welcher der Schlitten durch die Fläche B festgeklemmt wird,
d) die im Klemmhebellager C auftretende Kraft,
e) die waagerechte und die senkrechte Komponente F_{Cx} und F_{Cy} der Kraft F_C!

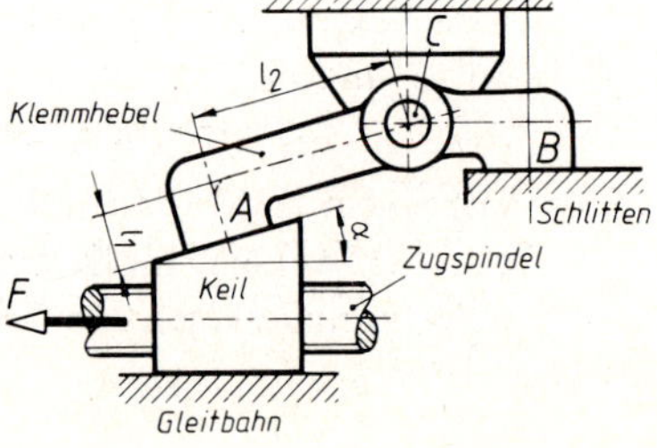

99 Der Schwinghebel mit dem Krümmungsradius $r = 250$ mm ist im Gelenk A drehbar gelagert. In der waagerechten Zugstange, die in $l = 100$ mm Abstand angelenkt ist, wirkt die Zugkraft $F_z = 1$ kN. Die Schleppstange ist um den Winkel $\alpha = 15^\circ$ gegen die Waagerechte geneigt.

Gesucht:

a) die Zugkraft F_s in der Schleppstange,

b) der Betrag der Stützkraft im Schwinggelenk A,

c) der Winkel zwischen dieser Stützkraft und der Waagerechten.

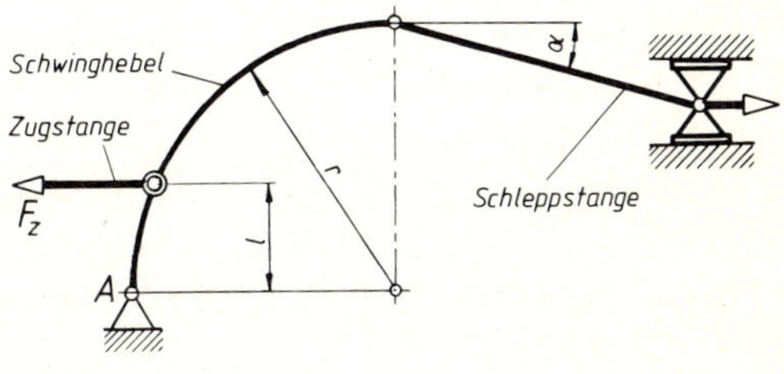

100 Das Schaltgestänge soll durch die Zugfeder so festgehalten werden, daß die Stützrolle C mit einer Kraft von 20 N auf ihre senkrechte Anlagefläche drückt. Die Abmessungen des Gestänges betragen $l_1 = 50$ mm, $l_2 = 40$ mm, die Winkel $\alpha = 60^\circ$, $\beta = 30^\circ$.

a) Welche Kraft tritt in der Zugstange auf und welche Belastung erhält das Lager D?

b) Wie groß ist die erforderliche Federkraft F und welche Belastung erhält das Lager A?

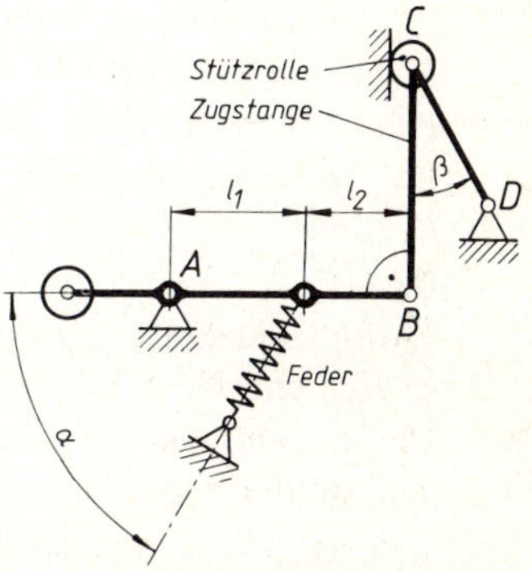

101 Die Skizze zeigt schematisch die Hubeinrichtung eines Hubtransportkarrens. Zum Heben des Tisches, auf dem die Last $F = 2$ kN liegt, muß die senkrecht stehende Deichsel durch die waagerecht wirkende Handkraft F_h nach unten geschwenkt werden. Die Abmessungen betragen

$l_1 = 1{,}1$ m, $l_2 = 180$ mm, $l_3 = 400$ mm,
$l_4 = 90$ mm, $l_5 = 40$ mm
und die Winkel $\alpha = 50^\circ$, $\beta = 30^\circ$.

Gesucht:

a) die Belastung der Hebelendpunkte A und F,

b) die Kraft in der Stange CD,

c) die Lagerkraft F_B und ihre Komponenten F_{Bx} (waagerecht) und F_{By} (senkrecht),

d) die Zugkraft in der Stange DG,

e) die Lagerkraft F_E und ihre Komponenten F_{Ex} und F_{Ey},

f) die zum Anheben erforderliche Handkraft F_h,

g) der Betrag der Lagerkraft F_K, ihr Winkel α_K zur Waagerechten und ihre Komponenten F_{Kx} und F_{Ky}.

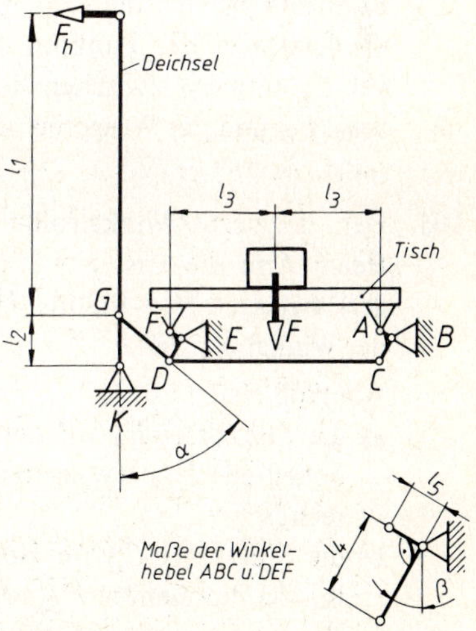

102 Eine Leiter liegt bei A auf einer Mauerkante und ist bei B in einer Vertiefung abgestützt. Die Berührung bei A und B ist reibungsfrei. Auf halber Höhe zwischen A und B steht ein Mann mit $G = 800$ N Gewichtskraft, die Gewichtskraft der Leiter bleibt unberücksichtigt. Die Abstände betragen $l_1 = 4$ m und $l_2 = 1{,}5$ m.

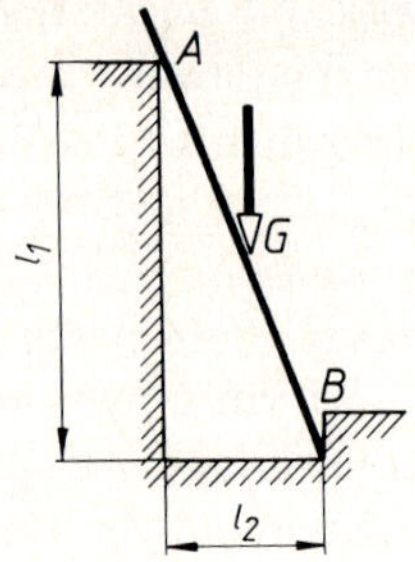

Gesucht:
a) die Stützkraft F_A und ihre Komponenten F_{Ax} und F_{Ay} (waagerecht und senkrecht),
b) die Stützkraft F_B und ihre Komponenten F_{Bx} und F_{By}.

103 Ein unbelasteter Stab liegt in den Punkten A und B reibungsfrei auf. Im Abstand $l_1 = 2$ m vom Punkt B wirkt seine Gewichtskraft $G = 100$ N. Die anderen Abstände betragen $l_2 = 3$ m und $l_3 = 1$ m.

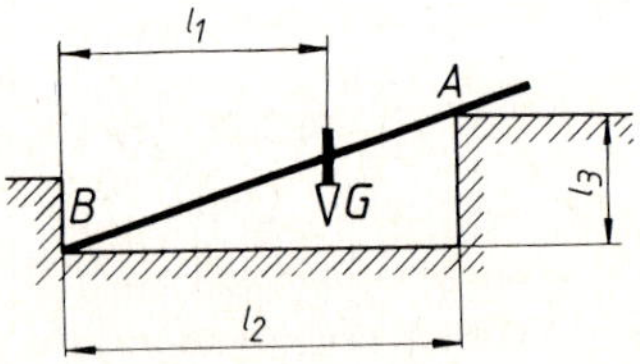

Gesucht:
a) die Stützkraft F_A und ihre Komponenten F_{Ax} und F_{Ay},
b) die Stützkraft F_B und ihre Komponenten F_{Bx} und F_{By}.

104 Eine Platte von $l_1 = 2$ m Länge und 2,5 kN Gewichtskraft ist bei A schwenkbar gelagert und liegt unter $\alpha = 45°$ geneigt im Punkte B auf einer Rolle frei auf. Der Abstand l_2 beträgt 0,5 m.

Ermitteln Sie für die Rollenanordnungen a und b die Kräfte in den Punkten A und B und die Winkel α_A und α_B zwischen den Wirklinien von F_A bzw. F_B und der Waagerechten!

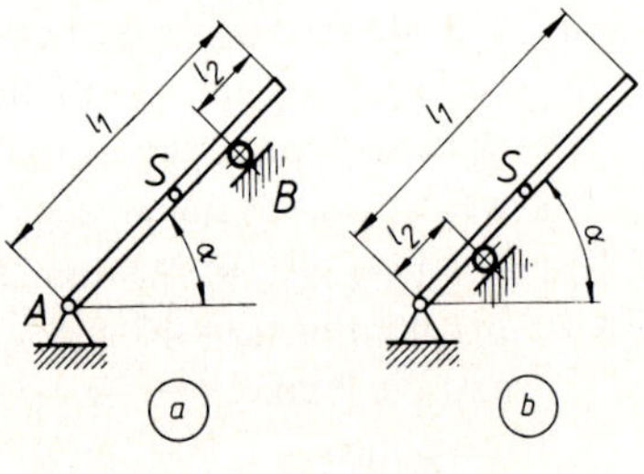

105 Der skizzierte Winkelrollhebel trägt an seinem freien Arm die Last $F = 350$ N. Seine Abmessungen betragen $l_1 = 0{,}3$ m, $l_2 = 0{,}5$ m, $l_3 = 0{,}4$ m, der Winkel $\alpha = 30°$.

Wie groß sind
a) die Stützkraft F_A an der Rolle und ihre Komponenten F_{Ax} (waagerecht) und F_{Ay} (senkrecht),
b) die Stützkraft F_B im Hebelschwenkpunkt und ihre Komponenten F_{Bx} und F_{By}?

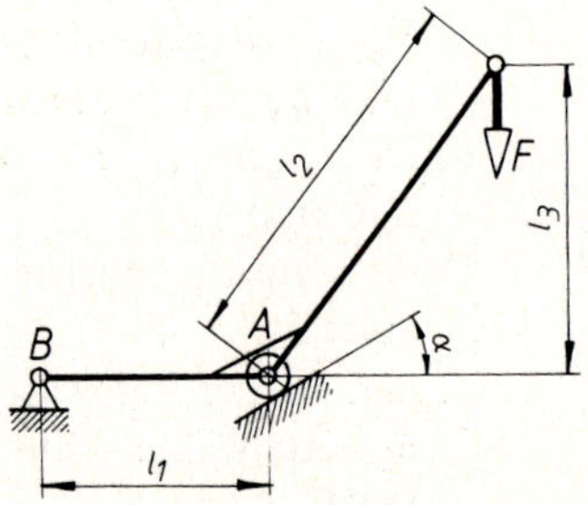

106 Eine Auffahrrampe ist am Fußende schwenkbar, am Kopfende frei verschiebbar gelagert. Sie wird nach Skizze mit $F = 5$ kN in den Abständen $l_1 = 2$ m und $l_2 = 1{,}5$ m belastet, die Winkel betragen $\alpha = 20°$ und $\beta = 60°$.

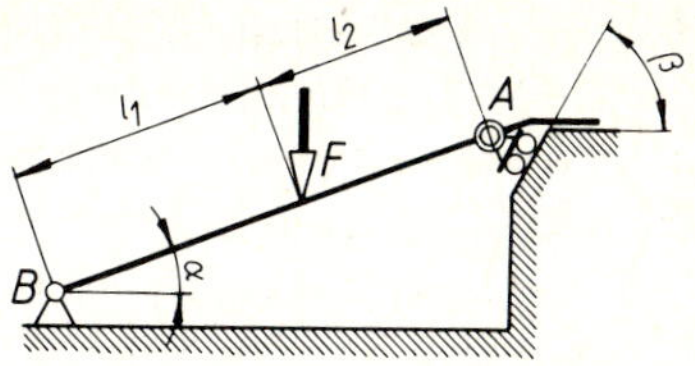

Gesucht:

a) die Stützkraft im Kopflager A, b) der Betrag der Stützkraft im Fußlager B,
c) der Winkel zwischen der Kraft F_B und der Waagerechten.

107 Der skizzierte Wanddrehkran trägt die Last $F = 20$ kN im Abstand $l_1 = 2{,}2$ m. Die Eigengewichtskraft $G = 8$ kN wirkt in $l_2 = 0{,}55$ m Abstand von der Drehachse. Die Lager haben den Abstand $l_3 = 1{,}2$ m.

Es sollen ermittelt werden:

a) die Halslagerkraft F_A,
b) die Spurlagerkraft F_B und ihre Komponenten F_{Bx} (waagerecht) und F_{By} (senkrecht),
c) der Winkel, unter dem die Kraft F_B zur Waagerechten wirkt.

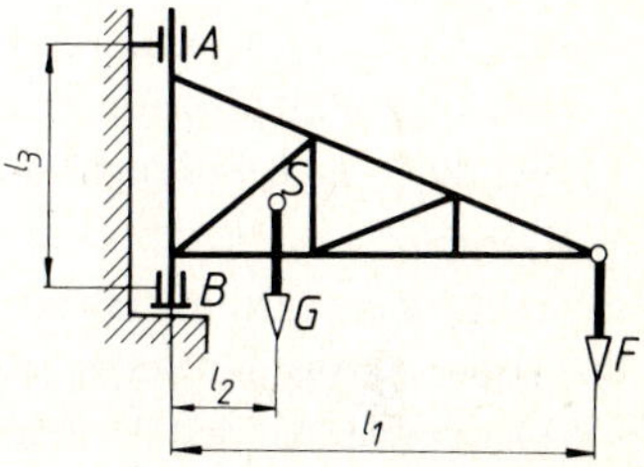

Lösungshinweis: Fassen Sie für die zeichnerische Lösung zuerst die bekannten Kräfte (hier F und G) zu einer Resultierenden zusammen!

108 Die Skizze zeigt die Spannrolle einer Bandschleifeinrichtung. Die Spannrollenachse ist um das Lager A schwenkbar und wird über einen Winkelhebel durch die Stützrolle in $l_1 = 135$ mm Entfernung an der senkrechten Fläche bei B abgestützt. Im Schleifband wirkt die Spannkraft $F = 35$ N im Abstand $l_2 = 110$ mm vom Lager A.

Wie groß sind

a) die Stützkraft F_B an der Rolle,
b) der Betrag der Kraft F_A, die das Schwenklager A aufnimmt,
c) der Winkel zwischen der Kraft F_A und der waagerechten Spannrollenachse?

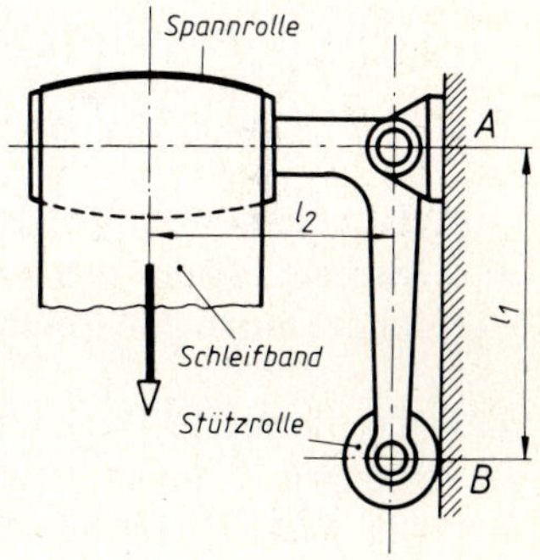

Lösungshinweis: Zunächst Spannrolle freimachen!

109 Ein Konsolträger wird belastet durch die Einzelkraft $F = 15$ kN und eine gleichmäßig verteilte Streckenlast $F' = 1$ kN/m. Die Abstände betragen $l_1 = 0{,}6$ m, $l_2 = 0{,}7$ m und $l_3 = 0{,}35$ m.

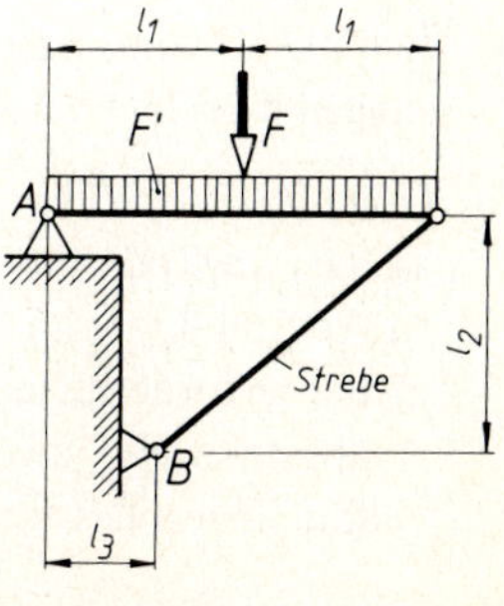

Gesucht:

a) die Stützkraft F_B in der Strebe,
b) der Betrag der Stützkraft F_A,
c) ihr Winkel zur Waagerechten.

110 An einem Bogenträger greifen die Kräfte $F_1 = 21$ kN und $F_2 = 18$ kN nach Skizze an. Die Abmessungen betragen $l_1 = 1{,}4$ m, $l_2 = 2{,}55$ m, $r = 3{,}6$ m, der Winkel $\alpha = 45°$.

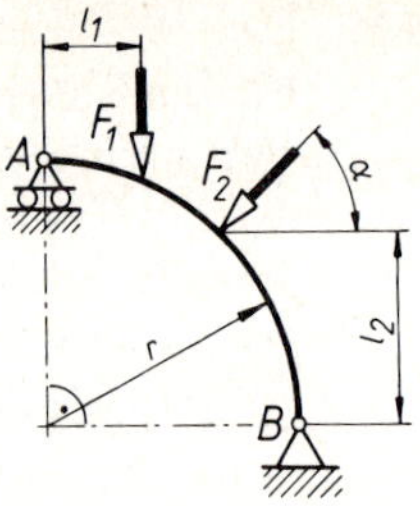

Wie groß sind

a) die Stützkraft F_A, b) die Stützkraft F_B,

c) die Komponenten F_{Bx} und F_{By} der Kraft F_B in waagerechter und senkrechter Richtung?

Lösungshinweis: siehe Aufgabe 107!

111 Das Lastseil eines Kranauslegers läuft unter dem Winkel $\alpha = 25°$ von der Seilrolle ab und trägt die Last $F_1 = 30$ kN am Kranhaken. Die eingezeichneten Abmessungen betragen $l_1 = 5$ m, $l_2 = 3{,}5$ m, $l_3 = 1$ m, $l_4 = 3$ m und $l_5 = 7$ m. Die Gewichtskraft des Auslegers $G = 9$ kN hat den Wirkabstand $l_6 = 2{,}4$ m vom Lager B.

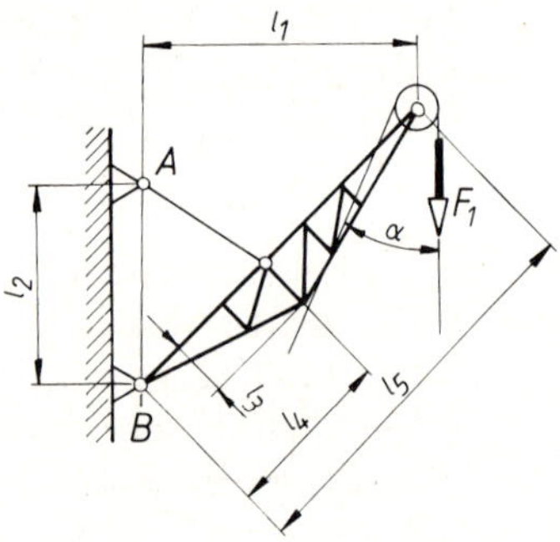

Gesucht:

a) die Zugkraft im Halteseil bei A,

b) der Betrag der Stützkraft im Lager B,

c) der Winkel, den die Wirklinie von F_B mit der Waagerechten einschließt.

112 Die Zugfeder einer Kettenspannvorrichtung soll in der Kette eine Spannkraft von 120 N erzeugen. Die Abmessungen betragen $l_1 = 50$ mm, $l_2 = 85$ mm und $\alpha = 45°$.

Wie groß sind

a) die erforderliche Federkraft F_2,

b) die Belastung des Lagers A,

c) die Komponenten F_{Ax} (waagerecht) und F_{Ay} (senkrecht) der Kraft F_A?

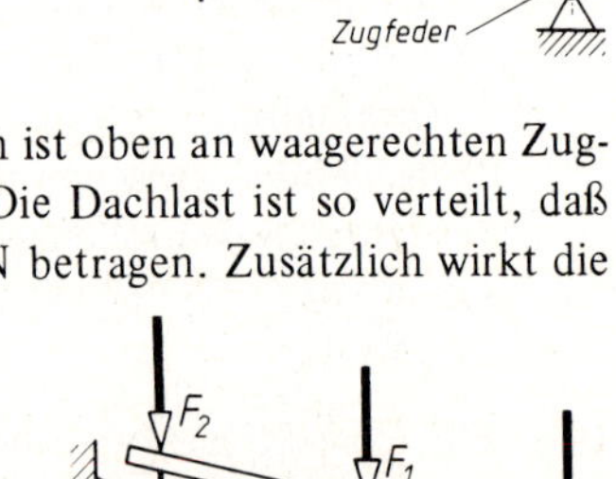

Lösungshinweis: Ersetzen Sie bei der zeichnerischen Lösung zuerst die beiden Kettenspannkräfte durch ihre Resultierende!

113 Die skizzierte Tragkonstruktion für ein Rampendach ist oben an waagerechten Zugstangen A, unten in Schwenklagern B aufgehängt. Die Dachlast ist so verteilt, daß die Kräfte je Dachträger $F_1 = 5$ kN und $F_2 = 2{,}5$ kN betragen. Zusätzlich wirkt die Eigengewichtskraft $G = 1{,}3$ kN im Abstand $l_3 = 0{,}9$ m vom Lager B. Die anderen Abmessungen sind $l_1 = 1{,}5$ m und $l_2 = 1{,}1$ m.

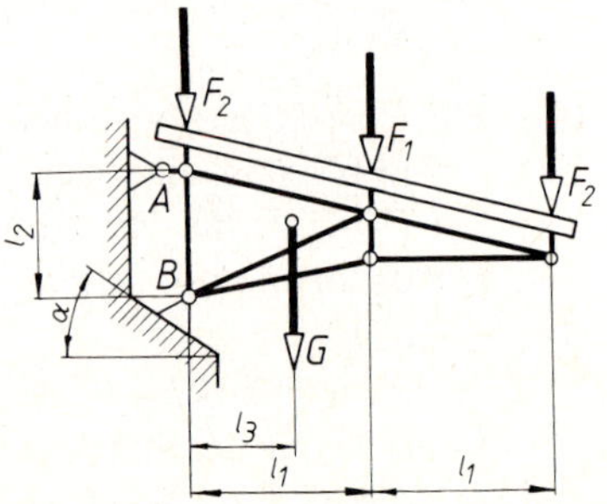

Gesucht:

a) die Zugkraft in der oberen Zugstange A,

b) die Stützkraft im Schwenklager B,

c) der erforderliche Winkel α für den Mauerabsatz, wenn die Kraft F_B rechtwinklig auf ihm abgestützt werden soll.

114 Ein Laufbühnenträger ist einseitig gelagert und steht auf einer senkrechten Pendelstütze B. Er trägt eine gleichmäßig verteilte Streckenlast $F' = 800$ N/m, die Einzelkraft $F_1 = 2{,}5$ kN und wird an einem Geländerpfosten zusätzlich durch den Seilzug $F_2 = 500$ N belastet, der unter dem Winkel $\alpha = 52°$ angreift. Die Abstände betragen $l_1 = 0{,}6$ m, $l_2 = 2$ m, $l_3 = 0{,}8$ m und $l_4 = 1{,}5$ m.

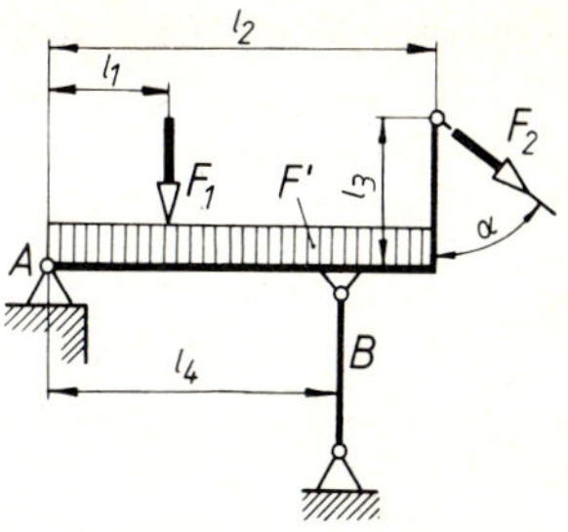

Gesucht:

a) die Druckkraft in der Pendelstütze B,

b) die Stützkraft im Lager A,

c) ihre Komponenten F_{Ax} (waagerecht) und F_{Ay} (senkrecht).

Lösungshinweis: siehe Aufgabe 107!

115 Ein Elektromotor mit der Gewichtskraft $G = 300$ N ist auf einer Schwinge befestigt. Die Druckfeder soll bei waagerechter Schwingenstellung im stillstehenden Riemen die Spannkräfte $F_s = 200$ N erzeugen. Die Abmessungen betragen $l_1 = 0{,}35$ m, $l_2 = 0{,}3$ m, $l_3 = 0{,}17$ m, der Winkel $\alpha = 30°$.

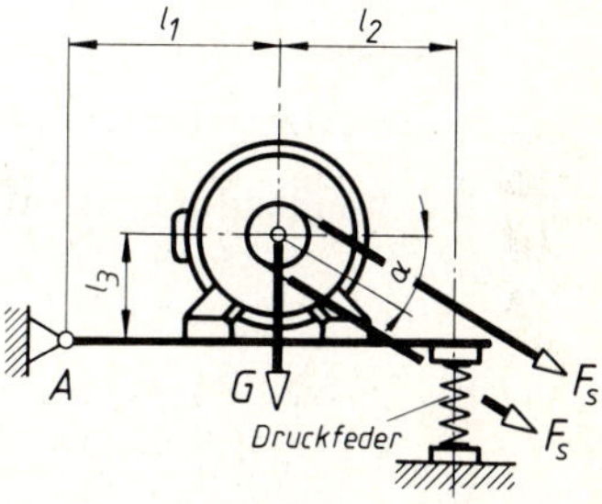

a) Welche Druckkraft F_d muß die Feder aufbringen?

b) Wie groß ist der Betrag der Lagerkraft F_A?

c) Unter welchem Winkel zur Waagerechten wirkt die Kraft F_A?

Lösungshinweis: siehe Aufgabe 107!

116 Durch die Spannvorrichtung soll die Rollenkette für einen Verstellantrieb gleichmäßig mit einer Spannkraft $F_1 = 100$ N gespannt werden. Die Abmessungen betragen $l_1 = 35$ mm, $l_2 = 110$ mm, der Winkel $\alpha = 45°$.

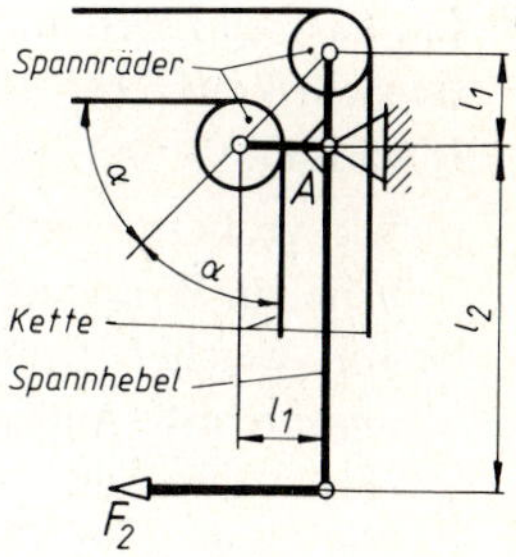

Wie groß sind

a) die zum Spannen erforderliche Kraft F_2 am Spannhebel,

b) die auf das Lager A wirkende Belastung,

c) die waagerechte und die senkrechte Komponente F_{Ax} und F_{Ay} der Lagerkraft F_A?

Lösungshinweis: siehe Aufgabe 107!

4-Kräfte-Verfahren und Gleichgewichtsbedingungen (7. und 8. Grundaufgabe)

117 Der Ausleger der skizzierten Radialbohrmaschine dreht sich mitsamt dem Mantelrohr in zwei Radiallagern R_1 und R_2 und einem Axiallager A um die feste Innensäule. Mantelrohr, Ausleger und Bohrspindelschlitten haben eine Gesamtgewichtskraft $G = 24$ kN. Die Abmessungen betragen $l_1 = 1{,}6$ m, $l_2 = 1{,}2$ m, $l_3 = 2{,}4$ m und $l_4 = 0{,}15$ m. Welche Kräfte haben die Lager A, R_1 und R_2 aufzunehmen, wenn sich der Ausleger in

a) seiner obersten (gezeichneten) Stellung,

b) seiner untersten Stellung befindet?

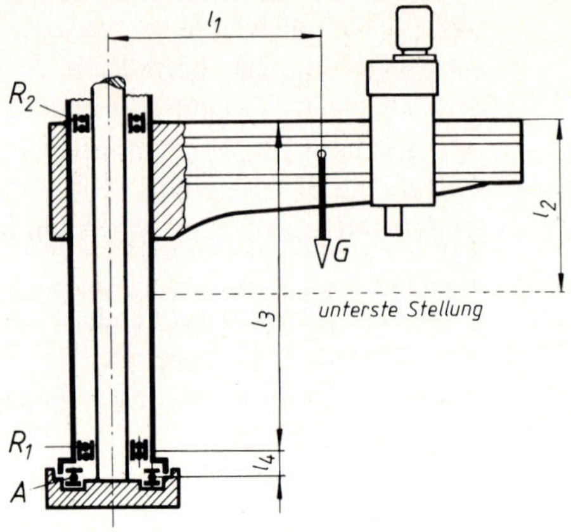

118 Ein Wandlaufkran ist mit der maximalen Seilkraft $F_s = 25$ kN belastet. Die Gewichtskräfte betragen $G_1 = 34$ kN für den Ausleger und $G_2 = 7$ kN für die Laufkatze, die Abstände $l_1 = 1{,}1$ m, $l_2 = 4$ m und $l_3 = 2{,}8$ m.

Wie groß sind die Stützkräfte an den Fahrbahnträgern A, B und C bei voller Belastung?

Lösungshinweis: siehe Aufgabe 107!

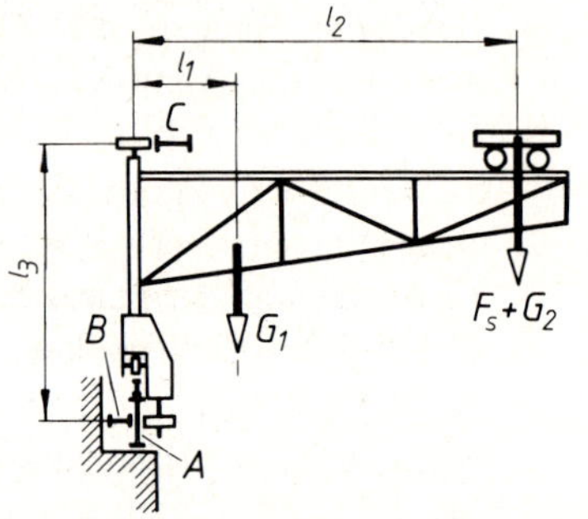

119 Ein Lastzug fährt auf einer Straße mit 20 % Gefälle bergab. Der Anhänger hat die Gewichtskraft $G = 100$ kN. Die Abmessungen betragen $l_1 = 2$ m, $l_2 = 0{,}9$ m, $l_3 = 1{,}4$ m.

a) Wie groß ist der Neigungswinkel der Fahrbahn zur Waagerechten?

b) Mit welcher Schiebekraft F_s drückt der ungebremste Anhänger auf den Motorwagen? (Rollwiderstand vernachlässigen)

c) Wie groß sind die beiden Achslasten F_A und F_B?

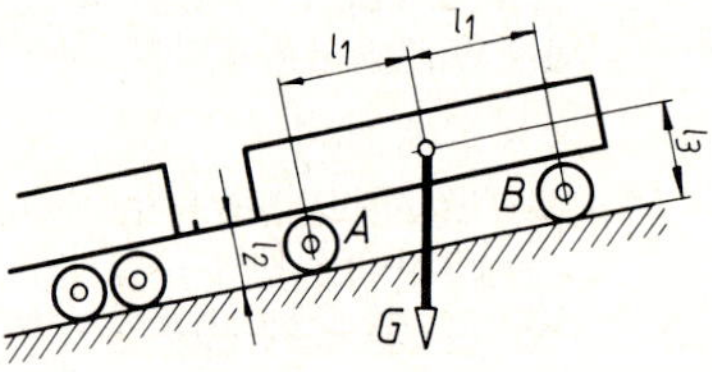

Lösungshinweis: Für die rechnerische Lösung ist es zweckmäßig, die x-Achse parallel zur geneigten Fahrbahn zu legen.

120 Ein Wagen mit $F = 38$ kN Gesamtlast steht auf einer unter $\alpha = 10^\circ$ zur Waagerechten geneigten Ebene und ist mit der Zugstange unter dem Winkel $\beta = 30^\circ$ gegen den Boden abgestützt.

Die Abmessungen betragen: $l_1 = 0{,}8$ m, $l_2 = 1{,}1$ m, $l_3 = 3{,}2$ m, $l_4 = 1$ m und $l_5 = 1{,}6$ m.

Ermitteln Sie die Achslasten F_{A1} und F_{A2} und die Druckkraft F_d in der Zugstange!

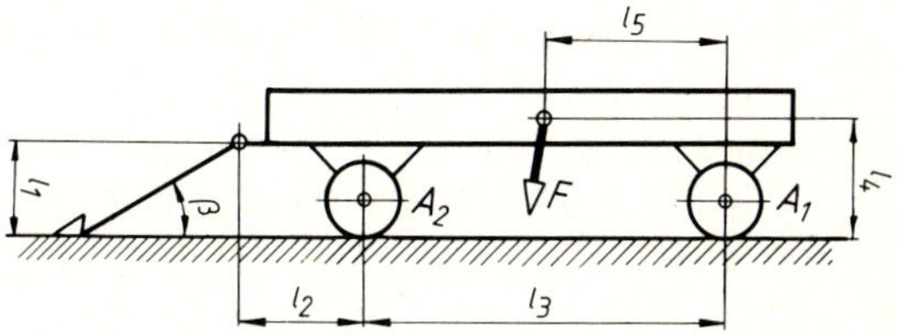

121 Eine Arbeitsbühne mit der Gesamtbelastung $F = 4{,}2$ kN wird durch die Hubstange A gehoben und mit den Rollen B und C an einer senkrechten Stütze geführt. Die Abmessungen betragen $l_1 = 1{,}2$ m und $l_2 = 0{,}75$ m.

Gesucht:

a) die erforderliche Hubkraft F_A,

b) die Rollenstützkräfte F_B und F_C.

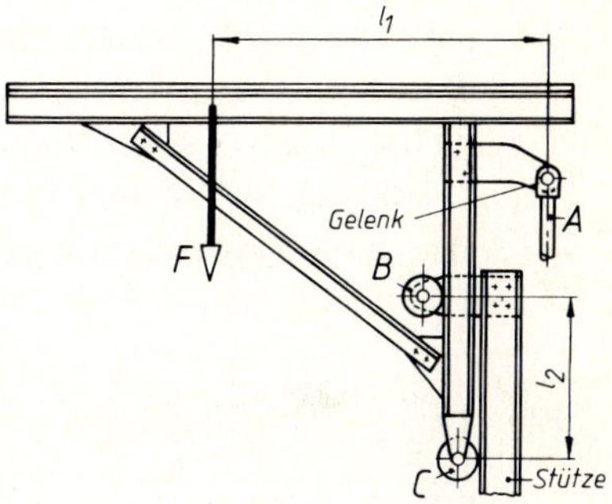

122 Auf dem unter $\alpha = 30^\circ$ zur Waagerechten geneigten Schrägaufzug wird eine Laufkatze gleichförmig aufwärts gezogen. Die Laufkatze ist durch die Gewichtskraft $G = 18$ kN und die Seilkraft F unter dem Winkel $\beta = 15^\circ$ belastet.

Die Abmessungen betragen $l_1 = 0{,}3$ m und $l_2 = 0{,}5$ m, der Rollwiderstand wird vernachlässigt.

Wie groß sind

a) die erforderliche Zugkraft F im Seil,

b) die Stützkräfte an der unteren Laufrolle U und der oberen Laufrolle O?

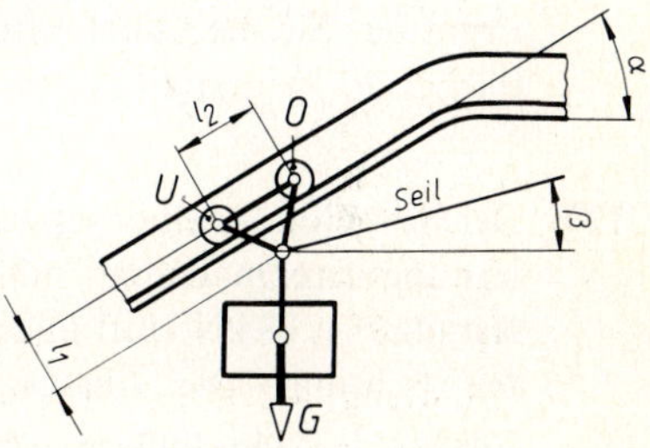

123 In einem Lagergestell stehen Stabstahlstangen von $l_1 = 3{,}6$ m Länge und 750 N Gewichtskraft unter dem Winkel $\alpha = 12^\circ$ nach rückwärts gelehnt. Sie stützen sich an zwei waagerechten Rohren A und B mit den Abständen $l_2 = 1{,}7$ m und $l_3 = 0{,}5$ m und auf der ebenfalls unter dem Winkel α geneigten Fußplatte ab.

Welche Stützkräfte verursacht eine Stange in den Punkten A, B und C?

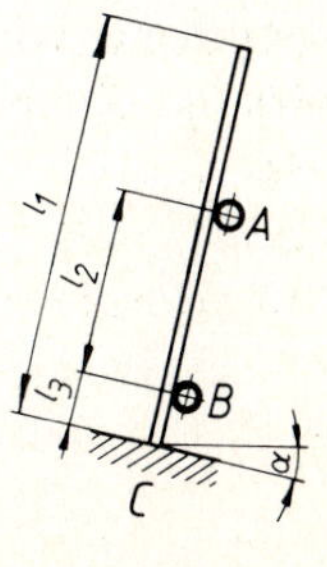

124 Eine Leiter liegt an ihren Endpunkten A und B reibungsfrei auf und wird durch ein Seil am Rutschen gehindert. In der Mitte ist sie mit $F_1 = 800$ N belastet. Die Abmessungen betragen $l_1 = 6$ m, $l_2 = 3$ m, $l_3 = 2$ m.

Ermitteln Sie die Stützkräfte in den Auflagepunkten A und B und die Zugkraft F_2 im Seil!

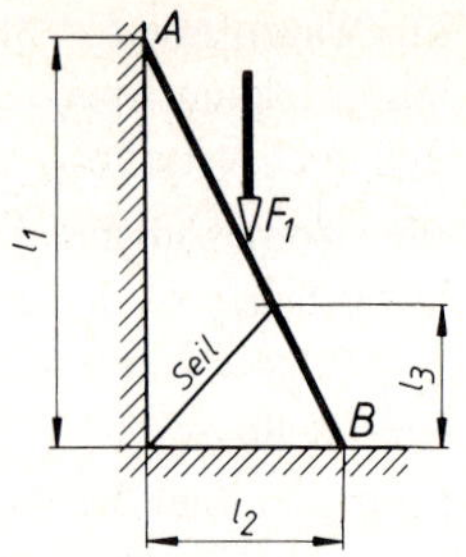

125 Der Aufspanntisch einer Flachschleifmaschine mit $F = 450$ N Gesamtlast ist auf Wälzkörpern geführt. Die Laufflächen B und C stehen im rechten Winkel zueinander. Die Abmessungen betragen $l_1 = 50$ mm, $d_1 = 8$ mm, $d_2 = 4$ mm.

Wie groß sind die Stützkräfte in den Führungsflächen A, B und C?

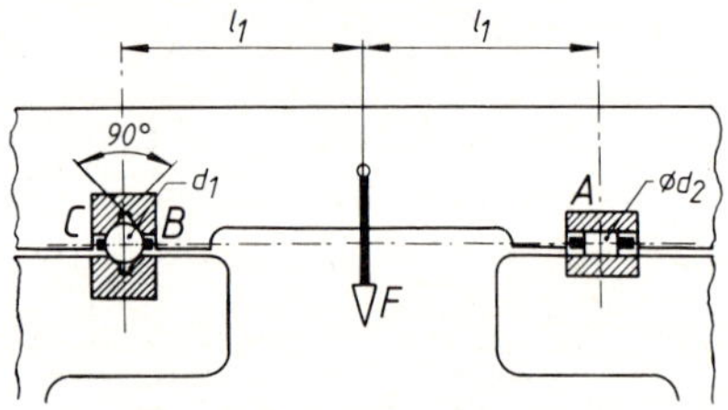

126 Der Werkzeugschlitten einer Drehmaschine läuft in einer oberen Flachführung F und in einer zum Schutz gegen Späne herabgezogenen unteren V-Führung mit einem Öffnungswinkel $\alpha = 90°$. Seine Gewichtskraft beträgt $G = 1{,}5$ kN, die Abmessungen $l_1 = 380$ mm, $l_2 = 200$ mm, $l_3 = 60$ mm, $l_4 = 450$ mm.

Ermitteln Sie die Stützkräfte an den Führungsflächen F, V_1 und V_2!

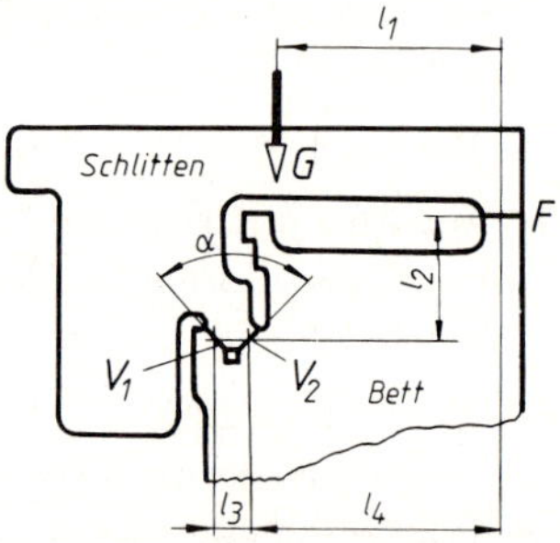

127 Der Bettschlitten einer schweren Hochleistungs-Drehmaschine mit der Belastung $F = 18$ kN läuft in der skizzierten Führung. Die Abmessungen betragen $l_1 = 600$ mm, $l_2 = 140$ mm, $l_3 = 780$ mm und die Winkel $\alpha = 60°$ und $\beta = 20°$.

Mit welchen Kräften F_A, F_B und F_C werden die drei Führungsflächen belastet?

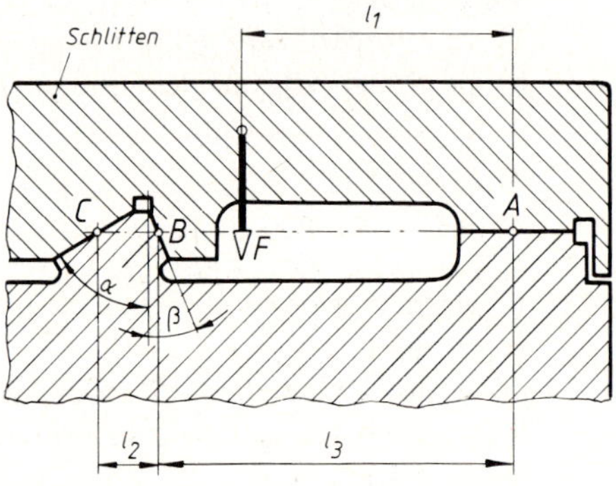

128 Der senkrecht aufgehängte Bettschlitten einer Kopierdrehmaschine hat eine Gewichtskraft $G = 1{,}8$ kN. Die oberen Führungsflächen A und B stehen unter dem Winkel $\alpha = 40°$ zueinander. Die Abmessungen betragen $l_1 = 280$ mm, $l_2 = 30$ mm, $l_3 = 50$ mm und $l_4 = 90$ mm.

Mit welchen Kräften werden die drei Führungsflächen A, B und C im Stillstand belastet?

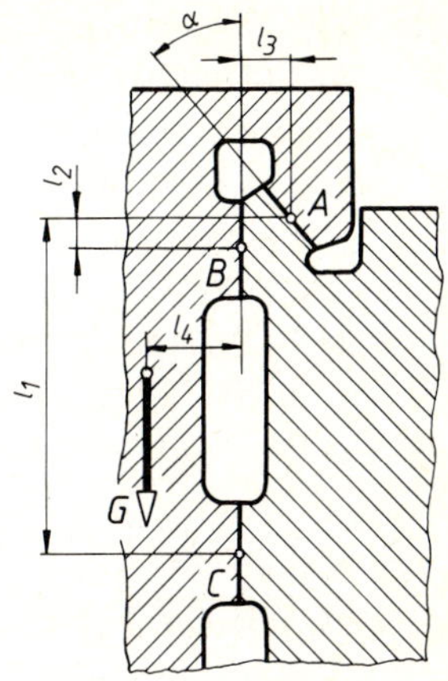

129 Der Reitstock einer Gewindeschälmaschine wird auf einer Dachführung D_1, D_2 und einer Flachführung F geführt. Im Schwerpunkt S greift seine Gewichtskraft von 3,2 kN an. Die Abmessungen betragen $l_1 = 275$ mm, $l_2 = 200$ mm, $l_3 = 120$ mm, $l_4 = 500$ mm, der Winkel $\alpha = 35°$.

Welche Stützkräfte wirken an den Führungsflächen D_1, D_2 und F?

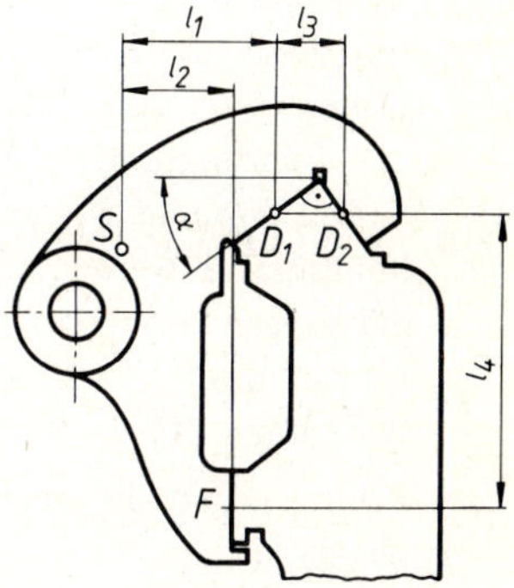

130 Die skizzierte Hubschleifvorrichtung wird durch einen Nocken gehoben und gesenkt. Motor und Gestänge belasten die Rolle mit $F = 350$ N. Die zylindrische Hubstange ist bei A und B geführt. Die Abmessungen betragen $l_1 = 110$ mm, $l_2 = 320$ mm, der Winkel $\alpha = 60°$.

Ermitteln Sie für reibungsfreien Betrieb die Kraft F_N, mit welcher der Nocken gegen die Rolle drückt, und die Kräfte in den Führungen A und B, und zwar:

a) wenn die Nockenlauffläche beim Aufwärtshub um $\alpha = 60°$ gegen die Senkrechte geneigt ist ($l_3 = 160$ mm),

b) wenn sie beim Abwärtshub um $\alpha = 60°$ gegen die Senkrechte geneigt ist ($l_3 = 160$ mm),

c) in der höchsten Hublage ($l_3 = 140$ mm).

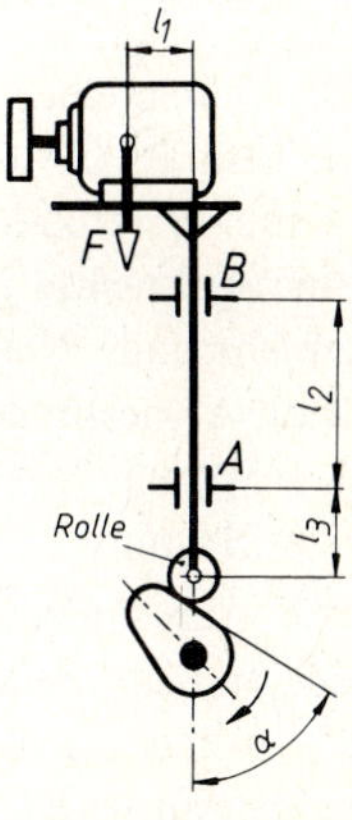

131 Eine Stehleiter, $l_1 = 2{,}5$ m hoch, wird in $l_2 = 1{,}8$ m Höhe mit $F = 850$ N belastet. Die anderen Abstände betragen $l_3 = 1{,}4$ m und $l_4 = 0{,}8$ m.

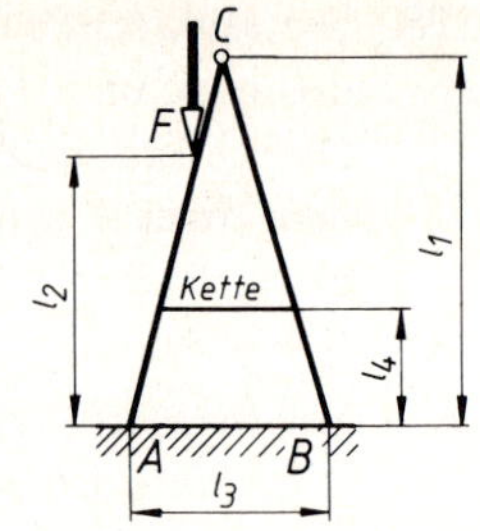

Gesucht:

a) die Stützkräfte F_A und F_B an den Fußenden der Leiter (die Reibung wird vernachlässigt),
b) die Zugkraft F_k in der Kette,
c) die im Gelenk C auftretende Kraft und ihre Komponenten F_{Cx} (waagerecht) und F_{Cy} (senkrecht).

132 Wie ändern sich die in der vorhergehenden Aufgabe ermittelten Kräfte, wenn die Kraft F in der Höhe $l_2 = 0{,}8$ m angreift?

133 Mit Hilfe der skizzierten Hebelanordnung wird durch Betätigung der Zugstange der mit der Kraft F belastete Tisch angehoben. Dabei treten die Lagerkräfte F_A und F_C, die Führungskräfte F_E und F_F und die Kräfte F_D und F_B an den Rollen auf. Reibungskräfte werden vernachlässigt. Die Abmessungen betragen $l_1 = 50$ mm, $l_2 = 70$ mm, $l_3 = 40$ mm, $l_4 = 20$ mm, $l_5 = 35$ mm, der Winkel $\alpha = 30°$.

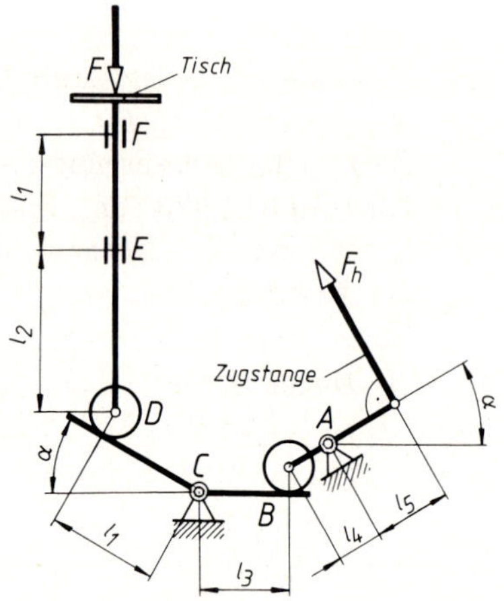

Ermitteln Sie alle oben aufgeführten Kräfte, wenn

a) die Belastung $F = 250$ N,
b) die Zugstangenkraft $F_h = 75$ N beträgt.

134 Der Tisch einer Nietmaschine mit der Gewichtskraft $G = 0{,}8$ kN ist in Flachführungen A und B senkrecht geführt und wird durch eine senkrechte Hubspindel bewegt. Die aufzunehmende Nietkraft beträgt $F_n = 3{,}2$ kN. Die Abmessungen betragen $l_1 = 400$ mm, $l_2 = 30$ mm, $l_3 = 220$ mm, $l_4 = 120$ mm und $l_5 = 210$ mm.

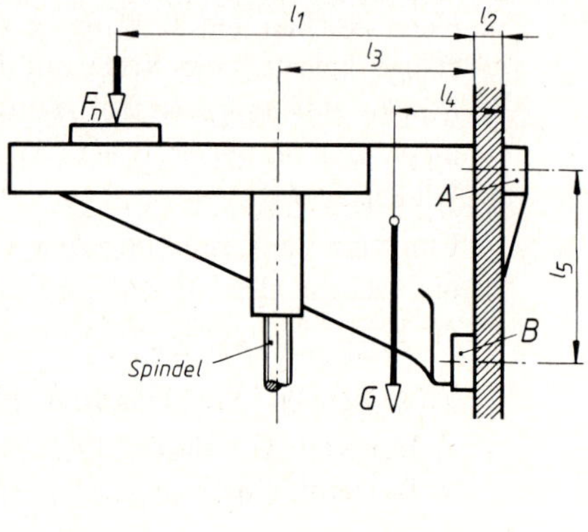

Wie groß sind die Stützkraft F_s in der Spindel und die beiden Führungskräfte F_A und F_B, wenn der Tisch beim Nieten nicht festgeklemmt wird?

135 Bei der skizzierten Schleifband-Spanneinrichtung wird die Bandspannkraft von 50 N durch eine Druckfeder erzeugt, die das Gestänge mit der Spannrolle nach oben drückt. Dabei stützt sich der im Gelenk A drehbar gelagerte Spannrollenhebel mit dem Stützrad B gegen eine senkrechte Fläche ab. Die Abstände betragen l_1 = 120 mm, l_2 = 100 mm, l_3 = 180 mm und l_4 = 220 mm.

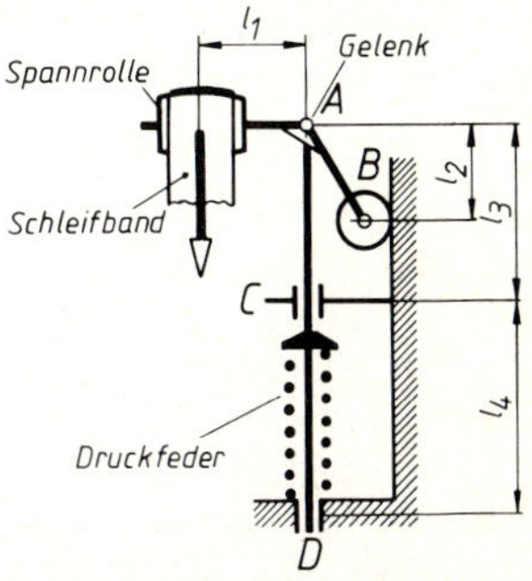

Ermitteln Sie ohne Berücksichtigung der Reibung
a) die im Gelenk A wirkende Kraft,
b) die erforderliche Federkraft F,
c) die Kräfte in den Führungen C und D.

136 Ein Motor steht auf einer Fußplatte, die mit Hilfe einer Verschiebespindel in den Führungsbahnen A und B nach links und rechts verschoben werden kann. Dabei öffnet oder schließt sich eine Keilriemen-Spreizscheibe und ändert dadurch die Drehzahl der Gegenscheibe stufenlos. Die Gewichtskraft von Motor und Grundplatte beträgt G = 80 N, die Riemenspannkräfte F_1 = 100 N im auflaufenden und F_2 = 30 N im ablaufenden Trum. Die Abstände betragen l_1 = 90 mm, l_2 = 70 mm, l_3 = 120 mm, l_4 = 100 mm und der Durchmesser d = 100 mm.

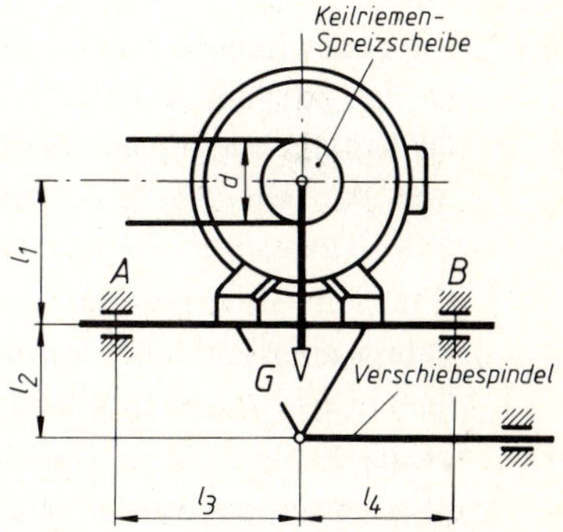

Ermitteln Sie für reibungsfreien Betrieb die Kraft F in der Verschiebespindel und die Kräfte F_A und F_B in den Führungen, und zwar
a) wenn der Motor rechts herum läuft,
b) bei Linkslauf des Motors.

Schlußlinienverfahren und Gleichgewichtsbedingungen (7. und 8. Grundaufgabe)

137 Eine Kraft F = 1250 N soll durch zwei Kräfte F_A und F_B im Gleichgewicht gehalten werden. Die Wirklinien der drei Kräfte sind parallel. Die Wirklinie F_A ist 1,3 m nach links, die Wirklinie F_B ist 3,15 m nach rechts von der Wirklinie F entfernt.
Wie groß sind die Kräfte F_A und F_B?

138 Eine Kraft F = 690 N ist mit zwei Kräften F_A und F_B im Gleichgewicht, die parallel zu F wirken. Die Wirklinien von F_A und F_B liegen beide rechts von F, und zwar 0,9 m bzw. 1,35 m von der Wirklinie F entfernt.
a) Wie groß sind die Kräfte F_A und F_B?
b) Wie ist ihr Richtungssinn, verglichen mit F?

139 Ein Fräserdorn wird durch den Fräser mit der Kraft F = 5 kN belastet. Die Abstände betragen l_1 = 130 mm und l_2 = 170 mm.
Ermitteln Sie die Stützkräfte in den Lagern A und B!

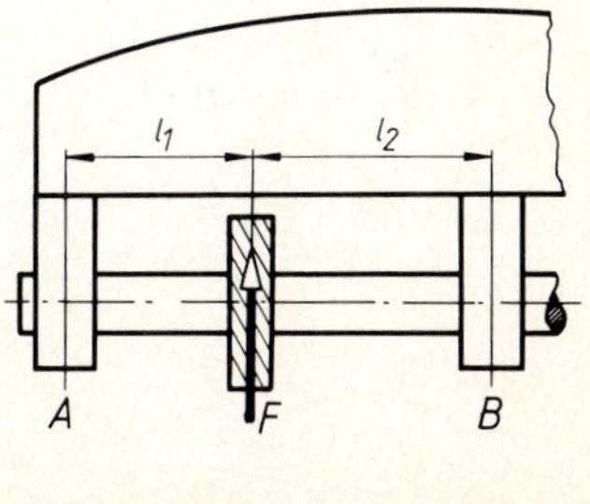

140 Der Support einer Drehmaschine mit der Gewichtskraft $G = 2{,}2$ kN stützt sich auf zwei waagerechten Führungsbahnen ab. Die Abstände betragen $l_1 = 520$ mm und $l_2 = 180$ mm.

Wie groß sind die Stützkräfte F_A und F_B?

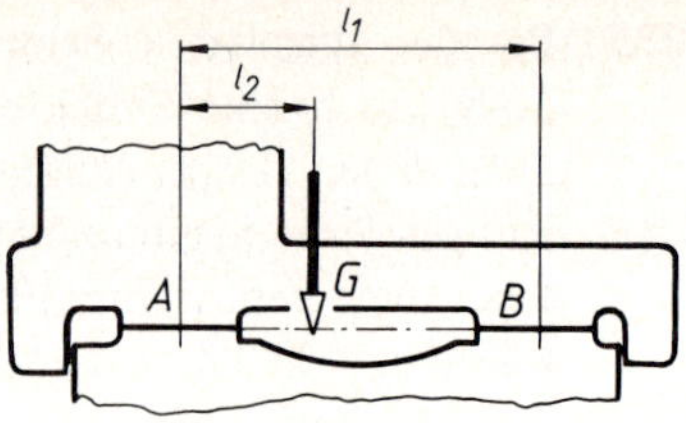

141 In der Zugstange A des Schaltgestänges soll eine Kraft $F = 1{,}8$ kN erzeugt werden. Die Abstände betragen $l_1 = 1{,}12$ m und $l_2 = 0{,}095$ m.

a) Mit welcher waagerechten Handkraft F_h muß der Hebel betätigt werden?

b) Welche Kraft hat das Lager B aufzunehmen?

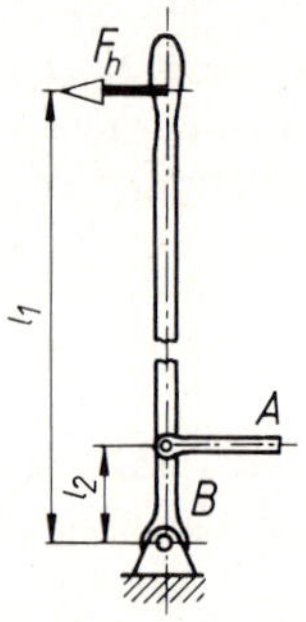

142 Die Laufschiene einer Hängebahn ist nach Skizze an Hängeschuhen befestigt, von denen jeder die senkrechte Höchstlast $F = 14$ kN aufzunehmen hat. Die Abstände betragen $l_1 = 310$ mm, $l_2 = 30$ mm, $l_3 = 250$ mm und $l_4 = 70$ mm.

Ermitteln Sie unter der Annahme, daß die linke Befestigungsschraube infolge zu losen Anziehens überhaupt nicht mitträgt

a) die Zugkraft F_A, welche die rechte Befestigungsschraube aufzunehmen hat,

b) die Kraft F_B, mit der die linke Fußkante des Hängeschuhes gegen die Stützfläche drückt.

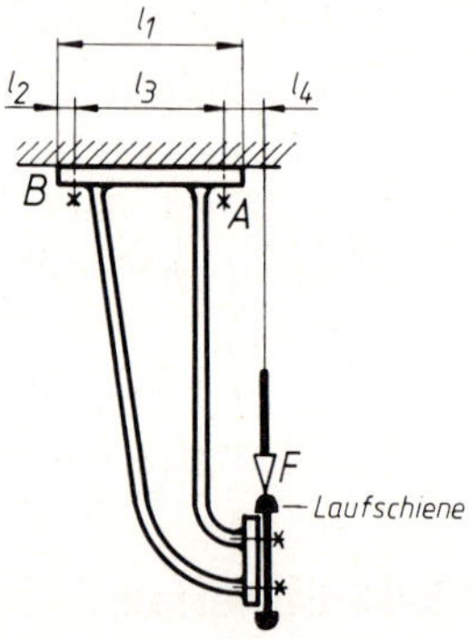

143 Eine zweifach gelagerte Getriebewelle trägt zwei Zahnräder, welche die Welle mit parallelen Kräften $F_1 = 6{,}5$ kN und $F_2 = 2$ kN belasten. Die Abstände betragen $l_1 = 1{,}2$ m, $l_2 = 0{,}22$ m, $l_3 = 0{,}69$ m.

Wie groß sind die Lagerkräfte F_A und F_B?

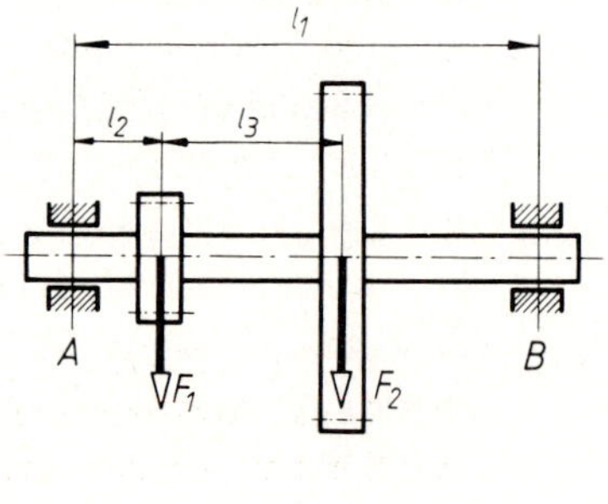

144 Ein Kragträger ist mit den Kräften $F_1 = 30$ kN und $F_2 = 20$ kN in den Abständen $l_1 = 2$ m, $l_2 = 3$ m und $l_3 = 1$ m belastet.

Ermitteln Sie die Stützkräfte F_A und F_B!

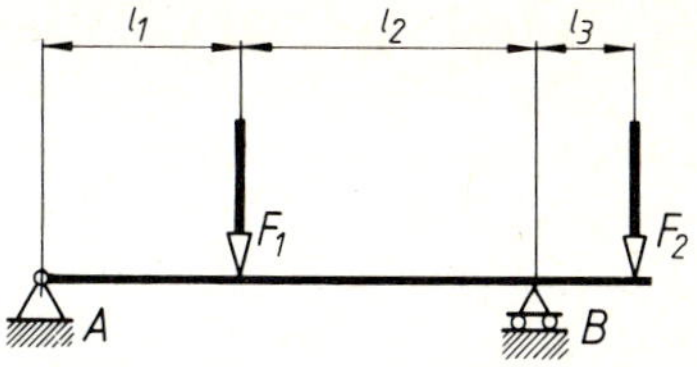

145 Der skizzierte Laufdrehkran trägt an seinem Drehausleger die Nutzlast $F_1 = 60$ kN und die Ausgleichslast $F_2 = 96$ kN. Die Gewichtskraft der Kranbrücke beträgt $G_1 = 97$ kN, die Gewichtskraft der Drehlaufkatze mit Ausleger $G_2 = 40$ kN.

Die Abmessungen betragen $l_1 = 11{,}2$ m, $l_2 = 2{,}2$ m, $l_3 = 5{,}6$ m, $l_4 = 1{,}3$ m, $l_5 = 4{,}2$ m und $l_6 = 0{,}4$ m.

Gesucht:

a) die Achskräfte F_A und F_B der Drehlaufkatze bei 2,2 m Radstand,

b) die Stützkräfte F_C und F_D an den Fahrrädern der Kranbrücke.

c) Wie groß sind die Stützkräfte F_A, F_B, F_C, F_D, wenn der Drehausleger unbelastet und um 180° gedreht ist?

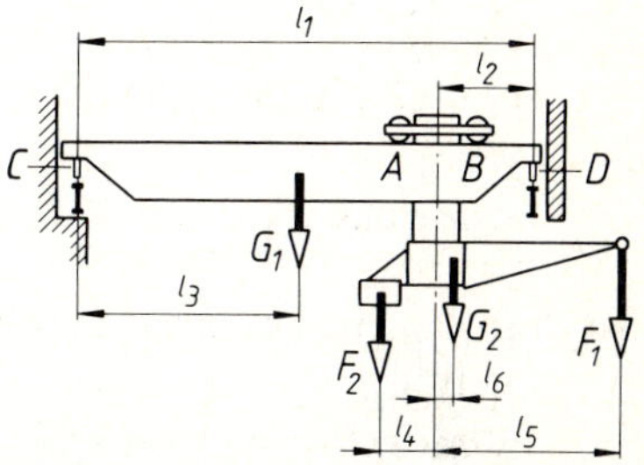

146 Der Kragträger nimmt die Kräfte $F_1 = 15$ kN, $F_2 = 20$ kN und $F_3 = 12$ kN auf. Die Abstände betragen $l_1 = 2{,}3$ m, $l_2 = 2$ m und $l_3 = 3{,}2$ m.

Wie groß sind die Stützkräfte F_A und F_B?

Lösungshinweis: Besondere Aufmerksamkeit bei der zeichnerischen Lösung im Kräfteplan! F_A ist nach unten gerichtet.

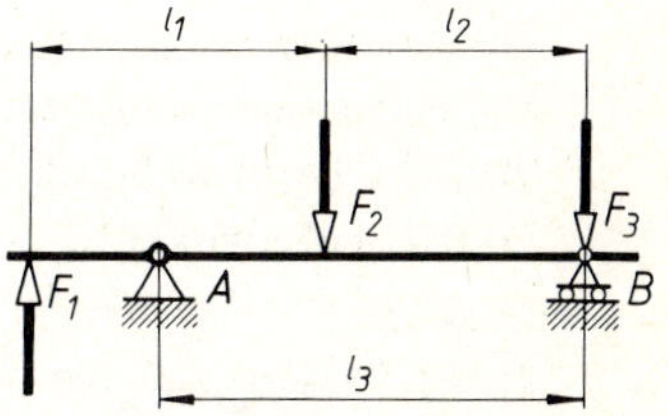

147 Eine Getriebewelle ist mit den Zahnkräften $F_1 = 2$ kN, $F_2 = 5$ kN und $F_3 = 1{,}5$ kN belastet. Die Abstände betragen $l_1 = 250$ mm, $l_2 = 150$ mm, $l_3 = 200$ mm.

Ermitteln Sie die Lagerkräfte F_A und F_B!

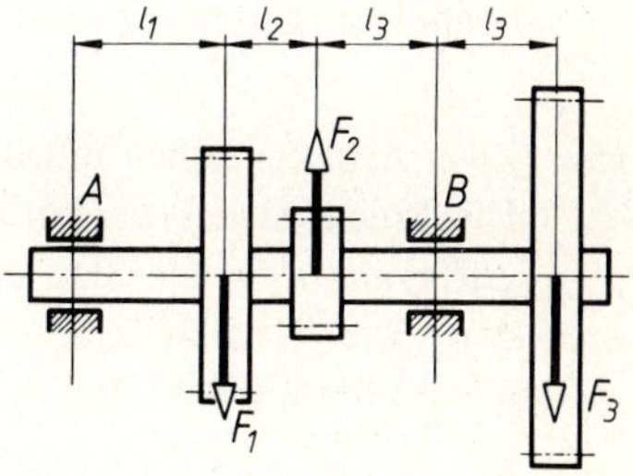

148 Der skizzierte Balken ist unter dem Winkel $\alpha = 10°$ zur Waagerechten geneigt. Das Loslager B stützt sich auf einer zum Balken parallelen Fläche ab. Rechtwinklig zum Balken wirken drei gleich große Kräfte $F = 10$ kN. Die Abmessungen betragen $l_1 = 5$ m, $l_2 = 1$ m.

Ermitteln Sie die Stützkräfte F_A und F_B!

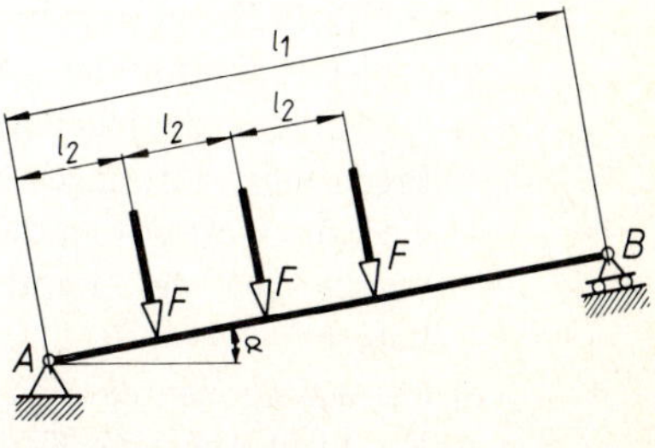

149 Ein fahrbarer Werkstattkran wird durch die Nutzlast am Seil mit $F_1 = 7{,}5$ kN, durch den Ausgleichskörper mit $F_2 = 7$ kN und durch seine Gewichtskraft $G = 3{,}6$ kN belastet. Die Abmessungen betragen $l_1 = 0{,}9$ m, $l_2 = 0{,}3$ m, $l_3 = 0{,}7$ m, $l_4 = 0{,}2$ m und $l_5 = 1{,}7$ m.

Welche Stützkräfte wirken an den Rädern A und B?

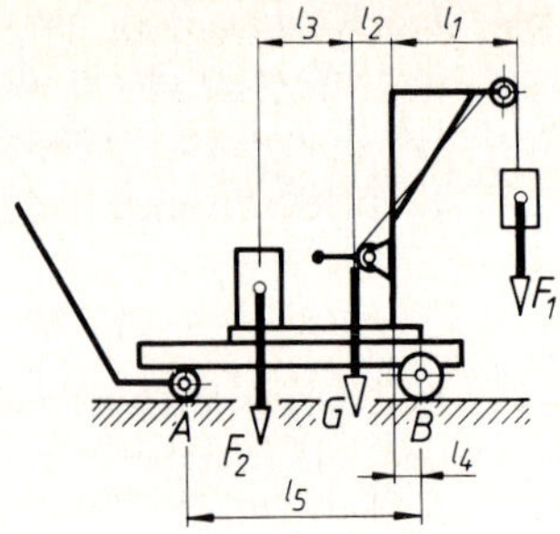

150 Die skizzierte Rolleiter mit $G = 150$ N Gewichtskraft wird mit der Kraft $F = 750$ N belastet. Die Abstände betragen $l_1 = 0{,}8$ m, $l_2 = 0{,}3$ m, $l_3 = 0{,}5$ m und $l_4 = 3$ m.

Wie groß sind die Stützkräfte F_A an der Einhängestange und F_B an der Stützrolle?

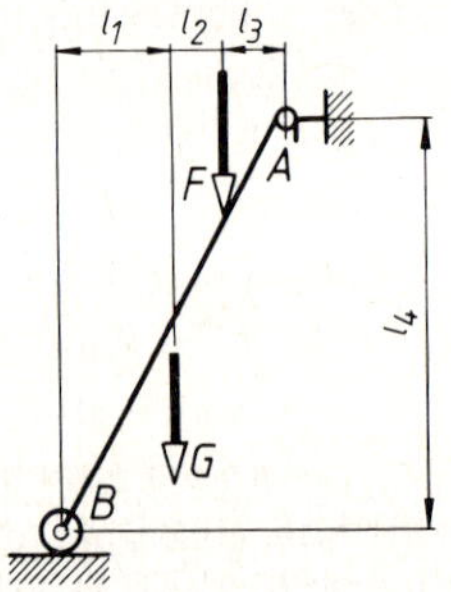

151 Bei einem Personenkraftwagen mit dem Achsabstand $l_1 = 2{,}8$ m greift die Gewichtskraft $G = 13{,}9$ kN im Abstand $l_2 = 1{,}31$ m von der Vorderachse an. Bei Höchstgeschwindigkeit wirkt auf ihn der Luftwiderstand $F_w = 1{,}2$ kN in einer Höhe $l_3 = 0{,}75$ m. Bei Vernachlässigung des Rollwiderstandes muß dann an den Antriebsrädern eine Vortriebskraft $F = F_w$ wirken.

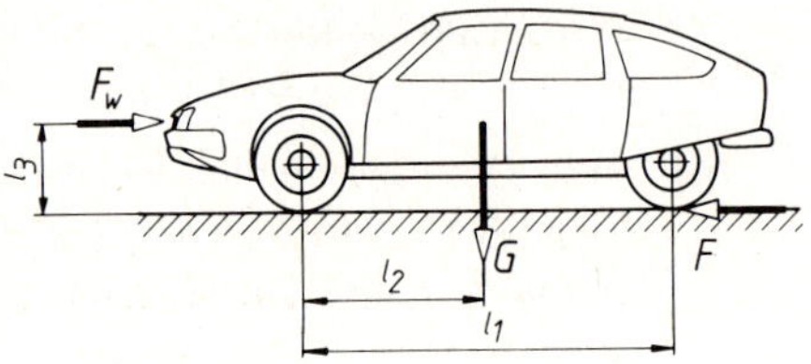

Gesucht:

a) die vordere und die hintere Achslast F_v und F_h, wenn der Wagen auf waagerechter Ebene steht,

b) die Achslasten F_v und F_h, wenn der Wagen mit Höchstgeschwindigkeit fährt.

152 Zwei Arbeiter heben mit Brechstangen die skizzierte Welle auf einen Absatz hinauf. Die Brechstangen werden auf einem untergelegten Holzbalken abgestützt. Die Angriffspunkte für die Stangen sind so gewählt, daß beide Stangen gleich belastet werden. Die Gewichtskraft der Welle beträgt 3,6 kN, die Abstände $l_1 = 110$ mm, $l_2 = 1340$ mm, $l_3 = 30$ mm, $d = 120$ mm und der Winkel $\alpha = 30°$.

Ermitteln Sie für die gezeichnete Stellung

a) die Kraft F_A, mit der sich die Welle an der Absatzkante abstützt,

b) die Kraft F_B, mit der die Welle auf jede Brechstange drückt,

c) die Kraft F, die jeder Arbeiter am Ende der Brechstange aufbringen muß,

d) die Stützkraft F_C an der Auflagestelle einer Stange auf der Kante des untergelegten Balkens,

e) die Komponenten F_{Cx} (waagerecht) und F_{Cy} (senkrecht) der Kraft F_C!

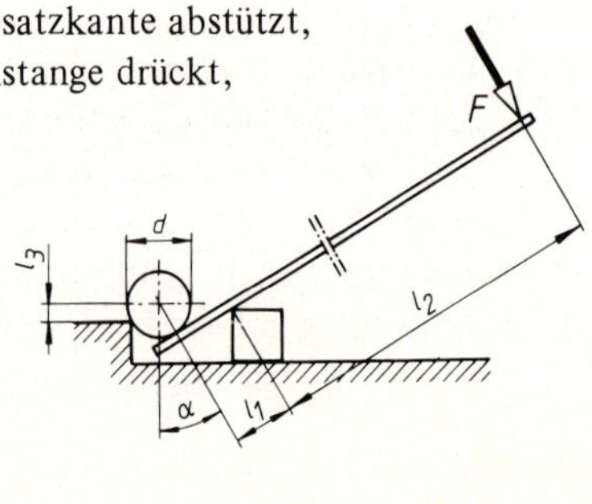

153 Für die skizzierte Transportkarre ergibt sich aus Nutzlast und Eigengewichtskraft die Belastung $F = 5$ kN. Die Abmessungen betragen $l_1 = 0{,}25$ m, $l_2 = 1$ m, $l_3 = 0{,}4$ m, $l_4 = 0{,}4$ m, $l_5 = 0{,}5$ m und $d = 0{,}3$ m.

Ermitteln Sie für die gezeichnete Stellung

a) die Stützkräfte an den Rädern A und B,

b) die Stützkräfte in den Lagern C und D des Schwenkarmes,

c) die waagerechte und die senkrechte Komponente F_{Dx} und F_{Dy} der Kraft F_D!

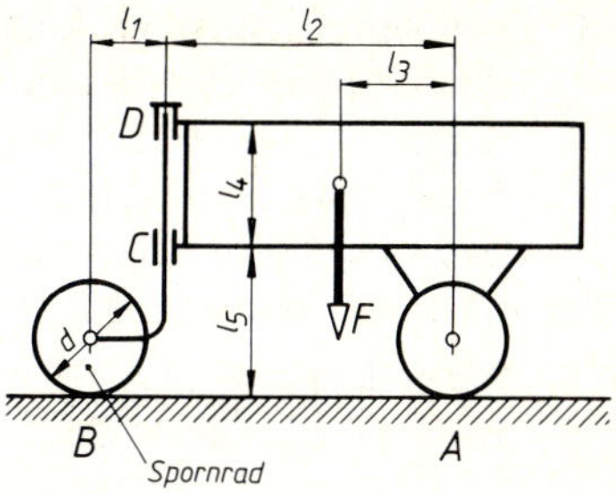

154 Der Schwenkarm der Transportkarre aus Aufgabe 153 ist um 360° schwenkbar. Ermitteln Sie die Kräfte $F_A \ldots F_D$ und die Komponenten F_{Dx} und F_{Dy}, wenn das Spornrad bei gleicher Belastung um 180° ganz unter die Karre geschwenkt ist!

155 Ein Sicherheitsventil besteht aus dem Ventilkörper mit der Gewichtskraft $G_1 = 8$ N, dem im Punkt D drehbar gelagerten Hebel mit der Gewichtskraft $G_2 = 15$ N und dem zylindrischen Einstellkörper, der den Hebel zusätzlich mit seiner Gewichtskraft $G_3 = 120$ N belastet. Ventilkörper- und Hebelschwerpunkt sind $l_1 = 75$ mm und $l_2 = 320$ mm vom Lager D entfernt. Das Ventil mit $d = 60$ mm Öffnungsdurchmesser soll sich bei einem Überdruck $p = 3$ bar öffnen.

Gesucht:

a) der erforderliche Abstand x für den Einstellkörper,

b) die im Hebellager D beim Abblasen auftretende Stützkraft,

c) die Stützkraft im Hebellager D, wenn kein Überdruck auf den Ventilteller wirkt.

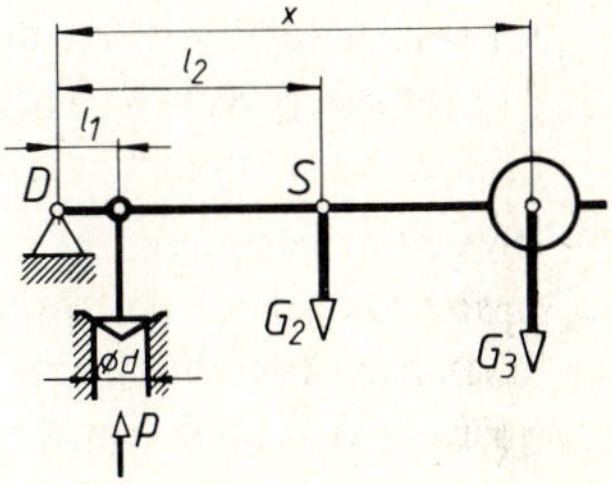

156 Auf einen unter $\alpha = 30°$ zur Waagerechten geneigten Balken wirken rechtwinklig fünf parallele Kräfte $F_1 = 4$ kN, $F_2 = 2$ kN, $F_3 = 1$ kN, $F_4 = 3$ kN und $F_5 = 1$ kN. Der Abstand l beträgt 1 m.

Wie groß sind die Stützkräfte F_A und F_B sowie ihre Komponenten F_{Ax} und F_{Bx} parallel zum Balken und ihre Komponenten F_{Ay} und F_{By} rechtwinklig dazu?

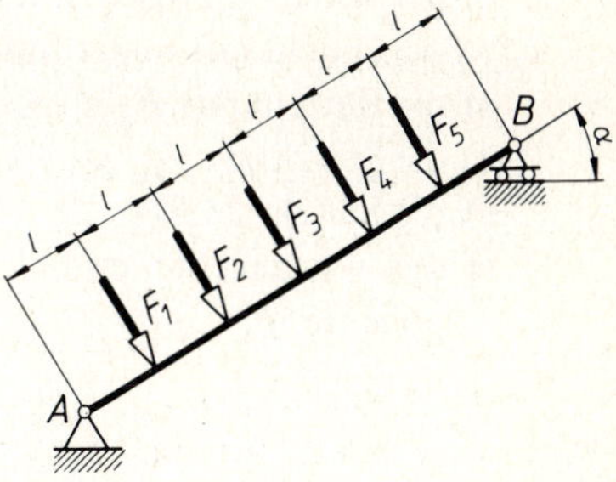

157 Ein Sprungbrett wird durch seine Gewichtskraft $G = 300$ N und beim Absprung durch die unter $\alpha = 60°$ wirkende Kraft $F = 900$ N belastet. Die Abstände betragen $l_1 = 2{,}6$ m, $l_2 = 2{,}4$ m und $l_3 = 2{,}1$ m.

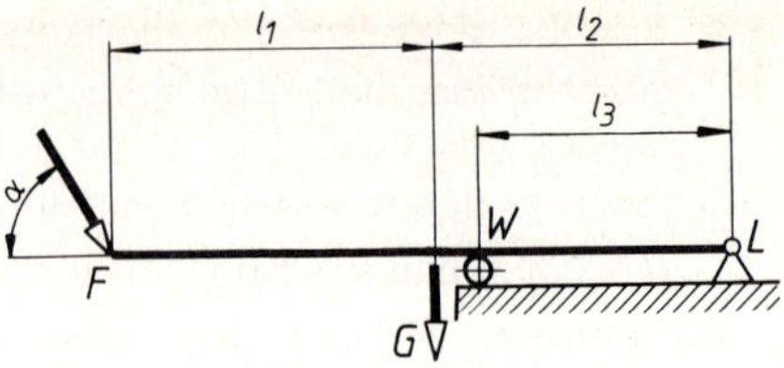

Wie groß sind

a) die Stützkräfte an der Walze W,

b) der Betrag der Stützkraft F_L im Lager L,

c) der Winkel, den die Wirklinie von F_L mit der Waagerechten einschließt?

158 Die Querträger einer Lauf- und Arbeitsbühne sind auf einer Seite gelenkig gelagert und ruhen auf der anderen Seite auf schrägen Pendelstützen mit dem Neigungswinkel $\alpha = 75°$. Jeder Träger nimmt die Einzellasten $F_1 = 9$ kN, $F_2 = 6{,}5$ kN und die Streckenlast $F' = 6$ kN/m auf. Die Abstände betragen $l_1 = 0{,}4$ m, $l_2 = 0{,}3$ m, $l_3 = 0{,}6$ m und $l_4 = 1{,}8$ m.

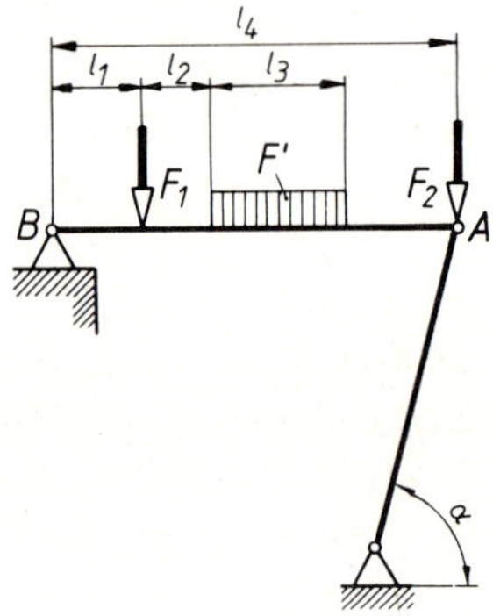

Gesucht:

a) die Druckkraft F_A in der Pendelstütze,

b) der Betrag der Stützkraft F_B,

c) der Winkel, unter dem die Kraft F_B auf den waagerechten Träger wirkt.

159 Ein Stützträger nimmt zwei senkrechte Kräfte $F_1 = 3{,}8$ kN und $F_2 = 3$ kN auf. Er trägt außerdem eine Pendelstütze A, welche die waagerechte Seilkraft $F_s = 2{,}1$ kN aufnimmt und durch eine Kette K abgefangen ist. Die Abstände betragen $l_1 = 0{,}8$ m, $l_2 = 0{,}7$ m, $l_3 = 0{,}4$ m, $l_4 = 0{,}6$ m, $l_5 = 3{,}2$ m und $l_6 = 1{,}5$ m.

Es sind zu ermitteln:

a) der Winkel α zwischen Kette und Stützträger,

b) die Druckkraft in der Stütze A,

c) die Kettenkraft F_k,

d) die Stützkraft F_B,

e) die Stützkraft F_C,

f) die waagerechte und die senkrechte Komponente F_{Cx} und F_{Cy} der Stützkraft F_C.

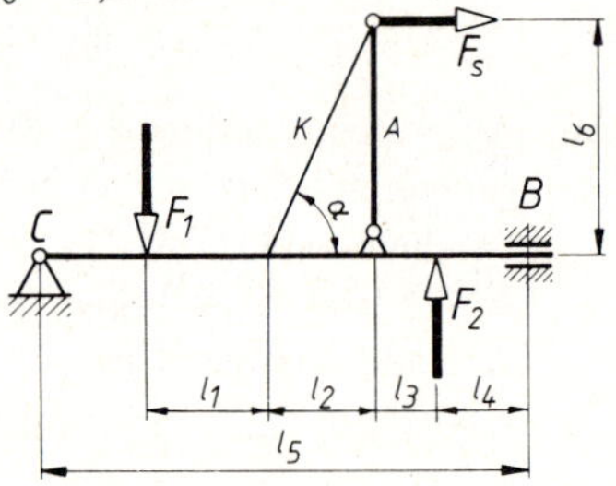

Statik der Fachwerke – Cremonaplan, Culmannsches Schnittverfahren, Rittersches Schnittverfahren

160 Der skizzierte Dachbinder hat die Kräfte $F_1 = F_3 = 4$ kN und $F_2 = 8$ kN aufzunehmen.

Gesucht:

a) die Stützkräfte F_A und F_B,

b) die Stabkräfte 1 bis 5. (Kennzeichnen Sie Zugkräfte mit Plus- und Druckkräfte mit Minuszeichen!)

c) Prüfen Sie die Stäbe 2, 3, 5 nach Culmann und nach Ritter nach!

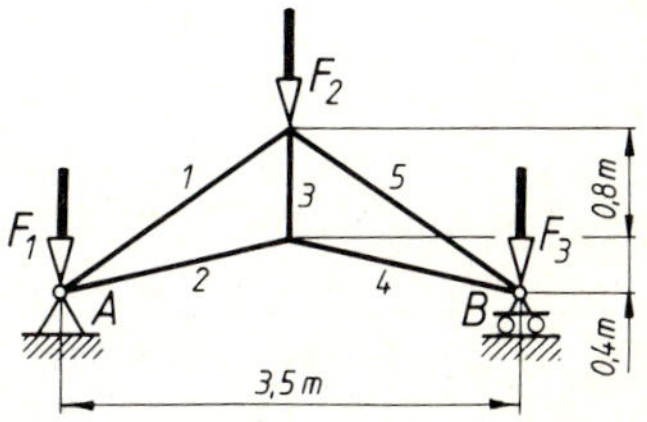

161 Die oberen Knotenpunkte dieses Dachbinders werden mit je $F = 6$ kN belastet, die Endknoten A und B mit $F/2 = 3$ kN. Die Stäbe 1, 4, 8, 11 sind gleich lang.

a) Ermitteln Sie die Stützkräfte F_A und F_B!

b) Wie groß sind die Stabkräfte in allen Stäben?

c) Prüfen Sie nach Culmann die Stäbe 2, 3, 4 und nach Ritter die Stäbe 6, 7, 8 nach!

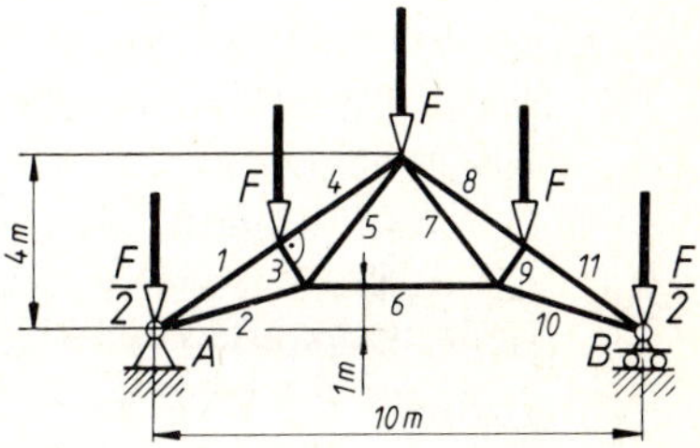

162 Die Knotenpunktlasten im Obergurt des Satteldachbinders betragen $F = 20$ kN und $F/2 = 10$ kN.

Gesucht:

a) die Stützkrafte F_A und F_B,

b) die Stabkräfte 1 ... 17.

c) Prüfen Sie nach Culmann die Stäbe 4, 5, 6 und nach Ritter die Stäbe 10, 11, 14 nach!

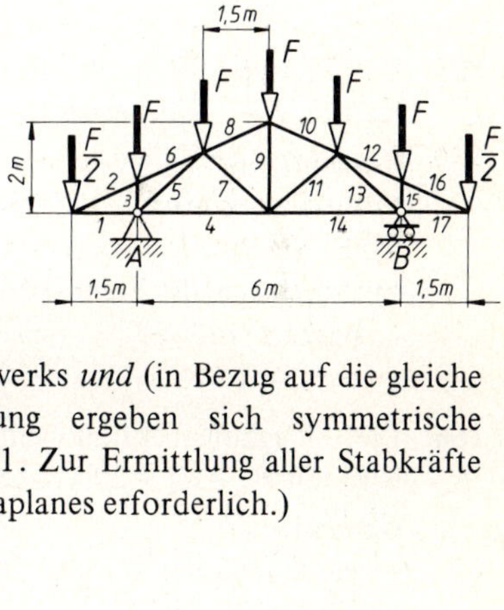

(*Hinweis:* Bei symmetrischem Aufbau des Fachwerks *und* (in Bezug auf die gleiche Symmetrieachse) symmetrischer Kräfteverteilung ergeben sich symmetrische Cremonapläne wie in den Aufgaben 160 und 161. Zur Ermittlung aller Stabkräfte ist also nur die Aufzeichnung des halben Cremonaplanes erforderlich.)

163 Ein Brückenträger wird an seinen unteren Knotenpunkt mit je $F = 28$ kN belastet.

Gesucht:

a) die Stützkräfte F_A und F_B,

b) die Stabkräfte 1 ... 14.

c) Prüfen Sie nach Culmann und Ritter beliebige Stäbe des rechten Fachwerkteiles nach und vergleichen Sie die Ergebnisse mit den symmetrischen Stäben des linken Teiles!

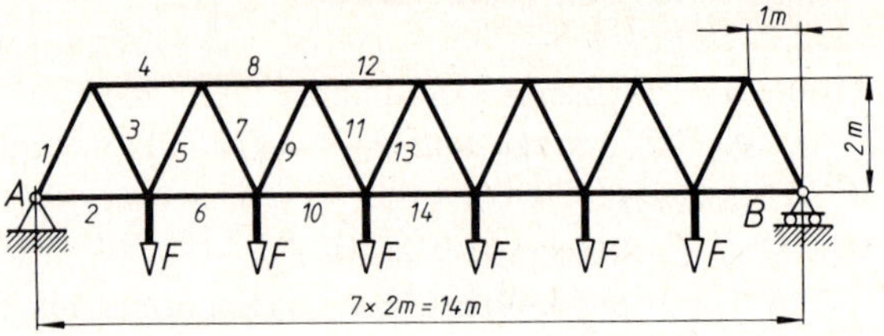

164 Ein Brückenträger in der hier skizzierten Form erhält die gleichen Lasten wie der Träger in Aufgabe 163, diesmal aber in den oberen Knoten.

Wie groß sind

a) die Stützkräfte F_A und F_B,

b) die Stabkräfte 1 ... 14?

c) Prüfen Sie beliebige Stäbe nach Culmann und Ritter nach!

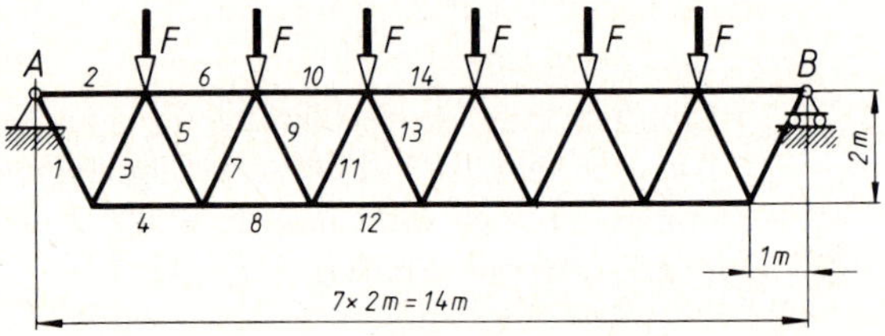

165 Der skizzierte Träger ist mit sieben gleich großen Kräften $F = 4$ kN belastet.

Gesucht:

a) die Stützkräfte F_A und F_B,

b) die Stabkräfte 1 ... 17.

c) Prüfen Sie die Stäbe 10, 11, 12 nach Ritter nach!

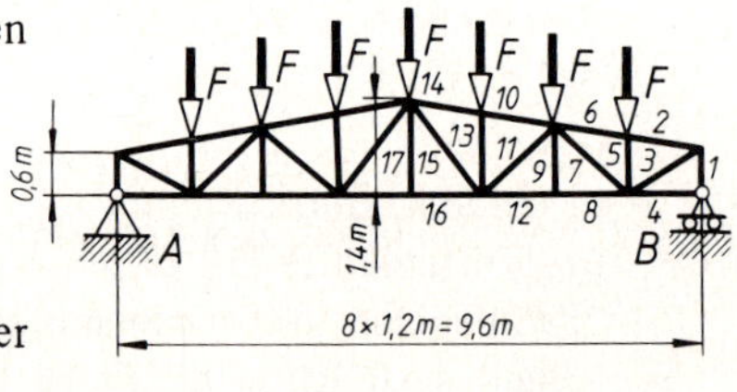

166 Die Tragkonstruktion einer Schrägauffahrt wird mit $F_1 = F_2 = 20$ kN belastet.

Gesucht:

a) die Stützkräfte F_A und F_B,

b) alle Stabkräfte.

c) Prüfen Sie die Stäbe 2, 3, 4 und 4, 5, 7 rechnerisch nach!

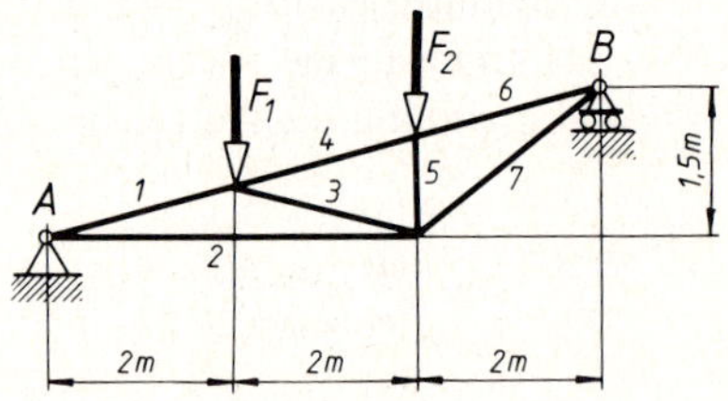

167 Das skizzierte Fachwerk trägt in den oberen Knotenpunkten die Lasten $F_1 = 30$ kN und $F_2 = 10$ kN.

Gesucht:

a) die Stützkräfte F_A und F_B,

b) die Stabkräfte 1 ... 9.

c) Prüfen Sie die Stäbe 4, 5, 6 zeichnerisch und rechnerisch nach!

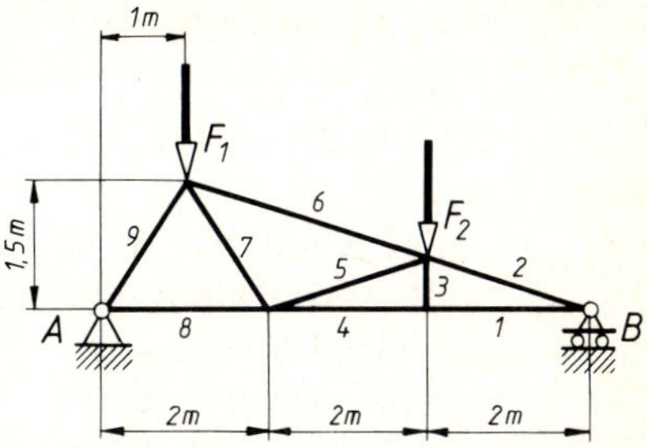

168 Das gleiche Fachwerk wie in Aufgabe 167, diesmal als Kragträger ausgebildet, ist mit den gleichen Kräften $F_1 = 30$ kN und $F_2 = 10$ kN, aber an den unteren Knotenpunkten, belastet. Wie groß sind jetzt die Stützkräfte F_A und F_B und die Stabkräfte 1 ... 9?

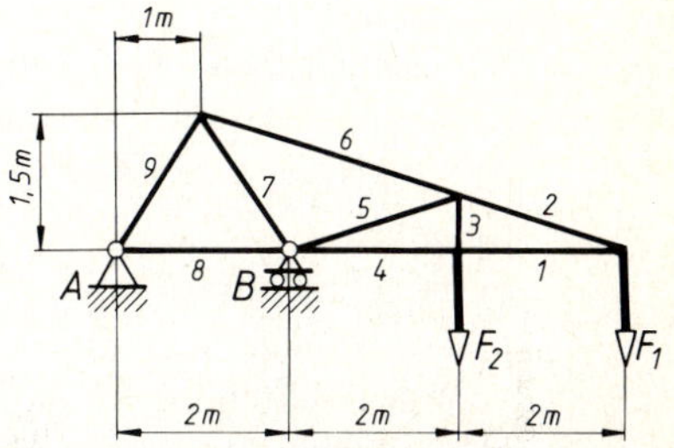

169 Ein Wandkran trägt eine Last $F = 30$ kN. Es sollen ermittelt werden:

a) die Stützkraft F_A,

b) die Stützkraft F_B und ihre Komponenten F_{Bx} (waagerecht) und F_{By} (senkrecht),

c) die Stabkräfte 1 ... 5.

d) Prüfen Sie die Stäbe 1, 3, 4 nach Ritter und 2, 3, 5 nach Culmann nach!

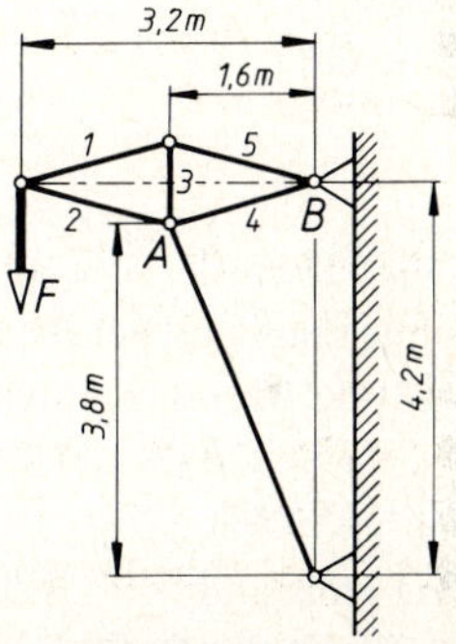

170 Für den Wandauslegerkran, der mit $F = 15$ kN belastet ist, sollen ermittelt werden:

a) die Resultierende aus Last F und Seilzugkraft,

b) die Stützkräfte F_A und F_B,

c) die Stabkräfte 1 ... 5.

d) Prüfen Sie die Stäbe 1, 3, 4 nach Culmann und 2, 3, 5 nach Ritter nach!

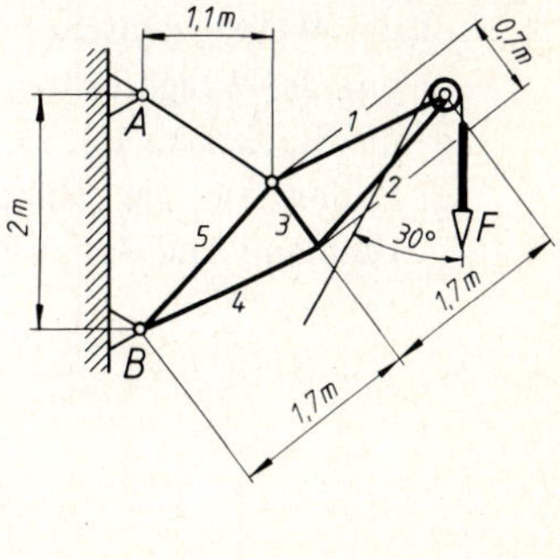

171 Der Konsolträger für eine Bedienungsbühne trägt die Lasten $F_1 = F_3 = 5$ kN und $F_2 = 10$ kN.

Gesucht:

a) die Stützkräfte im einwertigen Lager A und im zweiwertigen Lager B,
b) alle Stabkräfte.
c) Prüfen Sie die Stäbe 2, 3, 4 rechnerisch und 4, 5, 6 zeichnerisch nach!

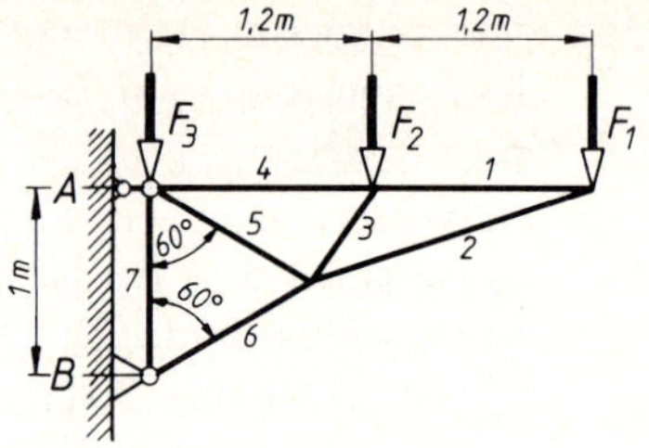

172 Ein Rampendach wird von Trägern der skizzierten Abmessungen getragen. Die Knotenpunktlasten entstehen aus Dachlast und zwei Laufkatzen und betragen $F_1 = 6$ kN, $F_2 = 12$ kN, $F_3 = 17$ kN und $F_4 = 5$ kN.

Gesucht:

a) die Stützkräfte F_A und F_B,
b) der Winkel der Stützkraft F_A zur Waagerechten,
c) alle Stabkräfte.
d) Prüfen Sie die Stäbe 2, 3, 4 zeichnerisch und die Stäbe 4, 5, 6 rechnerisch nach!

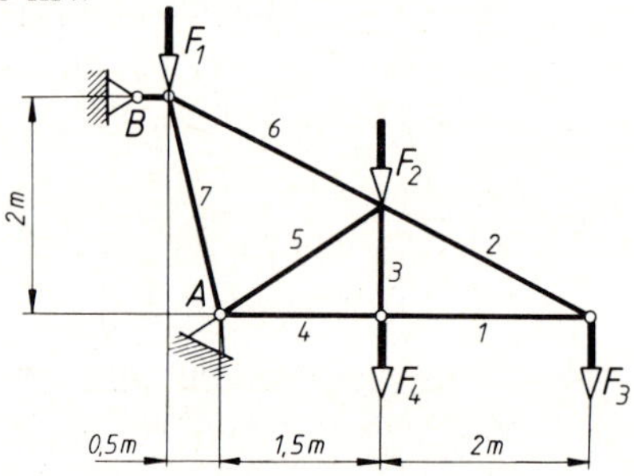

173 Eine Konsole ist an einer Zugstange aufgehängt und bei B schwenkbar gelagert. Auf die oberen Knoten wirken die Kräfte $F_1 = 6$ kN, $F_2 = 10$ kN, $F_3 = 9$ kN und $F_4 = 15$ kN.

Wie groß sind

a) die Zugkraft F_A in der Zugstange,
b) der Betrag der Stützkraft im Lager B,
c) der Winkel zwischen der Wirklinie F_B und der Waagerechten,
d) die Stabkräfte 1 ... 11?
e) Prüfen Sie die Stäbe 8, 9, 10 nach Culmann und 4, 5, 6 nach Ritter nach!

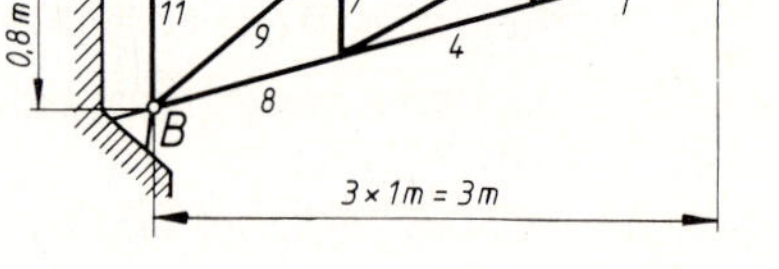

174 Die Tragarme eines Freileitungsmastes haben die skizzierten Abmessungen. Die drei Isolatoren nehmen die Gewichtskräfte der Kabel von je F = 5,6 kN auf.

a) Ermitteln Sie die Stabkräfte 1 ... 10!

b) Prüfen Sie die Stäbe 4, 7, 10 zeichnerisch und rechnerisch nach!

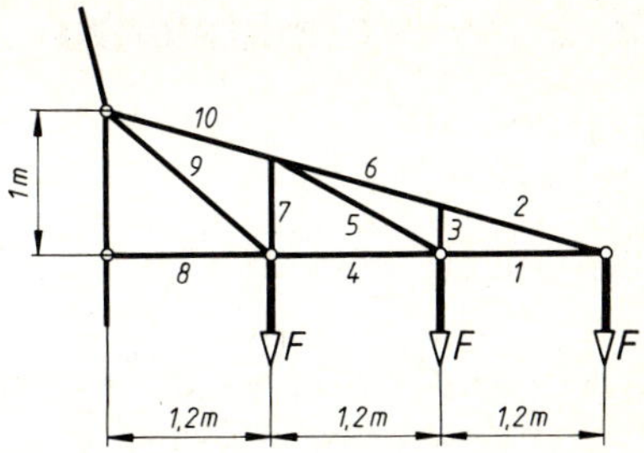

175 Ein Vordach wird von Bindern der skizzierten Abmessungen getragen. Die Belastung der oberen Knoten ist F = 12 kN bzw. $F/2$ = 6 kN. Der Untergurt wird durch eine Laufkatze mit F_1 = 20 kN belastet.

Gesucht:

a) die Stützkräfte F_A und F_B,

b) die Stabkräfte 1 ... 15.

c) Prüfen Sie die Stäbe 6, 7, 8 nach Culmann und Ritter nach!

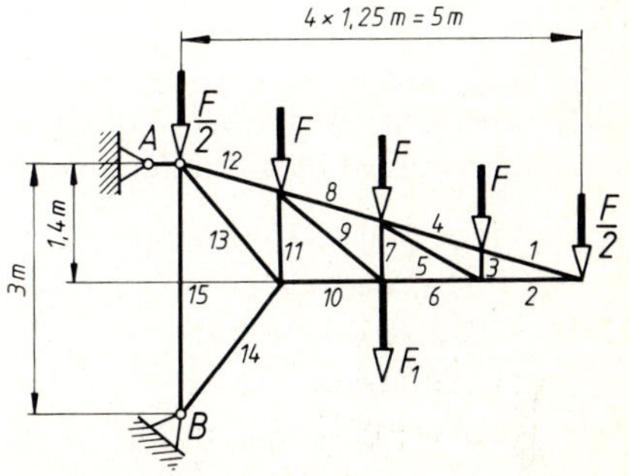

2 Schwerpunktslehre

Der Flächenschwerpunkt

201 Ermitteln Sie den Schwerpunktsabstand y_0 von der oberen Kante des T-Profils!

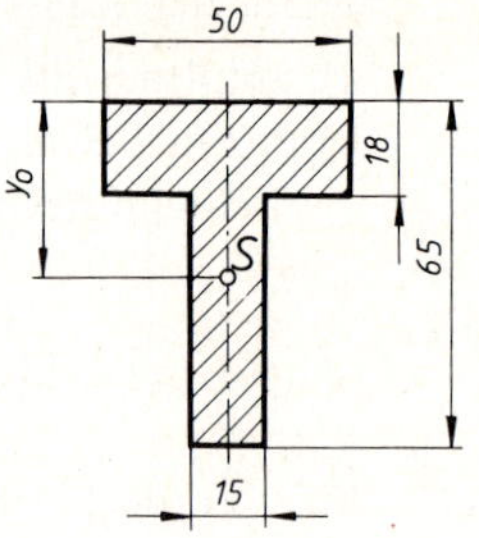

202 Wie weit ist der Schwerpunkt des unsymmetrischen I-Profils von der Profilunterkante entfernt?

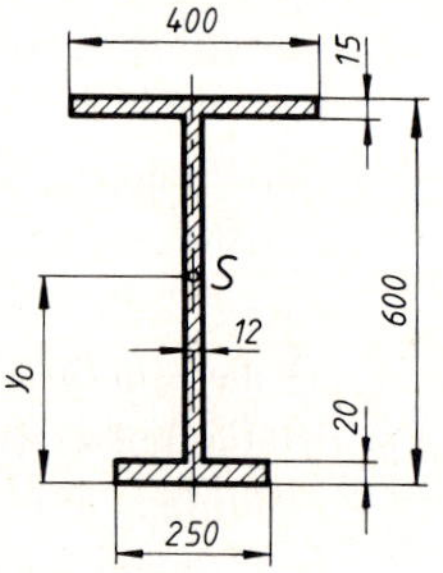

203 Ermitteln Sie die Lage des Schwerpunkts für das Abkantprofil aus 1,5 mm dickem Blech! (Abstände von linker Außenkante und Unterkante.)

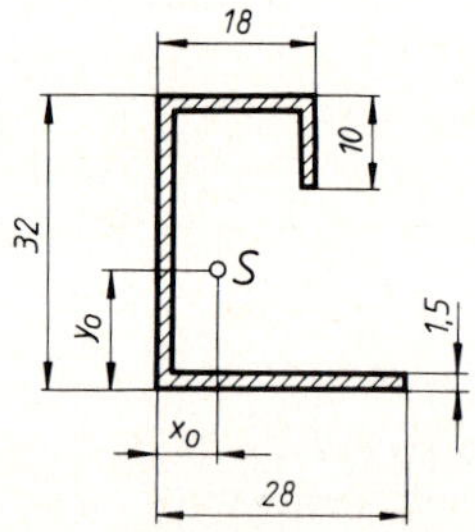

204 Ein biegebeanspruchter Maschinenständer hat den nebenstehenden Querschnitt. Zur Berechnung seines Flächenmoments 2. Grades muß man die Lage seines Schwerpunktes kennen.
Ermitteln Sie den Schwerpunktsabstand y_0 von der Querschnittsunterkante!

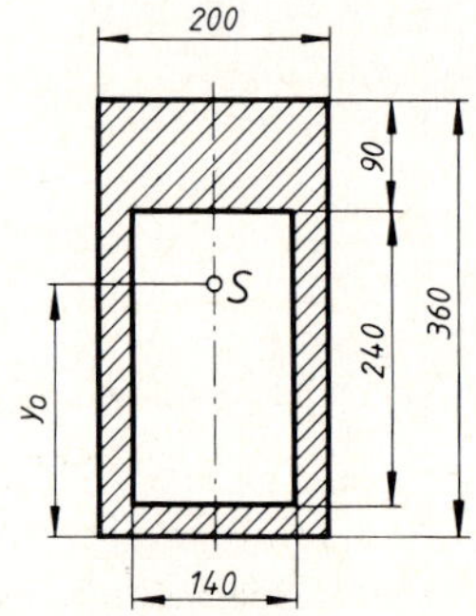

205 Eine zylindrische Stange hat eine Bohrung, deren Umfang den Stangenmittelpunkt gerade berührt. In welchem Abstand x_0 vom Stangenmittelpunkt liegt der Schwerpunkt der Querschnittsfläche?

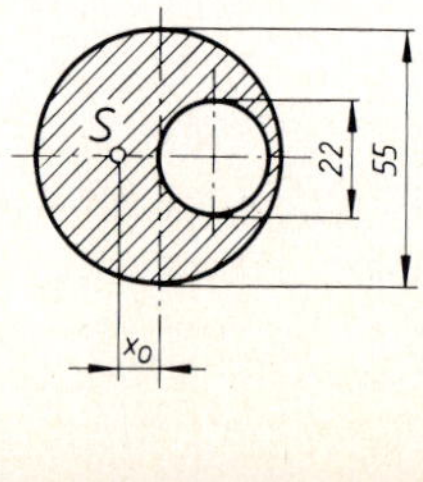

206 Der Fuß einer Tischbohrmaschine hat den skizzierten U-Querschnitt.

Wo liegt der Schwerpunkt der Querschnittsfläche?

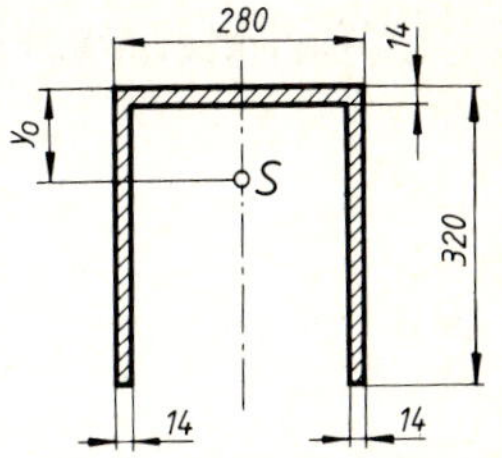

207 Wo liegt der Schwerpunkt der gezeichneten Querschnittsfläche einer Tischkonsole?

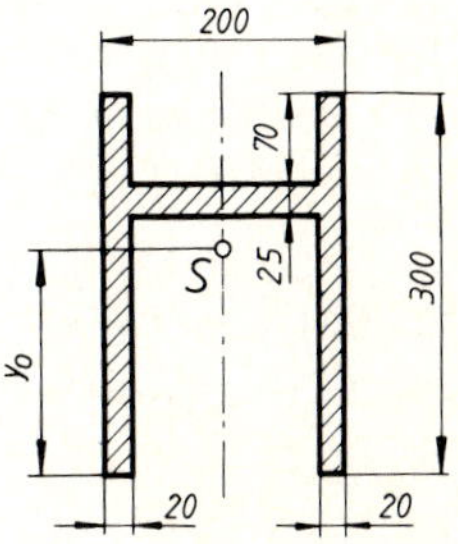

208 Der Tisch einer Reibspindelpresse hat in dem Querschnitt, der am stärksten auf Biegung beansprucht wird, die skizzierten Abmessungen.

In welchem Abstand y_0 von der Tischoberkante liegt der Flächenschwerpunkt?

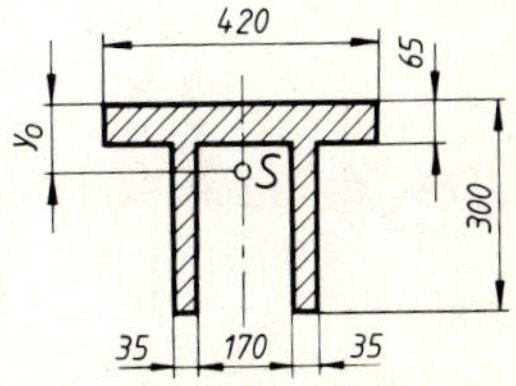

209 Ermitteln Sie die Schwerpunktslage für den skizzierten Querschnitt eines Fräsmaschinenständers!

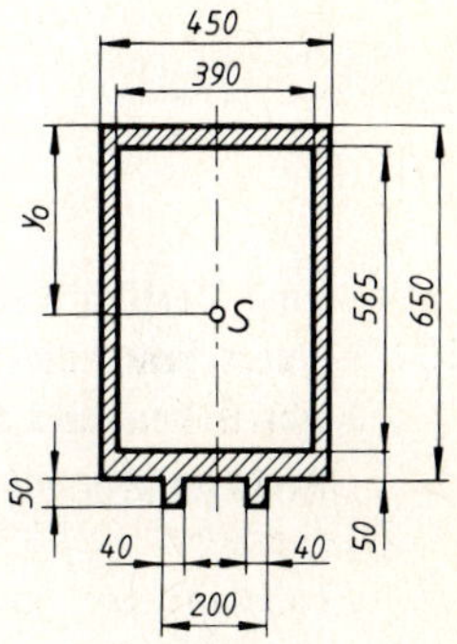

210 Eine Stumpfschweißmaschine hat einen geschweißten Ständer mit dem skizzierten Hohlquerschnitt.

Ermitteln Sie den Schwerpunktsabstand von der Vorderkante des Ständers!

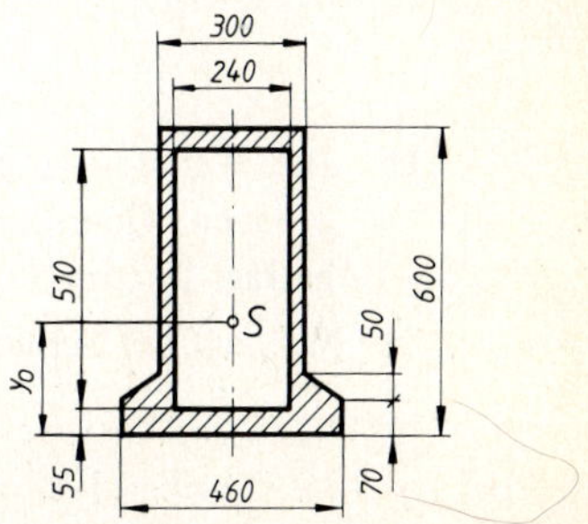

211 Die Skizze zeigt den Querschnitt eines Bohrmaschinenständers.

Wo liegt sein Schwerpunkt?

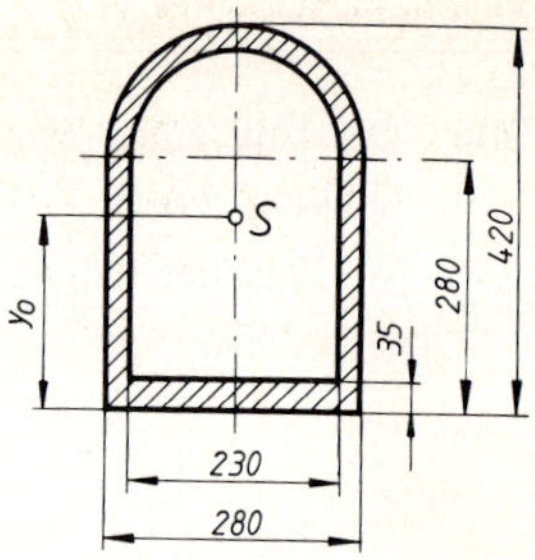

212 Für den gezeichneten Hohlquerschnitt ist der Abstand des Schwerpunktes von der Unterkante zu ermitteln.

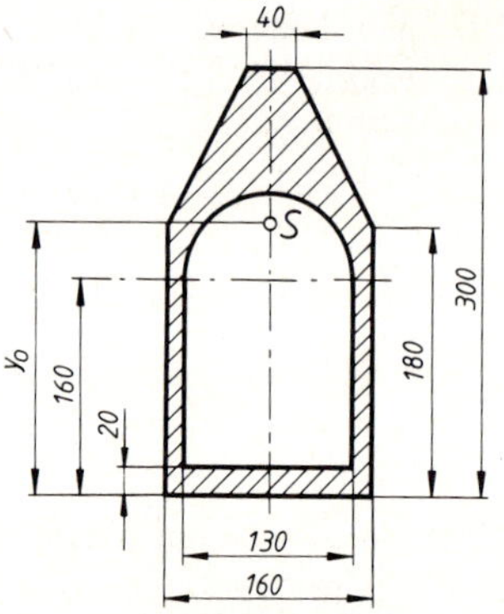

213 Ermitteln Sie den Schwerpunktsabstand von der Unterkante des Shapingstößel-Querschnittes!

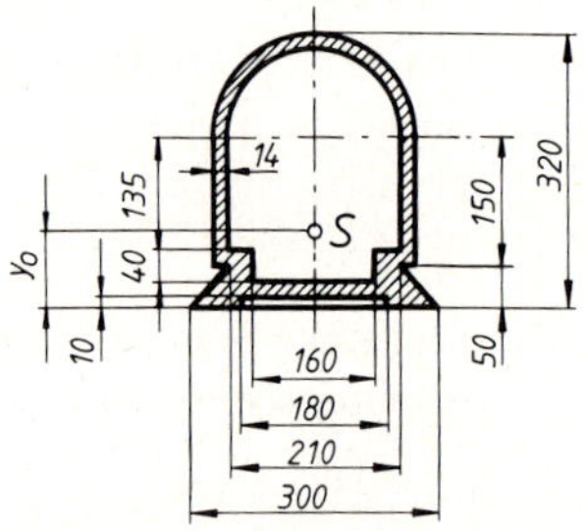

214 Eine Vertikal-Fräsmaschine hat einen Ständer, dessen Querschnitt die nebenstehende Abbildung zeigt. Die vier Ecken sind außen mit 22 mm Radius abgerundet. Ermitteln Sie die Schwerpunktslage!

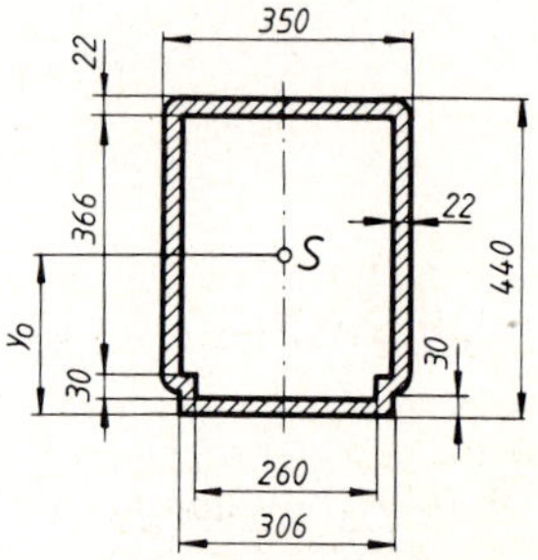

215 Der Werkzeugträger eines Bohrwerkes hat die angegebenen Querschnittsabmessungen. Die Wanddicke beträgt 22 mm.

Wo liegt der Schwerpunkt der Querschnittsfläche?

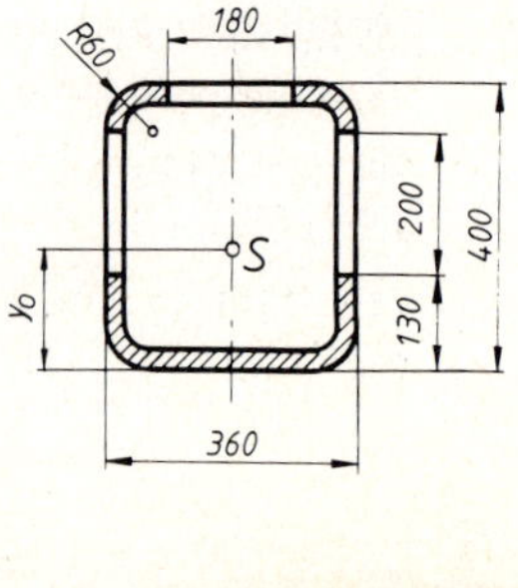

216 Wo liegt der Schwerpunkt des abgebildeten Querschnittes eines Horizontal-Fräsmaschinen-Ständers?

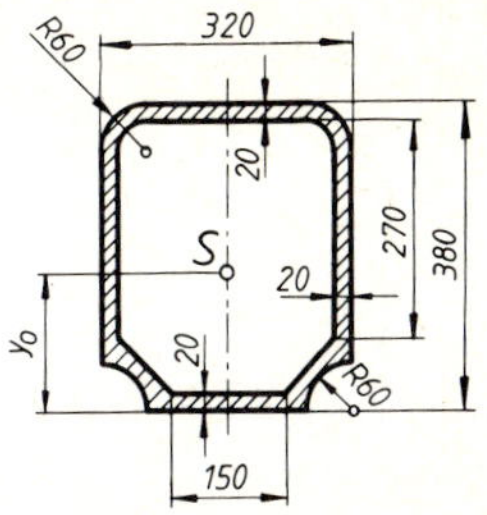

217 Ein Träger ist aus zwei L 50 × 8 und einem U 120 zusammengesetzt.

a) Welchen Abstand hat der Gesamtschwerpunkt von der Flanschaußenkante des U 120?

b) Liegt der Schwerpunkt im U-Profil oder darüber?

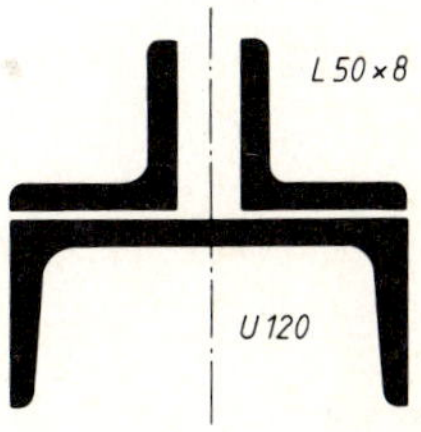

218 Für den zusammengesetzten Träger soll die Lage des Gesamtschwerpunktes ermittelt werden.

a) Wie weit ist der Schwerpunkt von der Stegaußenkante des U 240 entfernt?

b) Liegt er oberhalb oder unterhalb der Stegaußenkante?

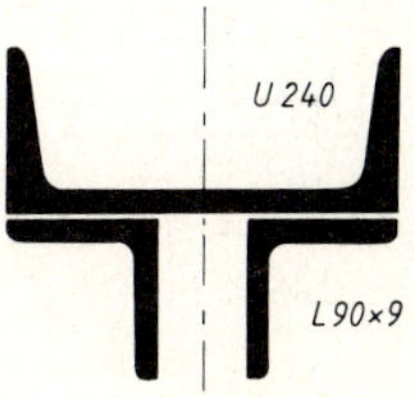

219 Ein Stegblech von 200 mm Höhe und 12 mm Dicke ist mit zwei L 90 × 9 zu einem Biegeträger vernietet. Ermitteln Sie den Abstand des Gesamtschwerpunktes von der Oberkante des Trägers!

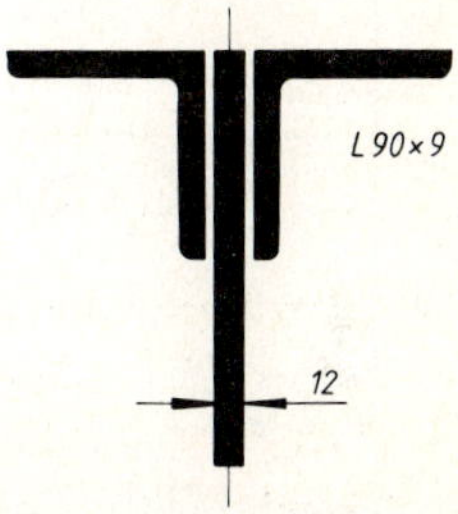

Der Linienschwerpunkt

220 bis **234** Nachfolgend ist eine Anzahl von Blechteilen skizziert, die aus Tafeln oder Bändern ausgestanzt werden sollen. Beim Stanzen werden die Teile längs ihrer Außenkante aus der Tafel abgeschert. Die Abscherkraft verteilt sich dabei gleichmäßig auf den gesamten Umfang des Stanzteiles. Die resultierende Schnittkraft wirkt also im Schwerpunkt des *Umfanges* (Linienschwerpunkt). Sollen Biegekräfte auf den Stempel des Stanzwerkzeuges vermieden werden, dann muß die Stempelachse durch den Linienschwerpunkt des Schnittkantenumfanges gehen.

Ermitteln Sie die Lage des Umfangsschwerpunktes für jedes der skizzierten Blechteile!

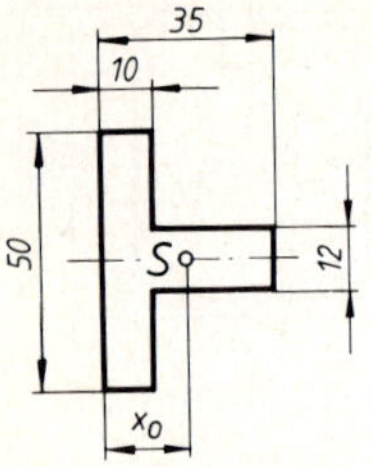

220

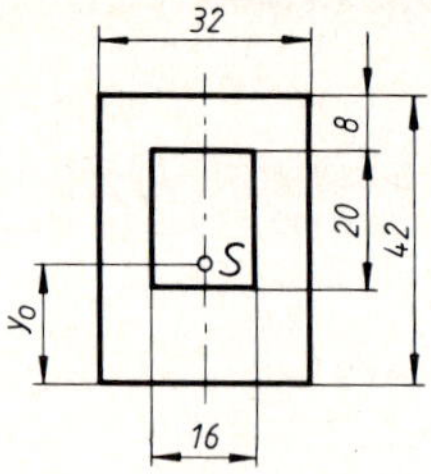

221

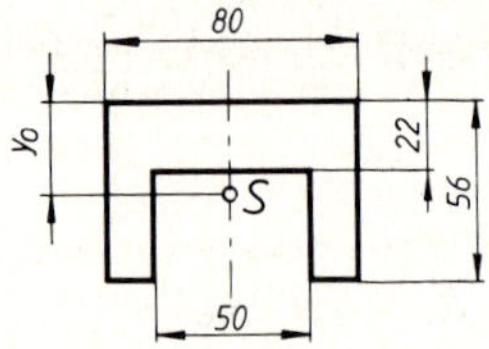

222

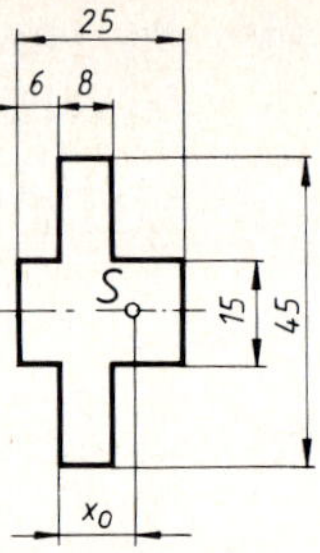

223

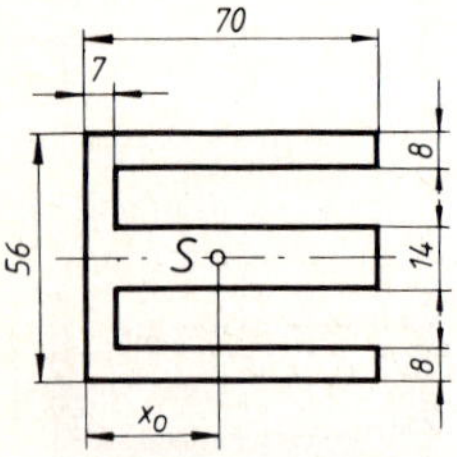

224

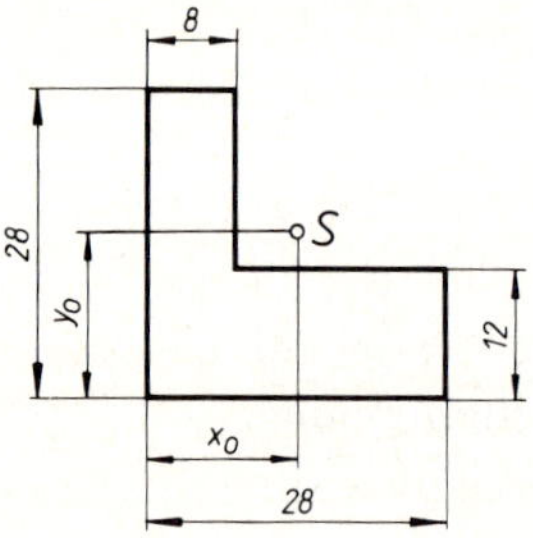

225

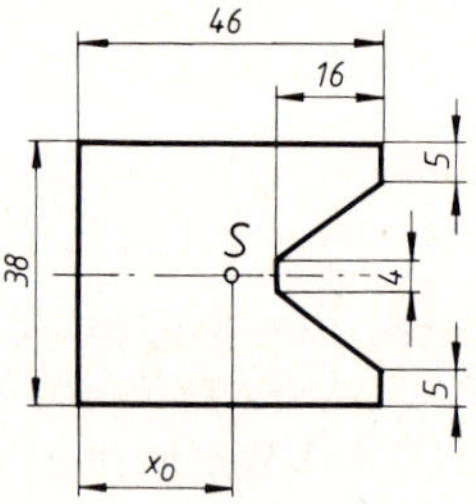

226

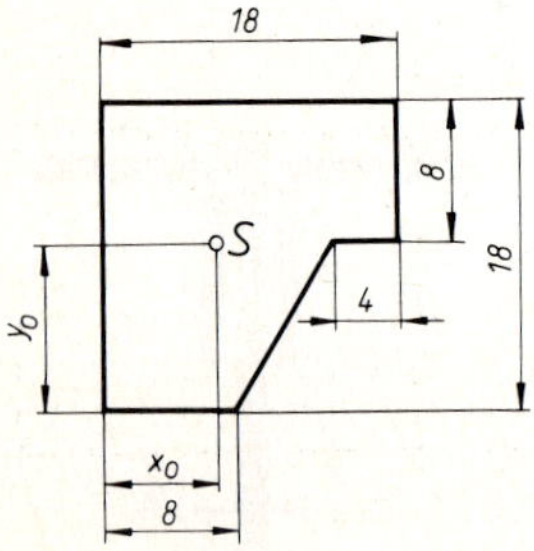

227

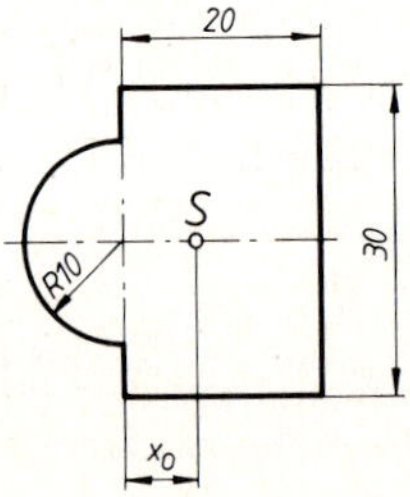

228

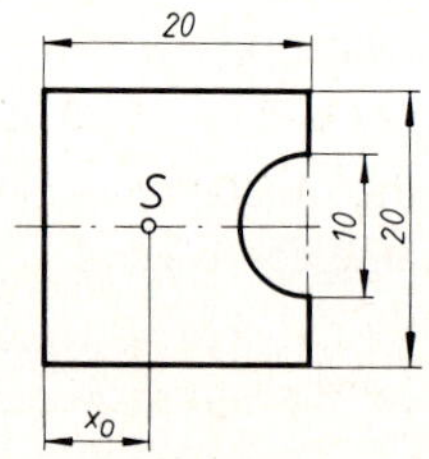

229

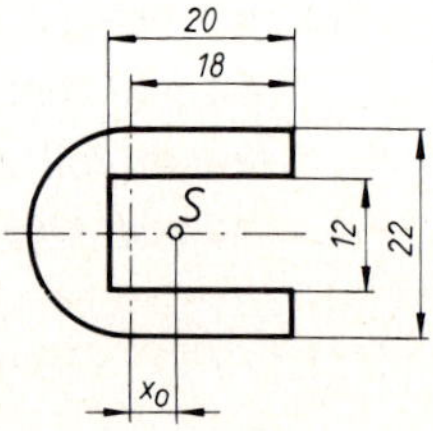

230

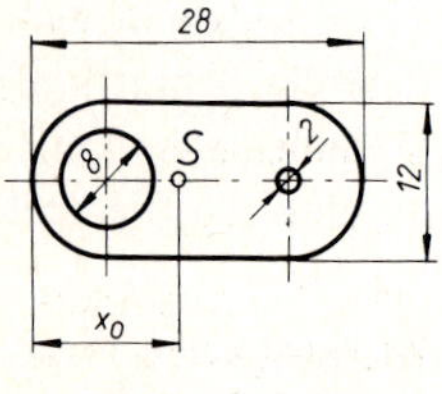

231

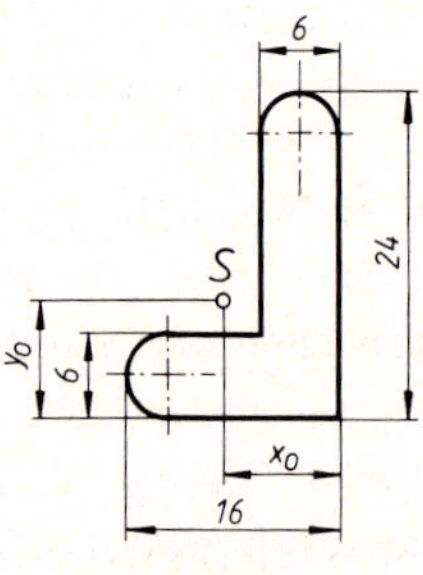

232

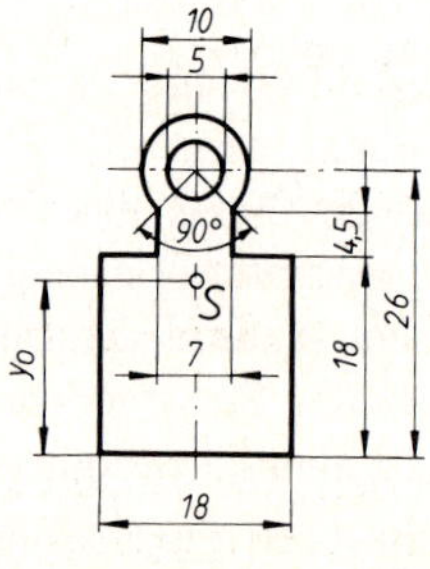

233

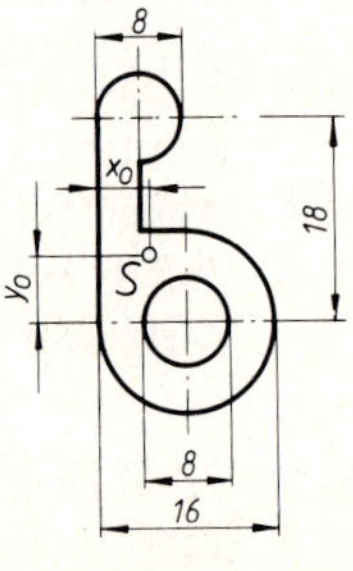

234

235 Die Stäbe des nebenstehenden Fachwerkes bestehen aus gleichen Winkelprofilen.

Ermitteln Sie die Lage des Angriffspunktes S für die Gewichtskraft des gesamten Fachwerkes!

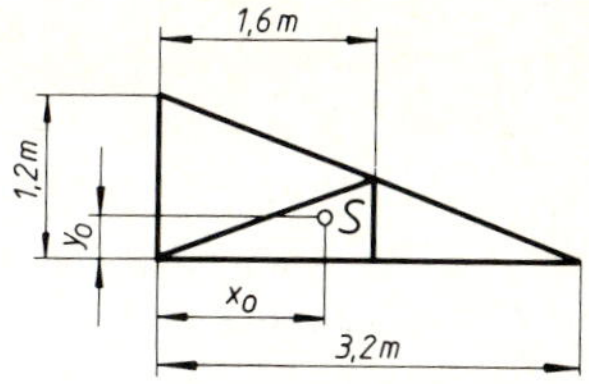

236 In welcher Entfernung x_0 von der senkrechten Drehachse O–O wirkt die resultierende Gewichtskraft der Stäbe 1 ... 4 des Wanddrehkranes, wenn alle Stäbe gleiches Profil haben?

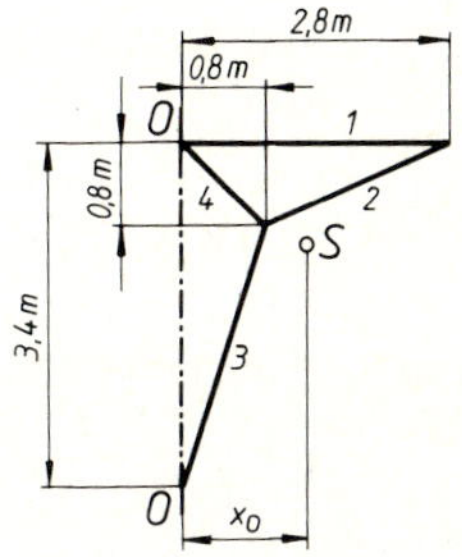

237 Ermitteln Sie den Schwerpunktsabstand x_0 für das Fachwerk des Konsolkranes (Stäbe 1 ... 9)! Alle Stäbe haben gleiches Profil.

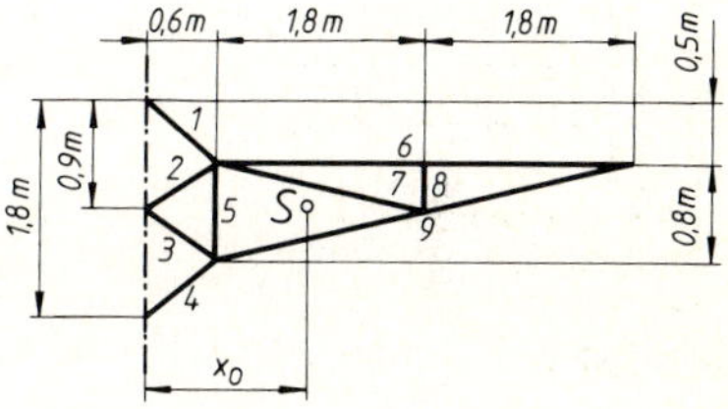

238 Die Trag- und Stützkonstruktion eines freistehenden Schutzdaches besteht aus Rohren gleichen Querschnitts.

In welchem Abstand x_0 von der mittleren Stütze liegt der Schwerpunkt?

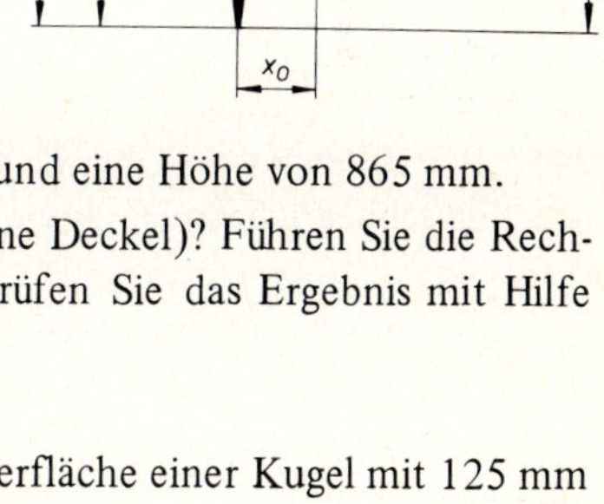

Guldinsche Oberflächenregel

239 Ein zylindrisches Gefäß hat 420 mm Durchmesser und eine Höhe von 865 mm.

Wie groß ist die Oberfläche (Mantel und Boden, ohne Deckel)? Führen Sie die Rechnung nach der Guldinschen Regel aus und überprüfen Sie das Ergebnis mit Hilfe der geometrischen Formeln!

240 Berechnen Sie nach der Guldinschen Regel die Oberfläche einer Kugel mit 125 mm Durchmesser!

Überprüfen Sie das Ergebnis mit der Oberflächenformel aus der Geometrie!

241 Berechnen Sie nach der Guldinschen Regel die Oberfläche eines Kegelstumpfes von 500 mm oberem und 800 mm unterem Durchmesser und 400 mm Höhe! Vergessen Sie nicht Boden- und Deckelfläche!

Überprüfen Sie das Ergebnis mit Hilfe der geometrischen Formeln!

242 Nebenstehend ist ein Schüttbehälter aus Stahlblech abgebildet. Die Durchmesser beziehen sich auf die neutrale Blechfaser.

a) Wie viele Quadratmeter Blech enthält die Mantelfläche?

b) Wieviel wiegt der Mantel, wenn die Blechdicke 3 mm beträgt? (Dichte $\rho = 7850\ \mathrm{kg/m^3}$)

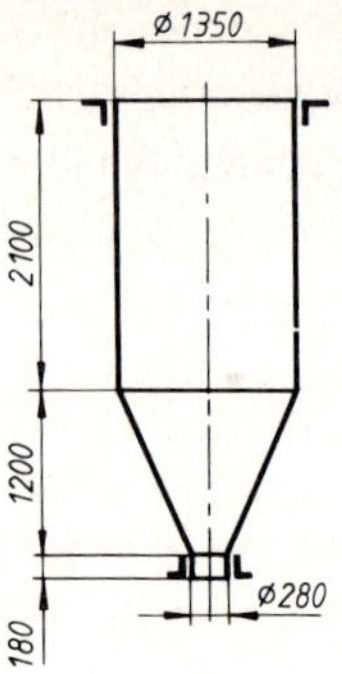

243 Für den skizzierten Topf sollen berechnet werden

a) die Oberfläche,

b) die Masse, wenn $1\ \mathrm{m^2}$ des Bleches, aus dem er hergestellt ist, 2,6 kg wiegt.

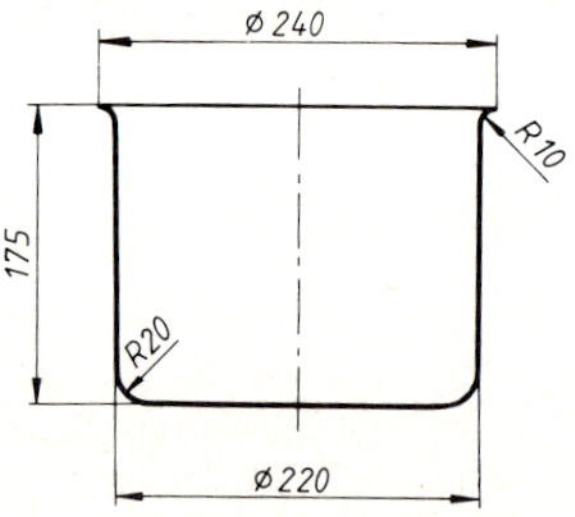

244 Der Zylinder einer Kolbenluftpumpe hat fünf Kühlrippen.

Berechnen Sie die Kühlfläche!

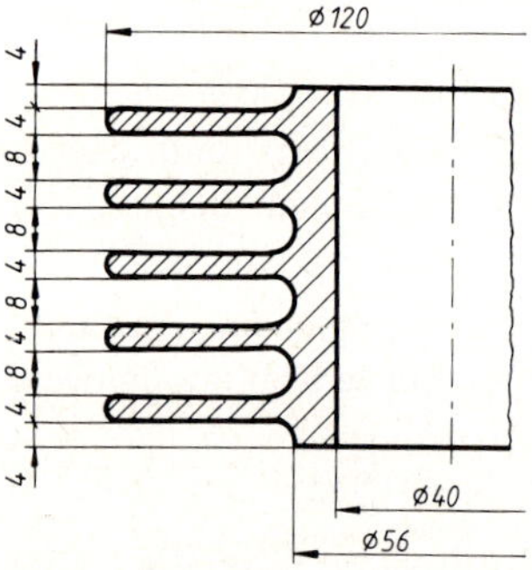

245 Berechnen Sie die Oberfläche des Kugelbehälters einschließlich Boden, ohne Deckel!

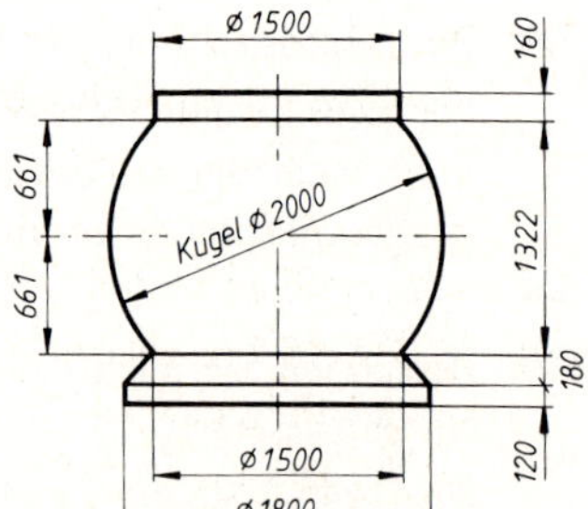

Guldinsche Volumenregel

246 Berechnen Sie nach der Guldinschen Regel das Volumen eines Zylinders mit 360 mm Durchmesser und 680 mm Höhe!

Prüfen Sie das Ergebnis mit Hilfe der geometrischen Volumenformel nach!

247 Wie groß ist das Volumen einer Kugel mit 450 mm Durchmesser?

Rechnen Sie nach der Guldinschen Regel und prüfen Sie mit der geometrischen Volumenformel nach!

248 Das Volumen eines Kegelstumpfes mit 180 mm unterem und 100 mm oberem Durchmesser und 160 mm Höhe soll nach der Guldinschen Regel berechnet werden.

Machen Sie die Probe mit der Volumenformel aus der Geometrie!

249 Die Skizze zeigt einen runden Flansch aus Stahl (ρ = 7850 kg/m^3).

Berechnen Sie

a) sein Werkstoffvolumen,

b) seine Masse.

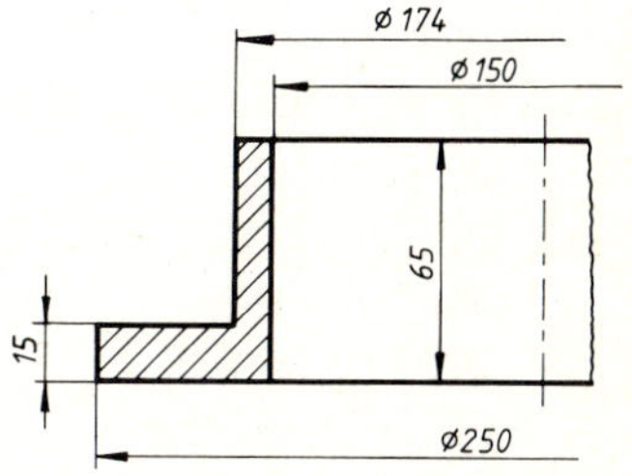

250 Wie groß ist

a) das Volumen,

b) die Masse (ρ = 1200 kg/m^3) der Topfmanschette?

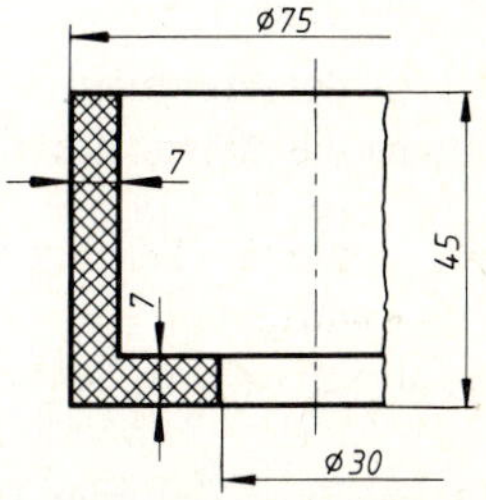

251 Die skizzierte Dichtung ist aus Gummi mit der Dichte ρ = 1150 kg/m^3.

a) Berechnen Sie ihr Volumen!

b) Wieviel wiegen 100 Dichtungen?

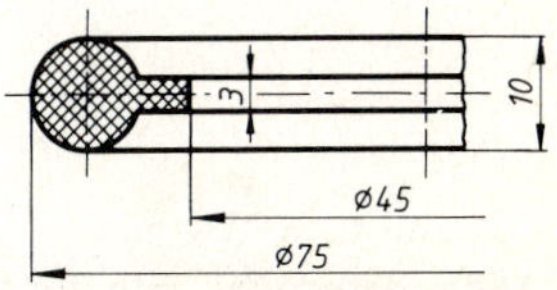

252 Berechnen Sie das Volumen der nebenstehenden Kunststoffmembran!

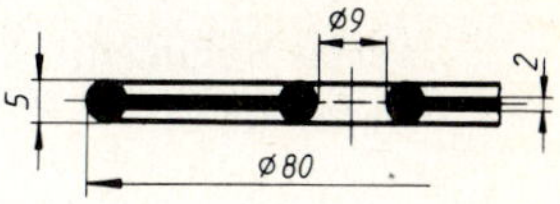

253 Für die Gummidichtung (ρ = 1350 kg/m^3) sind zu berechnen

a) das Volumen,

b) die Masse.

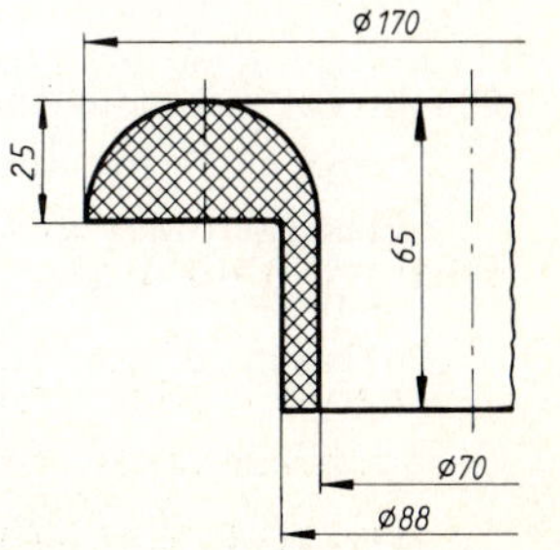

254 Berechnen Sie das Volumen der skizzierten ringförmigen Dichtung!

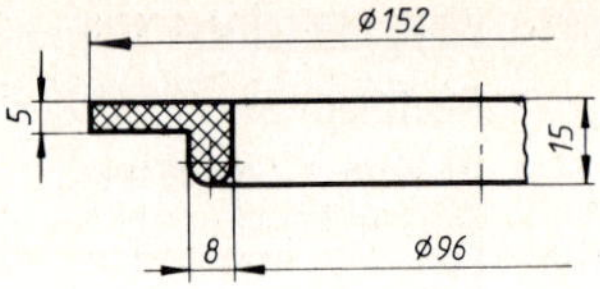

255 Die nebenstehende Manschette ist aus 2 mm dickem Messingblech gefertigt ($\rho = 8400\ \mathrm{kg/m^3}$).

Gesucht:

a) das Volumen,

b) die Masse.

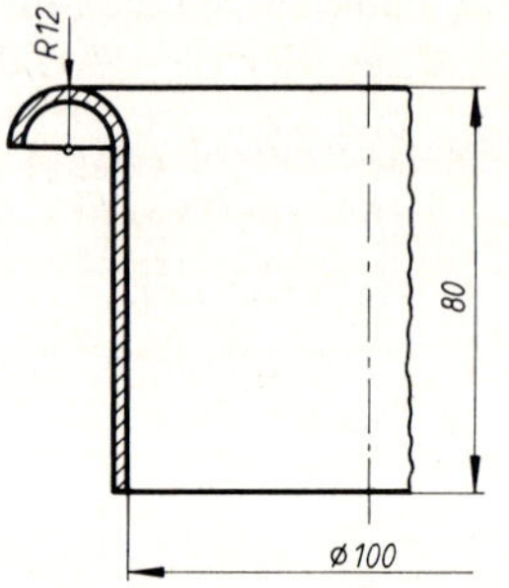

256 Berechnen Sie

a) das Volumen,

b) die Masse des Halteringes aus Grauguß mit der Dichte $\rho = 7300\ \mathrm{kg/m^3}$.

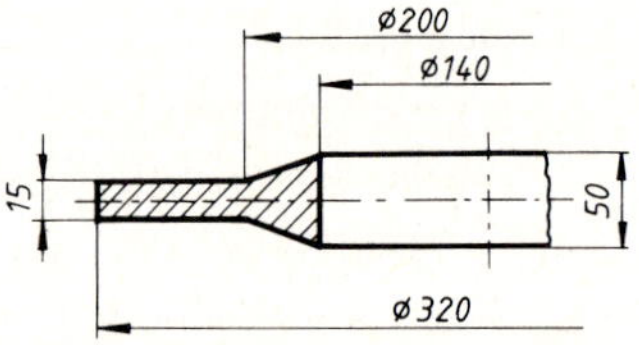

257 Welches Volumen hat der Dichtring?

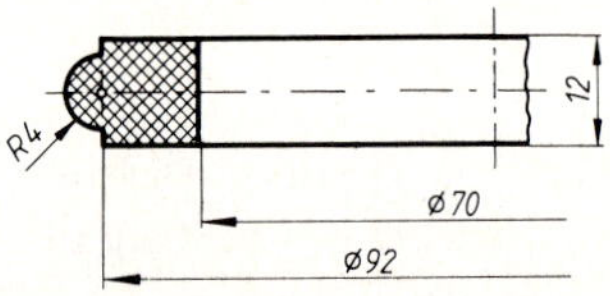

258 Berechnen Sie für den abgebildeten Ring aus Schamotte ($\rho = 2500\ \mathrm{kg/m^3}$)

a) das Volumen,

b) die Masse.

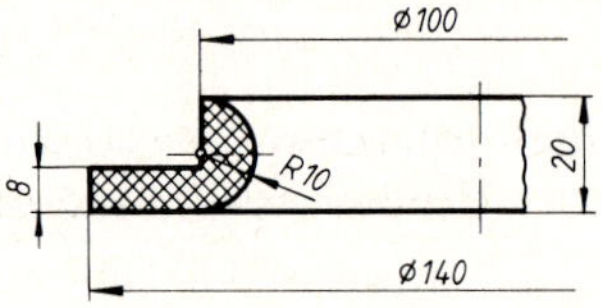

259 In der nebenstehenden Skizze sind die Lichtmaße eines Behälters angegeben. Wieviel Liter Flüssigkeit faßt er, wenn er

a) randvoll,

b) bis in 235 mm Höhe gefüllt ist?

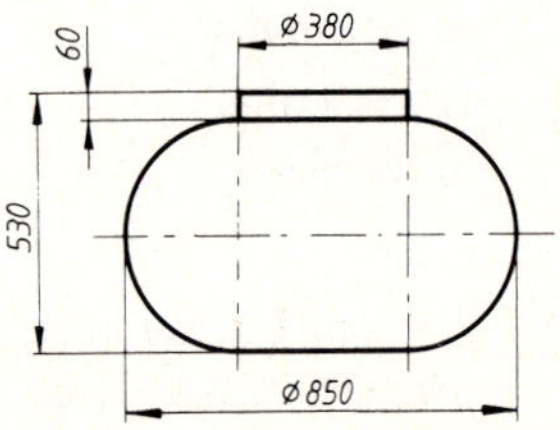

260 Für den Profilring aus Stahl ($\rho = 7850\ \mathrm{kg/m^3}$) sollen berechnet werden:

a) das Volumen,
b) die Masse.

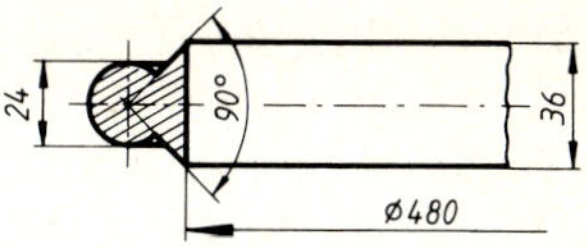

261 Der kegelige Rohrstutzen ist aus Grauguß mit der Dichte $\rho = 7200\ \mathrm{kg/m^3}$.

Berechnen Sie
a) sein Werkstoffvolumen,
b) seine Masse,
c) das Kernvolumen (= Volumen des inneren Hohlraumes).

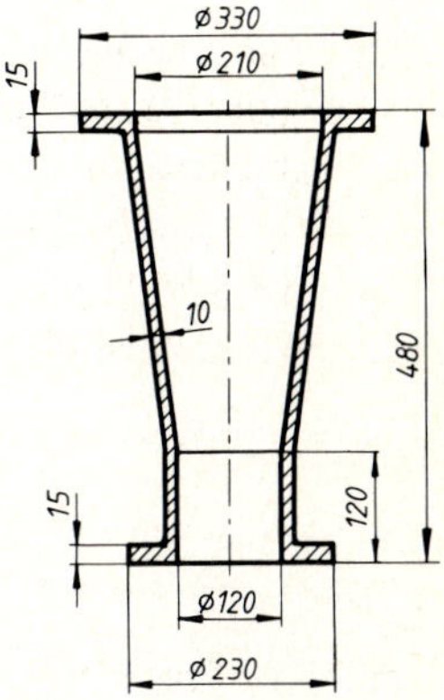

262 Für den nebenstehend abgebildeten Zementsilo sind die Lichtmaße angegeben.
Wie viele Kubikmeter Zement faßt der Silo?

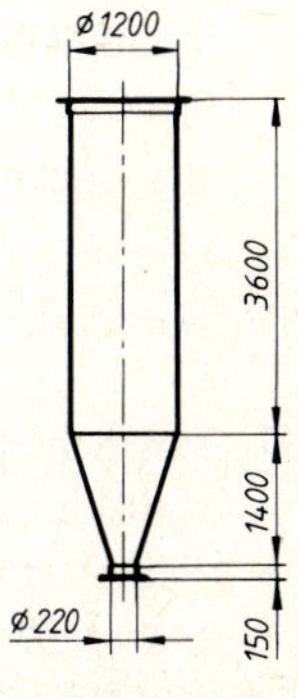

263 Berechnen Sie das Volumen des skizzierten Behälters! (Die Maße der Zeichnung sind Lichtmaße.)

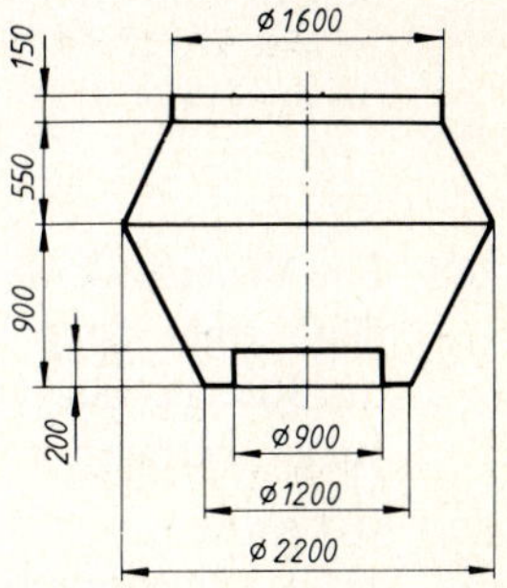

264 Wieviel Liter Flüssigkeit enthält der Behälter nach Aufgabe 263, wenn der Flüssigkeitsspiegel 45 cm unter der Behälter-Oberkante steht?

Standsicherheit

(Bei den Aufgaben 265, 267, 273, 274, 276, 277 und 279 können zur Wiederholung auch noch die Stützkräfte an den Rädern ermittelt werden.)

265 Bei einem Gabelstapler greift im Schwerpunkt S eine Eigengewichtskraft von 7,5 kN an. Bei voller Ausnutzung der Tragfähigkeit wirkt am Hubmast in der skizzierten Stellung die Last $F_1 = 10$ kN. Die Abstände betragen $l_1 = 1{,}6$ m, $l_2 = 1{,}02$ m und $l_3 = 0{,}6$ m.

Wie groß ist die Standsicherheit?

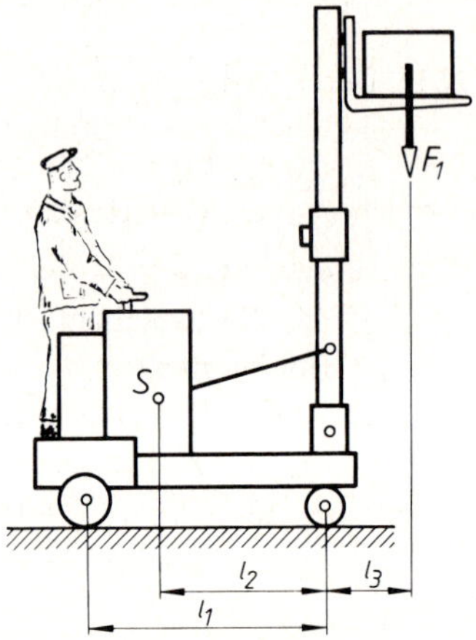

266 Ein 40 m hoher Schornstein hat eine Standfläche von 4 m Durchmesser. Seine Gewichtskraft beträgt 2 MN = $2 \cdot 10^6$ N. Der Angriffspunkt der waagerechten Windlast von 160 kN wird 18 m über der Standfläche angenommen.

Berechnen Sie die Standsicherheit des Schornsteins!

267 Ein Schlepper mit angebautem Frontlader hat die Gewichtskraft $G = 12$ kN. Er soll zum Roden von Baumstümpfen eingesetzt werden. Die Abstände betragen $l_1 = 0{,}94$ m, $l_2 = 1{,}95$ m und $l_3 = 1{,}8$ m. Welche maximale Zugkraft kann am Seil aufgebracht werden, ohne daß der Schlepper ankippt?

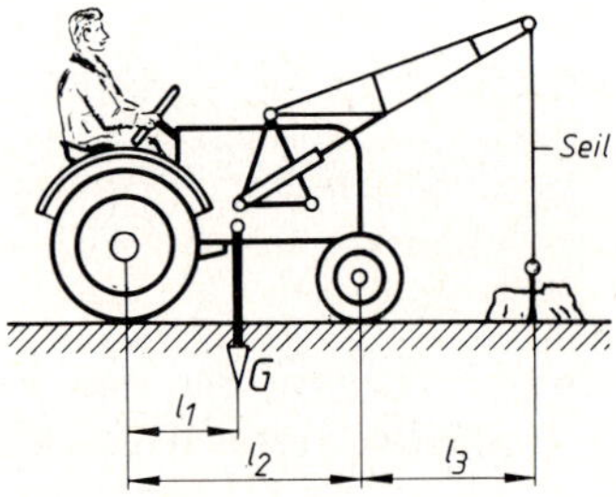

268 Ein Mauerstück von 16 kN Gewichtskraft soll mit Hilfe eines Seiles umgekippt werden, das unter $\alpha = 30°$ an der Mauerkrone zieht. Die Abmessungen betragen $h = 2$ m und $l = 0{,}5$ m.

Gesucht:

a) die zum Ankippen erforderliche Seilkraft F,

b) die erforderliche Kipparbeit bis zum Selbstkippen.

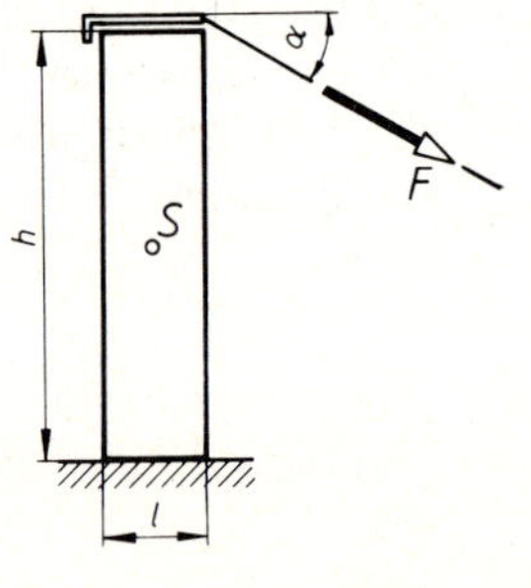

269 Ein Personenkraftwagen fährt auf ebene Straße in einer Kurve, rutscht dabei mit beiden äußeren Rädern seitlich gegen ein Hindernis und kippt um. Der Schwerpunkt des Wagens liegt 540 mm über der Fahrbahn in Spurmitte bei einer Spurweite von 1350 mm. Dort greifen die Gewichtskraft von 12,8 kN und die waagerecht wirkende Kippkraft F an.

Wie groß war die zum Ankippen erforderliche Kraft F?

270 Eine Kiste hat die Abmessungen 500 mm × 800 mm × 1100 mm. Ihr Schwerpunkt, in dem die Gewichtskraft von 2 kN angreift, liegt in Kistenmitte.

Welche waagerecht wirkende Kraft F ist zum Ankippen der Kiste erforderlich, wenn sie an der oberen Kante der Kiste angreift und die Kiste

a) auf der kleinsten (500 mm × 800 mm),
b) auf der mittleren (500 mm × 1100 mm),
c) auf der größten Fläche (800 mm × 1100 mm) aufliegt?

Lösungshinweis: Beachten Sie, daß Kippen jeweils um zwei Kanten möglich ist, also auch zwei verschiedene Kräfte erforderlich sind!

271 Eine Schwungscheibe aus Grauguß (ρ = 7200 kg/m^3) soll mit Hilfe einer in die Bohrung gesteckten Stange von 1,5 m Länge hochgekippt werden.

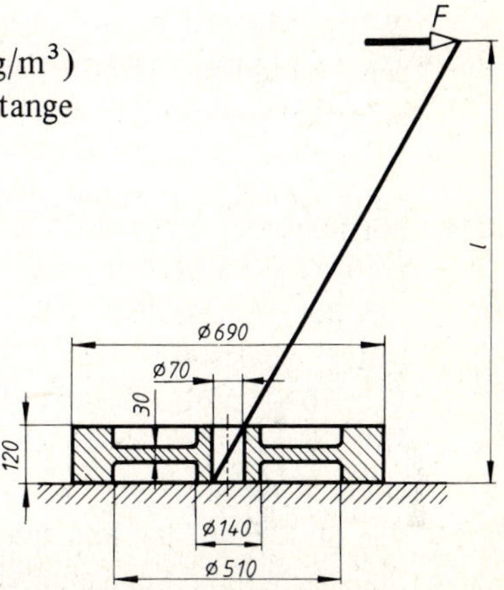

Gesucht:

a) nach der Guldinschen Regel das Volumen der Scheibe,
b) ihre Masse,
c) der Wirkabstand l der waagerechten Kraft F zum Ankippen, wenn die Dicke der Stange vernachlässigt wird,
d) die zum Ankippen erforderliche Kippkraft F,
e) die Kipparbeit bis zum Selbstkippen.
f) In Wirklichkeit hat die Stange eine Dicke. Wird die erforderliche Kippkraft bei Berücksichtigung der Stangendicke kleiner oder größer? Begründen Sie Ihre Antwort!

272 Auf den skizzierten Drehkran zum Beladen von Kähnen wirken folgende Kräfte: Die Nutzlast $F_{max} = 30$ kN, die Gewichtskraft des Auslegers $G_1 = 22$ kN, die Gewichtskraft von Grundplatte mit Säule $G_2 = 9$ kN. Die Abmessungen betragen $l_1 = 6$ m, $l_2 = 1{,}3$ m und $l_3 = 2{,}8$ m.

a) Welche Gewichtskraft G_3 muß der quadratische Fundamentklotz haben, wenn die Standsicherheit $S = 2$ betragen soll?

b) Welche Höhe h muß der Klotz erhalten, wenn er aus Beton mit der Dichte $\rho = 2200$ kg/m³ hergestellt wird?

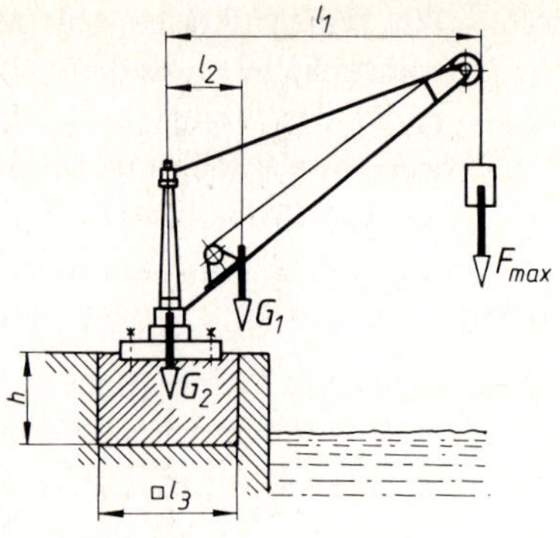

273 Die Gewichtskräfte für den skizzierten Schlepper mit Hecklader betragen $G_1 = 18$ kN und $G_2 = 4{,}2$ kN, die Schwerpunktsabstände $l_1 = 1{,}26$ m und $l_2 = 1{,}39$ m, die Ausladung $l_3 = 2{,}3$ m und der Radstand $l_4 = 2{,}10$ m.

Welche Nutzlast F darf höchstens gehoben werden, wenn die Standsicherheit $S = 1{,}3$ nicht unterschritten werden darf?

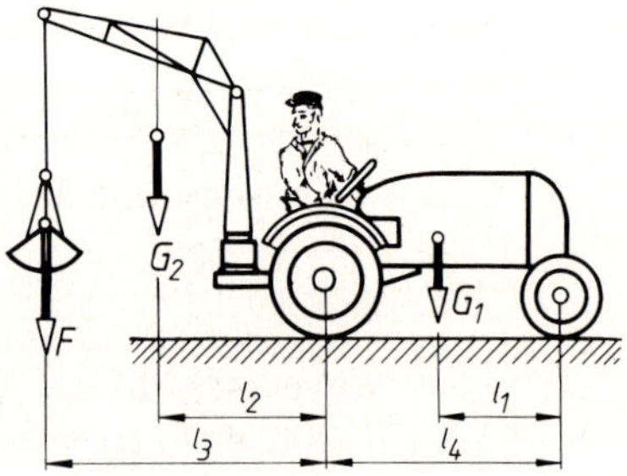

274 Ein fahrbarer Versuchsstand hat die Gewichtskraft $G = 7{,}5$ kN, die im Abstand $l_2 = 0{,}9$ m vor der Hinterachse wirkt. Der Schüttgutbehälter belastet den Versuchsstand mit $F_1 = 16$ kN im Abstand $l_1 = 2{,}5$ m vor der Hinterachse. Der Ausgleichskörper belastet die Hinterachse mit $F_2 = 5$ kN.

Wie groß muß der Radstand l_3 sein, wenn die Standsicherheit bei gefülltem Behälter 1,3 betragen soll?

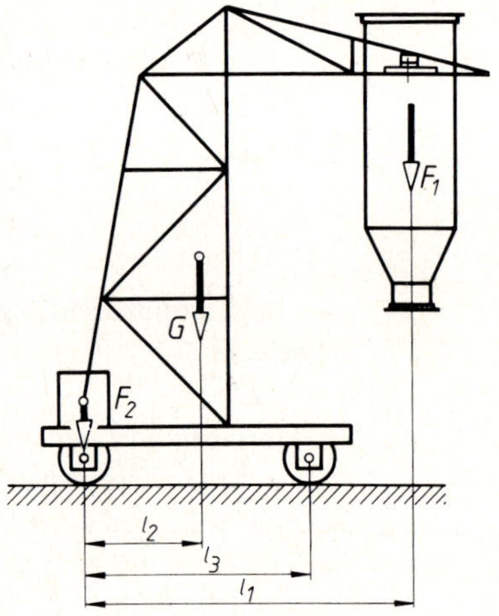

275 Der fahrbare Drehkran wird belastet mit den Gewichtskräften $G_1 = 95$ kN, $G_2 = 50$ kN und $G_3 = 85$ kN. Die Abstände betragen $l_1 = 0{,}35$ m, $l_2 = 6$ m, $l_3 = 2{,}2$ m.

a) Wie groß muß der Radstand $2\,l_4$ mindestens sein, wenn die Standsicherheit $S_r = 1{,}5$ nach rechts nicht unterschritten werden darf?

b) Wie groß ist dann die Standsicherheit S_l nach links, wenn der Kran unbelastet ist?

Welche Belastungen erhält in den Fällen a) und b)

c) die Vorderachse, d) die Hinterachse?

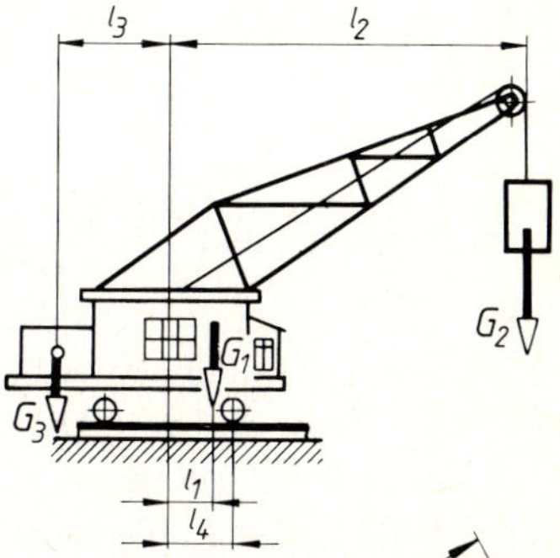

276 Der fahrbare Bandförderer hat die Gewichtskraft $G = 3{,}5$ kN, die im Abstand $l_1 = 1{,}2$ m neben den Rädern angreift. Bei einem Neigungswinkel $\alpha = 30°$ ragt das freie Bandende $l_2 = 5{,}6$ m über den Unterstützungspunkt am Laufrad hinaus. Die vom Fördergut belastete Bandlänge beträgt $l_3 = 9{,}2$ m.

Welche Streckenlast F' in N/m darf höchstens vom Fördergut ausgeübt werden, wenn die Standsicherheit im Betrieb $S = 1{,}8$ betragen soll?

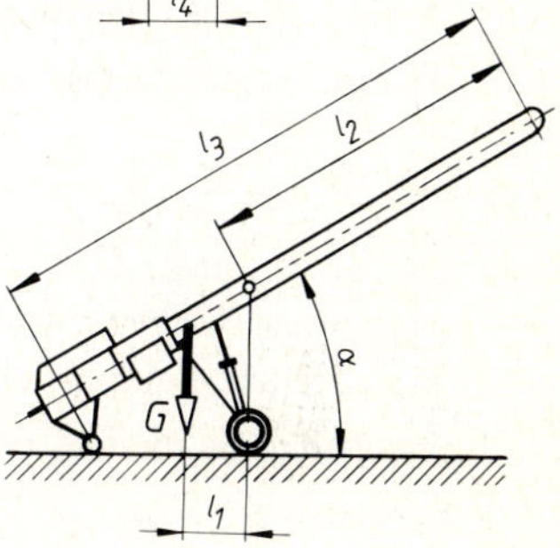

277 Ein Schlepper mit einer Gewichtskraft von 14 kN fährt gleichförmig eine steile Böschung hinauf. Die Abstände betragen $l_1 = 0{,}4$ m, $l_2 = 1{,}8$ m, $l_3 = 1{,}04$ m und $l_4 = 0{,}71$ m.

a) Bei welchem Böschungswinkel α kippt er hintenüber?

b) Wie groß darf der Winkel α höchstens sein, wenn die Standsicherheit noch $S = 2$ sein soll?

c) Stellen Sie anhand der entwickelten Gleichung fest, welchen Einfluß die Gewichtskraft des Schleppers auf den Winkel α hat!

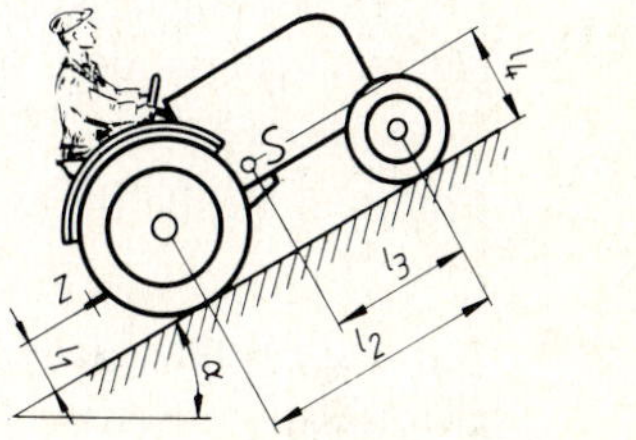

278 Der gleiche Schlepper wie in Aufgabe 277 hat eine Spurweite von 1250 mm. Sein Schwerpunkt liegt in Spurmitte. Er fährt quer zu einem Hang mit $\alpha = 18°$ Neigungswinkel.

a) Wie groß ist seine Standsicherheit?

b) Bei welchem Neigungswinkel würde er kippen?

(Die Reifenverformung und die damit verbundene Standflächenverbreiterung sollen unberücksichtigt bleiben.)

279 Der Schlepper nach Aufgabe 277 wird beim Aufwärtsfahren zusätzlich am Zughaken Z durch einen Anhänger mit einer zum Boden parallelen Zugkraft von 8 kN belastet.

a) Bei welchem Böschungswinkel kippt er jetzt?

b) Hat die Gewichtskraft des Schleppers jetzt einen Einfluß auf den Kippwinkel? Welchen?

3 Reibung

Reibwinkel und Reibzahl

301 Ein prismatischer Stahlklotz mit einer Gewichtskraft von 180 N liegt auf einer gußeisernen Anreißplatte. Er wird mit Hilfe einer an ihm befestigten Federwaage über die Platte gezogen. Die Waage zeigt eine waagerechte Zugkraft von 34 N in dem Augenblick an, als sich der Klotz in Bewegung setzt. Bei gleichförmiger Weiterbewegung sinkt die Anzeige der Waage auf 32 N.

Wie groß sind Haftreibzahl μ_0 und Gleitreibzahl μ für Stahl auf Grauguß?

302 Zwei glatte Holzbalken liegen in waagerechter Stellung aufeinander. Der obere drückt mit einer Gewichtskraft von 500 N auf den unteren. Um ihn aus der Ruhelage anzuschieben, ist eine parallel zur Auflagefläche wirkende Kraft von 250 N erforderlich. Beim gleichförmigen Weiterschieben sinkt die Kraft auf 150 N.

Ermitteln Sie die Haftreibzahl μ_0 und die Gleitreibzahl μ für Holz auf Holz!

303 Auf einer schiefen Ebene mit verstellbarem Neigungswinkel beginnt ein ruhender Körper bei einem Neigungswinkel $\alpha = 19°$ zu rutschen. Damit er sich nicht weiter beschleunigt, sondern mit gleichbleibender Geschwindigkeit weitergleitet, muß der Neigungswinkel auf 13° verringert werden.

Ermitteln Sie die Haftreibzahl μ_0 und die Gleitreibzahl μ!

304 Auf einer Rutsche aus Stahlblech gleiten Holzkisten bei einer Neigung von $\alpha = 25°$ gleichförmig abwärts.

a) Wie groß ist die Reibzahl für Holz auf Stahl?

b) Ist die ermittelte Größe μ_0 oder μ?

305 Eine Sackrutsche soll so angelegt werden, daß die Säcke gleichförmig abwärts gleiten. Die Reibzahlen sind $\mu = 0{,}4$ und $\mu_0 = 0{,}49$.

Welchen Neigungswinkel muß die Rutsche erhalten?

306 Auf einem schräg nach oben laufenden Gummiförderband sollen Werkstücke aus Stahl gefördert werden. Die Reibzahl beträgt 0,51.

Welchen Neigungswinkel darf das Förderband höchstens haben, wenn die Werkstücke nicht rutschen sollen?

307 Wie groß sind die Reibzahlen μ_0, wenn Rutschen eintritt bei einem Neigungswinkel von

a) 32°, b) 28,5°, c) 17°, d) 10°, e) 4,2°, f) 3°, g) 1,5°?

308 Bei welchem Neigungswinkel gleiten zwei Körper gleichförmig aufeinander, wenn die Gleitreibzahl

a) 0,05, b) 0,085, c) 0,12, d) 0,17, e) 0,22, f) 0,35, g) 0,63 beträgt?

Reibung bei geradliniger Bewegung und bei Drehbewegung – der Reibungskegel

309 Der Kreuzkopf einer Dampfmaschine drückt im Betrieb mit einer mittleren Normalkraft $F_n = 3{,}5$ kN auf seine Gleitbahn. Die Drehzahl der Maschine beträgt 150 min^{-1}, der Kolbenhub 500 mm und die Reibzahl 0,06.

Gesucht:

a) die mittlere Geschwindigkeit des Kreuzkopfes,
b) die mittlere Reibkraft am Kreuzkopf,
c) der Leistungsverlust infolge der Reibung (Reibleistung).

310 Ein Schrank von $l = 1$ m Breite soll durch eine Kraft F seitlich verschoben werden. Die Reibzahlen betragen $\mu_0 = 0{,}3$ und $\mu = 0{,}26$. Der Schwerpunkt S liegt in der Schrankmitte. Die Gewichtskraft beträgt $G = 1$ kN.

Wie groß sind

a) die erforderliche Verschiebekraft F zum Anschieben,
b) die erforderliche Verschiebekraft F_1 zum Weiterschieben,
c) die maximale Höhe h, in der die Verschiebekraft angreifen darf, wenn der Schrank beim Anschieben rutschen und nicht kippen soll,
d) die entsprechende Höhe h_1 beim Weiterschieben,
e) die Verschiebearbeit bei $s = 4{,}2$ m Verschiebeweg?

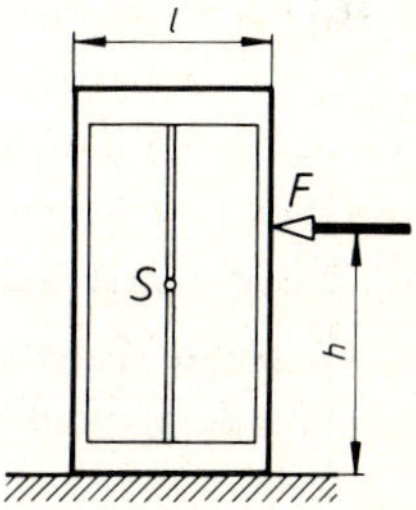

311 Der Maschinenschlitten wirkt mit seiner Gewichtskraft $G = 1{,}65$ kN auf die beiden Führungsbahnen A und B. Die Abstände betragen $l_1 = 520$ mm, $l_2 = 180$ mm und die Reibzahl $\mu = 0{,}11$.

Welche waagerecht wirkende Kraft ist erforderlich, um den Schlitten in Längsrichtung zu verschieben?

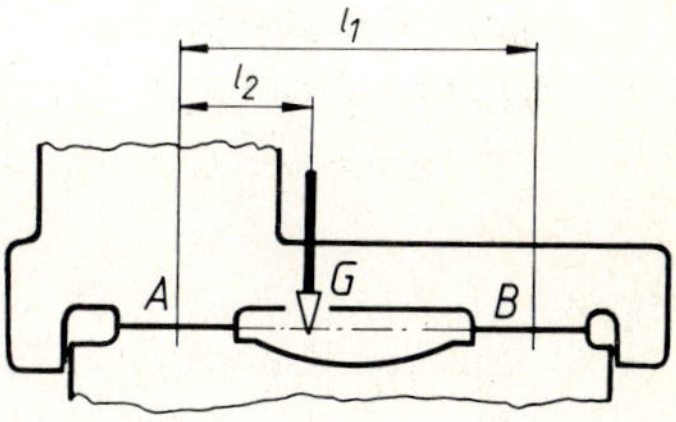

312 Die Gewichtskraft eines Lastkraftwagens beträgt 80 kN. Die Vorderachslast beträgt 32 kN, die Hinterachslast 48 kN. Haft- und Gleitreibzahlen zwischen Reifen und Straßenoberfläche sind $\mu_0 = 0{,}5$ und $\mu = 0{,}41$.

Welche maximale Bremskraft kann am Boden abgestützt werden,

a) wenn alle vier Räder mit der Fußbremse gebremst werden und die Räder nicht rutschen,
b) wenn die Räder rutschen,
c) wenn nur die Hinterräder mit der Handbremse gebremst werden und die Räder nicht rutschen,
d) wenn die Räder rutschen?

313 Eine Lokomotive hat drei Treibachsen mit einem Raddurchmesser von 1500 mm, die mit je 160 kN belastet werden. Die Reibzahlen zwischen Rad und Schiene betragen $\mu_0 = 0{,}15$ und $\mu = 0{,}12$.

Welche Zugkraft kann die Lokomotive höchstens aufbringen, wenn

a) die Räder nicht rutschen,

b) die Räder rutschen?

c) Wie groß ist das Drehmoment M_a bzw. M_b je Treibachse in den Fällen a und b?

314 Die Richtführung einer Werkzeugmaschine wird durch die schräg unter dem Winkel $\alpha = 12°$ angreifende Kraft $F = 4{,}1$ kN belastet. Es soll festgestellt werden, welche der beiden Ausführungen (I oder II) den Vorzug der größeren Leichtgängigkeit beim Längsverschieben hat. Die Reibzahl ist $\mu = 0{,}12$ und die Winkel betragen $\beta = 35°$, $\gamma = 55°$.

Gesucht:

a) die Normalkräfte F_{NA} und F_{NB} bei der Ausführung I,

b) die Normalkräfte bei der Ausführung II,

c) die Reibkräfte F_{RA} und F_{RB} beim Längsverschieben für die Ausführung I,

d) die Reibkräfte für die Ausführung II,

e) die erforderlichen Verschiebekräfte F_{vI} und F_{vII} für beide Ausführungen.

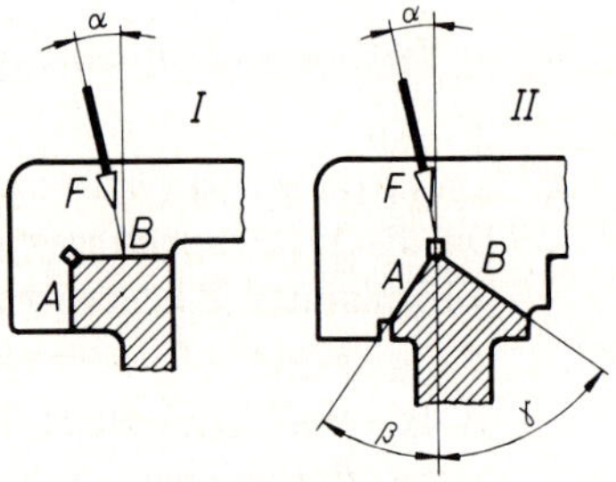

315 Ein Stempel wird durch acht Federbacken nach Skizze in seiner Ruhelage gehalten. Jede der Backen wird mit einer Kraft von 100 N angedrückt. Die Reibzahl beträgt 0,06.

Welche Kraft F ist zum gleichförmigen Abwärtsbewegen des Stempels erforderlich? (Die Gewichtskraft bleibt unberücksichtigt.)

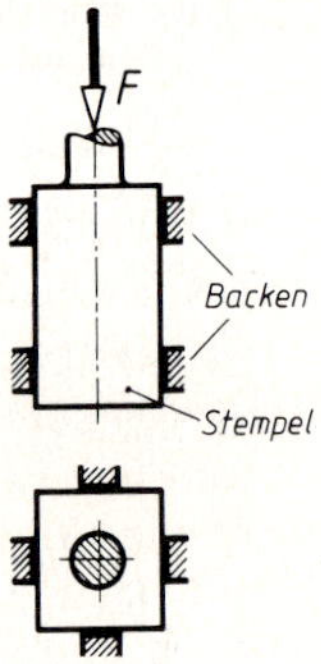

316 Auf den Kolben eines Dieselmotors wirkt in der gezeichneten Stellung der Pleuelstange ein Druck von 10 bar. Der Kolbendurchmesser beträgt 400 mm, der Winkel $\alpha = 12°$, die Reibzahl zwischen Kolben und Zylinderwand $\mu = 0{,}1$.

Gesucht:

a) die Kraft F, die auf den Kolbenboden wirkt,

b) die Normalkraft zwischen Kolben und Zylinderwand,

c) die Reibkraft an der Zylinderwand,

d) die Druckkraft in der Pleuelstange.

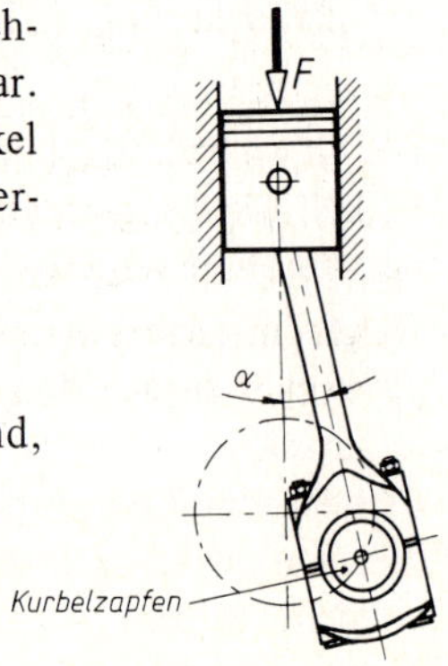

317 Ein Körper liegt auf einer waagerechten Ebene und soll durch eine schräg von oben angreifende Kraft F aus der Ruhelage angeschoben werden. Die Wirklinie von F geht durch den Körperschwerpunkt und liegt unter einem Winkel $\alpha = 30^\circ$ zur Waagerechten. Die Gewichtskraft des Körpers beträgt 80 N, die Haftreibzahl zwischen Körper und Ebene 0,35.

a) Wie groß ist die zum Anschieben erforderliche Kraft F?

b) Wie groß wird die Kraft F, wenn sie – mit der gleichen Neigung wie bei a) schräg nach oben gerichtet – den Körper nicht schiebt, sondern zieht?

318 Der Tisch einer Langhobelmaschine hat eine Gewichtskraft $G_1 = 15$ kN. Beim Arbeitshub erfährt er von dem aufgespannten Werkstück und der Passivkraft eine weitere senkrechte Belastung $F = 22$ kN; die Schnittkraft $F_s = 18$ kN wirkt waagerecht der Bewegung entgegen. Die Vorschubkraft wird vernachlässigt. Der Tisch läuft in zwei waagerechten Flachführungen mit der Schnittgeschwindigkeit $v_a = 50$ m/min. Die Reibzahl beträgt $\mu = 0{,}1$.

Gesucht:

a) die Reibkraft in den Führungen,

b) die gesamte Verschiebekraft beim Arbeitshub,

c) der prozentuale Anteil der Reibung an der Verschiebekraft,

d) die Antriebsleistung des Motors beim Arbeitshub unter Berücksichtigung des Getriebewirkungsgrades von 80 %,

e) die Antriebsleistung für den Rückhub, wenn die Gewichtskraft des Werkstückes $G_2 = 16$ kN und die Rücklaufgeschwindigkeit $v_r = 67$ m/min beträgt.

319 Eine Stabstahlstange steht auf einer waagerechten Fläche und lehnt mit ihrem oberen Ende gegen eine senkrechte Fläche. Die Haftreibzahl an beiden Auflagestellen beträgt 0,19.

Ermitteln Sie den Grenzwinkel α zwischen Stange und Boden, bei dem die Stange zu rutschen beginnt!

320 Eine Leiter steht mit ihrem Fußende auf einer waagerechten Fläche. Der Winkel zwischen Bodenfläche und Leiter beträgt $\alpha = 65^\circ$. Das Kopfende der Leiter lehnt in 4 m Höhe gegen eine senkrechte Fläche. Die Reibzahl an beiden Auflageflächen beträgt $\mu_0 = 0{,}28$. Ein Mann mit einer Gewichtskraft von 750 N besteigt die Leiter.

a) Welche Höhe hat er erreicht, wenn die Leiter rutscht?

b) Stellen Sie anhand der entwickelten Gleichung fest, welchen Einfluß seine Gewichtskraft auf die Höhe hat!

c) Wie groß muß der Winkel α mindestens sein, wenn er die Leiter ohne Rutschgefahr ganz besteigen will? Ermitteln Sie diese Bedingung ebenfalls aus der entwickelten Gleichung!

321 Eine Schleifscheibe von $d = 300$ mm Durchmesser läuft mit der Drehzahl $n = 1400 \text{ min}^{-1}$ um. Ein flaches Werkstück wird nach Skizze mit der Kraft $F = 200$ N, die unter einem Winkel $\alpha = 15°$ zur Waagerechten wirkt, gegen die Schleifscheibe gedrückt. Die Reibzahlen betragen $\mu_1 = 0{,}2$ zwischen Werkstück und Tisch und $\mu_2 = 0{,}6$ zwischen Werkstück und Schleifscheibe.

Gesucht:

a) Normalkraft F_{N1} und Reibkraft F_{R1} zwischen Werkstück und Tisch,

b) Normalkraft F_{N2} und Reibkraft F_{R2} zwischen Werkstück und Schleifscheibe,

c) die Schnittleistung an der Schleifscheibe.

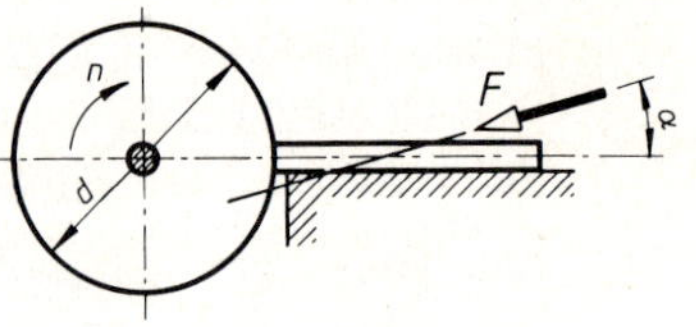

322 Die Klemmvorrichtung für einen Werkzeugschlitten besteht aus Zugspindel, Spannkeil und Klemmhebel. Die Zugspindel wird mit der Kraft $F = 200$ N betätigt. Die Abmessungen betragen $l_1 = 10$ mm, $l_2 = 35$ mm, $l_3 = 20$ mm, der Winkel $\alpha = 15°$ und die Reibzahl $\mu = 0{,}11$.

Gesucht:

a) Normalkraft F_N und Reibkraft F_R zwischen Keil und Gleitbahn,

b) Normalkraft F_{NA} und Reibkraft F_{RA} zwischen Keil und Klemmhebel,

c) die senkrechte Klemmkraft auf der Fläche B,

d) die Stützkraft im Klemmhebellager C.

(Vergleichen Sie die Ergebnisse mit denen der Aufgabe 98!)

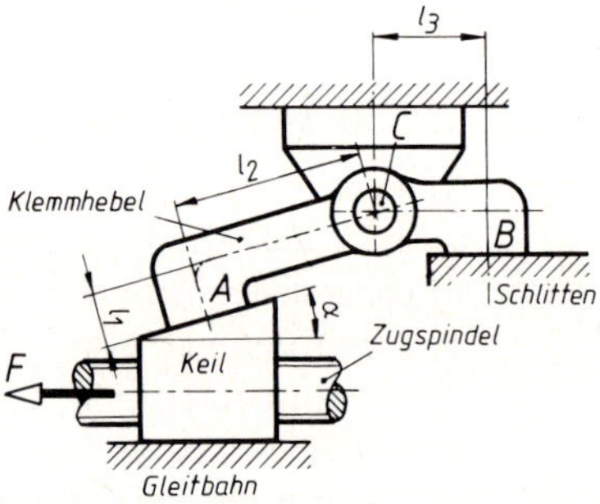

323 Eine Rohrhülse soll durch eine Federklemme so festgehalten werden, daß die Hülse herausgezogen wird, wenn die Zugkraft den Betrag $F_z = 17{,}5$ N erreicht. Die Abmessungen betragen $l_1 = 21$ mm, $l_2 = 28$ mm, $l_3 = 12$ mm, $d = 12$ mm und die Reibzahl $\mu_0 = 0{,}22$.

Wie groß sind

a) die Reibkraft an der Klemmbacke A beim Herausziehen,

b) die Normalkraft zwischen Klemmbacke A und Hülsenwand,

c) die erforderliche Federkraft F (Zug- oder Druckfeder?),

d) die Lagerkraft im Hebeldrehpunkt B?

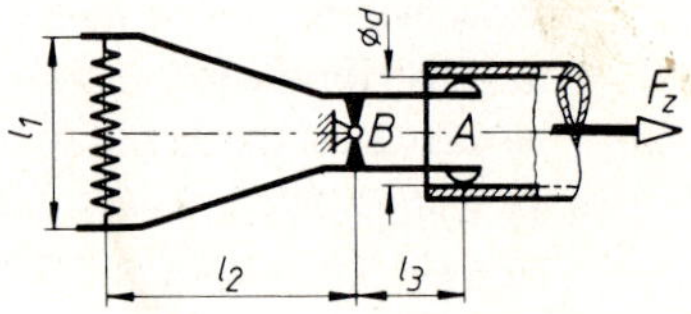

324 Mit Hilfe der skizzierten Blockzange werden Stahlblöcke transportiert. Dabei wird der Gewichtskraft des Blockes $G = 12$ kN nur durch die Reibkräfte an den Klemmflächen das Gleichgewicht gehalten. Die Reibzahl schwankt während der Haltezeit infolge der Verzunderung der Oberfläche zwischen 0,25 und 0,35. Die Abmessungen betragen $l_1 = 1$ m, $l_2 = 0{,}3$ m, $l_3 = 0{,}3$ m, der Winkel $\alpha = 15°$.

Bestimmen Sie unter Vernachlässigung der Gewichtskraft der Zange:

a) die Reibzahl, mit der aus Gründen der Sicherheit zu rechnen ist,
b) die Zugkräfte in den beiden Kettenspreizen K,
c) die Normalkräfte an den Klemmflächen A,
d) die größte Reibkraft $F_{R0\,max}$, die an einer Klemmfläche übertragen werden kann,
e) die Tragsicherheit der Zange,
f) die Belastung des Zangenbolzens B!
g) Welchen Einfluß hat die Gewichtskraft des Blocks auf die Tragsicherheit?
h) Bis zu welchem Betrag dürfte μ_0 sinken, ohne daß der Block aus der Zange rutscht?

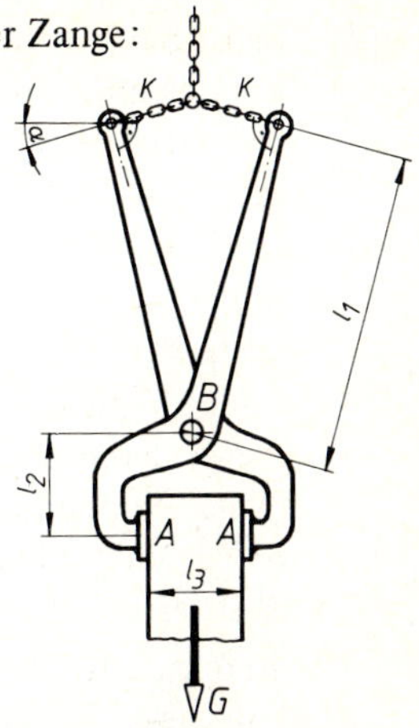

325 Eine Hubschleifvorrichtung wird durch einen Nocken gehoben und gesenkt. Die zu hebenden Teile haben die Gewichtskraft $F = 350$ N. Die zylindrische Hubstange ist bei A und B geführt. Die Reibzahlen für die Stahlstange in GG-Führungen, leicht gefettet, sind $\mu_0 = 0{,}16$ und $\mu = 0{,}14$. Die Abstände betragen $l_1 = 110$ mm und $l_2 = 320$ mm.

Ermitteln Sie die Kraft F_N, mit welcher der Nocken gegen die Rolle drückt, und die Normalkräfte F_{NA} und F_{NB} sowie die Reibkräfte F_{RA} und F_{RB} in den Führungen A und B, und zwar

a) wenn die Nockenlauffläche beim Aufwärtshub um $\alpha = 60°$ gegen die Senkrechte geneigt ist ($l_3 = 160$ mm),
b) wenn sie beim Abwärtshub um $\alpha = 60°$ gegen die Senkrechte geneigt ist ($l_3 = 160$ mm),
c) in der höchsten Hublage ($l_3 = 140$ mm).

(Vergleichen Sie mit den Ergebnissen der Aufgabe 130!)

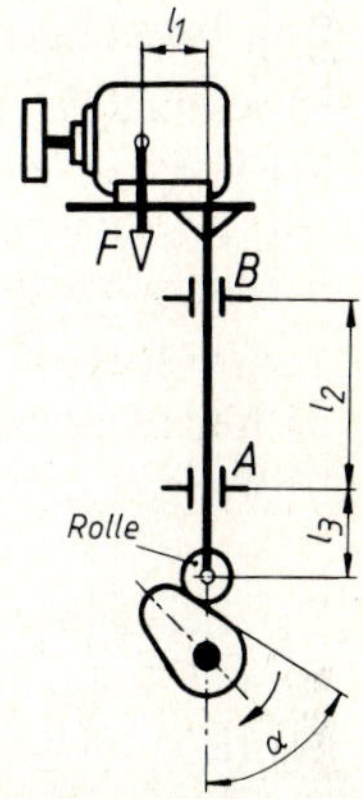

326 Der skizzierte Motor mit Grundplatte kann mit Hilfe der Verschiebespindel in den Führungen A und B nach beiden Seiten verschoben werden. Es wirken die Gewichtskraft des Motors mit Grundplatte $G = 150$ N, sowie die Riemenzugkräfte $F_1 = 180$ N im oberen und $F_2 = 60$ N im unteren Trum. Die Abmessungen betragen $l_1 = 90$ mm, $l_2 = 70$ mm, $l_3 = 120$ mm, $l_4 = 100$ mm, $d = 100$ mm und die Reibzahl in den Führungen $\mu = 0{,}22$.

Ermitteln Sie für den Fall, daß der Motor nach rechts verschoben wird

a) Normalkraft F_{NA} und Reibkraft F_{RA} in der Führung A,
b) Normalkraft F_{NB} und Reibkraft F_{RB} in der Führung B,
c) die erforderliche Verschiebekraft F_v in der Spindel.

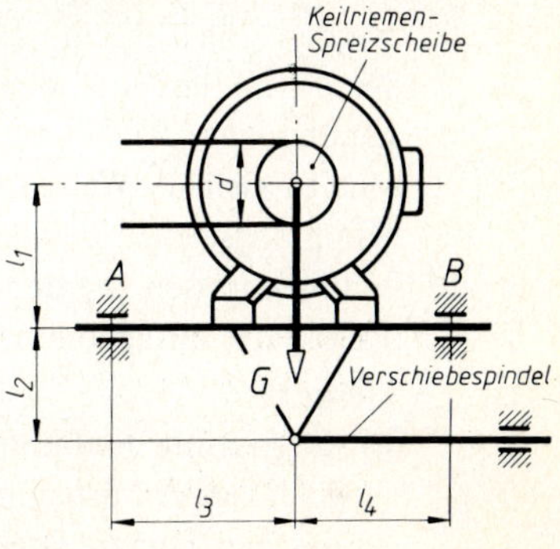

327 Die Spanneinrichtung soll in einem stillstehenden Schleifband durch die Druckfeder eine Spannkraft von 50 N erzeugen. Der Spannrollenhebel ist bei A drehbar gelagert und stützt sich mit dem Stützrad B an einer senkrechten Fläche ab. Die Reibzahl in den Führungen C und D ist $\mu = 0{,}19$ und die Abstände betragen $l_1 = 120$ mm, $l_2 = 100$ mm, $l_3 = 180$ mm, $l_4 = 220$ mm.

Gesucht:

a) die Kräfte im Gelenk A und am Stützrad B,

b) die Normalkraft F_{NC} und die Reibkraft F_{RC} in der Führung C,

c) die Normalkraft F_{ND} und die Reibkraft F_{RD} in der Führung D,

d) die erforderliche Federkraft F_2.

(Vergleichen Sie die Ergebnisse mit denen der Aufgabe 135!)

Lösungshinweis: Zuerst Spannrolle freimachen!

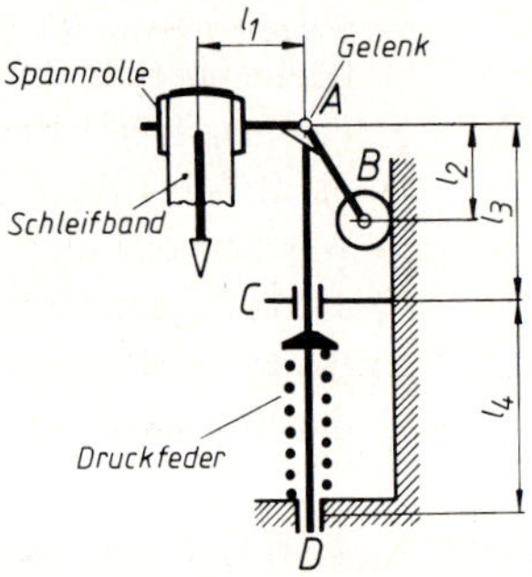

328 Die Reibbacken der Sicherheitskupplung werden durch eine Feder nach außen gegen die Kupplungshülse mit dem Innendurchmesser $d = 110$ mm gedrückt. Die Reibzahl für Stahl auf Stahl beträgt 0,15. Die Feder soll so bemessen werden, daß das übertragbare Drehmoment auf 10 Nm begrenzt wird. Die Reibkräfte an den seitlichen Führungsflächen der Backen und die Fliehkräfte sollen vernachlässigt werden.

a) Welche Reibkraft muß jede Backe übertragen?

b) Wie groß ist die erforderliche Federkraft?

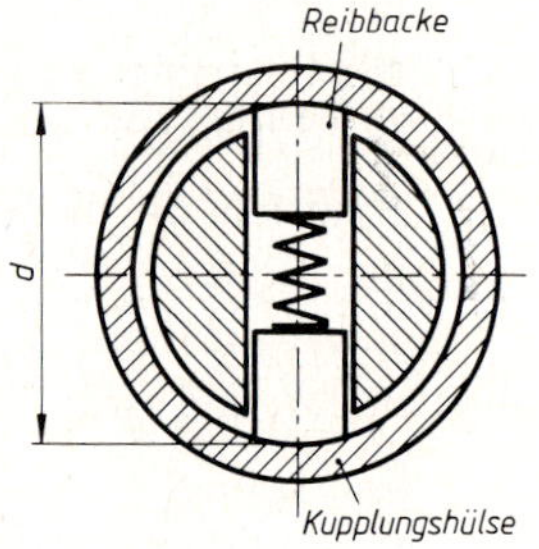

329 Die Zentraldruckfeder F einer Mehrscheibenkupplung drückt die Anpreßplatte A mit einer Kraft von 400 N auf die Kupplungsscheiben. Der mittlere Durchmesser der Reibflächen beträgt $d_m = 116$ mm. Die Reibzahl für die in Öl laufenden Stahlkupplungsscheiben beträgt 0,09. Die Zwischenscheiben B werden an ihrem Umfang durch Nuten im umlaufenden Gehäuse mitgenommen. Die Mitnehmerscheiben C sind in gleicher Weise in Nuten auf der Kupplungswelle geführt. Beim Zusammenpressen werden sie durch die Reibkräfte mitgenommen.

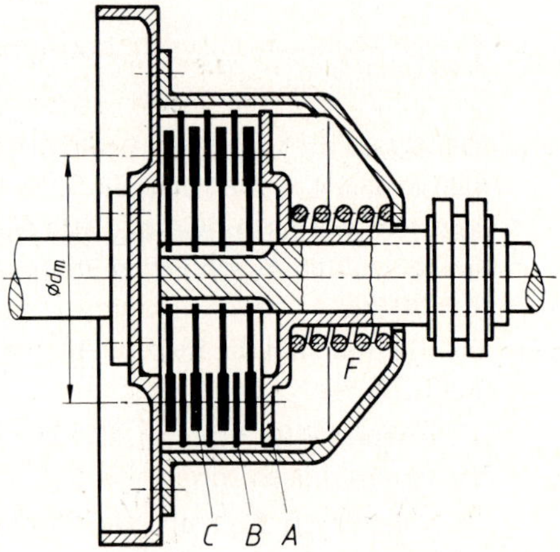

Gesucht:

a) die gesamte Reibkraft am mittleren Radius aller Mitnehmerscheiben,

b) das übertragbare Drehmoment.

330 Der Reibbelag einer Einscheiben-Trockenkupplung hat einen mittleren Durchmesser von 240 mm und soll ein Drehmoment von 120 Nm übertragen. Die Mitnahme erfolgt auf beiden Seiten der Mitnehmerscheibe. Die Reibzahl für trockenen Kupplungsbelag auf GG beträgt 0,42.

a) Wie groß ist die erforderliche Reibkraft am mittleren Radius einer Reibfläche?
b) Welche Normalkraft müssen die Andrückfedern aufbringen?

331 Eine Welle mit 80 mm Durchmesser überträgt bei 120 min^{-1} eine Leistung von 14,7 kW. Sie soll mit der Antriebswelle einer Maschine mit Hilfe einer Schalenkupplung verbunden werden, die auf jeder Seite vier Schrauben hat. Die Reibzahl zwischen Welle und Kupplung beträgt 0,2.

Gesucht:
a) das von der Kupplung zu übertragende Drehmoment,
b) die Längskraft, mit der jede Schraube gespannt sein muß, um eine sichere Mitnahme zu erreichen.

332 Die beiden Hälften einer Scheibenkupplung werden durch sechs Schrauben auf einem Lochkreis-Durchmesser von d = 140 mm zusammengepreßt. Sie sollen eine Leistung von 18,4 kW bei einer Drehzahl von 220 min^{-1} so übertragen, daß die Mitnahme allein durch die Reibung bewirkt wird, die Schrauben also nicht auf Abscheren beansprucht werden. Die Reibzahl beträgt 0,22.

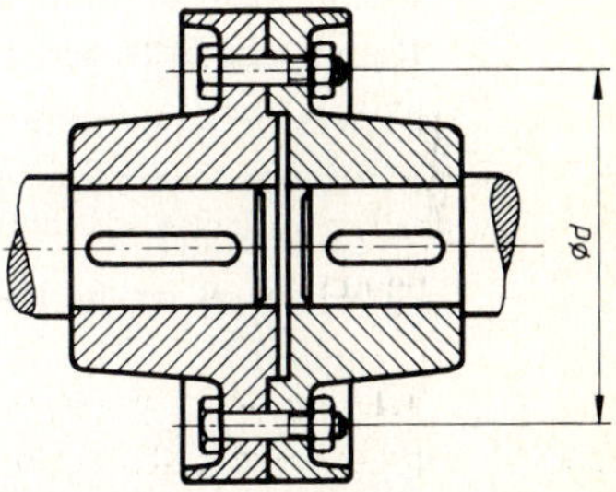

Wie groß sind
a) das zu übertragende Drehmoment,
b) die erforderliche Gesamtreibkraft am Lochkreisradius,
c) die Längskraft, mit der jede Schraube gespannt sein muß?

333 Eine geteilte Riemenscheibe hat 630 mm Durchmesser. Sie soll bei einer Drehzahl von 250 min^{-1} eine Leistung von 11 kW auf ihre Welle von 60 mm Durchmesser übertragen. Die Bohrungsflächen der beiden Scheibenhälften sollen durch Schrauben so fest auf die Welle gepreßt werden, daß die Kraftübertragung nur durch die Reibung erfolgt. Die Reibzahl beträgt 0,15.

Mit welcher Kraft müssen die Scheibenhälften auf die Welle gepreßt werden?

334 Der Antriebskegel eines stufenlos verstellbaren Reibradgetriebes überträgt bei einem mittleren Laufdurchmesser d = 180 mm und der Drehzahl n = 630 min^{-1} die Leistung P = 1,5 kW auf den Abtriebsring. Die Reibzahl beträgt μ = 0,33, der Winkel α = 55°.

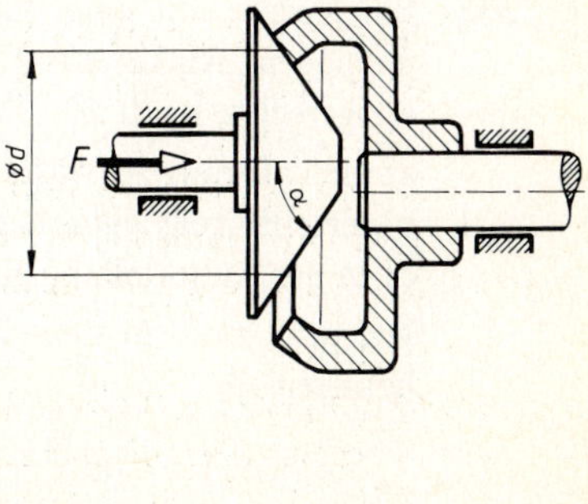

Gesucht:
a) das erforderliche Reibmoment,
b) die Normalkraft zwischen Kegel und Scheibe,
c) die erforderliche Anpreßkraft F für den Kegel.

Schiefe Ebene

335 Eine Maschine mit einer Gewichtskraft von 8 kN soll beim Verladen durch eine Seilwinde auf einer unter 22° zur Waagerechten geneigten Ebene heraufgezogen werden. Das Seil zieht parallel zur Gleitebene. Die Reibzahlen betragen $\mu_0 = 0{,}2$ und $\mu = 0{,}1$.

Zu ermitteln sind

a) die zum Anziehen aus der Ruhe erforderliche Seilzugkraft beim Hinaufziehen,
b) die erforderliche Zugkraft während des Hinaufgleitens,
c) die beim Abladen erforderliche Haltekraft, wenn die Maschine gleichförmig abwärts gleitet.

336 Ein Schiff mit einer Masse $m = 7500$ t liegt auf der Ablaufbahn, die um den Winkel $\alpha = 4°$ zur Waagerechten geneigt ist. Beim Stapellauf wird das Schiff durch eine hydraulische Presse in Bewegung gesetzt, deren Druckkraft parallel zur Ablaufbahn wirkt. Nach dem Anschieben gleitet das Schiff gleichmäßig beschleunigt weiter. Die Reibzahlen betragen $\mu_0 = 0{,}13$ und $\mu = 0{,}06$.

a) Welche Kraft muß die Presse zum Anschieben aufbringen?
b) Wie groß ist die Kraft, die das Schiff nach dem Anschieben gleichmäßig beschleunigt?
c) Wie groß ist die Beschleunigung, mit der das Schiff nach dem Anschieben weitergleitet?

337 Ein Bajonettverschluß wird durch Drehen der oberen Stange geschlossen. Dabei gleiten die beiden einander gegenüberliegenden Stangenzapfen bis zum Einrasten in die Taschen die Anlaufschrägen hinauf, die als Schraubenlinien mit 15° Steigungswinkel ausgebildet sind. Die Stange wird durch eine Feder mit maximal $F = 180$ N belastet. Die Reibzahl beträgt 0,12.

Welche maximale Umfangskraft muß beim Schließen mit der Hand am Stangenumfang bei $d = 50$ mm Stangendurchmesser aufgebracht werden?

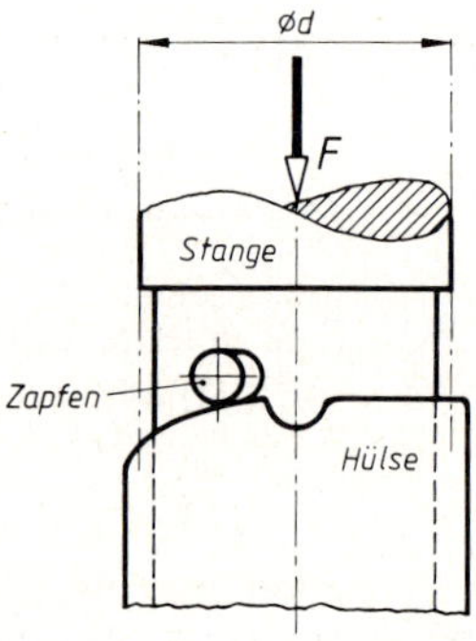

338 Ein Körper mit einer Gewichtskraft $G = 1$ kN liegt auf einer schiefen Ebene, die unter dem Winkel $\alpha = 7°$ zur Waagerechten geneigt ist. Der Körper soll durch eine waagerechte Kraft F

a) gleichförmig aufwärts gezogen,
b) gleichförmig abwärts geschoben,
c) in der Ruhestellung gehalten werden.

Wie groß muß in den drei Fällen die Kraft F sein, wenn $\mu_0 = 0{,}19$ und $\mu = 0{,}16$ betragen?

339 Auf einer unter dem Winkel $\alpha = 19°$ geneigten Ebene liegt der skizzierte Körper mit einer Gewichtskraft von 6,9 kN. Er wird durch ein Seil gehalten, das unter dem Winkel $\beta = 14°$ zur schiefen Ebene angreift. Die Reibzahlen betragen $\mu_0 = 0{,}29$ und $\mu = 0{,}21$.

Gesucht:

a) die Seilkraft F_1 zum Halten der Last in der Ruhelage,
b) die Seilkraft F_2, wenn die Last nach oben in Bewegung gesetzt werden soll,
c) die Seilkraft F_3 zum gleichförmigen Aufwärtsziehen,
d) die Seilkraft F_4 beim gleichförmigen Abwärtsgleiten der Last.

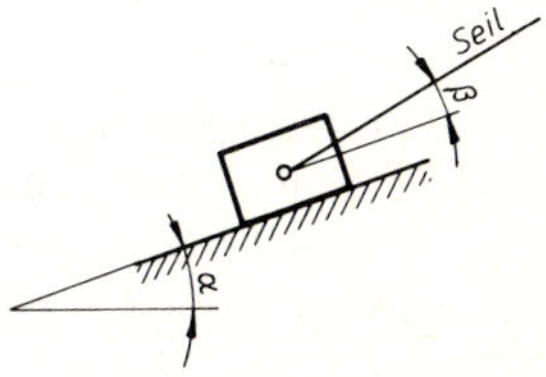

340 Ein Körper mit der Gewichtskraft G liegt auf einer schiefen Ebene, die unter dem Winkel $\alpha = 5°$ zur Waagerechten geneigt ist. Die Haftreibzahl beträgt $\mu_0 = 0{,}23$. Auf den Körper wirkt von schräg oben eine Kraft F.

a) Ermitteln Sie die Grenzwinkel β und γ zur Waagerechten, unter denen die Kraft F gerade noch angreifen darf, wenn der Körper nicht rutschen soll!
b) Welchen Einfluß hat die Gewichtskraft auf den Betrag der Grenzwinkel β und γ?
c) Welchen Einfluß hat die Kraft F auf den Betrag der Grenzwinkel?

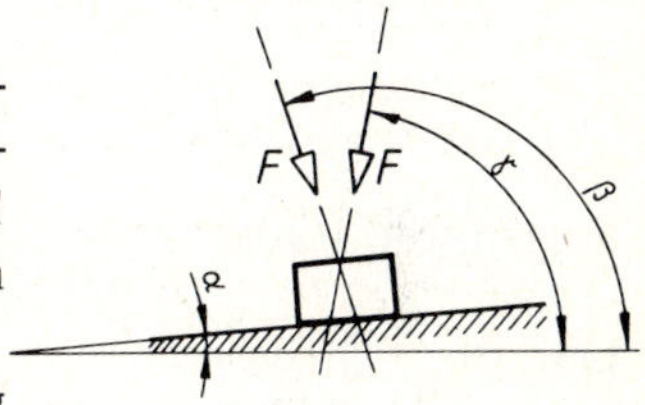

Symmetrische Prismenführung, Zylinderführung

345 Der Maschinenschlitten nach Aufgabe 311 hat anstelle der linken Flachführung A eine symmetrische V-Prismenführung mit 90° Öffnungswinkel. Sonst bleibt alles unverändert.

Gesucht:

a) die Keilreibzahl,
b) die erforderliche waagerecht wirkende Verschiebekraft für den Schlitten.

346 Der Tisch einer Säulenbohrmaschine wird durch seine Gewichtskraft $G = 400$ N und von einem Werkstück mit der Kraft $F = 350$ N belastet. Die Abmessungen betragen $l_1 = 250$ mm, $l_2 = 400$ mm und $d = 120$ mm. Die Haftreibzahl in den Führungen beträgt $\mu_0 = 0{,}15$.

a) Welche Länge l_3 darf die Führungsbuchse höchstens haben, wenn der Tisch allein durch die Reibung in der Ruhestellung gehalten werden soll?
b) Rutscht der Tisch, wenn das Werkstück vom Tisch genommen wird?
c) Wie beeinflußt die Führungslänge l_3 das Gleiten der Führungsbuchse auf der Säule?

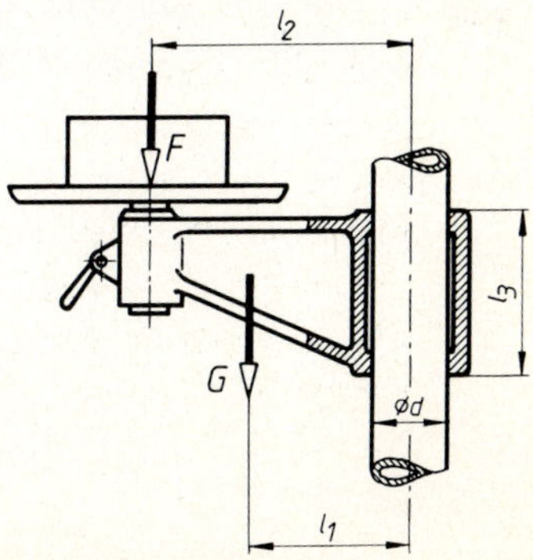

347 Der skizzierte Ausleger wird mit einer $l_3 = 50$ mm langen Führungsbuchse an einer Vierkantsäule von $b = 30$ mm Kantenlänge geführt. Im Abstand l_1 wirkt die Kraft $F_1 = 500$ N. Die Haftreibzahl beträgt 0,15.

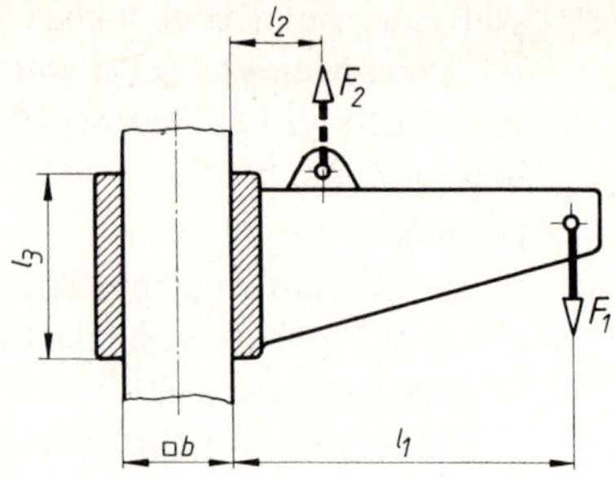

Gesucht:

a) der Abstand l_1 der Kraft F_1, wenn gerade Selbsthemmung auftreten soll, mit Hilfe einer Gleichung $l_1 = f(\mu_0, b, l_3)$,

b) die Kraft F_2, die im Abstand $l_2 = 20$ mm wirken müßte, um den Ausleger aus der Ruhestellung anzuheben, mit Hilfe einer Gleichung $F_2 = f(F_1, \mu_0, l_2, l_3, b)$. Setzen Sie für l_1 die unter a) entwickelte Beziehung $l_1 = f(\mu_0, b, l_3)$ ein!

Tragzapfen (Querlager)

349 Die Kurbelwelle einer Brikettpresse hat die Gewichtskraft $G = 24$ kN. Sie wird im Stillstand durch die Schubstange und das Schwungrad mit den senkrecht wirkenden Kräften $F_1 = 7$ kN und $F_2 = 102$ kN belastet. Die beiden Lagerzapfen haben $d = 410$ mm Durchmesser. Beim Anfahren beträgt die Zapfenreibzahl $\mu = 0{,}08$.

a) Wie groß ist die gesamte Reibkraft am Lagerzapfenumfang beim Anfahren?

b) Welches Drehmoment ist beim Anfahren zur Überwindung der Lagerreibung erforderlich?

350 Die vierfach gelagerte Kurbelwelle eines Verbrennungsmotor erhält eine mittlere Belastung von 1,5 kN je Lagerzapfen. Der Zapfendurchmesser beträgt 72 mm, die Drehzahl 3200 min^{-1} und die Zapfenreibzahl 0,009.

Zu ermitteln sind

a) das Reibmoment der Kurbelwelle infolge der Lagerreibung,

b) die Reibleistung (Leistungsverlust),

c) die Reibungswärme in J, die in einer Minute in jedem der vier Lager entsteht, unter der Annahme, daß sich die Gesamtbelastung der Kurbelwelle gleichmäßig auf die vier Lager verteilt.

351 Eine Getriebewelle wird über eine Riemenscheibe mit einer Leistung $P_{an} = 150$ kW bei $n = 355\ \text{min}^{-1}$ angetrieben. Die Riemenscheibe belastet die Welle mit $F_1 = 10{,}2$ kN, das Zahnrad mit $F_2 = 25$ kN. Beide Kräfte wirken parallel in gleicher Richtung. Infolge der Lagerreibung tritt ein Leistungsverlust von 1,1 % auf.

Gesucht:

a) die Nutzleistung P_{ab}, die von der Welle über das Zahnrad abgegeben wird, und der Leistungsverlust P_R (Reibleistung),
b) das Gesamtreibmoment an der Welle,
c) die Lagerkräfte F_A und F_B,
d) die Zapfenreibzahl μ,
e) die Reibmomente M_A und M_B in den Lagern,
f) die Reibungswärme W_A und W_B, die in beiden Lagern in einer Minute abzuführen ist.

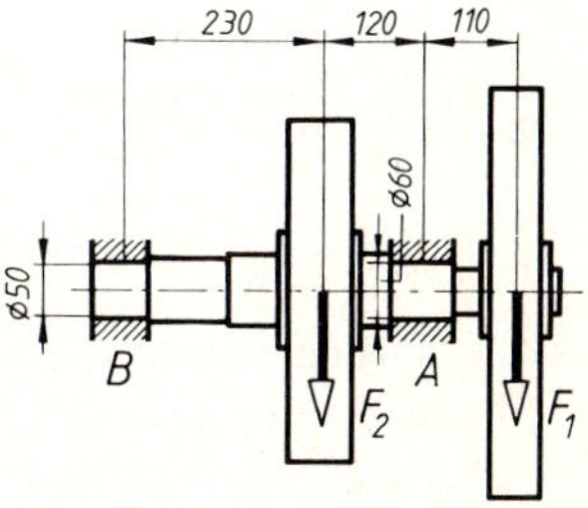

352 Der Antriebsmotor eines Reibradgetriebes ist federnd auf einer Wippe gelagert. Die Gewichtskraft von Motor und Wippe beträgt $G = 430$ N. Die Reibscheibe hat $d_1 = 140$ mm Durchmesser und soll eine Leistung von 3 kW bei $n_1 = 2860\ \text{min}^{-1}$ durch Reibung auf das Gegenrad mit $d_2 = 450$ mm Durchmesser übertragen. Die Reibzahl beträgt $\mu = 0{,}175$.

Gesucht:

a) das erforderliche Reibmoment M_R und die Reibkraft F_R am Reibscheibenumfang,
b) die Normalkraft F_N an der Berührungsstelle von Reibscheibe und Gegenrad,
c) die zur Erzeugung der Normalkraft erforderliche Spannkraft F_f der Druckfeder,
d) der Betrag der Lagerkraft F_A und ihre Komponenten F_{Ax} und F_{Ay} in waagerechter und senkrechter Richtung,
e) die Drehzahl n_2 der Gegenradwelle,
f) das Zapfenreibmoment der Gegenradwelle, wenn die Zapfenreibzahl $\mu = 0{,}06$ beträgt,
g) die Reibleistung an der Gegenradwelle,
h) der Leistungsverlust in Prozent der Antriebsleistung.

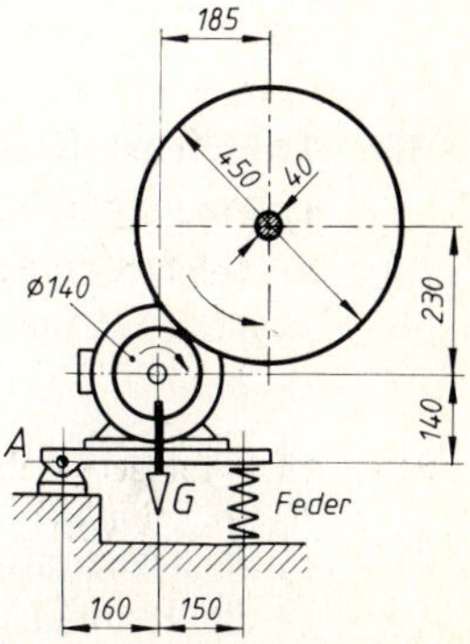

Spurzapfen (Längslager)

353 Eine Wasserturbine mit senkrecht stehender Welle erzeugt eine Leistung von 1320 kW bei $120\ \text{min}^{-1}$. Der Kammzapfen der Welle hat drei Lagerbunde von 280 mm innerem und 380 mm äußerem Durchmesser. Er erhält eine senkrechte Belastung von 160 kN. Die Reibzahl im Kammlager wird mit 0,06 angenommen.

a) Wie groß ist der Leistungsverlust im Kammlager?
b) Wieviel Prozent der Turbinenleistung sind das?

354 Die Spurplatte eines Spurlagers wird durch den Zapfen einer senkrechten Welle mit $F = 20$ kN belastet. Der Zapfendurchmesser ist $d = 160$ mm, die Drehzahl $n = 150\ \text{min}^{-1}$. Die Reibzahl beträgt $\mu = 0{,}08$.

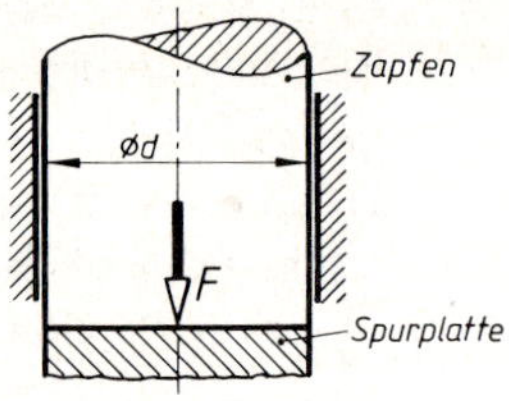

Gesucht:

a) das Reibmoment,
b) die Reibleistung,
c) die Wärmemenge, die je Minute abzuführen ist.

355 Ein Ringspurzapfen mit den Durchmessern $D = 80$ mm und $d = 20$ mm wird durch die axiale Kraft $F = 4{,}5$ N belastet. Die Reibkraft zwischen Zapfen und Spurplatte greift am mittleren Durchmesser der ringförmigen Gleitfläche an. Die Reibzahl beträgt 0,07.

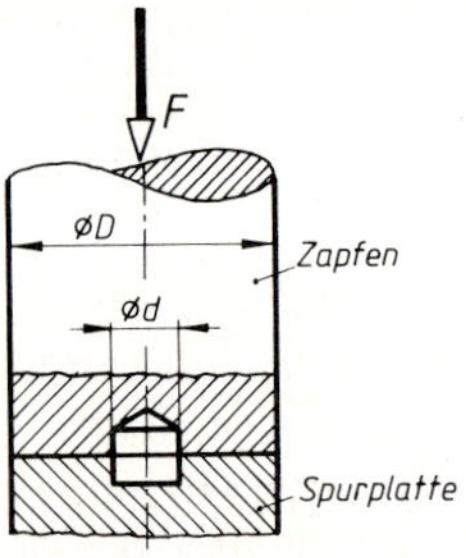

Berechnen Sie für eine Drehzahl von 355 min^{-1}

a) das Reibmoment,
b) die Reibleistung,
c) die in einer Stunde infolge der Reibung entwickelte Wärmemenge!

356 Die Drehsäule eines Wanddrehkranes ist in einem oberen Querlager A und einem unteren Quer- und Längslager B gelagert. Die Reibzahl in den Lagern beträgt $\mu = 0{,}12$. Der Kran trägt eine Last von 20 kN in einer Ausladung von 2,7 m. Die Lagerzapfen haben $d = 80$ mm Durchmesser, der Lagerabstand beträgt $l = 1{,}4$ m.

Gesucht:

a) die Stützkraft F_A im oberen Querlager,
b) die Stützkraft F_{Bx} im unteren Querlager,
c) die Stützkraft F_{By} im unteren Längslager,
d) die Reibkräfte F_{RA}, F_{RBx} und F_{RBy} in den drei Lagern beim Schwenken des Kranes,
e) die Reibmomente M_A, M_{Bx} und M_{By},
f) das zum Schwenken des belasteten Kranes erforderliche Drehmoment.
g) Mit welcher Kraft muß man zum Schwenken an der Last tangential zum Schwenkkreis ziehen?

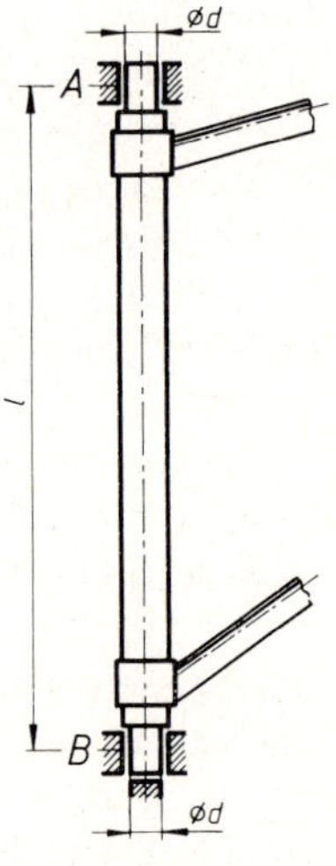

Bewegungsschraube

357 Eine Spindelpresse hat Trapezgewinde Tr 80 × 10. Am Umfang der Treibscheibe von 860 mm Durchmesser wirkt eine Tangentialkraft von 400 N. Die Reibzahl der Stahlspindel in der Bonzemutter beträgt $\mu' = 0{,}08$.

Gesucht:

a) der Reibwinkel ρ' im Gewinde,

b) die Spindellängskraft.

358 Ein Dampfabsperrventil hat 80 mm lichten Durchmesser. Der Dampf wirkt mit 25 bar Überdruck auf die Unterseite des Ventiltellers. Die Ventilspindel hat Trapezgewinde Tr 28 × 5. Der Kranzdurchmesser des Handrades beträgt 225 mm, die Reibzahl $\mu = 0{,}12$.

Gesucht:

a) die Reibzahl μ' im Gewinde und der Reibwinkel ρ',

b) die Längskraft in der Ventilspindel,

c) die am Handrad erforderliche Umfangskraft beim Schließen des Ventils,

d) die zum Öffnen erforderliche Handkraft.

359 Mit einer Schraubenwinde soll eine Last von 11 kN gehoben werden. Die Hubspindel hat Trapezgewinde Tr 40 × 7. Das Heben erfolgt durch Drehen der Mutter, die mit einer Ratsche betätigt wird. Die Handkraft greift in einer Entfernung von 380 mm von der Hubspindelmitte am Ratschenhebel an. Die Reibzahl beträgt für Stahl auf Stahl (leicht gefettet) $\mu = 0{,}12$.

Gesucht:

a) die Reibzahl μ' im Gewinde und den Reibwinkel ρ',

b) das zum Heben erforderliche Anzugsmoment ohne Berücksichtigung der Reibung an der Mutterauflage,

c) das Auflagereibmoment, wenn die Reibkraft an einem Reibradius von 30 mm angreift,

d) das Anzugsmoment am Ratschenhebel unter Berücksichtigung der Auflagerreibung,

e) die erforderliche Handkraft.

360 Am Stößel einer Reibspindelpresse soll eine Preßkraft $F_1 = 240$ kN erzeugt werden. Die Spindel hat dreigängiges Trapezgewinde Tr 110 × 36 P 12. Der Durchmesser der Reibscheibe ist $d = 850$ mm. Die Reibzahlen betragen im Gewinde 0,08, am Umfang der Reibscheibe 0,28. Die Reibung des Spindelzapfens im Stößel soll vernachlässigt werden.

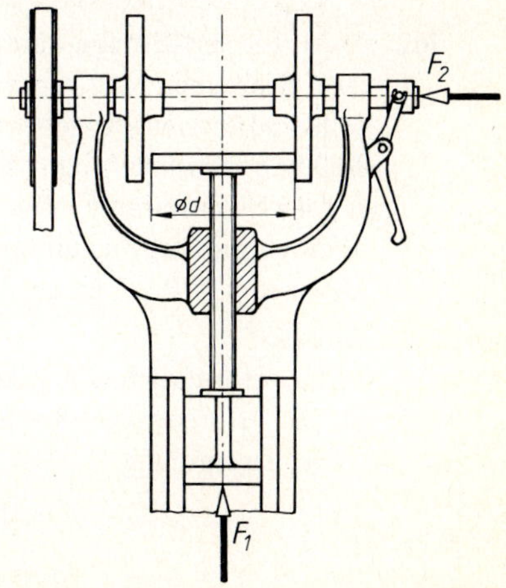

Wie groß sind
a) die Reibzahl μ' und der Reibwinkel ρ' im Gewinde,
b) das Gewindereibmoment,
c) die erforderliche Reibkraft am Umfang der Reibscheibe,
d) die Kraft F_2, mit der das rechte Reibrad gegen die Reibscheibe gedrückt werden muß,
e) der Wirkungsgrad des Schraubgetriebes?
f) Ist die Schraube selbsthemmend?

361 Eine Hebebühne wird von vier senkrecht stehenden Schraubenspindeln getragen, welche die Bühne mit einer Hubgeschwindigkeit von 1 m/min heben. Die Gewichtskraft von Bühne und Höchstlast beträgt 100 kN. Die Spindeln haben zweigängiges Trapezgewinde Tr 75 × 20 P10 und nehmen je ein Viertel der Gesamtlast auf. Die Muttern liegen auf einer Kreisringfläche von 140 mm mittlerem Durchmesser auf. Sie haben außen einen Schneckenrad-Zahnkranz und werden durch Schnecken angetrieben. Die Reibzahl im Gewinde beträgt 0,12, an der Auflage 0,15. Der Wirkungsgrad des Getriebes zwischen Motor und Hubmuttern ist 0,65.

Gesucht:
a) die Reibzahl μ' und der Reibwinkel ρ' im Gewinde,
b) das Gewindereibmoment M_{RG},
c) die Umfangskraft F_u am Flankenradius,
d) der Wirkungsgrad des Schraubgetriebes,
e) das erforderliche Anzugsmoment an der Hubmutter unter Berücksichtigung der Auflagereibung,
f) mit Hilfe des Anzugsmoments der Wirkungsgrad von Schraube + Auflage,
g) der Gesamtwirkungsgrad der Anlage,
h) die Hubleistung,
i) die erforderliche Leistung des Antriebsmotors.

Befestigungsschraube

362 Zwei Flachstahlstäbe sind nach Skizze durch zwei Schrauben M12 verbunden. Die Schrauben sollen so fest angezogen werden, daß allein die Reibung zwischen den Stäben die Zugkraft $F = 4$ kN aufnimmt. Die Schrauben werden dadurch nur auf Zug und nicht auf Abscheren beansprucht. Die Reibzahl beträgt im Gewinde $\mu' = 0{,}25$, an der Mutterauflage und zwischen den Stäben $\mu_a = \mu = 0{,}15$.

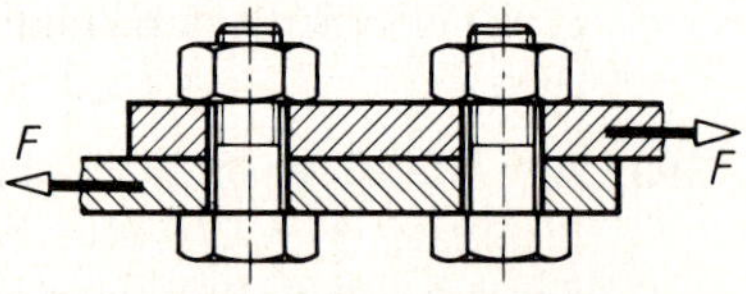

Gesucht:
a) die erforderliche Längskraft in jeder Schraube,
b) das erforderliche Anzugsmoment für die Mutter unter Berücksichtigung der Auflagereibung.

363 Die Zylinderkopfschrauben M10 eines Verbrennungsmotors sollen mit einem Drehmoment von 60 Nm angezogen werden. Die Reibzahlen betragen an der Kopfauflage $\mu_a = 0{,}15$ und im Gewinde $\mu' = 0{,}25$.

Mit welcher Längskraft preßt jede der Schrauben den Zylinderkopf auf den Zylinderblock?

Seilreibung

364 Über einem waagerechten, gegen Drehung gesicherten Holzbalken von 180 mm Durchmesser liegt ein Seil. Es ist an einem Ende mit 600 N belastet. Die Haftreibzahl für Hanfseil auf rauhem Holz betrage 0,55, der Umschlingungswinkel 180°.

a) Berechnen Sie den Wert für $e^{\mu\alpha}$!

b) Zwischen welchen Grenzwerten darf die am anderen Seilende wirkende Kraft veränderlich sein, wenn das Seil nicht rutschen soll?

c) Wie groß ist die Reibkraft am Balkenumfang in den beiden Grenzfällen?

365 Ein mit 18,8 m/s umlaufender Treibriemen hat auf der Motorriemenscheibe einen Umschlingungswinkel $\alpha = 160°$. Die Zugkraft im auflaufenden (oberen) Trum beträgt 890 N und die Reibzahl für Lederriemen auf GG-Scheibe $\mu = 0{,}3$.

Gesucht:

a) der Umschlingungswinkel im Bogenmaß,

b) der Wert $e^{\mu\alpha}$,

c) die Mindestzugkraft (= erforderliche Spannkraft) im ablaufenden (unteren) Riementrum,

d) die größte Reibkraft am Scheibenumfang,

e) die maximale Leistung, die der Riemen übertragen kann.

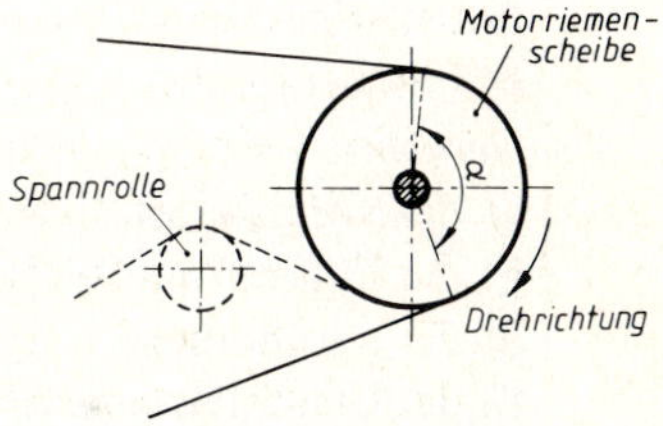

366 Der Antriebsmotor des Riemengetriebes nach Aufgabe 365 soll durch einen Motor mit 11,5 kW Leistung ersetzt werden. Die Riemenzugkraft von 890 N im auflaufenden Riementrum soll nicht erhöht werden. Die Umfangskraft an der Riemenscheibe läßt sich aber durch Vergrößerung des Umschlingungswinkels steigern, indem eine Spannrolle nach Skizze angebracht wird.

Wie groß muß

a) die Spannkraft im ablaufenden Trum,

b) der Umschlingungswinkel für den neuen Antrieb sein?

367 Am Lastseil eines Kranes wirkt eine Zugkraft von 25 kN. Die Reibzahl für das Stahlseil auf der Stahltrommel beträgt 0,15.

Berechnen Sie den Wert $e^{\mu\alpha}$ und die Zugkraft, mit der das Seilende an seiner Befestigungsstelle auf der Seiltrommel belastet wird, und zwar für den Fall, daß sich

a) noch eine volle Windung,

b) noch drei volle Windungen,

c) noch fünf volle Windungen des Seiles auf der Trommel befinden!

368 Zum Verschieben eines Waggons auf einem Anschlußgleis wird eine Spillanlage benutzt. Die erforderliche Seilzugkraft beträgt F_1 = 1,6 kN. Das am Waggon eingehängte Zugseil wird in mehreren Windungen um den von einem Elektromotor angetriebenen Spillkopf geschlungen und das freie Ende von Hand angezogen. Die dadurch entstehende Reibkraft am Spillkopfumfang unterstützt die Handkraft und zieht den Waggon mit heran.

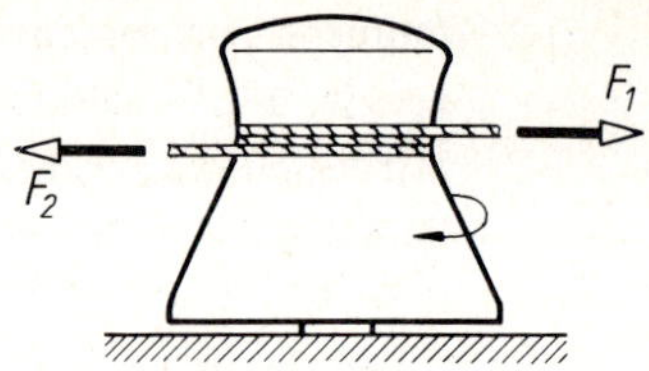

Berechnen Sie für zwei volle Windungen auf dem Spillkopf und μ = 0,18

a) den Umschlingungswinkel im Bogenmaß,
b) den Wert $e^{\mu\alpha}$,
c) die am freien Seilende erforderliche Zugkraft F_2!

369 Ein Rohteil aus Grauguß mit einer Gewichtskraft von 36 kN gleitet beim Abladen von einem Wagen eine unter 30° geneigte, mit Stahlblech beschlagene Rutsche hinab. Es wird dabei durch ein Hanfseil gehalten, das parallel zur Rutschebene gespannt und am Kopfende der Rutsche mehrfach um eine gegen Drehung gesicherte Rundstahlstange geschlungen ist. Zwei Männer sollen das freie Seilende mit einer Höchstzugkraft von insgesamt 400 N so halten, daß das Werkstück gleichförmig abwärts gleitet. Die Reibzahlen betragen für die Rutsche 0,18 und für das Seil 0,22.

Gesucht:

a) die Normalkraft, mit der die Rutsche belastet wird,
b) die Zugkraft im Seil beim gleichförmigen Abwärtsgleiten,
c) der erforderliche Wert $e^{\mu\alpha}$ für die Handkraft von 400 N,
d) der Umschlingungswinkel des Seiles,
e) die erforderliche Mindestanzahl Seilwindungen auf der Rundstahlstange.

Backen- oder Klotzbremse

370 Eine Klotzbremse wird durch die Kraft F = 150 N angezogen. Die Abmessungen betragen l_1 = 250 mm, l_2 = 80 mm, l = 620 mm, d = 300 mm und die Reibzahl μ = 0,4.

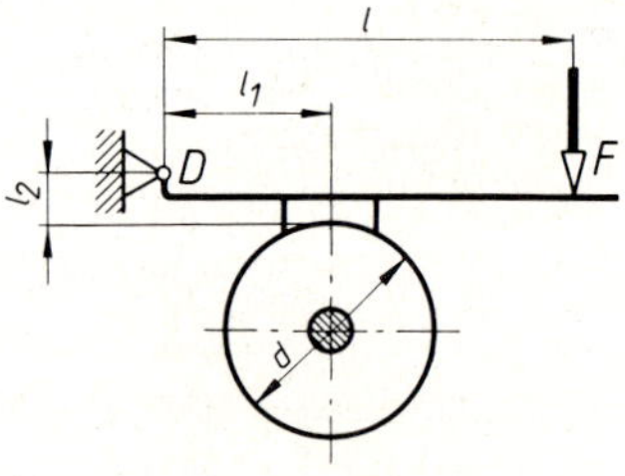

Gesucht:

a) die Reibkraft F_R und die Normalkraft F_N an der Bremsbacke sowie die Lagerkraft F_D im Hebeldrehpunkt D bei Rechtsdrehung der Bremsscheibe,
b) das Bremsmoment bei Rechtsdrehung,

c) Reibkraft F_R und Normalkraft F_N sowie die Lagerkraft F_D bei Linksdrehung,
d) das Bremsmoment bei Linksdrehung.
e) Wie groß muß das Maß l_2 ausgeführt werden, damit die Reibkraft und damit das Bremsmoment für beide Drehrichtungen gleich groß wird?
f) Wie groß muß das Maß l_2 mindestens sein, wenn an der Bremse bei Linkslauf Selbsthemmung eintreten soll, d.h., wenn die Scheibe auch ohne die Kraft F abgebremst wird?

371 Mit der skizzierten Bremse soll ein Motor so abgebremst werden, daß er die Bremsscheibenwelle mit $n = 400\ \text{min}^{-1}$ gleichförmig antreibt und dabei eine Leistung von 1 kW abgibt. Die Abmessungen betragen $l_1 = 120$ mm, $l_2 = 270$ mm, $l_3 = 750$ mm, $d = 380$ mm, die Reibzahl $\mu = 0{,}5$.

Gesucht:
a) das erforderliche Reibmoment,
b) die Reibkraft am Bremsscheibenumfang,
c) die Normalkraft an der Bremsbacke,
d) die erforderliche Bremshebelbelastung F und die Stützkraft im Hebellager A.

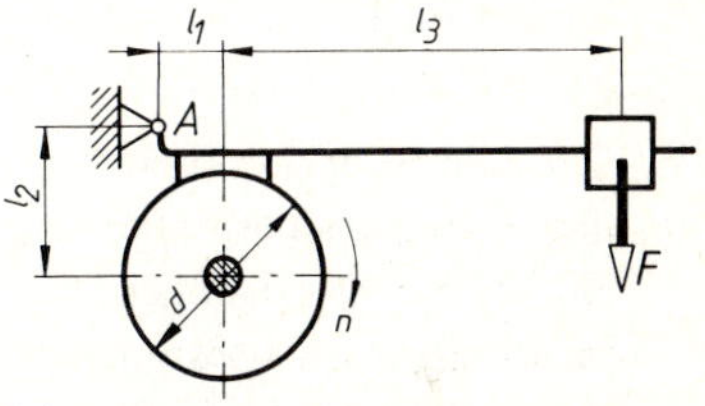

372 Die Bremse der Aufgabe 371 soll bei Linkslauf der Bremsscheibe verwendet werden. Die Verhältnisse bleiben unverändert, auch die errechnete Bremshebelbelastung $F = 46{,}22$ N.

Wie groß sind jetzt
a) die Stützkraft im Hebellager A,
b) die Normalkraft F_N und die Reibkraft F_R an der Bremsbacke,
c) das Bremsmoment,
d) die Bremsleistung?

373 Der Klemmhebel des Reibungsgesperres einer Winde soll so gelagert werden, daß er die schwebende Last durch Selbsthemmung festhält. Die Reibzahl beträgt 0,1. Die Last erzeugt im Gesperregehäuse ein rechtsdrehendes Kraftmoment $M = 80$ Nm.

Es sind zu ermitteln:
a) die am Klemmhebel erforderliche Reibkraft,
b) die dafür erforderliche Normalkraft an der Reibfläche,
c) die Kraft, mit der die Gehäusewelle belastet wird,
d) das zulässige Größtmaß für die Entfernung e, wenn das Gesperre selbsthemmend wirken soll,

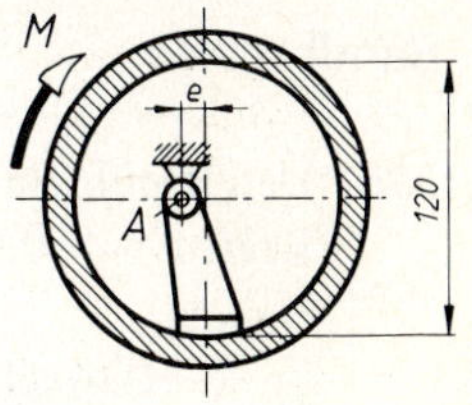

e) die Stützkraft, die der Hebelbolzen in seinem Lager A aufnimmt!
f) Welchen Einfluß hat der Betrag des Bremsmomentes auf die Selbsthemmung?

374 Die Doppelbackenbremse für eine Winde wird durch die Feder mit einer Kraft von 500 N belastet. Die Abmessungen betragen $l_1 = 110$ mm, $l_2 = 180$ mm, $l_3 = 420$ mm, $d = 320$ mm und die Reibzahl $\mu = 0{,}48$. Für Rechtslauf der Bremsscheibe sind zu ermitteln:

a) die Reibkraft F_{RA} und die Normalkraft F_{NA} an der Bremsbacke A sowie die Stützkraft im Hebellager C,

b) die Reibkraft F_{RB} und die Normalkraft F_{NB} an der Bremsbacke B sowie die Stützkraft F_D,

c) die Bremsmomente M_A und M_B für beide Backen,

d) das Gesamtbremsmoment,

e) die Belastung der Bremsscheibenwelle.

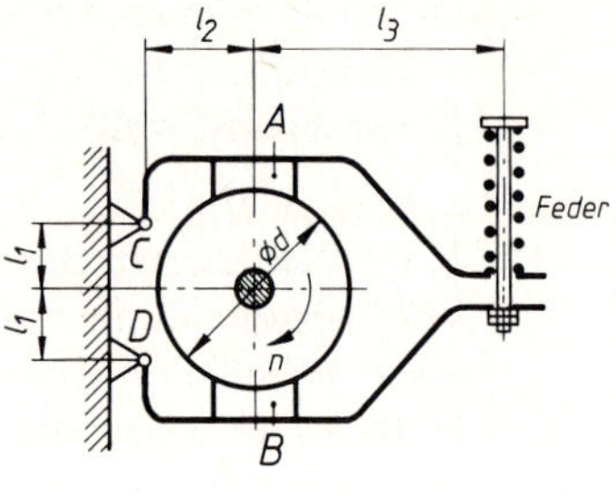

375 Die Doppelbackenbremse eines Kranhubwerkes befindet sich auf der Antriebswelle des Hubgetriebes. Die Last erzeugt an der Seiltrommel ein Drehmoment von 3700 Nm. Das Hubgetriebe mit einem Übersetzungsverhältnis $i = 34{,}2$ hat zusammen mit der Seiltrommel den Wirkungsgrad $\eta = 0{,}86$. Die Reibzahl für den Bremsbelag auf der GG-Bremsscheibe beträgt $\mu = 0{,}5$. Die Bremse soll eine Sicherheit $\nu = 3$ aufweisen, d.h. sie muß ein Bremsmoment aufbringen können, das dreimal so groß ist, wie das zum Halten erforderliche.

Gesucht:

a) das erforderliche Bremsmoment unter Berücksichtigung des Getriebewirkungsgrades,

b) das maximale Bremsmoment bei dreifacher Sicherheit,

c) die hierzu erforderliche Reibkraft an jeder Bremsbacke,

d) die Normalkraft an jeder Bremsbacke,

e) die erforderliche Federkraft F,

f) die Belastung der Bremshebellager.

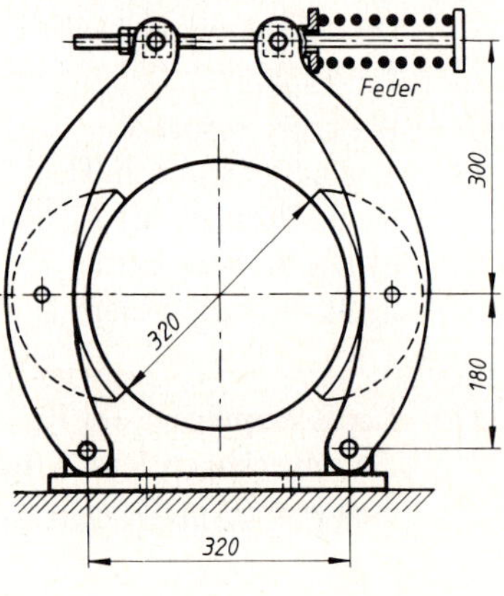

Bandbremse

376 Der Bandbremshebel eines Kranhubwerkes wird durch den Einstellkörper mit der Kraft $F = 150$ N belastet. Die Reibzahl beträgt 0,3.

Gesucht:

a) der Umschlingungswinkel α im Bogenmaß,

b) der Wert $e^{\mu\alpha}$,

c) die Spannkraft F_2 im ablaufenden (rechten) Bandende,

d) die Spannkraft F_1 im auflaufenden Bandende,

e) die Reibkraft am Scheibenumfang,

f) das Bremsmoment.

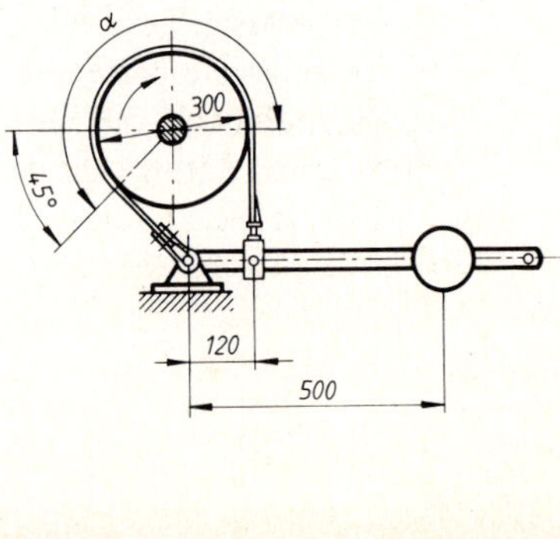

377 In der Schemaskizze ist die Fahrwerksbrems eines Laufkranes dargestellt. Die Abmessungen sind $l_1 = 100$ mm, $l = 450$ mm und $d = 300$ mm. Die Reibzahl für leicht gefettetes Bremsband kann mit $\mu = 0{,}25$ angenommen werden. An der Bremsscheibe soll ein Drehmoment von 70 Nm bei Rechtslauf der Bremsscheibe abgebremst werden. Umschlingungswinkel $\alpha = 270°$.

Wie groß ist

a) die erforderliche Bremskraft = Reibkraft an der Bremsscheibe,
b) der Wert $e^{\mu\alpha}$,
c) die Spannkraft im auflaufenden Bandende,
d) die Spannkraft im ablaufenden Bandende,
e) die Kraft F, mit der die Bremse angezogen werden muß,
f) die Belastung des Hebeldrehpunktes D?
g) Welchen Einfluß hat die Drehrichtung der Bremsscheibe und damit die Fahrtrichtung des Kranes auf die Bremswirkung?

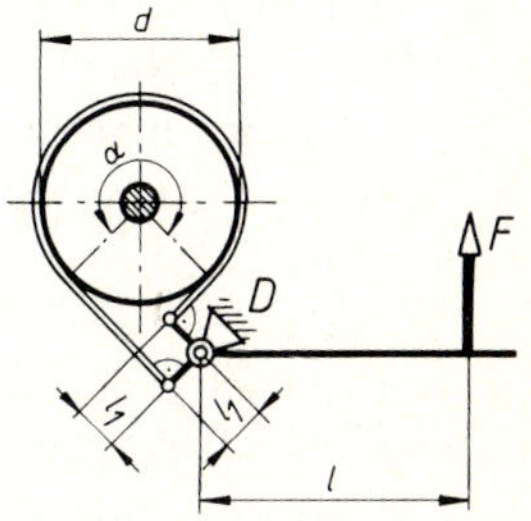

378 Die Skizze zeigt schematisch die Bremse einer Handwinde. Der Bremshebel ist mit der Kraft $F = 100$ N belastet. Die Reibzahl für Stahlbremsband (ohne Reibbelag) auf der GG-Scheibe beträgt $\mu = 0{,}18$.

Bei rechtsdrehender Bremsscheibe sind zu berechnen

a) der Wert $e^{\mu\alpha}$,
b) die Bandspannkräfte F_1 und F_2 im auflaufenden und im ablaufenden Bandende (beachten Sie, daß $F_1 = F_2\, e^{\mu\alpha}$ ist!),
c) die Bremskraft am Scheibenumfang,
d) das Bremsmoment,
e) die Belastung des Hebeldrehpunktes A.
f) Welche Bremshebelbelastung F ist erforderlich, wenn bei rechtsdrehender Bremsscheibe ein Drehmoment von 70 Nm wie in Aufgabe 377 abzubremsen ist?

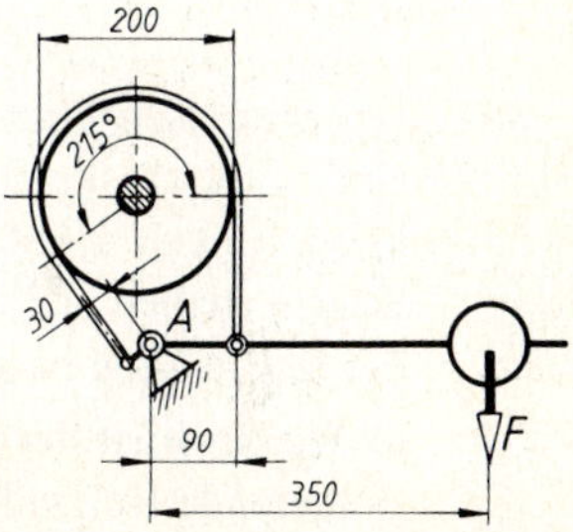

Rollwiderstand (Rollreibung)

379 Bei einem Versuch zur Ermittlung des Hebelarmes der Rollreibung setzt sich ein zylindrischer Prüfkörper von 100 mm Durchmesser in Bewegung, wenn seine Unterstützungsebene um 1,1° zur Waagerechten geneigt ist.

a) Wie groß ist der Hebelarm der Rollreibung?
b) Welcher Neigungswinkel wäre für einen Prüfkörper von 50 mm Durchmesser aus dem gleichen Werkstoff erforderlich gewesen?

380 Der Rollenkopf einer Rollennaht-Schweißmaschine wird mit einer Kraft $F = 2$ kN auf die zu verschweißenden Bleche gedrückt und dabei seitwärts bewegt. Der Hebelarm der Rollreibung beträgt 0,06 cm, der Rollendurchmesser $d = 400$ mm.

Wie groß ist die waagerechte Seitenkraft, welche die Laufrollen des Tisches an den Schienen abzustützen haben?

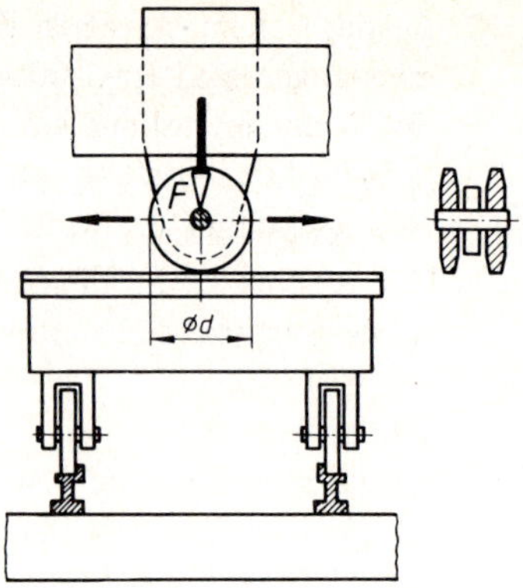

381 Der Aufspanntisch einer Flachschleifmaschine läuft in zwei waagerechten Rollenführungen, die seine Gewichtskraft von 3,8 kN aufnehmen. Die Rollen haben 20 mm Durchmesser und laufen in einem Käfig mit dem Tisch hin und her. Der Hebelarm der Rollreibung beträgt für gehärtete Rollen und Führungsbahnen 0,07 cm.

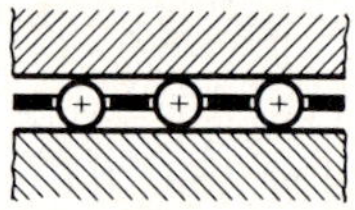

a) Welche Kraft ist zum Verschieben des Tisches erforderlich?

b) Wie wirkt sich eine Verkleinerung des Rollendurchmessers auf die Verschiebekraft aus?

Lösungshinweis: Bei der Berechnung kann so verfahren werden, als ob *nur eine* Rolle die gesamte Gewichtskraft aufnähme.

382 Der Drehtisch eines Brennstrahl-Härteautomaten mit einer Gewichtskraft von 4,2 kN ist auf einem Kugelkranz mit $d = 680$ mm Durchmesser gelagert. Die Kugeln haben 12 mm Durchmesser, der Hebelarm der Rollreibung beträgt 0,005 cm.

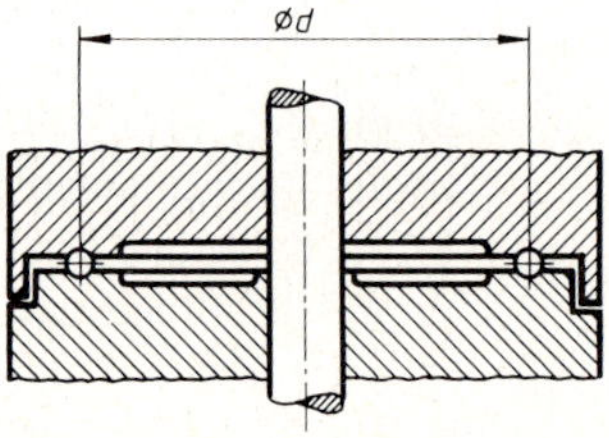

a) Wie groß ist der am Umfang des Kugelkranzes auftretende Rollwiderstand?

b) Welches Drehmoment ist zum gleichförmigen Drehen erforderlich?

383 Die Skizze zeigt die Stützklaue einer Schraubenwinde, die mit $F = 30$ kN belastet wird, in zwei verschiedenen Ausführungen.

Ausführung I: Die Klaue liegt auf dem Spindelkopf mit einer ringförmigen Fläche von $d_1 = 50$ mm mittlerem Durchmesser auf. Die Reibzahl beträgt 0,12.

Ausführung II: Zwischen Klaue und Spindelkopf liegen Kugeln von 10 mm Durchmesser in einer ringförmigen Rille von $d_1 = 50$ mm mittlerem Durchmesser. Der Hebelarm der Rollreibung beträgt 0,05 cm.

a) Wie groß ist das Auflagereibmoment bei Ausführung I?

b) Wie groß ist das Moment der Rollreibung bei Ausführung II?

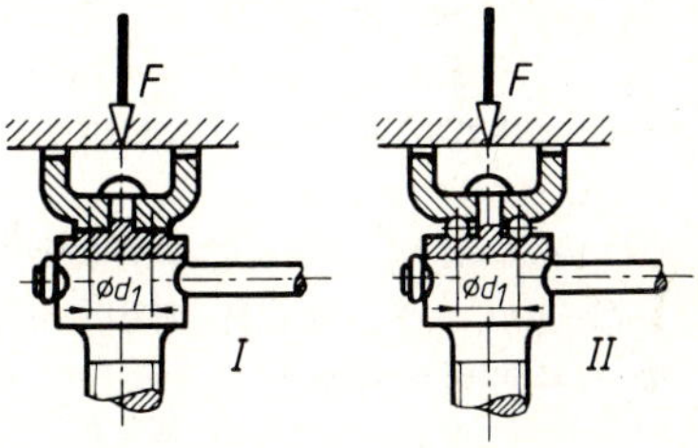

384 Eine kleine Straßenwalze für Handbetrieb soll so schwer gebaut werden, daß die erforderliche Zugkraft F, unter dem Winkel $\alpha = 30°$ schräg nach oben wirkend, den Betrag von 500 N nicht überschreitet. Der Hebelarm der Rollreibung wird auf weichem Straßenbelag mit $f = 5{,}4$ cm angenommen, der Durchmesser d beträgt 500 mm, die Reibung in den Zugstangenlagern wird vernachlässigt.

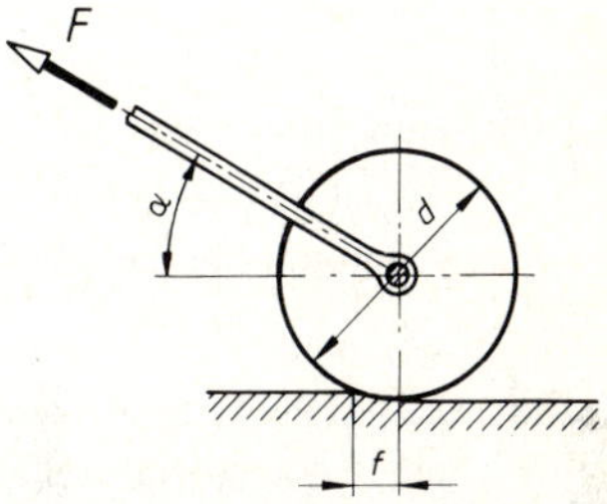

a) Welche Gewichtskraft darf die Walze haben?

b) Wie groß muß der Durchmesser einer Walze ausgeführt werden, wenn sie bei gleicher Zugkraft F eine Gewichtskraft von 3 kN haben soll?

385 Ein Hobelmaschinentisch läuft in zwei unter 45° geneigten Führungen auf Kreuzrollenketten. Seine Gewichtskraft $G = 18$ kN verteilt sich gleichmäßig auf beide Führungen. Der Rollendurchmesser beträgt 36 mm und der Hebelarm der Rollreibung 0,07 cm.

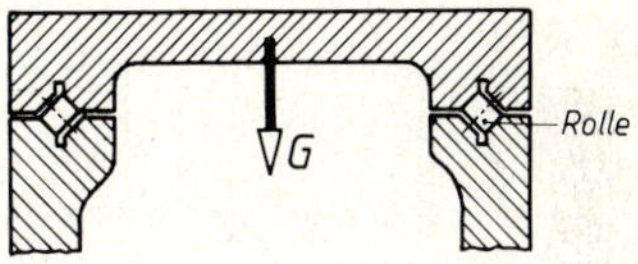

Wie groß sind

a) die Normalkraft auf jede Führungsbahn,

b) die Kraft zum Längsverschieben des Tisches?

4 Dynamik

Übungen mit dem v, t-Diagramm

400 Auf einem Förderband bewegen sich Pakete gleichförmig mit $v_1 = 1$ m/s, gelangen dann auf eine abwärtsführende Rutsche, die sie in 3 s durchlaufen und mit einer Geschwindigkeit $v_2 = 6$ m/s verlassen. Sie werden dann auf einer waagerechten Auslaufstrecke auf $v_3 = 0{,}5$ m/s gebremst und gelangen mit dieser Geschwindigkeit auf ein weiteres Förderband.

Zeichnen Sie das v, t-Diagramm mit allen gegebenen Größen!

401 Eine Stahlkugel fällt aus einer Höhe h auf eine Stahlplatte und springt auf die Höhe des Startpunktes zurück.

Zeichnen Sie das v, t-Diagramm!

402 Ein Ball wird mit einer Anfangsgeschwindigkeit v_0 nach oben geworfen, erreicht nach 4 s die Gipfelhöhe und landet dann nach weiteren 3 s nicht am Startpunkt, sondern auf einem darübergelegenen Dach.

Zeichnen Sie das v, t-Diagramm!

403 Ein Lkw fährt gleichförmig mit $v_1 = 80$ km/h auf einer Straße an einer Tankstelle vorbei, von der zu diesem Zeitpunkt ein Pkw startet, der bis auf seine Höchstgeschwindigkeit $v_2 = 100$ km/h beschleunigt und nach einem gewissen Zeitabschnitt den Lkw einholt.

Zeichnen Sie das v, t-Diagramm mit beiden Geschwindigkeitslinien!

404 Ein Körper wird mit $v_1 = 30$ m/s senkrecht in die Höhe geworfen. Ein zweiter Körper wird 1 s später mit $v_2 = 40$ m/s nachgeschickt. Beide erreichen ihre Gipfelhöhe und fallen wieder zu Boden.

Zeichnen Sie das v, t-Diagramm mit beiden Geschwindigkeitslinien!

Gleichförmig geradlinige Bewegung

405 Ein Schiff legt 1500 Seemeilen in 7 Tagen 19 Stunden und 12 Minuten zurück. (1 Seemeile = 1,852 km)

Berechnen Sie die Geschwindigkeit in km/h und m/s!

406 Ein Schrägaufzug hat eine Steigung von 60° zur Waagerechten. Er überwindet einen Höhenunterschied von 40 m in der Zeit von 0,75 min.

Berechnen Sie die Geschwindigkeit auf der schiefen Ebene in m/s!

407 Ein Laufkran benötigt 138 s, um eine Halle von 92 m Länge zu durchfahren. Berechnen Sie die Geschwindigkeit in m/s und m/min!

408 Berechnen Sie die Zeit, die ein Lichtsignal braucht, um im Universum eine Entfernung von $1{,}5 \cdot 10^6$ km zu durchlaufen! Die Lichtgeschwindigkeit c im Vakuum beträgt $2{,}998 \cdot 10^8$ m/s.

409 Ein Schweißer braucht zum Schweißen von 1 m Naht eine Zeit von 12 min.

Gesucht:

a) die Schweißgeschwindigkeit in m/min,

b) die Schweißzeit für 3,75 m Naht.

410 Durch eine Rohrleitung mit der Nennweite NW 400 sollen je Stunde 480 000 *l* Öl fließen.

Berechnen Sie die Strömungsgeschwindigkeit des Öls in m/s!

411 Mit Hilfe von Radarimpulsen, deren Ausbreitungsgeschwindigkeit 300 000 km/s beträgt, wird ein Ziel angestrahlt. Die reflektierten Impulse werden nach 200 μs wieder aufgenommen.

Berechnen Sie die Entfernung des Zieles!

412 Eine Strangpreßanlage arbeitet mit einer Preßgeschwindigkeit von 1,3 m/min. Es wird ein Profil von 25 cm^2 Querschnitt erzeugt. Der Rohblock hat 300 mm Durchmesser und 600 mm Länge.

Gesucht:

a) die Länge des Profilstranges,

b) die Preßzeit,

c) die Geschwindigkeit des Preßstempels.

413 Ein Draht wird kalt von 2,5 mm auf 2 mm und weiter auf 1,6 mm Duchmesser gezogen. Er läuft mit einer Geschwindigkeit von 2 m/s in den ersten Ziehring ein.

Berechnen Sie die Geschwindigkeit der zwei nachfolgenden Züge, wenn das Werkstoffvolumen beim Ziehen konstant bleibt!

414 Eine Stranggußanlage soll den Inhalt einer Gießpfanne von 60 t Stahl während 50 min vergießen. Es werden gleichzeitig 8 Knüppelstränge von je 110 × 110 mm Querschnitt aus den Kokillen gezogen.

Gesucht:

a) die Gesamtlänge der Stränge,

b) die erforderliche Geschwindigkeit in m/min, mit der die Stränge aus der Kokille gezogen werden müssen.

415 Ein Radfahrer fährt mit einer Geschwindigkeit von 18 km/h ohne Halt über eine Strecke von 30 km. Gleichzeitig mit ihm startet ein Mopedfahrer, der 30 km/h fährt. Nach einer Strecke von 20 km macht der Mopedfahrer Pause.

a) Nach wieviel Minuten macht der Mopedfahrer Rast?
b) Wieviel Minuten nach dem Start erreicht der Radfahrer den Rastplatz?
c) Wieviel Minuten kann der Mopedfahrer dann noch rasten, um gleichzeitig mit dem Radfahrer das Ziel zu erreichen?

416 Zwei Lastzüge von je 20 m Länge fahren mit konstanter Geschwindigkeit eine Steigung hinauf. Der erste fährt mit einer Geschwindigkeit von 30 km/h, der zweite mit 35 km/h. Der zweite ist bis auf 30 m Abstand an den ersten herangekommen.

Berechnen Sie die Zeit für den Überholvorgang, bis der hintere Lastzug sich mit 30 m Abstand an die Spitze gesetzt hat!

Gleichmäßig beschleunigte oder verzögerte Bewegung

417 Eine Straßenbahn erreicht nach einer Zeit von 12 s eine Geschwindigkeit von 6 m/s. Berechnen Sie den Anfahrweg!

418 Ein Lastwagen hat nach 100 m Anfahrstrecke eine Geschwindigkeit von 36 km/h erreicht.

Berechnen Sie die Anfahrzeit!

419 Eine Tischhobelmaschine arbeitet mit einer Schnittgeschwindigkeit von 18 m/min. Innerhalb von 0,5 s wird der Tisch abgebremst und auf die gleiche Rücklaufgeschwindigkeit gebracht.

Berechnen Sie die Verzögerung und die Beschleunigung!

420 Ein Motorrad kann mit einer Verzögerung von 3,3 m/s^2 abgebremst werden. Es kommt aus hoher Geschwindigkeit nach 8,8 s zum Stillstand.

Gesucht:
a) die Geschwindigkeit vor dem Bremsen,
b) der Bremsweg.

421 Der Wasserstrahl eines Feuerlöschgerätes soll bei senkrechter Strahlrichtung eine größte Höhe von 30 m erreichen.

Gesucht ist die erforderliche Austrittsgeschwindigkeit des Wassers am Strahlrohr.

422 Auf einer Gefällestrecke erhält ein Zug die Beschleunigung 0,18 m/s^2.

Gesucht ist die Zeit, nach der aus dem Stillstand eine Geschwindigkeit von 70 km/h erreicht ist.

423 Ein Waggon wird aus einer Geschwindigkeit von 3,6 km/h durch einen Hemmschuh auf 0,5 m Weg zum Stillstand gebracht.

Berechnen Sie die Verzögerung des Waggons!

424 Auf einem Verschiebebahnhof befindet sich am Fuße des Ablaufberges eine 5 m lange Bremseinrichtung. Ein Waggon fährt mit einer Geschwindigkeit von 11,4 km/h in die Bremseinrichtung ein und durchläuft sie in 2,5 s.

Gesucht:
a) die Geschwindigkeit beim Verlassen der Bremsstrecke,
b) die Verzögerung des Waggons.

425 Die Aufschlaggeschwindigkeit eines frei fallenden Körpers am Boden beträgt 40 m/s.

Gesucht:
a) die Fallzeit,
b) die Fallhöhe.

426 Ein Geschoß verläßt mit einer Geschwindigkeit von 1200 m/s senkrecht nach oben das Geschütz.

Gesucht:
a) die Steighöhe,
b) die Steigzeit,
c) die Steigzeit bis in 10 000 m Höhe.

427 Ein Pkw erreicht eine Gefällestrecke mit einer Geschwindigkeit von 30 km/h. Er rollt ungebremst im Leerlauf abwärts und erhält dadurch eine Beschleunigung von 1,1 m/s^2. Die Gefällestrecke ist 400 m lang.

Gesucht:
a) die Geschwindigkeit am Ende der Gefällestrecke,
b) die Fahrzeit auf der Gefällestrecke.

428 Ein Werkstück wird aus einem Automaten mit einer Geschwindigkeit von 1,4 m/s ausgestoßen und gleitet auf einer abfallenden Rutsche weiter. Die Geschwindigkeit am Ende der Rutsche beträgt 0,3 m/s, die Bremsverzögerung 0,8 m/s^2.

Gesucht:
a) die Rutschdauer,
b) die Länge l der Rutsche.

429 Eine Kegelkugel rollt auf der Rücklaufbahn mit einer Geschwindigkeit von 1,5 m/s. Sie rollt nach Überwinden der Steigung mit einer Geschwindigkeit von 0,3 m/s weiter.

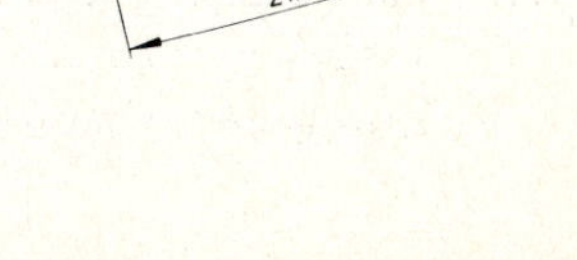

Gesucht:
a) die Verzögerung der Kugel auf der Steigung,
b) die Laufzeit auf der Steigung.

430 Ein Körper fällt aus einer Höhe von 45 m frei herab.

Gesucht:

a) die Fallzeit,

b) die Endgeschwindigkeit,

c) die Höhe über dem Boden nach der halben Fallzeit,

d) die Höhe über dem Boden, in der die halbe Endgeschwindigkeit erreicht ist,

e) die Fallzeit bis zur halben Höhe.

431 Das Seil eines abwärts fahrenden Fördergefäßes reißt 28 m über dem Schachtgrund. Durch Versagen der Fangvorrichtung fällt es frei weiter und schlägt 1,5 s nach dem Bruch auf dem Boden auf.

Gesucht:

a) die Aufschlaggeschwindigkeit des Fördergefäßes,

b) die Fahrgeschwindigkeit vor dem Seilbruch.

432 Ein Stein wird senkrecht nach oben geworfen und schlägt nach 8 s wieder auf.

Gesucht:

a) die Anfangsgeschwindigkeit,

b) die Steighöhe.

433 Ein Triebwagen fährt auf einer Station mit einer Beschleunigung von 0,2 m/s^2 an, erreicht seine Fahrgeschwindigkeit, fährt damit gleichförmig weiter und bremst 500 m vor der nächsten Station, um auf dem Bahnhof zum Stillstand zu kommen. Die Stationen liegen 5 km auseinander, die Fahrzeit beträgt 6 min.

Berechnen Sie die Fahrgeschwindigkeit!

Lösungshinweis: Die Fahrstrecke ist im v, t-Diagramm ein Trapez. Es ergibt sich eine Gleichung für eine Variable, wenn diese Trapezfläche als Differenz vom großen Rechteck ($\hat{=}\, v\, t_{ges}$) und den zwei Dreiecken angesetzt wird.

434 Eine Eisenbahnstrecke von 60 km Länge soll mit zwei Zwischenaufenthalten von je 3 Minuten Dauer in 60 min zurückgelegt werden. Die Teilstrecken sind jeweils gleichlang. Ein Triebwagen, der die Strecke befahren soll, erreicht beim Anfahren eine Beschleunigung von 0,18 m/s^2 und beim Bremsen 0,3 m/s^2.

Gesucht ist die Geschwindigkeit, die der Triebwagen auf freier Strecke einhalten muß.

435 Eine Tischhobelmaschine hat eine Hublänge von 10 m und eine Schnittgeschwindigkeit von 15 m/min. Beschleunigung und Verzögerung des Tisches betragen 0,3 m/s^2.

Gesucht:

a) die Zeit für einen Arbeitshub,

b) die Zeit für den Rücklauf, der mit doppelter Schnittgeschwindigkeit ausgeführt wird.

436 Ein Rennwagen fährt mit einer Geschwindigkeit von 180 km/h an den Reparaturboxen vorbei. Zur gleichen Zeit startet dort ein anderer Wagen mit einer Beschleunigung von 3,8 m/s^2. Er beschleunigt bis zu einer Geschwindigkeit von 200 km/h und fährt dann gleichförmig weiter.

Berechnen Sie

a) die Zeit, die der zweite Wagen bis zum Einholen braucht,

b) den Weg des zweiten Wagens bis zum Einholen.

437 Ein Kraftwagen hat bei einem Unfall einen Verkehrsteilnehmer gestreift, nach kurzer Reaktionszeit gebremst und ist 60 m nach dem Zusammenstoß zum Stehen gekommen. Die mögliche Bremsverzögerung des Pkw wird zu 3,4 m/s^2 angenommen. Dem Fahrer wird eine Reaktionszeit von 0,9 Sekunden zugestanden.

Welche Geschwindigkeit hatte der Kraftwagen?

438 Ein Lastkraftwagen fährt mit einer Geschwindigkeit von 72 km/h auf einer geraden Strecke. Ihm folgt ein Pkw mit gleicher Geschwindigkeit in 5 m Abstand. Dessen Höchstgeschwindigkeit beträgt 90 km/h. 150 m vor dem Pkw ist ein Engpaß. Der Fahrer will vorher noch überholen und muß beim Erreichen des Engpasses mit 10 m Abstand vor dem Lkw liegen.

Berechnen Sie

a) die Dauer des Überholvorganges,

b) die Beschleunigung, die der Pkw aufbringen muß.

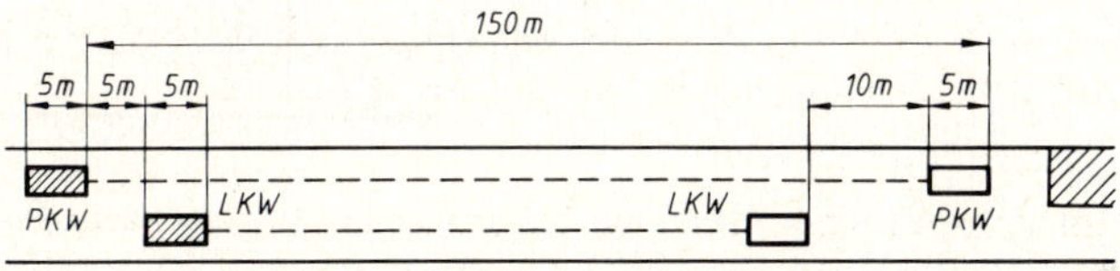

439 Auf einer Paketförderanlage werden Pakete auf einer waagerechten Strecke von 36 m Länge mit einer Geschwindigkeit von 1,2 m/s gleichförmig bewegt. Anschließend gelangen sie auf eine abwärtsführende Rutsche von 7 m Länge, auf der sie mit 2 m/s^2 beschleunigt werden. Dahinter folgt eine waagerechte Auslaufstrecke, auf der sie eine Verzögerung von 3 m/s^2 erhalten. Die Pakete sollen soweit gebremst werden, daß sie mit einer Endgeschwindigkeit von 0,2 m/s die Auslaufstrecke verlassen.

Gesucht:

a) die Geschwindigkeit am Ende der Rutsche,

b) die Länge der Auslaufstrecke,

c) die Laufzeit über die ganze Strecke.

440 Ein Pkw fährt mit einer Geschwindigkeit von 60 km/h. Bei kräftigem Bremsen kann er eine Verzögerung von 5 m/s^2 erreichen. Ihm folgt im Abstand l ein zweiter Wagen mit gleicher Geschwindigkeit. Wegen des schlechteren Zustandes seiner Reifen und Bremsen erreicht er nur eine Verzögerung von 3,5 m/s^2.

Berechnen Sie den Abstand l, den der zweite Wagen einhalten muß, um beim Stoppen des ersten nicht aufzufahren. Es wird angenommen, daß der Fahrer des zweiten Wagens mit einer Reaktionszeit von einer Sekunde nach dem Bremsen des ersten Wagens die Bremse betätigt.

441 Ein Bauaufzug mit einer Förderhöhe von 18 m fährt leer abwärts. Da die Fördermaschine von der Seiltrommel sehr schnell Seil ablaufen läßt, kann die Abwärtsfahrt als freier Fall betrachtet werden.

Wie viele Meter über dem Boden muß das Fördergestell gebremst werden, um am Boden zum Stillstand zu kommen, wenn die Anlage eine Verzögerung von 40 m/s^2 zuläßt?

442 Vom Dach eines Gebäudes von 60 m Höhe über der Straße wird ein Körper mit einer Anfangsgeschwindigkeit v_0 nach oben geworfen. Bei der Abwärtsbewegung fällt er an der Gebäudewand entlang und schlägt auf der Straße auf. Die gesamte Bewegung dauert 6 s.

Berechnen Sie

a) die Anfangsgeschwindigkeit v_0,
b) die Aufschlaggeschwindigkeit v_t,
c) die Gipfelhöhe h über der Straße.

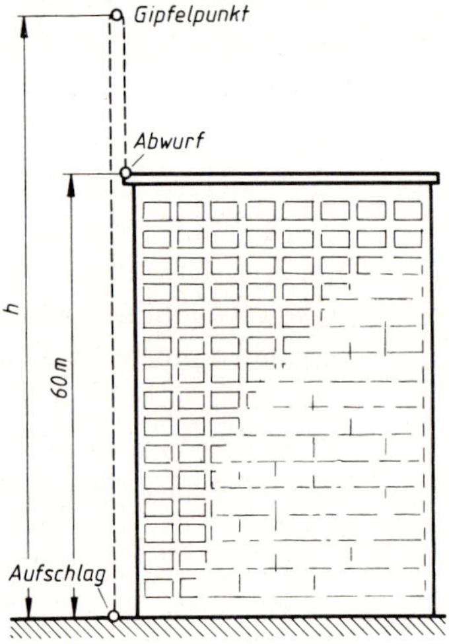

443 Ein Fahrstuhl bewegt sich mit einer Geschwindigkeit von 4 m/s aufwärts. Plötzlich reißt das Seil und die Fangvorrichtung tritt in Tätigkeit. Sie spricht 0,5 s nach dem Bruch an und setzt den Korb nach weiteren 0,25 s still.

Berechnen Sie

a) Zeit und Weg vom Seilbruch bis zum Stillstand vor dem Fall,
b) Betrag und Richtungssinn der Geschwindigkeit beim Ansprechen der Fangvorrichtung,
c) den Fallweg bis zum Stillstand nach dem Fall.

Waagerechter Wurf

444 Ein Geschoß wird waagerecht mit einer Geschwindigkeit v_x = 500 m/s abgeschlossen. Das punktförmige Ziel liegt in Verlängerung der Rohrachse 100 m entfernt. Das Geschoß schlägt im Abstand h unter dem Ziel ein.

Ermitteln Sie unter Vernachlässigung des Luftwiderstandes

a) die Funktionsgleichung $h = f(s_x, v_x)$ und den Abstand h,
b) die Änderung des Abstandes h, wenn die Geschwindigkeit v_x verdoppelt wird.

445 Von einem Förderband wird Kies in den darunterliegenden Lastkahn gefördert. Der Kies soll unter der Annahme, daß er sich vom höchsten Punkt mit einer Geschwindigkeit $v_x = 2$ m/s in waagerechter Richtung vom Band löst, in die Mitte der Ladeluke fallen. Abstände: $l_1 = 4$ m und $h = 4$ m.

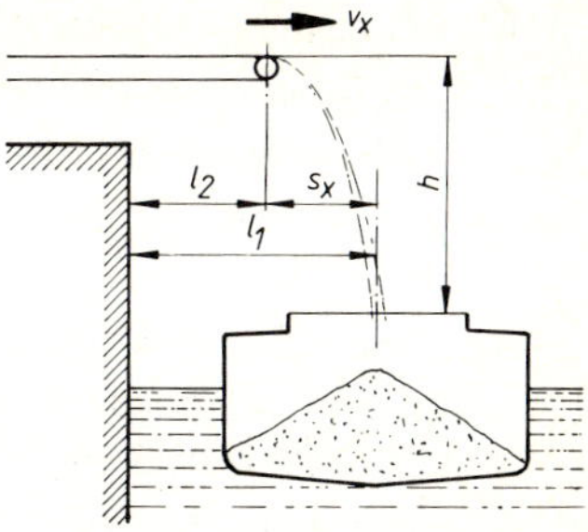

Gesucht:

a) die Wurfweite $s_x = f(v_x, h)$,

b) der Überstand l_2, den das Band erhalten muß.

446 Ein Flugzeug soll einen Beutel mit Medikamenten auf ein Boot werfen. Es fliegt mit einer Geschwindigkeit von 250 km/h in einer Höhe $h = 50$ m an.

Gesucht:

a) die Entfernung s_x vom Boot, in welcher der Beutel abgeworfen werden muß,

b) die Geschwindigkeit des Beutels beim Auftreffen und den Winkel des Geschwindigkeitsvektors zur Waagerechten.

447 Bei einem Demonstrationsversuch über die Güte von gehärteten Stahlkugeln rollen diese über eine schiefe Ebene und werden auf die Geschwindigkeit v_x beschleunigt, mit der sie die Ablaufkante verlassen und im waagerechten Wurf auf einer Stahlplatte landen. Von dort prallen sie elastisch zurück und erreichen eine Auffangvorrichtung. Alle von der Norm abweichenden Kugeln verfehlen diese. Abmessungen: $s_x = 0{,}6$ m, $h = 1$ m.

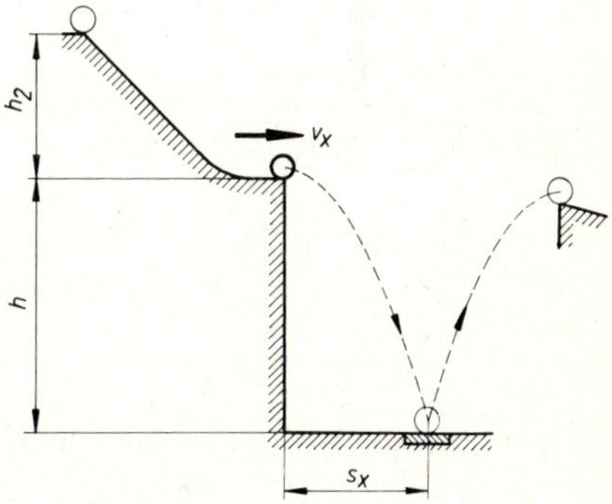

Gesucht:

a) die erforderliche Geschwindigkeit v_x an der Ablaufkante,

b) die Höhe h_2 des Startpunktes ohne Berücksichtigung der Rotationsenergie.

Schräger Wurf

448 Ein Rasensprenger besteht aus einem Rohr mit Querbohrungen. Das Rohr schwenkt periodisch um die Längsachse zwischen zwei Grenzlagen, die unter dem Winkel α zur Waagerechten stehen. Es soll eine Breite $l = 10$ m von den Wasserstrahlen erfaßt werden, die mit der Geschwindigkeit $v_0 = 15$ m/s austreten.

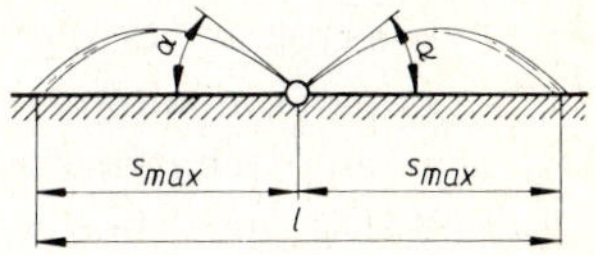

Stellen Sie eine Gleichung $\alpha = f(s_{max}, v_0)$ auf und berechnen Sie den Winkel α!

449 Ein Leichtathlet wirft den Speer über eine Strecke von 90 m.

Berechnen Sie die Geschwindigkeit des Speeres beim Abwurf unter der Annahme, daß Start- und Zielpunkt auf gleicher Höhe liegen und der Winkel beim Abwurf $\alpha = 40^\circ$ betrug!

450 Ein Flakgeschoß wird mit einer Geschwindigkeit von 600 m/s unter dem Winkel $\alpha = 70^\circ$ abgefeuert. Die Verlängerung der Rohrachse zeigt auf das ruhende Ziel (Ballon) in 4000 m Höhe.

Berechnen Sie die horizontale Abweichung zwischen dem Ziel und dem Ort des Geschosses, wenn es die Höhe 4000 m erreicht hat!

451 Ein Geschoß wird mit der Anfangsgeschwindigkeit $v_0 = 100$ m/s unter dem Winkel $\alpha = 60^\circ$ abgefeuert. Nach einer Zeit von $\Delta t = 15$ s schlägt es wieder auf dem Boden auf.

a) Berechnen Sie den Abstand s_x des Aufschlagpunktes (waagerecht gemessen) vom Abschußpunkt!

b) Entwickeln Sie eine Gleichung für die Höhe h des Aufschlagpunktes über dem Abschußpunkt in der Form $h = f(v_0, \Delta t, \alpha)$, und berechnen Sie die Höhe h!

Gleichförmige Drehbewegung

453 Ein Lagerzapfen von 35 mm Durchmesser hat eine Drehzahl von 2800 min^{-1}.
Berechnen Sie die Gleitgeschwindigkeit in m/s!

454 Der Erdradius am Äquator beträgt 6380 km.
Wie groß ist die Geschwindigkeit eines Punktes am Äquator relativ zum Erdmittelpunkt?

455 Eine Dampfturbine hat in der letzten Stufe einen Laufraddurchmesser von 1650 mm. Die Drehzahl beträgt 3000 min^{-1}.

Berechnen Sie die Umfangsgeschwindigkeit der Schaufelenden in m/s!

456 Ein Radfahrer fährt mit einer Geschwindigkeit von 25 km/h. Sein Fahrrad hat 28″-Reifen.

Wie groß ist bei schlupffreier Fahrt

a) die Umfangsgeschwindigkeit eines Punktes auf dem äußersten Reifenprofil in m/s, wenn die Formänderung des Reifens unberücksichtigt bleibt?

b) Die Drehzahl eines Rades?

457 Auf einer Drehmaschine werden Werkstücke mit einer Drehzahl von 250 min^{-1} bearbeitet. Dabei soll eine Schnittgeschwindigkeit von 37 m/min nicht überschritten werden.

Berechnen Sie den größten zulässigen Drehdurchmesser!

458 Eine Schleifspindel hat eine Drehzahl von 2800 min^{-1}. Die zulässige Umfangsgeschwindigkeit für die verwendete Scheibensorte beträgt 40 m/s.

Berechnen Sie den größten Schleifscheibendurchmesser, der aufgespannt werden darf, ohne daß diese Umfangsgeschwindigkeit überschritten wird!

459 Die zulässige Umfangsgeschwindigkeit einer Schleifscheibe beträgt 30 m/s. Sie hat einen Durchmesser von 400 mm und kann bis auf einen kleinsten Durchmesser von 180 mm abgenutzt werden. Nachdem die Hälfte des nutzbaren Schleifkörpervolumens abgeschliffen ist, soll die Drehzahl heraufgesetzt werden, damit die Scheibe wieder mit einer Umfangsgeschwindigkeit von 30 m/s läuft.

Gesucht:

a) der Scheibendurchmesser, bei dem die Scheibe zur Hälfte abgenutzt ist,

b) die Drehzahlen für den Durchmesser 400 mm und für den unter a) zu bestimmenden Durchmesser.

460 Berechnen Sie die Winkelgeschwindigkeit des Stunden-, Minuten- und Sekundenzeigers einer Uhr!

461 Eine Stufenscheibe dreht sich mit einer Winkelgeschwindigkeit von 18,7 rad/s. Ihre Durchmesser sind 120 mm, 180 mm und 240 mm.

Berechnen Sie die Umfangsgeschwindigkeiten in m/s!

462 Ein Kraftwagen fährt mit einer Geschwindigkeit von 120 km/h. Der Rollradius seiner Räder beträgt 310 mm.

Gesucht:

a) die Drehzahl der Räder,

b) die Winkelgeschwindigkeit der Räder.

463 Ein Wagenrad legt eine Strecke von 3600 m in 4 min gleichförmig zurück. Dabei macht es 1750 Umdrehungen.

Gesucht:

a) die Umfangsgeschwindigkeit,

b) der Raddurchmesser,

c) die Winkelgeschwindigkeit.

464 Das drehbare Oberteil eines fahrbaren Greifbaggers schwenkt in 8 s um 180°. Der Bagger hat 5,4 m Ausladung von der Drehachse.

Gesucht:

a) die Drehzahl,

b) die Winkelgeschwindigkeit,

c) die Umfangsgeschwindigkeit des Greifers.

465 Die skizzierte schwingende Kurbelschleife treibt den Stößel einer Waagerecht-Stoßmaschine an. Der Drehradius des Kurbelzapfens beträgt $r = 150$ mm, die Länge des Kulissenhebels (Schwinge) $l_1 = 900$ mm, der Abstand $l_2 = 600$ mm. Die Kurbel dreht sich mit 24 min^{-1}.

Gesucht:

a) die Winkelgeschwindigkeit der Kurbel,
b) die Umfangsgeschwindigkeit des Kurbelzapfens,
c) die Winkelgeschwindigkeiten des Kulissenhebels in Mittelstellung für Arbeits- und Rückhub,
d) die Schnittgeschwindigkeit des Stößels in Mittelstellung.

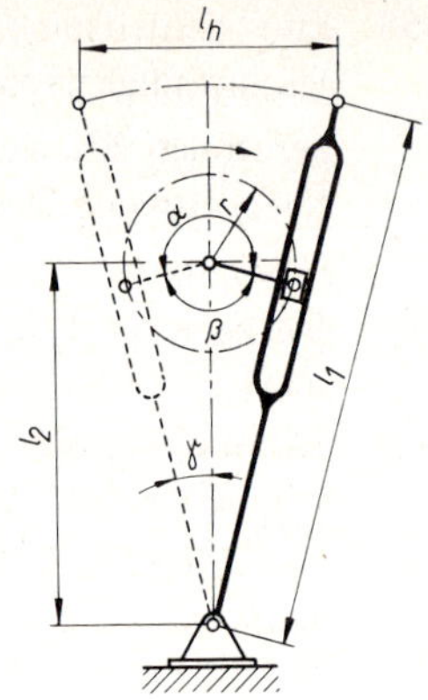

466 Für das skizzierte Riemengetriebe sind zu berechnen:

a) die Riemengeschwindigkeit v_r,
b) die Winkelgeschwindigkeit ω_1,
c) der Scheibendurchmesser d_2.

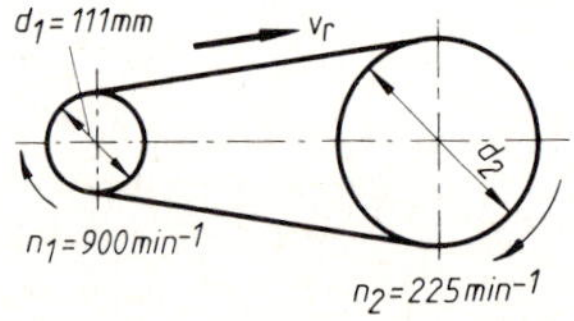

467 Eine Schleifscheibe von 280 mm Durchmesser soll durch das skizzierte Riemengetriebe mit einer Umfangsgeschwindigkeit von 26 m/s betrieben werden.

Gesucht:

a) die Drehzahl der Schleifscheibe,
b) der Riemenscheibendurchmesser d_1,
c) die Riemengeschwindigkeit v_r.

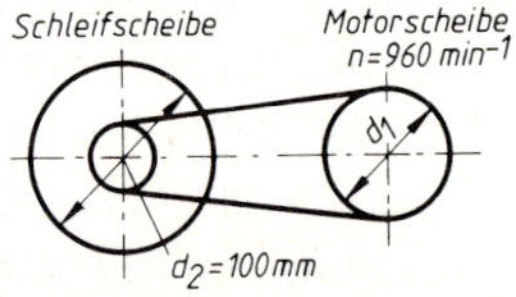

468 Ein Keilriemengetriebe mit dem Übersetzungsverhältnis $i = 3{,}5$ hat eine Antriebsdrehzahl von 1420 min^{-1}. Der Durchmesser der getriebenen Scheibe beträgt $d_2 = 320$ mm.

Gesucht:

a) die Drehzahl der getriebenen Scheibe,
b) der Durchmesser d_1 der treibenden Scheibe,
c) die Riemengeschwindigkeit.

469 Ein Schlagbaum wird von einer Handkurbel über ein Ritzel und ein am Schlagbaum sitzendes Zahnsegment angetrieben. Das Ritzel hat 14 Zähne, das Segment mit einem Winkel von 90° hat 85 Zähne. Der Schlagbaum soll aus der Waagerechten auf 80° gehoben werden.

Gesucht ist die Anzahl der erforderlichen Kurbelumdrehungen.

470 Der Teller eines Plattenspielers wird von einem Motor mit Stufenspindel über ein verstellbares federndes Zwischenrad angetrieben. Die Drehzahl des Motors ist 1500 min^{-1}.

Gesucht sind die Durchmesser der Stufenspindel für die Tellerdrehzahlen $33\frac{1}{3}$, 45, 78 min^{-1}.

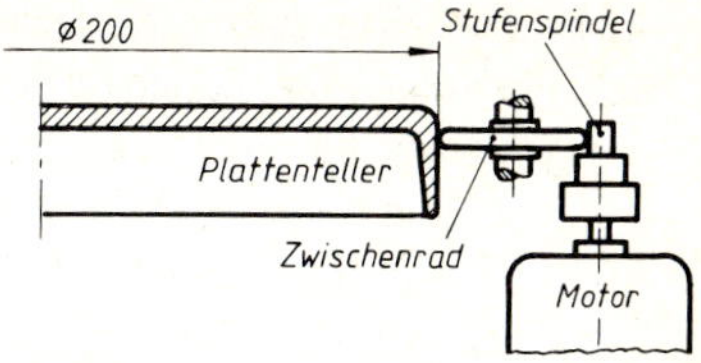

471 Das schematisch skizzierte Fahrwerk eines Laufkranes soll für eine Kranfahrgeschwindigkeit von 180 m/min ausgelegt werden.

Gesucht ist die Zähnezahl z_2.

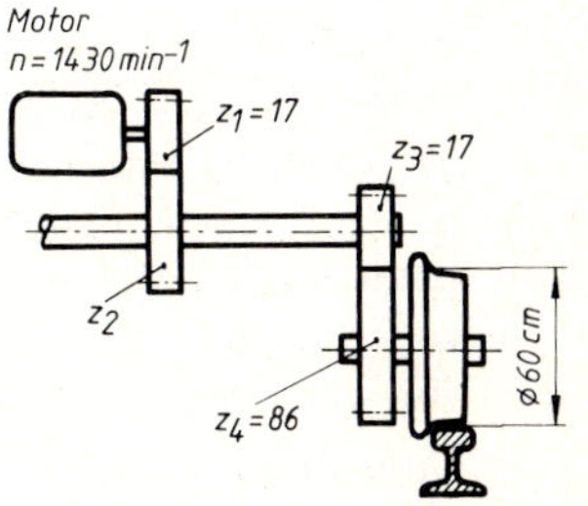

472 Ein Motor mit der Drehzahl 960 min^{-1} treibt über ein vierrädriges Getriebe mit den Zähnezahlen nach Skizze eine Winde mit einem Trommeldurchmesser von 300 mm an.

Gesucht:

a) das Übersetzungsverhältnis,

b) die Trommeldrehzahl,

c) die Hubgeschwindigkeit.

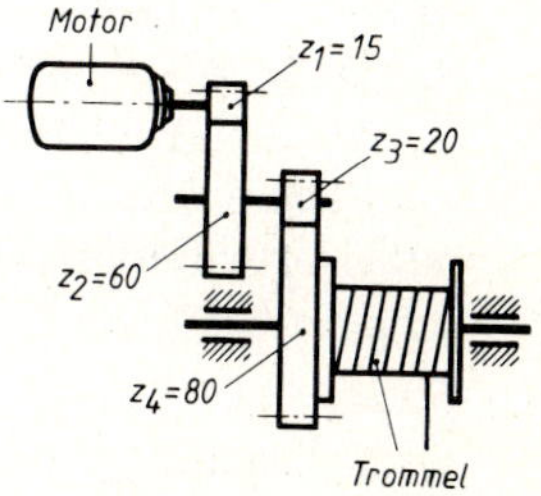

473 Das Treibrad einer Schmalspurlokomotive wird über das skizzierte Getriebe von einem Elektromotor angetrieben.

Gesucht:

a) die Drehzahl der Wagenachse bei 22 km/h Fahrgeschwindigkeit,

b) die Teilkreis-Umfangsgeschwindigkeiten der beiden Zahnräder, sowie ihre Winkelgeschwindigkeiten,

c) die Motordrehzahl,

d) das Übersetzungsverhältnis der Zahnräder.

474 Eine Hubspindel hat eine Gewindesteigung $P = 9$ mm. Sie wird über ein Kegelräderpaar durch eine Handkurbel angetrieben. Der Teilkreisdurchmesser für das Kegelrad auf der Spindel beträgt $d_2 = 200$ mm, der für das Kegelrad auf der Handkurbelwelle $d_1 = 40$ mm.

Berechnen Sie die Anzahl der Kurbelumdrehungen für eine Hubhöhe von 350 mm!

475 Der Tisch einer Fräsmaschine bewegt sich mit der Vorschubgeschwindigkeit $u = 420$ mm/min. Die Antriebsspindel hat die Steigung $P = 4$ mm.

Gesucht ist die Drehzahl der Spindel.

476 Eine Drehmaschine arbeitet mit einer Drehzahl von 1420 min^{-1}. Der Längsvorschub des Werkzeugschlittens beträgt 0,05 mm/U.

Gesucht ist die Vorschubgeschwindigkeit in mm/min.

477 Ein Wendelbohrer von 25 mm Durchmesser soll mit 18 m/min Schnittgeschwindigkeit arbeiten. Der Vorschub beträgt 0,35 mm/U.

Gesucht:

a) die Drehzahl des Bohrers,

b) die Vorschubgeschwindigkeit in mm/min.

478 Beim Ausdrehen einer Bohrung von 100 mm Durchmesser wird mit einer Drehzahl von 630 min^{-1} gearbeitet. Der Vorschub beträgt 0,8 mm/U. Der Vorschubweg ist 160 mm lang.

Gesucht:

a) die Schnittgeschwindigkeit,

b) die Vorschubgeschwindigkeit,

c) die Zeit für das Ausdrehen.

479 Zum Feinbohren einer Bohrung von 280 mm Länge und 38 mm Durchmesser wird mit einer Schnittgeschwindigkeit von 40 m/min gearbeitet. Die Zeit für einen Durchgang beträgt 7 min.

Gesucht:

a) die Drehzahl,

b) der Vorschub in mm/U.

480 Auf einer Drehmaschine wird ein Werkstück mit $d = 85$ mm Durchmesser mit der Schnittgeschwindigkeit $v = 55$ m/min bei einem Vorhub von $s = 0{,}25$ mm/U bearbeitet.

Berechnen Sie die Zeit für einen Schnitt bei $l = 280$ mm Vorschublänge!

Mittlere Geschwindigkeit

481 Ein Schiffsdieselmotor hat eine Drehzahl von 500 min^{-1} bei einer Hublänge von 330 mm.

Gesucht:

a) die Umfangsgeschwindigkeit des Kurbelzapfens,

b) die mittlere Kolbengeschwindigkeit.

482 Ein Ottomotor hat eine Drehzahl von 3300 min^{-1} und einen Hub von 95 mm.

Gesucht:

a) die Umfangsgeschwindigkeit des Kurbelzapfens,

b) die mittlere Kolbengeschwindigkeit.

483 Ein Pkw-Motor hat bei 4000 min^{-1} eine mittlere Kolbengeschwindigkeit von 7 m/s. Welche Hublänge hat der Motor?

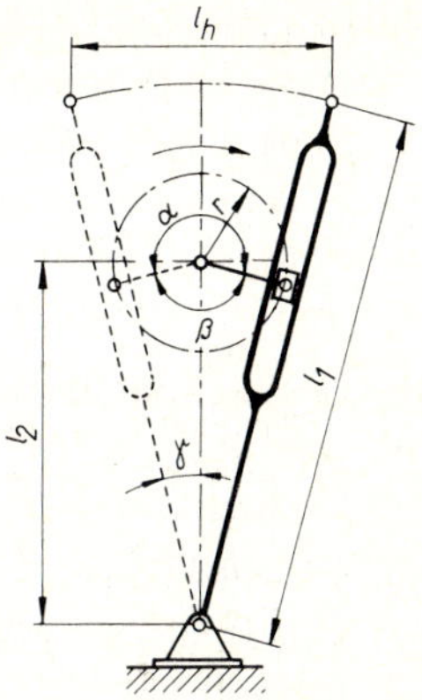

484 Das skizzierte Stößelgetriebe (schwingende Kurbelschleife) wird mit einer Kurbeldrehzahl von 24 min^{-1} betrieben (Maße siehe Aufgabe 465!).

Gesucht:

a) die Winkel α, β, γ,

b) die Hublänge l_h,

c) die mittlere Geschwindigkeit für den Arbeitshub,

d) die mittlere Geschwindigkeit für den Rückhub.

485 Das Stößelgetriebe der vorhergehenden Aufgabe soll auf eine Hublänge von 300 mm bei einer mittleren Schnittgeschwindigkeit von 20 m/min eingestellt werden.

Gesucht:

a) der Kurbelradius, b) die Drehzahl der Kurbel.

Gleichmäßig beschleunigte oder verzögerte Drehbewegung

486 Eine Riemenscheibe wird aus dem Stillstand beschleunigt und erreicht nach 5 s eine Drehzahl von 1200 min^{-1}. Der Scheibendurchmesser beträgt 200 mm.

Gesucht:

a) die Winkelbeschleunigung,

b) die Beschleunigung des Riemens,

c) die Anzahl z der Umläufe während des Beschleunigungsvorganges.

487 Eine Welle wird mit einer Winkelbeschleunigung von 2,3 rad/s^2 aus dem Stillstand heraus beschleunigt.

Gesucht:

a) die Drehzahl der Welle nach 15 s,

b) die Winkelgeschwindigkeit der Welle nach 10 Umläufen.

488 Ein Synchronmotor wird durch einen Anwurfmotor bis auf eine Drehzahl von 3000 min^{-1} beschleunigt, dann wird der Strom eingeschaltet. Der Anwurfmotor erteilt den rotierenden Massen eine Winkelbeschleunigung von 11,2 rad/s^2.

Gesucht:

a) die Winkelgeschwindigkeit bei der Synchrondrehzahl 3000 min^{-1},

b) die Anwurfzeit.

489 eine Welle I läuft mit einer konstanten Drehzahl von 860 min^{-1} um und wirkt über eine Lamellenkupplung auf eine Welle II, die im Augenblick des Einkuppelns mit einer Drehzahl von 573 min^{-1} umläuft. Die Kupplung wirkt auf die Welle II mit einer Winkelbeschleunigung von 15 rad/s^2.

Gesucht:
a) die Beschleunigungszeit, bis Welle II die Drehzahl der Welle I erreicht hat,
b) der Drehwinkel der Welle I und
c) der Drehwinkel der Welle II während des Beschleunigungsvorganges,
d) der Drehwinkel der Relativbewegung zwischen den Kupplungsteilen.

490 Eine Lokomotivdrehscheibe braucht für eine Drehung von 180° eine Gesamtzeit von 42 Sekunden. Darin sind 4 Sekunden zum Beschleunigen und 3 Sekunden zum Bremsen enthalten.

Gesucht:
a) die Winkelgeschwindigkeit des gleichförmigen Teiles der Drehbewegung,
b) die Winkelbeschleunigungen.

491 Die Förderanlage eines Schachtes wird durch eine Koepe- oder Treibscheibe mit einem Durchmesser von 5 m angetrieben. Die Geschwindigkeit des Fördergestells beträgt 15 m/s und wird aus dem Stillstand mit 10 Umläufen der Scheibe erreicht. Das Abbremsen zum Stillstand erfolgt mit 7 Umläufen. Die gesamte Dauer eines Förderspiels beträgt 45 s.

Gesucht:
a) die Winkelgeschwindigkeit der gleichförmigen Bewegung.
b) Drehwinkel, Winkelbeschleunigung und Zeit des Beschleunigungsvorganges,
c) Drehwinkel, Winkelbeschleunigung und Zeit des Verzögerungsvorganges,
d) der gesamte Drehwinkel der Scheibe während eines Förderspiels,
e) die Förderhöhe.

492 Ein Wagen mit Rädern von 800 mm Durchmesser beschleunigt schlupffrei mit 1 m/s^2.

Gesucht:
a) die Winkelbeschleunigung der Räder,
b) die Winkelgeschwindigkeit nach 10 s,
c) die Umfangsgeschwindigkeit nach 10 s (= Fahrgeschwindigkeit des Wagens).

493 Ein Pkw hat Räder mit einem Rollradius von 300 mm. Beim schlupffreien Anfahren aus dem Stand wird nach 65 Umläufen der Räder eine Fahrgeschwindigkeit von 70 km/h erreicht.

Gesucht:
a) die erreichte Winkelgeschwindigkeit,
b) der durchlaufene Drehwinkel der Räder,
c) die Winkelbeschleunigung,
d) die Beschleunigungszeit.

Dynamisches Grundgesetz und Prinzip von d'Alembert

495 Ein Waggon mit einer Masse von 28 t läuft vom Ablaufberg kommend mit einer Geschwindigkeit von 3,8 m/s in eine 10 m lange Bremsstrecke ein, wo eine verzögernde Kraft von 10 kN auf ihn wirkt. Der Fahrwiderstand ist zu vernachlässigen.

Gesucht:

a) die Verzögerung des Waggons,

b) die Geschwindigkeit beim Verlassen der Bremsstrecke.

496 Ein Kraftwagen fährt mit einer Geschwindigkeit von 60 km/h gegen ein Hindernis und wird auf einem Wege von 2 m zum Stehen gebracht. Die Verzögerung soll gleichmäßig erfolgen.

Gesucht:

a) die Verzögerung des Wagens,

b) die Kraft, mit der ein Beifahrer von 75 kg Masse beim Auffahren nach vorn geschoben wird.

497 Ein Körper hängt an einer Federwaage. Im Ruhezustand zeigt sie eine Kraft von 50 N an. Wird die Waage mit dem daran hängenden Körper gleichmäßig nach oben beschleunigt, dann zeigt sie eine Kraft von 65 N an.

Berechnen Sie die Beschleunigung, die dem Körper erteilt wird!

498 In einem Fahrzeug, das auf waagerechter Bahn steht, hängt ein Fadenpendel senkrecht nach unten. Das Fahrzeug wird gleichmäßig beschleunigt, dabei wird das Pendel ausgelenkt und steht unter einem Winkel $\alpha = 18^\circ$ zur Senkrechten.

Stellen Sie eine Gleichung für die Beschleunigung $a = f(\alpha)$ auf und berechnen Sie die Beschleunigung des Fahrzeuges!

499 Eine Eisenbahnfähre läuft mit einer Geschwindigkeit von 5 cm/s an die Puffer der Anlegebrücke an und wird auf einem Weg von 10 cm zum Stillstand gebracht. Die Masse der Fähre beträgt 1250 t.

Gesucht:

a) die Verzögerung der Fähre,

b) die mittlere Kraft, die während des Bremsvorganges wirken muß.

500 Durch einen Elektro-Aufschieber werden Förderwagen mit einer Masse von 3,8 t in das Fördergestell geschoben. Der Schieber wirkt mit einer Kraft von 1 kN auf einem Weg von 1 m.

Gesucht:

a) die Beschleunigung der Förderwagen (Fahrwiderstand vernachlässigt),

b) die erreichte Geschwindigkeit.

501 Ein fahrender Lastkraftwagen ist mit einer Kiste beladen. Die Höhe der Kiste beträgt 2 m bei einer Grundfläche von 0,8 m × 0,8 m. Sie hat eine Masse von 1 t, ihr Schwerpunkt liegt in Körpermitte.

Berechnen Sie die Verzögerung des Lastwagens, bei der die Kiste zu kippen beginnt, wenn sie durch flache Klötze gegen Verschieben gesichert ist!

502 Eine Lokomotive zieht auf einer Steigung von 30 : 1000 einen Zug von 580 t Masse aus dem Stillstand an. Die Zugkraft der Lokomotive beträgt 280 kN und der Fahrwiderstand 40 N je 1000 kg Wagenmasse.

Berechnen Sie die Beschleunigung des Zuges!

503 Ein Förderkorb fährt gleichförmig mit einer Geschwindigkeit von 18 m/s abwärts. Er wird auf einem Weg von 40 m verzögert und zum Stillstand gebracht. Seine Masse beträgt 11 t.

Berechnen Sie die am Befestigungspunkt zwischen Seil und Korb während der Verzögerung wirkende Kraft!

504 Die beiden skizzierten Körper sind mit einem Seil verbunden und hängen damit an der Rolle. Sie werden sich selbst überlassen und setzen sich beschleunigt in Bewegung. Masse m_1 ist viermal so groß wie Masse m_2. Seil und Rolle werden masselos gedacht, die Reibung im Lager wird vernachlässigt.

Stellen Sie eine Gleichung für die Beschleunigung $a = f(g, m_2/m_1)$ auf und berechnen Sie die Beschleunigung!

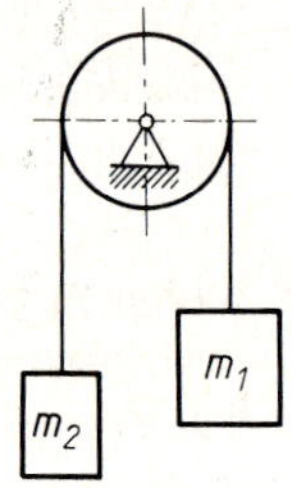

505 Der Fahrkorb eines Aufzuges soll durch eine Treibtrommel aus dem Stillstand in 1,25 s eine Geschwindigkeit von 1 m/s erhalten. Der Fahrkorb hat die Masse $m_1 = 3000$ kg, das Gegengewicht $m_2 = 1800$ kg.

Gesucht:

a) die Umfangskraft an der Trommel beim Beschleunigen mit Hilfe einer Gleichung $F_u = f(a, g, m_1, m_2)$,

b) die Beschleunigung des Korbes, wenn durch Bruch des Antriebes die Trommel frei drehbar würde.

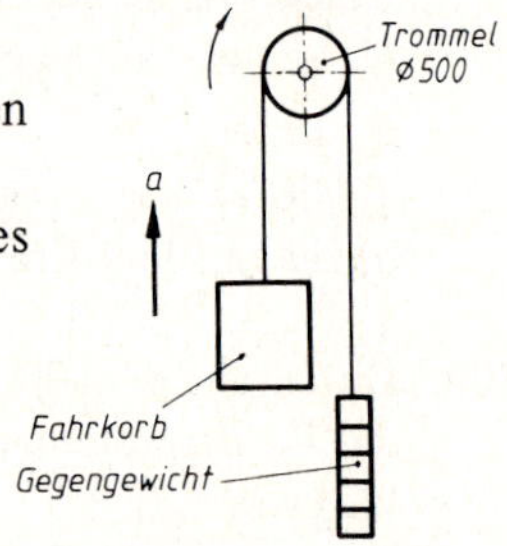

506 Ein Pkw wird 1,8 s lang gleichmäßig beschleunigt und erreicht eine Geschwindigkeit von 20 km/h. Er hat einen Achsabstand von 2350 mm. Seine Masse beträgt 1100 kg, der Schwerpunkt liegt 950 mm vor der Hinterachse in einer Höhe von 580 mm.

Gesucht:

a) die Stützkräfte an beiden Achsen im Stillstand,

b) die Stützkräfte an beiden Achsen beim Anfahren.

507 Auf der Pritsche eines Lastkraftwagens liegt eine Kiste, die nur durch die Haftreibung mit $\mu_0 = 0{,}3$ gehalten wird. Bei großer Beschleunigung oder Verzögerung kommt sie zum Rutschen.

Gesucht:

a) die Grenzbeschleunigung auf waagerechter Fahrbahn, bei der die Kiste gerade zu rutschen beginnt,

b) die Grenzverzögerung auf abwärts führender Fahrbahn bei 10 % Gefälle.

508 Der Tisch einer Hobelmaschine hat eine Masse von 1500 kg und trägt ein Werkstück von 3500 kg. Zum Rücklauf soll er in 1 s aus dem Stillstand auf eine Geschwindigkeit von 30 m/min beschleunigt werden. Die Reibzahl in den Führungen beträgt 0,08.

Berechnen Sie die Antriebskraft, die am Tisch wirken muß!

509 Zwei Körper mit gleicher Masse werden sich selbst überlassen und setzen sich beschleunigt in Bewegung. Seil und Rolle sind masselos gedacht, Reibung wirkt auf der waagerechten Gleitfläche mit einer Reibzahl von 0,15.

Stellen Sie eine Gleichung für die Beschleunigung $a = f(g, \mu, m)$ auf und berechnen Sie die Beschleunigung!

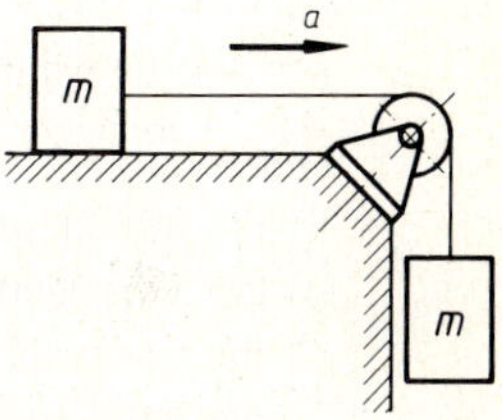

510 Eine Zugmaschine beschleunigt einen Anhänger von 3,6 t auf einem Weg von 6 m auf eine Geschwindigkeit von 15 km/h. Es wirkt ein Fahrwiderstand von 350 N je Tonne Wagenmasse.

Gesucht:

a) die Zugkraft bei gleichförmiger Bewegung,

b) die Zugkraft beim Anfahren.

511 Ein Motorradfahrer muß an einem Steilhang mit dem Winkel $\alpha = 35^\circ$ anfahren. Der gemeinsame Schwerpunkt von Fahrer und Maschine liegt in $h = 0{,}5$ m Höhe und $l = 0{,}7$ m vor dem Hinterrad.

Berechnen Sie die größte Beschleunigung des Motorrades, bei der noch kein Aufbäumen eintritt! Entwickeln Sie dazu eine Gleichung $a = f(g, h, l, \alpha)$!

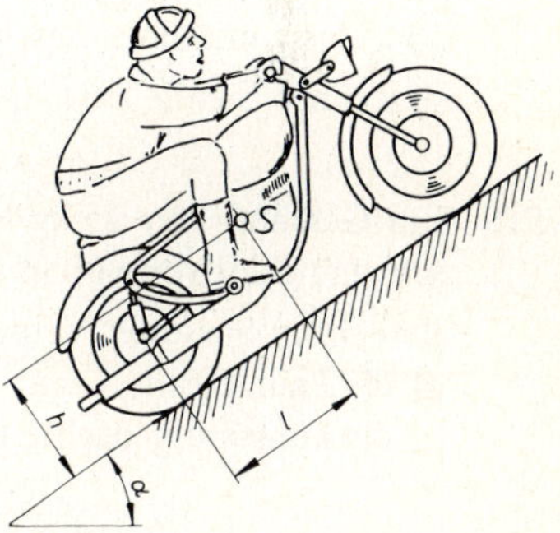

512 Ein Pkw mit einer Masse $m = 1000$ kg hat seinen Schwerpunkt in $h = 0{,}6$ m Höhe mittig zwischen den Achsen, die einen Abstand $l = 3$ m haben. Er wird auf trockener Straße an den Hinterrädern gebremst ohne zu rutschen. Die Reibzahl beträgt 0,6. Stellen Sie eine Gleichung für die mögliche Verzögerung $a = f(g, l, h, \mu_0)$ auf und berechnen Sie die Verzögerung!

513 Die Anhängerkupplung eines Pkw wird von einem Bootsanhänger belastet. Die Abmessungen betragen $l_1 = 3$ m, $l_2 = 0{,}1$ m, $h_1 = 0{,}4$ m, $h_2 = 1$ m. Anhänger und Boot haben zusammen 1000 kg Masse.

Berechnen Sie die waagerechten und senkrechten Kräfte, die der Anhänger auf den Kugelkopf der Anhängerkupplung ausübt

a) im Stillstand,
b) beim Anfahren mit 2 m/s^2 Beschleunigung,
c) beim Bremsen mit 5 m/s^2 Verzögerung (Fahrwiderstand vernachlässigen).

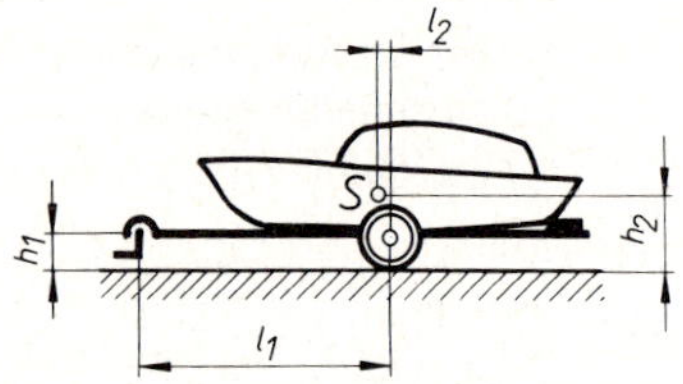

514 Die skizzierte Förderanlage für Pakete soll so ausgelegt werden, daß das Fördergut mit einer Geschwindigkeit $v_2 = 1{,}0$ m/s den Auslauf der Rutsche verläßt und auf das dort aufgestellte Band fällt. Die Anfangsgeschwindigkeit am Kopf der Rutsche ist $v_1 = 1{,}2$ m/s. Die Reibzahl zwischen Paket und Rutsche beträgt 0,3, die Höhe $h = 4$ m und der Winkel $\alpha = 30°$.

Gesucht:

a) die Beschleunigung auf der Rutsche,
b) die Verzögerung im Auslauf l,
c) die Endgeschwindigkeit beim Verlassen der Rutsche,
d) die Länge l des Auslaufes.

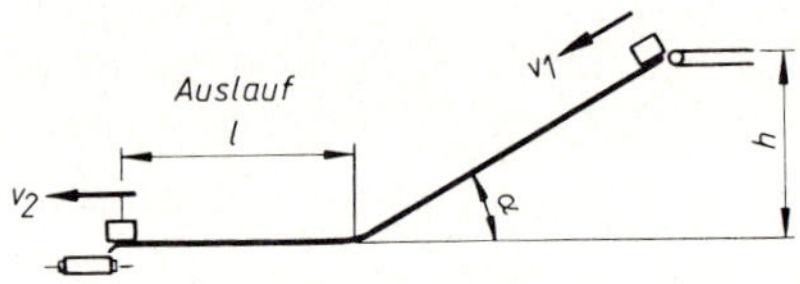

Impuls

515 Zum Verschieben von Waggons wird in einem kleineren Betrieb ein Elektro-Waggondrücker verwendet. Er hat eine Schubkraft von 6 kN. Es sollen 2 Waggons von je 18 t Masse mit einer Geschwindigkeit von 2 m/s abgestoßen werden.

Berechnen Sie die Zeit, die der Drücker wirken muß!

516 Ein Geschoß von 15 kg Masse verläßt das 6,5 m lange Geschützrohr mit einer Geschwindigkeit von 800 m/s.

Berechnen Sie unter Vernachlässigung der Reibung und des Drehimpulses

a) die Laufzeit im Rohr,
b) die konstant gedachte Kraft der Pulvergase.

517 Ein Lastkraftwagen von 5000 kg Masse soll in 6 s aus einer Geschwindigkeit von 40 km/h zum Stillstand gebracht werden.

Gesucht:

a) die Bremskraft,
b) der Bremsweg.

518 Eine Rakete wird vom Boden aus senkrecht nach oben gestartet. Sie erhält durch ihr Triebwerk eine Schubkraft von 600 N während 100 s, ihre Masse beträgt 40 kg.

Gesucht:
a) die Geschwindigkeit nach 100 s,
b) die Beschleunigung der Rakete,
c) die nach 100 s erreichte Höhe.

519 Ein Radfahrer kommt mit einer Geschwindigkeit von 43 km/h am Fuße eines Berges an und rollt, durch einen Fahrwiderstand von 20 N verzögert, auf einer horizontalen Strecke aus. Die Massen von Fahrer und Fahrrad betragen zusammen 100 kg.

Gesucht:
a) die Ausrollzeit,
b) der beim Ausrollen zurückgelegte Weg.

520 Ein Straßenbahntriebwagen von 10 000 kg Masse fährt mit einer Geschwindigkeit von 30 km/h und wird kurzzeitig 4 s lang gebremst. Dabei wird eine Bremskraft von 12 kN ausgelöst (Fahrwiderstand vernachlässigt).

Berechnen Sie die Geschwindigkeit nach dem Bremsvorgang!

521 Ein Eisenbahnzug soll gleichmäßig beschleunigt nach einer Minute eine Geschwindigkeit von 72 km/h erhalten. Die Gesamtmasse des Zuges beträgt 210 t. Der Fahrwiderstand wird vernachlässigt.

Gesucht:
a) die Zugkraft der Lokomotive,
b) die Beschleunigung des Zuges,
c) der Anfahrweg.

522 Ein Bauaufzug wird leer abgelassen. Er fällt mit einer Beschleunigung von 4 m/s^2 abwärts. Nach 2,5 s wird er gebremst und steht nach 1 s still. Die Masse des Gestells beträgt 150 kg.

Gesucht:
a) die Geschwindigkeit vor dem Bremsen,
b) die Seilkraft beim Bremsen.

523 Der skizzierte Brettfallhammer hat die Bärmasse m = 1000 kg und eine Fallhöhe von 1,6 m. Die Umfangsgeschwindigkeit der Treibrollen beträgt 3 m/s, die Anpreßkraft F = 20 kN und die Reibzahl zwischen Rollen und Brett 0,4.

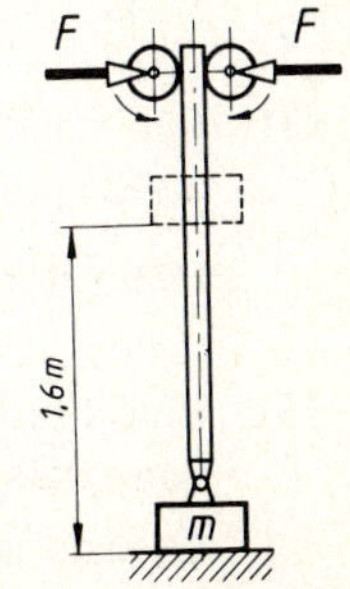

Gesucht:
a) die Fallzeit,
b) die Zeit für beschleunigtes Heben,
c) die Zeit für das Verzögern am oberen Totpunkt,
d) die Schlagzahl je Minute, wenn am unteren Totpunkt 0,5 s für Verformen und Wenden gebraucht werden.

Arbeit, Leistung und Wirkungsgrad bei geradliniger Bewegung

526 Der Schrägaufzug einer Ziegelei hat eine Steigung von 23° und ist 38 m lang. Es werden Kippwagen mit einer Gesamtmasse von 2500 kg mit konstanter Geschwindigkeit gefördert.

Gesucht:

a) die Zugkraft für einen Wagen parallel zur Förderebene ohne Berücksichtigung des Fahrwiderstandes,

b) die Förderarbeit für einen Wagen.

527 Eine Feder besitzt eine Federrate von 8 N/mm, d.h. für je 1 mm Federweg muß eine Kraft von 8 N wirken. Die Feder wird um 70 mm zusammengedrückt.

Gesucht:

a) die Federkraft im gespannten Zustand,

b) die von der Feder aufgenommene Formänderungsarbeit.

528 Ein Lasthaken wird in einem Kanal von einer Lokomotive getreidelt. Das Zugseil liegt unter einem Winkel von 28° zu den Schienen. Die Seilkraft beträgt 8 kN.

Gesucht:

a) die Arbeit für 3 km Weg,

b) die Zugleistung für eine Fahrgeschwindigkeit von 9 km/h.

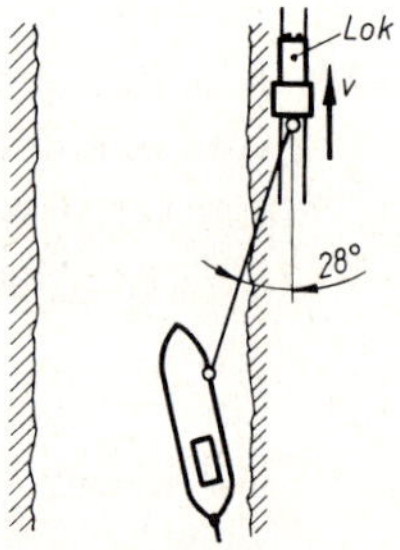

529 Auf einer Dreifachziehbank können gleichzeitig 3 Stahlrohre von 20 m Länge gezogen werden. Die reine Ziehzeit beträgt 30 s. Für ein Rohr wird eine Zugkraft von 120 kN benötigt.

Gesucht:

a) die Arbeit zum Ziehen der drei Rohre,

b) die Leistung, die die Antriebskette übertragen muß.

530 Der Wagen eines Schrägaufzuges hat 1800 kg Masse. Die Steigung beträgt 12 %. Es ist ein Motor von 4,5 kW als Antrieb vorhanden.

Berechnen Sie die gleichförmige Fahrgeschwindigkeit des Aufzugs bei Nennleistung ohne Berücksichtigung des Fahrwiderstandes!

531 Ein Senkrechtförderer (Elevator) fördert ein Schüttgut mit einer Dichte von 1200 kg/m³ auf eine Höhe von 12 m. In einer Stunde werden 160 m³ gefördert. Gesucht ist die Förderleistung.

532 Eine Fördermaschine fördert einen Fahrkorb von 10 t Masse in 95 s aus einer Tiefe von 1050 m.

Gesucht ist die Hubleistung.

533 Ein Straßenbahntriebwagen mit 10 000 kg Masse fährt auf ebener Strecke mit einer Geschwindigkeit von 30 km/h. Seine Motoren entnehmen dem Netz eine Leistung von 25 kW, wovon 83 % auf die Antriebsräder übertragen werden.

Gesucht:

a) der Fahrwiderstand, der überwunden werden muß,

b) die Leistung, die die Motoren dem Netz entnehmen, wenn der Wagen mit gleicher Geschwindigkeit eine Steigung von 4 % aufwärts fährt.

534 Der Tisch einer Langhobelmaschine hat eine Masse von 2,6 t und trägt ein Werkstück von 1,8 t Masse, das mit einer Schnittgeschwindigkeit von 15 m/min und einer Schnittkraft von 20 kN bearbeitet wird. Die Reibzahl in den Führungen beträgt 0,15.

Gesucht:

a) die Reibleistung,

b) die Schnittleistung,

c) die Antriebsleistung des Motors bei einem Getriebewirkungsgrad von 0,96.

535 Ein Trimmgreifer für Erze hat mit Füllung 30 t Masse. Zum Heben steht ein Motor mit 445 kW Antriebsleistung zur Verfügung. Der Gesamtwirkungsgrad des Greifers beträgt 0,78.

Berechnen Sie die größtmögliche Hubgeschwindigkeit des Greifers!

536 Zur Wasserhaltung eines Schachtes sind 24stündlich 1250 m^3 Wasser aus einer Tiefe von 830 m an die Oberfläche zu pumpen. Der Wirkungsgrad der Pumpe mit Rohrnetz beträgt 0,72.

Berechnen Sie die Antriebsleistung des Motors!

537 Für ein Kranhubwerk ist der Motor auszulegen. Es sollen Werkstücke von 5000 kg Masse in 12 Sekunden um 4,5 m gehoben werden. Zwischen Motor und Seiltrommel ist ein Getriebe mit einem Wirkungsgrad von 0,96 eingeschaltet.

Berechnen Sie die Leistung, die der Motor dabei aufbringen muß!

538 Eine Pumpe drückt Wasser durch eine Rohrleitung auf 50 m Höhe mit einem Wirkungsgrad von 0,77.

Berechnen Sie die Wassermenge, die mit einer Pumpen-Antriebsleistung von 44 kW stündlich gefördert werden kann!

539 Ein Förderband von 10 m Länge läuft mit einer Bandgeschwindigkeit von 1,8 m/s. Es fördert unter einem Steigungswinkel von 12°. Der Antriebsmotor gibt 4,4 kW ab, der Gesamtwirkungsgrad der Förderanlage beträgt 0,65.

Gesucht:

a) die Masse des Fördergutes, das bei voller Ausnutzung der Antriebsleistung auf dem Band liegen kann,

b) die Fördermenge in kg/h.

540 Eine Welle wird auf einer Drehmaschine mit einer Schnittgeschwindigkeit von 34 m/min bearbeitet. Die Schnittkraft beträgt 6500 N und der Antriebsmotor gibt eine Leistung von 4 kW an die Maschine ab.

Gesucht:

a) die Schnittleistung,

b) der Wirkungsgrad der Drehmaschine.

541 Der Wirkungsgrad einer Tischhobelmaschine mit hydraulischem Antrieb beträgt 0,55. Der Antriebsmotor leistet 10 kW.

Gesucht:

a) die Durchzugskraft des Tisches bei einer Schnittgeschwindigkeit von 16 m/min,

b) die größte erreichbare Schnittgeschwindigkeit bei einer Durchzugskraft von 13,8 kN.

542 Eine Wasserpumpe fördert eine Wassermenge von 60 m^3 in 10 min auf eine Höhe von 7 m. Dabei nimmt der Antriebsmotor eine Leistung von 11,5 kW aus dem Netz auf. Sein Wirkungsgrad beträgt 0,85.

Gesucht:

a) der Gesamtwirkungsgrad der Anlage,

b) der Wirkungsgrad der Pumpe mit Rohrleitung.

Arbeit, Leistung und Wirkungsgrad bei Drehbewegung

543 An einer Seilwinde mit Handkurbel wirkt ein Kurbeldrehmoment von 45 Nm. Es werden damit 127,5 Umdrehungen gemacht, und die Last wird um 25 m gehoben.

Gesucht:

a) die Dreharbeit an der Kurbel,

b) der Betrag der Seilkraft.

544 Eine Seiltrommel wird über ein Getriebe mit der Übersetzung $i = 6$ durch eine Handkurbel angetrieben. Das Drehmoment an der Kurbel beträgt 40 Nm, der Durchmesser der Seiltrommel 240 mm.

Gesucht:

a) die Masse der Last, die gehoben werden kann,

b) die Anzahl der Kurbelumdrehungen für 10 m Lastweg.

545 Ein Radfahrer kann an der Tretkurbel ein gleichförmig gedachtes Kraftmoment von 18 Nm aufbringen. Der Fahrwiderstand ist mit 10 N angenommen. Die Masse von Fahrer und Rad beträgt 100 kg. Zähnezahlen: Tretkurbelrad 48, Hinterachszahnkranz 23. Der Wirkungsgrad des Kettengetriebes wird mit 0,7 angenommen.

Gesucht:

a) die Umfangskraft am Hinterrad bei einem Rolldurchmesser von 0,65 m,

b) die Steigung, die der Radfahrer damit gleichförmig aufwärts fahren kann.

546 Ein Motor mit einer Leerlaufdrehzahl von 1500 min^{-1} wird mit einer Reibungskupplung auf eine stillstehende Maschine geschaltet. Die Kupplung kann ein Drehmoment von 100 Nm übertragen. Der Beschleunigungsvorgang dauert 10 s, dabei sinkt die Motordrehzahl auf die Lastdrehzahl von 800 min^{-1}, mit der dann beide Maschinen gleichförmig weiterlaufen.

Gesucht:

a) der Drehwinkel der Relativbewegung beider Kupplungsteile ($\hat{=}$ der Flächendifferenz im ω, t-Diagramm),

b) die Reibarbeit bei einem Einschaltvorgang.

547 An einem Werkstück von 60 mm Durchmesser wird eine Dreharbeit durchgeführt. Die Schnittkraft beträgt 1,8 kN.

Berechnen Sie die theoretische Schnittleistung für eine Drehzahl von 250 min^{-1}!

548 Eine Drehscheibe dreht sich in 40 s um 180°. Zur Überwindung der Reibung unter Last ist ein Drehmoment von 30 000 Nm nötig.

Berechnen Sie die Leistung für diese Drehbewegung!

549 Ein Zahnrad von 300 mm Teilkreisdurchmesser hat eine Drehzahl von 120 min^{-1} und soll 22 kW übertragen.

Berechnen Sie die Umfangskraft im Teilkreis!

550 Das Schaufelrad eines Abraumbaggers hat einen Durchmesser von 12 m. Seine Drehzahl beträgt 3,8 min^{-1}. Es wirken 900 kW Antriebsleistung an der Schaufelradwelle.

Berechnen Sie die theoretische Schneidkraft, die am Umfang des Schaufelrades aufgebracht werden kann!

551 Das Drehmoment an der Kurbelwelle eines Kraftfahrzeug-Motors beträgt 100 Nm.
Berechnen Sie die theoretische Motorleistung bei den Drehzahlen 1800 min^{-1} und 2800 min^{-1}!

552 Ein Kraftfahrzeug-Motor hat eine Leistung von 65 kW bei einer Drehzahl von 3600 min^{-1}. Das Getriebe hat folgende Übersetzungsverhältnisse:

I. Gang $i_I = 3{,}5$ II. Gang $i_{II} = 2{,}2$ III. Gang $i_{III} = 1$

Berechnen Sie die Drehzahlen und die theoretischen Drehmomente der Gelenkwelle in den drei Gängen!

553 Am Drehmeißel einer Drehmaschine wirken die senkrecht aufeinanderstehenden Kräfte: Schnittkraft F_s, Passivkraft F_p und die Vorschubkraft F_v. Bei einem Bearbeitungsfall verhalten sich diese Kräfte $F_s : F_p : F_v = 4 : 2 : 1$. Die Schnittkraft beträgt 12 kN und die Schnittgeschwindigkeit 78,6 m/min bei einem Vorschub von 0,2 mm/U und einem Drehdurchmesser von 50 mm.

Gesucht:

a) die Drehzahl des Werkstückes,

b) die theoretische Schnittleistung (mit F_s),

c) die theoretische Vorschubleistung (mit F_v).

554 Ein Elektromotor mit einer Drehzahl von $1400\ \text{min}^{-1}$ erzeugt an seinem Kettenritzel mit 140 mm Durchmesser eine Kettenzugkraft von 150 N. Aus dem Netz nimmt er eine elektrische Leistung von 2 kW auf.

Gesucht:

a) die Leistung an der Motorwelle,

b) der Wirkungsgrad des Motors.

555 Das Drehmoment an der Arbeitsspindel einer Drehmaschine beträgt bei einer Drehzahl von $125\ \text{min}^{-1}$ 700 Nm. Der Antriebsmotor gibt eine Leistung von 11 kW ab. Berechnen Sie den Wirkungsgrad der Maschine!

556 Ein Getriebe mit drei Stufen hat folgende Einzelübersetzungen:

1. Stufe Schneckengetriebe $i = 15$; Wirkungsgrad 0,73
2. Stufe Stirnradgetriebe $i = 3{,}1$; Wirkungsgrad 0,95
3. Stufe Stirnradgetriebe $i = 4{,}5$; Wirkungsgrad 0,95

Gesucht:

a) die Gesamtübersetzung des Getriebes,

b) der Gesamtwirkungsgrad,

c) die Drehzahlen und Drehmomente in den 4 Wellen bei einer Antriebsdrehzahl von $1420\ \text{min}^{-1}$ und 0,85 kW Antriebsleistung.

557 Ein Elektromotor gibt bei einer Drehzahl von $1000\ \text{min}^{-1}$ an der Welle eine Leistung von 1 kW ab. Sein Wirkungsgrad beträgt 0,8. Er hat eine Riemenscheibe von 160 mm Durchmesser.

Gesucht:

a) die Leistung, die der Motor dem Netz entnimmt,

b) die Umfangsreibkraft an der Riemenscheibe.

558 Ein Motor hat eine Leistung von 2,6 kW bei $1420\ \text{min}^{-1}$. Er soll eine Seiltrommel mit 400 mm Durchmesser antreiben, an der eine Seilzugkraft von 3 kN wirkt. Dazu muß ein Getriebe zwischengeschaltet werden, dessen geschätzter Wirkungsgrad 0,96 beträgt.

Gesucht:

a) das Motor- und das Trommeldrehmoment,

b) das Übersetzungsverhältnis des Getriebes.

559 Ein Lastkraftwagen fährt mit Ladung unter Ausnutzung seiner vollen Motorleistung mit einer Geschwindigkeit von 20 km/h eine Steigung gleichförmig aufwärts. Er hat Reifen mit 1,05 m Rolldurchmesser. Das Hinterachsgetriebe hat eine Übersetzung von 5,2. Die Motorleistung beträgt 66 kW, von der 70 % an der Antriebswelle des Hinterachsgetriebes wirken.

Gesucht:

a) die Drehzahl des Antriebskegelrades im Hinterachsgetriebe,

b) die Umfangskraft des Antriebskegelrades, dessen Teilkreisdurchmesser 60 mm beträgt.

560 Ein Zweitaktmotor soll ein Moped mit der Masse m = 100 kg einschließlich Fahrer auf einer Steigung von 8 % mit einer Geschwindigkeit von 20 km/h antreiben. Der Rolldurchmesser der Räder beträgt 0,65 m. Der Fahrwiderstand wird mit 20 N angenommen.

Gesucht:

a) die Gesamtübersetzung, wenn der Motor dabei mit 3600 min^{-1} laufen soll,
b) die Umfangskraft, die am Hinterrad wirken muß,
c) das Drehmoment an der Kurbelwelle bei einem Getriebewirkungsgrad von 0,7,
d) die Leistung des Motors.

Energie und Energieerhaltungssatz

561 Ein Lastkraftwagen mit einer Masse von 8000 kg wird aus einer Geschwindigkeit von 80 km/h über eine Strecke von 150 m gleichmäßig gebremst und fährt dann gleichförmig mit 30 km/h weiter.

Gesucht:

a) die kinetische Energie, die ihm beim Bremsen entzogen wurde,
b) die Bremskraft, die längs des Bremsweges auf ihn wirkte.

562 Zum Zerschlagen von Betondecken bei Abbrucharbeiten wird eine Fallbirne verwendet. Sie hat eine Masse von 1500 kg. Es wird eine Schlagarbeit von 70 kJ benötigt.

Gesucht:

a) die erforderliche Fallhöhe der Birne,
b) die Aufschlaggeschwindigkeit.

563 Ein Waggon von 22,5 t Masse hat beim Rangieren am Fuß des Ablaufberges eine Geschwindigkeit von 9,5 km/h erreicht und rollt nun auf dem waagerechten Gleis aus. Es wirkt ihm ein Fahrwiderstand von 40 N/1000 kg Wagenmasse entgegen.

Entwickeln Sie

a) den Energieerhaltungssatz mit den Variablen: Masse m, Geschwindigkeit v, Fahrwiderstand F_W und Weg s,
b) eine Gleichung für den Ausrollweg $s = f(v, F_W)$ und berechnen Sie daraus den Weg s.

564 Ein frei rollender Eisenbahnwagen gelangt mit einer Geschwindigkeit von 10 km/h an eine Steigung von 0,3 %. Es wirkt ihm ein Fahrwiderstand von 1,36 kN entgegen. Die Masse des Wagens beträgt 34 t.

Berechnen Sie den Ausrollweg auf der Steigung mit Hilfe einer Gleichung $s = f(m, v, g, F_W, \alpha)$!

565 Der Bär eines Dampfhammers hat eine Masse $m = 500$ kg und fällt aus einer Höhe $h = 1{,}5$ m auf das Werkstück. Dabei wird er zusätzlich durch Dampf mit einer Kraft $F = 65$ kN beschleunigt.

Gesucht:

a) das Arbeitsvermögen des Bärs beim Aufschlag auf das Werkstück,
b) die Aufschlaggeschwindigkeit mit Hilfe einer Gleichung $v = f(m, g, h, F)$, die aus dem Energieerhaltungssatz zu entwickeln ist.

566 Ein Waggon mit einer Masse $m = 25$ t fährt beim Ausrollen gegen einen ungefederten und als starr anzusehenden Prellbock und drückt dadurch seine beiden Puffer bis zum Stillstand um den Weg $s = 80$ mm zusammen. Die Pufferfedern haben eine Federrate $c = 0{,}3$ kN/mm (Federrate = Quotient aus Federkraft und zugehörigem Federweg, $c = F/\Delta s$).

Berechnen Sie die Geschwindigkeit des Waggons vor dem Anstoßen! Entwickeln Sie dazu eine Gleichung $v = f(s, c, m)$ aus dem Energieerhaltungssatz!

567 Ein Körper mit $m = 10$ kg Masse hängt mit einem Seil über einer Rolle an einer Feder. Die Federrate beträgt 2 N/mm. Zunächst ist die Feder gerade entspannt und der Körper wird festgehalten.

Gesucht:

a) der größte Federweg = Fallweg, der sich einstellt, wenn der Körper langsam abgesenkt wird,
b) der größte Federweg, der sich einstellt, wenn der Körper aus der beschriebenen Lage frei fallen kann.

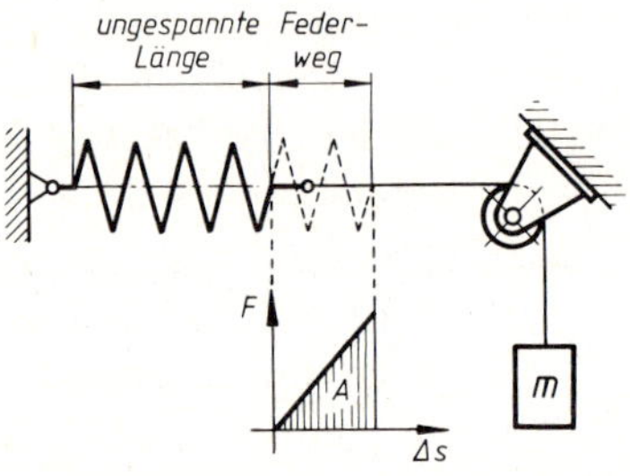

568 Auf der skizzierten schiefen Ebene mit Auslauf wird ein Körper aus der Ruhelage losgelassen, gleitet die schiefe Ebene abwärts, dann die waagerechte Strecke weiter und wird durch eine Feder bis zum Stillstand gebremst. Dabei spannt er die Feder mit der Federrate c um den Federweg Δs. Auf allen Gleitflächen wirkt Reibung mit der Reibzahl μ.

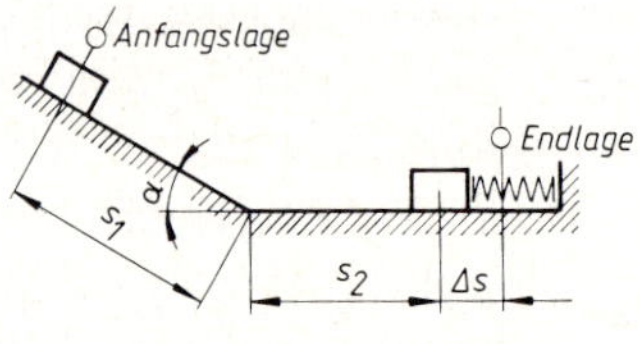

Stellen Sie den Energieerhaltungssatz für den Vorgang zwischen den beiden Ruhelagen auf und entwickeln Sie daraus eine Gleichung für den Anlaufweg $s_1 = f(m, s_2, \Delta s, \mu, c, \alpha)$!

569 Für die Aufgabe 514 (Paketförderanlage) ist der Energieerhaltungssatz für die Bewegung der Pakete zwischen den Förderbändern anzusetzen. Verwenden Sie hierzu die Variablen dieser Aufgabe, sowie m für die Masse der Pakete und berechnen Sie aus dem Energieerhaltungssatz die Auslauflänge l!

570 Das Pendelschlagwerk wird in der skizzierten Stellung ausgelöst und zerschlägt die Werkstoffprobe, die im tiefsten Punkt der Kreisbahn an Widerlagern aufliegt. Die Schlagarbeit mindert die kinetische Energie des Pendelhammers, so daß er nur wieder bis zur Höhe h_2 steigt. Die Pendelmasse beträgt 8,2 kg bei Vernachlässigung der Stange. Die Abmessungen betragen: $l = 655$ mm, $\alpha = 151°$, $\beta = 48{,}5°$.

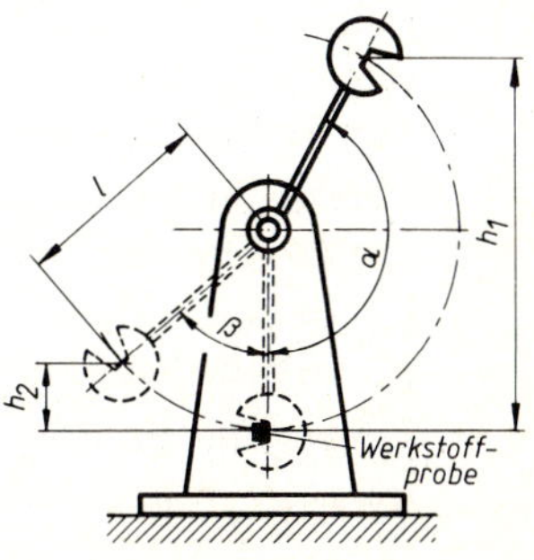

Gesucht:

a) die Fallhöhe h_1 und die Steighöhe h_2,

b) das Arbeitsvermögen des Hammers in der skizzierten Ausgangsstellung, bezogen auf die Lage der Werkstoffprobe,

c) die von der Probe aufgenommene Schlagarbeit.

571 Das skizzierte Pendel mit der Masse m wird aus waagerechter Lage losgelassen.

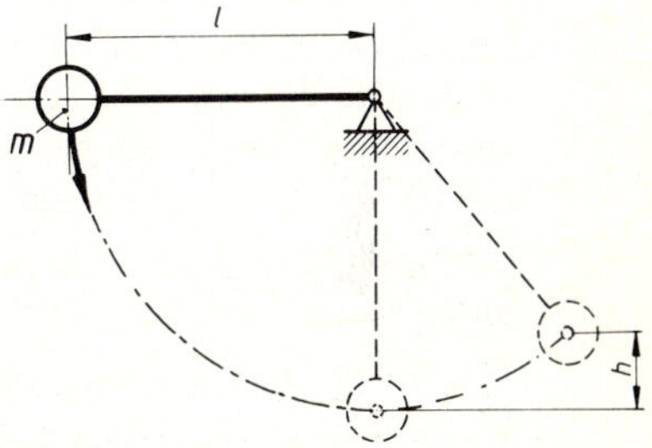

Entwickeln Sie aus dem Energieerhaltungssatz eine Gleichung für die Geschwindigkeit $v = f(g, l, h)$ in einer beliebigen Höhe h über dem tiefsten Punkt!

572 Ein Pumpspeicherkraftwerk hat ein Wasserbecken mit einem Nutzgefälle $h = 24$ m. Die Maschinenanlage hat einen Gesamtwirkungsgrad von 0,87. Während der Spitzenbedarfszeit werden $W = 10\,000$ kWh benötigt.

Stellen Sie eine Gleichung für die benötigte Wassermenge $m = f(W, g, h, \eta)$ auf und berechnen Sie daraus das benötigte Wasservolumen!

573 Einer Wasserturbine wird ein Volumenstrom von 45 m^3/min zugeführt. Das Wasser strömt mit einer Geschwindigkeit von 15 m/s zu und verläßt die Turbine mit 2 m/s.

Berechnen Sie die Nutzleistung der Turbine bei einem Wirkungsgrad von 0,84!

574 Ein Dampfkraftwerk benötigt zur Erzeugung von elektrischer Energie aus Kohle für 1 Kilowattstunde eine Wärmemenge von 10,4 MJ.

Berechnen Sie den Anlagenwirkungsgrad des Kraftwerkes!

575 Ein Notstromaggregat gibt 45 min lang eine Leistung von 120 kW ab. Der Wirkungsgrad der Anlage beträgt 0,35.

Berechnen Sie die verbrauchte Kraftstoffmenge bei einem Heizwert von 42 MJ/kg!

576 Der spezifische Verbrauch eines Dieselmotors ist 224 g/kWh, d.h. je kW Leistung, das 1 h lang abgegeben wird, verbraucht der Motor 224 g Dieselöl. Der Heizwert des Kraftstoffes ist 42 MJ/kg.

Berechnen Sie den Wirkungsgrad des Motors!

Gerader, zentrischer Stoß

577 Ein Körper 1 mit einer Masse von 100 g und einer Geschwindigkeit von 0,5 m/s gleitet reibungsfrei in einer waagerechten Führung. Er soll von einem Körper 2 mit einer Masse von 20 g, der sich ihm entgegenbewegt, durch geraden zentrischen Stoß zum Stillstand gebracht werden.

Welche Geschwindigkeit muß der Körper 2 besitzen, wenn
a) wirklicher Stoß mit einer Stoßzahl $k = 0{,}7$,
b) elastischer Stoß,
c) unelastischer Stoß angenommen wird?

Lösungshinweis: Die Aufgaben b) und c) lassen sich mit dem Ansatz von a) lösen, wenn die Stoßzahlen $k = 1$ für den elastischen, und $k = 0$ für den unelastischen Stoß eingesetzt werden.

578 Für ein Gewehrgeschoß soll die Mündungsgeschwindigkeit v_1 ermittelt werden. Dazu wird das Geschoß in einen Sandsack geschossen, der an einem Seil hängt und nach dem Einschlag ausgelenkt wird. Dabei stellt sich das Tragseil unter dem Winkel $\alpha = 10^\circ$ zur Senkrechten ein. Die gegebenen Größen sind: Geschoßmasse $m_1 = 10$ g, Sandsackmasse $m_2 = 10$ kg, Schwerpunktsabstand des Sandsackes vom Aufhängepunkt $l_s = 2{,}5$ m.

Berechnen Sie die Mündungsgeschwindigkeit v_1 des Geschosses mit Hilfe einer Gleichung $v_1 = f(m_1, m_2, \alpha, g, l_s)$!

579 Eine Kugel mit der Masse m_1 hängt an einem Faden von der Länge $l = 1$ m. Sie wird so weit angehoben, daß der Faden einen Winkel $\alpha = 60^\circ$ mit der Senkrechten einschließt, und dann losgelassen.

Die Kugel trifft im tiefesten Punkt ihrer Bahn auf einen ruhenden Körper mit der vierfachen Masse. Er liegt auf einer waagerechten Ebene. Die Gleitreibzahl auf seiner Unterlage beträgt $\mu = 0{,}15$. Es wird elastischer, gerader zentrischer Stoß angenommen.

Gesucht:
a) die Geschwindigkeit v_1 der Kugel im tiefsten Punkt,
b) die Geschwindigkeiten beider Körper nach dem Stoß,
c) die Rückprallhöhe h_1 der Kugel und den Winkel α_1, den der Faden in dieser Stellung mit der Senkrechten einschließt,
d) der Weg Δs des Körpers auf der Ebene bis zum Stillstand,
e) Prüfen Sie die Ergebnisse mit dem Energieerhaltungssatz nach!

580 Zur Abstützung einer Baugrube werden Spundbohlen mit einer Masse von 600 kg durch eine Ramme eingeschlagen. Der Rammbär hat eine Masse von 3 t und fällt beim Schlag aus einer Höhe von 3,262 m frei auf die Spundbohle, die sich dadurch um 0,3 m in den Boden senkt.

Berechnen Sie unter der Annahme des unelastischen Stoßes:
a) die Geschwindigkeit des Rammbärs beim Auftreffen,
b) die Geschwindigkeit der beiden Körper nach dem Stoß,
c) die Energieabnahme des Bärs durch plastische Verformung,
d) die Widerstandskraft (Reibung und Verdrängung) des Erdreiches,
e) den Wirkungsgrad.

581 Ein Fallhammerbär hat ein Arbeitsvermögen $W = 1$ kJ. Amboß und Schabotte haben die Masse $m_2 = 1000$ kg, und die Fallhöhe des Bärs beträgt $h = 1{,}8$ m.
Gesucht:
a) die Masse des Bärs,
b) der Schlagwirkungsgrad, wenn unelastischer Stoß angenommen wird.

Dynamik der Drehbewegung

582 Eine Schleifscheibe mit einem Trägheitsmoment von 3 kgm^2 wird aus einer Drehzahl von 600 min^{-1} abgeschaltet und läuft während 2,6 min aus.
Gesucht:
a) die Winkelverzögerung,
b) das Reibmoment in den Lagern.

583 Ein Schwungrad von 320 kg Masse wird durch ein Bremsmoment von 100 Nm in 100 s aus einer Drehzahl von 300 min^{-1} bis zum Stillstand gebremst.
Gesucht ist das Trägheitsmoment.

584 Ein Umformersatz besteht aus einem Synchronmotor, dem Generator und einer Anwurfmaschine, die fest miteinander gekuppelt sind. Das Trägheitsmoment der umlaufenden Massen beträgt 15 kgm^2. Der Maschinensatz soll in 10 s auf eine Drehzahl von 1500 min^{-1} beschleunigt werden.
Gesucht:
a) die Winkelbeschleunigung,
b) das mittlere Drehmoment, das der Anwurfmotor aufbringen muß.

585 Eine Schleifscheibe mit Welle und Riemenscheibe hat ein Trägheitsmoment von 3,5 kgm^2. Das Reibmoment in den Lagern beträgt 0,5 Nm. Die Scheibe soll innerhalb 5 s auf eine Drehzahl von 360 min^{-1} beschleunigt werden.
Gesucht:
a) die Winkelbeschleunigung,
b) das erforderliche Antriebsmoment,
c) die Leistung am Ende des Beschleunigungsvorganges.

586 Durch einen Auslaufversuch soll die Reibzahl der Gleitlagerung einer Getriebewelle ermittelt werden. Die Getriebewelle mit 10 kg Masse und einem Trägheitsmoment von 0,18 kgm^2 ist mit zwei Lagerzapfen von 20 mm Durchmesser gelagert. Die Lagerkräfte sind gleich groß. Nach dem Abschalten des Antriebes sinkt die Drehzahl der Welle in 235 s von 1500 min^{-1} auf Null.

Gesucht:

a) das Bremsmoment in den beiden Gleitlagern,

b) die mittlere Zapfenreibzahl.

587 Das skizzierte, am Kranhaken hängende Rohr soll zum Verladen um 90° gedreht werden. Ein Mann beschleunigt es 30 s lang mit der Umfangskraft $F = 400$ N, dann dreht sich das Rohr gleichförmig weiter und soll dann auf den letzten 5 m Umfangsweg stillgesetzt werden. Das Trägheitsmoment beträgt 10^7 kgm^2.

Gesucht:

a) die Winkelbeschleunigung des Rohres,

b) die nach 30 s erreichte Winkelgeschwindigkeit,

c) die zum Bremsen erforderliche Kraft.

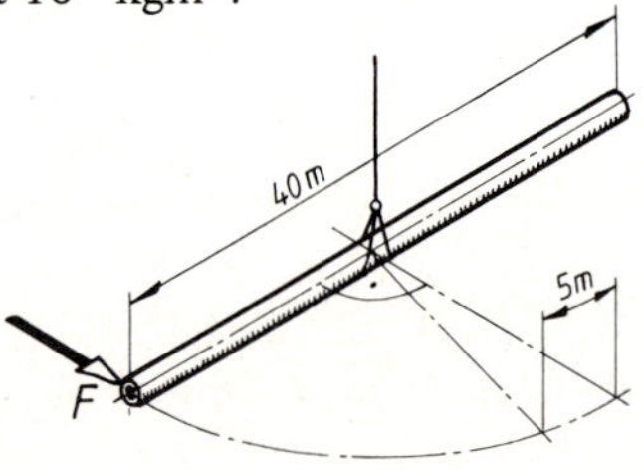

588 An einer Seiltrommel von 400 mm Durchmesser hängt eine Last von 2500 kg Masse. Durch Bruch des Antriebsritzels der Seiltrommel setzt sich die Last nach unten in Bewegung und muß dabei noch die Seiltrommel in Drehbewegung bringen. Das Trägheitsmoment der Trommel beträgt 4,8 kgm^2. Die Masse des Seiles und die Reibung werden vernachlässigt.

Gesucht:

a) die Winkelbeschleunigung der Trommel,

b) die Beschleunigung der Last,

c) die Geschwindigkeit der Last nach 3 m Fallweg.

Lösungshinweis: Frage b) läßt sich auch mit Hilfe der auf den Trommelumfang reduzierten Masse der Seiltrommel lösen.

589 Die skizzierte Walze mit 10 kg Masse und einem Durchmesser von 0,2 m soll durch die Kraft F so beschleunigt werden, daß sie gerade noch eine reine Rollbewegung ausführt, ohne zu gleiten. Die Reibzahl beträgt 0,2.

Gesucht:

a) die maximale Beschleunigung mit Hilfe einer Gleichung $a = f(g, \mu_0, \beta)$ aus dem Ansatz $M_{res} = \Sigma M$ um den Mittelpunkt,

b) die Kraft F mit Hilfe einer Gleichung $F = f(m, g, a, \mu_0, \beta)$ aus dem Ansatz: $F_{res} = \Sigma F$ für Kräfte parallel zur schiefen Ebene.

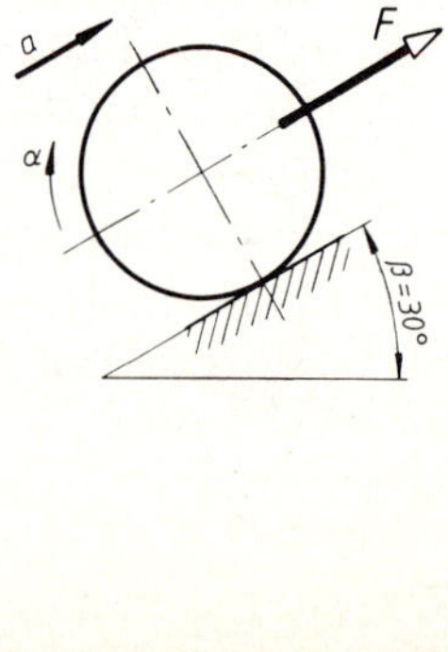

Lösungshinweis: Für diesen Grenzfall (Haftreibung bis zum Höchstwert ausgenutzt) gilt: $F_{R0\,max} = F_N \mu_0$. Für die reine Rollbewegung gilt $\alpha = ar$. Dabei ist a die Beschleunigung des Schwerpunktes in Richtung der Kraft F.

590 Ein Körper mit der Masse $m_1 = 2$ kg hängt an einem Seil, das über eine Trommel gewickelt ist. Das Trägheitsmoment der Trommel beträgt $J_2 = 0{,}05$ kgm² und ihr Radius $r_2 = 0{,}1$ m. Die Rolle wird als reibungsfrei und das Seil als masselos betrachtet. Der angehängte Körper wird zunächst in der skizzierten Lage festgehalten und dann losgelassen.

Gesucht:

a) die auf den Umfang reduzierte Scheibenmasse,
b) die reduzierte Gesamtmasse am Seil,
c) die resultierende Kraft am Seil,
d) die Beschleunigung des Körpers mit Hilfe einer Gleichung $a = f(g, m_1, J_2, r_2)$.

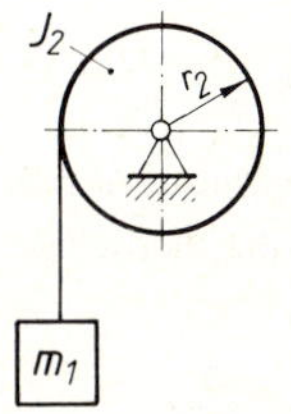

591 Ein Kreissägeblatt aus Stahl hat einen Durchmesser von 300 mm und 2 mm Dicke. Berechnen Sie mit der Dichte $\rho = 7850$ kg/m³

a) das Trägheitsmoment und den Trägheitsradius,
b) das Trägheitsmoment und den Trägheitsradius unter Berücksichtigung der Aufnahmebohrung von 40 mm.

592 Berechnen Sie für den skizzierten Getrieberäderblock das Trägheitsmoment! Dichte $\rho = 7850$ kg/m³.

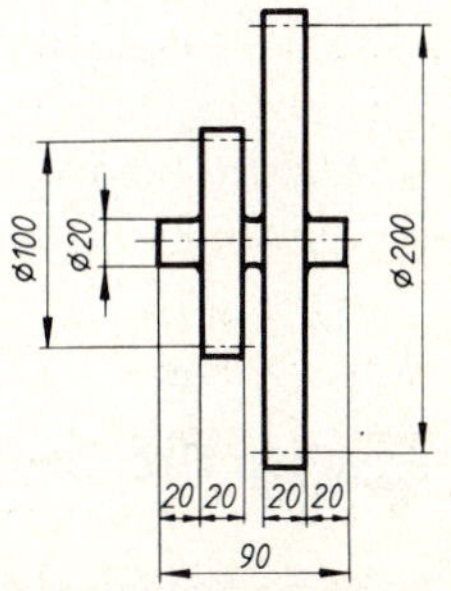

593 Von der skizzierten Lauftrommel eines Kraftfahrzeugprüfstandes sind mit der Dichte $\rho = 7850$ kg/m³ zu berechnen:

a) das Trägheitsmoment,
b) die Masse,
c) der Trägheitsradius.

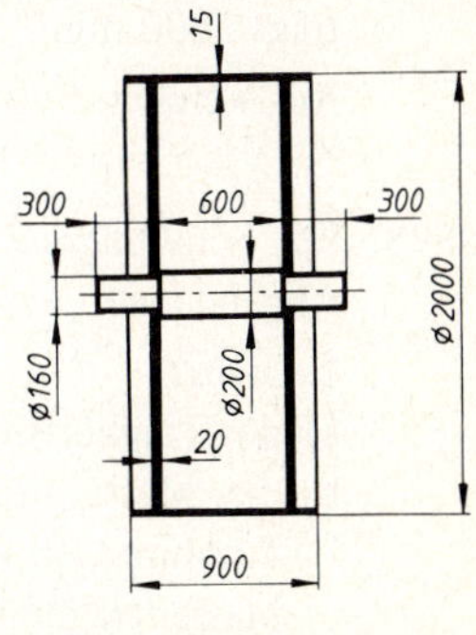

594 Von der skizzierten Kupplungshälfte sind mit der Dichte $\rho = 7850\ kg/m^3$ zu berechnen:

a) das Trägheitsmoment,
b) die Masse,
c) der Trägheitsradius.

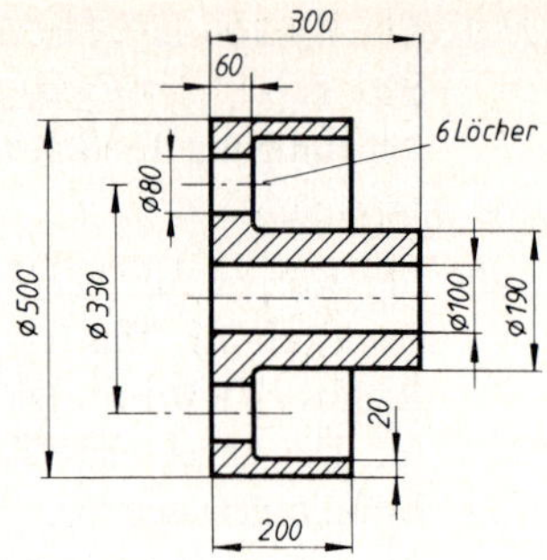

595 Berechnen Sie von der skizzierten Ausgleichsmasse ohne Berücksichtigung der Paßfedernut das Trägheitsmoment!

Dichte $\rho = 7850\ kg/m^3$.

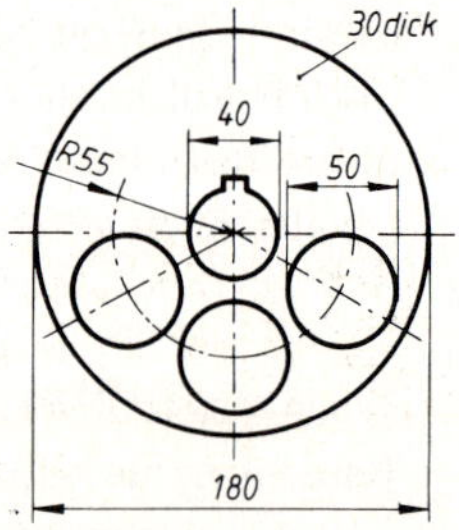

596 Berechnen Sie für die skizzierte Ausgleichsmasse ohne Berücksichtigung der Nut das Trägheitsmoment!
Dichte $\rho = 7850\ kg/m^3$.

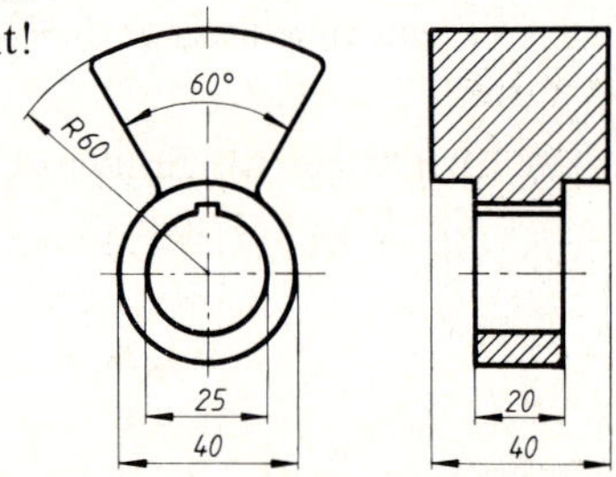

Energie bei Drehbewegung

597 Dem Schwungrad eines Schweißumformers mit einem Trägheitsmoment von 145 kgm^2 wird durch die Schweißstromstöße Arbeit entzogen. Die Drehzahl beträgt 2800 min^{-1}. Es wird eine Arbeit von 1,2 MJ abgenommen.

Auf welchen Betrag sinkt dabei die Drehzahl?

598 Ein Schwungrad soll so bemessen sein, daß seine Drehzahl von 3000 min^{-1} durch Abgabe einer Arbeit von 200 kJ auf 2000 min^{-1} sinkt.

Gesucht:

a) das Trägheitsmoment des Schwungrades,
b) die Masse des Schwungradkranzes aus 20 mm Stahlblech mit einem Außendurchmesser von 800 mm. Dieser Kranz soll ein 90 % des unter a) errechneten Massenträgheitsmomentes aufbringen. Der Einfluß von Nabe und Scheibe soll vernachlässigt werden.

599 Ein Waggon mit einer Masse von 40 t hat am Ende des Ablaufberges eine Geschwindigkeit von 18 km/h und rollt auf waagerechter Strecke aus. Dabei wirkt ein Fahrwiderstand von 40 N/1000 kg Wagenmasse.

Gesucht:

a) der Ausrollweg ohne Berücksichtigung der Rotationsenergie der vier Räder,

b) wie a), jedoch mit Berücksichtigung der Rotationsenergie (Räder als Scheiben von 900 mm Durchmesser und 100 mm Dicke betrachtet).

600 Bei einem Demonstrationsversuch über die Güte von gehärteten Stahlkugeln rollen diese über eine schiefe Ebene und werden auf die Geschwindigkeit v_x beschleunigt, mit der sie die Ablaufkante verlassen und im waagerechten Wurf auf einer Stahlplatte landen. Von dort prallen sie elastisch zurück und erreichen eine Auffangvorrichtung. Alle von der Norm abweichenden Kugeln verfehlen diese. Abmessungen: $s_x = 0{,}6$ m, $h = 1$m.

Berechnen Sie die Höhe h_2 des Startpunktes mit Berücksichtigung der Rotationsenergie! Siehe auch Aufgabe 447!

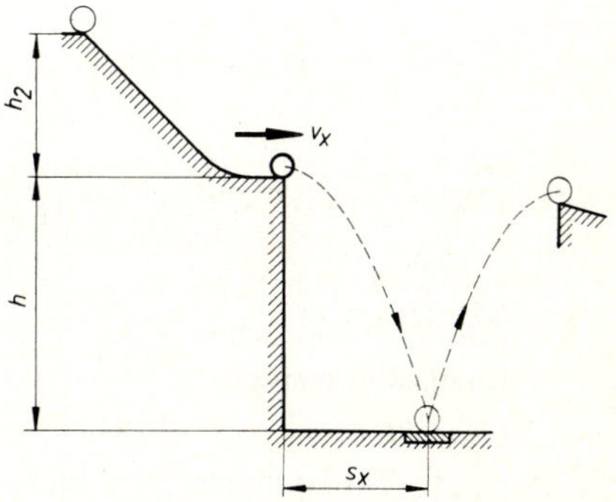

601 Für die Aufgabe 590 ist zusätzlich zu ermitteln

a) der Energieerhaltungssatz für eine Fallhöhe h des Körpers,

b) seine Geschwindigkeit nach 1 m Fallweg mit Hilfe einer Gleichung $v = f(g, h, m_1, J_2, r_2)$.

602 Ein unsymmetrisch gelagerter Hebel mit konstantem Querschnitt wird in der skizzierten Stellung losgelassen. Die Reibung ist zu vernachlässigen.

Entwickeln Sie Gleichungen für

a) die Winkelgeschwindigkeit nach einer Drehung von 90°,

b) die Umfangsgeschwindigkeit des Punktes A in senkrechter Stellung des Hebels.

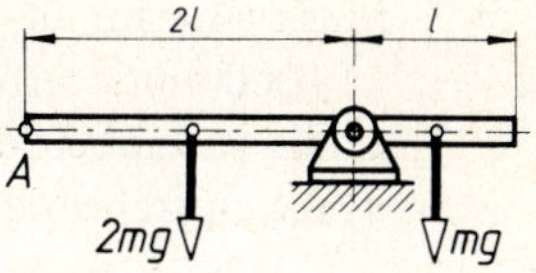

603 Eine Schwungmasse mit einem Trägheitsmoment $J = 3\ \text{kgm}^2$ soll über ein Getriebe mit der Übersetzung $i = 0{,}1$ durch eine Handkurbel aus dem Stillstand heraus auf die Drehzahl $n_2 = 1000\ \text{min}^{-1}$ beschleunigt werden. Die Handkraft beträgt $F = 150$ N und der Kurbelradius $r = 0{,}4$ m. Das Getriebe wird als masse- und verlustlos angesehen.

a) Setzen Sie den Energieerhaltungssatz an!

b) Berechnen Sie die Anzahl z der Kurbelumläufe bis zum Erreichen der Drehzahl n_2 mit Hilfe des umgeformten Energieerhaltungssatzes über eine Gleichung $z = f(J, \omega_2, F, r)$!

c) Berechnen Sie die Beschleunigungszeit!

604 Das Schwungrad einer Exzenterpresse wird über ein Riemengetriebe mit der Übersetzung $i = 8$ durch einen Motor von 1 kW mit $960\ \text{min}^{-1}$ angetrieben. Beim Arbeitshub wird dem Schwungrad Rotationsenergie für die Verformungsarbeit entzogen, dadurch sinkt seine Drehzahl auf $100\ \text{min}^{-1}$. Die Reibung in den Lagern soll vernachlässigt werden.

Gesucht:

a) die Verformungsarbeit, die das Schwungrad mit einem Trägheitsmoment von $16\ \text{kgm}^2$ abgibt,

b) das am Schwungrad wirkende Antriebsmoment unter der Annahme, daß der Motor ein konstantes Drehmoment abgibt, wie es sich aus Leistung und Drehzahl errechnen läßt,

c) die Zeit, in der das Schwungrad die Leerlaufdrehzahl wieder erreicht.

605 Ein Motor treibt mit $1000\ \text{min}^{-1}$ über eine Lamellenkupplung eine Drehmaschine an. Die Kupplung kann ein Drehmoment von 50 Nm übertragen. An der zu kuppelnden Welle wirkt ein Trägheitsmoment von $0{,}8\ \text{kgm}^2$.

Gesucht:

a) die Zeit für das Beschleunigen des Drehmaschinengetriebes von Null auf $1000\ \text{min}^{-1}$,

b) die Anzahl der Umdrehungen der zu kuppelnden Welle, bis sie die Drehzahl $1000\ \text{min}^{-1}$ erreicht hat,

c) die Reibarbeit der Kupplung während des Beschleunigungsvorganges,

d) die entstehende Wärme bei 40 Schaltungen je Stunde.

Fliehkraft

610 Eine Grundplatte für eine Säulenbohrmaschine ist auf einer Planscheibe zur Bearbeitung der Säulenbohrung exzentrisch aufgespannt. Sie hat eine Masse von 110 kg und ihr Schwerpunkt liegt 420 mm von der Drehachse entfernt. Die Drehzahl beträgt 80 min^{-1}.

Gesucht:

a) die Umfangsgeschwindigkeit des Schwerpunktes,

b) die Fliehkraft.

611 Das Polrad eines Wasserkraftgenerators hat einzeln montierte Magnetpole mit Wicklung, die eine Masse von 1,3 t haben. Ihr Schwerpunkt liegt im Abstand 7200 mm von der Drehachse.

Berechnen Sie die Fliehkraft eines Magnetpols bei einer Drehzahl von 250 min^{-1}!

612 Ein aufgeschrumpter Radkranz mit 120 kg Masse und einem mittleren Durchmesser von 1 m läuft mit einer Drehzahl von 600 min^{-1} um.

Berechnen Sie die Fliehkraft je Kranzhälfte!

613 An einem Seil von 4 m Länge ist eine Last mit 2000 kg Masse pendelnd aufgehängt. Sie wird bei einer Auslenkung des Seiles von 20° gegen die Senkrechte losgelassen und pendelt.

Berechnen Sie die Seilkraft in tiefster Stellung der Last unter Berücksichtigung der Fliehkraft!

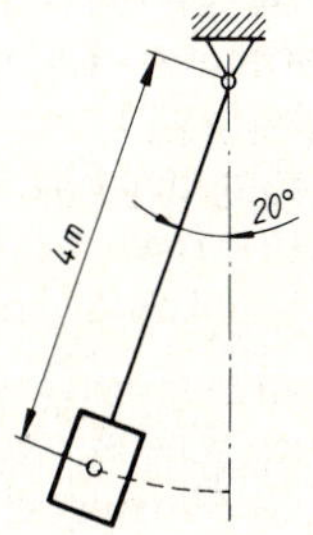

614 Die skizzierte Vergnügungsmaschine rotiert, dann wird der Boden hydraulisch abgesenkt. Zwischen Wand und Kleidung der Benutzer soll eine Reibzahl von 0,4 angenommen werden.

Stellen Sie eine Gleichung für diejenige Drehzahl $n = f(g, d, \mu_0)$ auf, die mindestens eingehalten werden muß, damit die Benutzer nicht abgleiten!

Berechnen Sie die erforderliche Drehzahl!

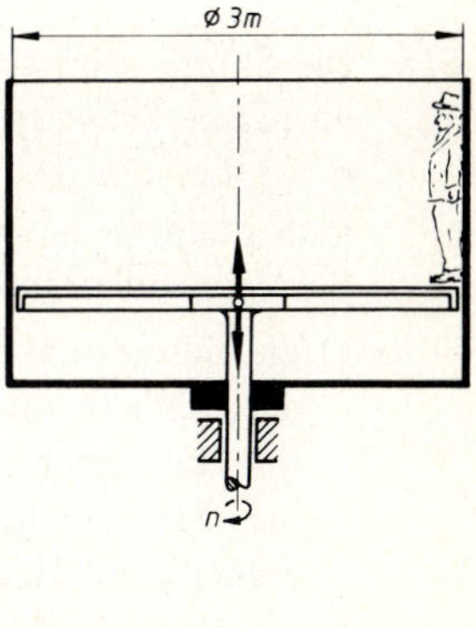

615 Ein Personenkraftwagen von 900 kg Masse fährt durch eine überhöhte Kurve, deren Neigung zur Waagerechten 4° beträgt. Seine Geschwindigkeit beträgt 40 km/h, der Kurvenradius 20 m.

Gesucht:

a) die Fliehkraft,

b) die Resultierende aus Flieh- und Schwerkraft und ihr Winkel zur Schwerkraft,

c) die Reibzahl, die mindestens zwischen Reifen und Fahrbahndecke vorhanden sein muß, um ein Gleiten zu verhindern.

616 Ein Waggon mit der Spurweite $l = 1435$ mm und einer Schwerpunktshöhe $h = 1350$ mm über Schienenoberkante fährt durch eine nicht überhöhte Kurve mit dem Radius $r_s = 200$ m.

a) Stellen Sie eine Gleichung für diejenige Geschwindigkeit $v = f(g, l, h, r_s)$ auf, bei der sich die inneren Räder unter der Wirkung der Fliehkraft abheben würden! Berechnen Sie die Geschwindigkeit v!

b) Berechnen Sie die Überhöhung der äußeren Schiene für eine Geschwindigkeit von 50 km/h, wenn die Resultierende aus Schwer- und Fliehkraft senkrecht auf der Gleisebene stehen soll!

617 Ein Kesselwagen fährt durch eine Kurve mit 30 mm Überhöhung der äußeren Schiene bei 150 m Kurvenradius. Die Spurweite beträgt 1500 mm, der Schwerpunkt liegt 1,5 m über Oberkante der Schienen. Für den Fall des Kippens unter der Wirkung der Fliehkraft liegt die Kippkante auf der äußeren Schiene. Damit Kippen eintritt, muß die Wirklinie der Resultierenden aus Flieh- und Schwerkraft oberhalb der Kippkante verlaufen. Im Grenzfall geht sie durch die Kippkante.

Berechnen Sie für den Grenzfall

a) den Winkel zwischen der Resultierenden und der Schwerkraft,

b) die Zentripetalbeschleunigung,

c) die Fahrgeschwindigkeit.

618 Die Skizze zeigt schematisch die „Todesschleife" der Vergnügungsplätze. Der gemeinsame Schwerpunkt von Fahrer und Rad läuft auf einem Kreis mit dem Radius $r_s = 2{,}9$ m um. Die Geschwindigkeit des Fahrers im höchsten Punkt der Schleife muß mindestens so groß sein, daß Flieh- und Schwerkraft im Gleichgewicht sind. Bei Vernachlässigung von Luft- und Fahrwiderstand sind zu berechnen:

a) die Geschwindigkeit v_o, die im höchsten Punkt der Schleife mindestens vorhanden sein muß, mit Hilfe einer Gleichung $v_0 = f(g, r_s)$,

b) die Geschwindigkeit v_u im tiefsten Punkt der Schleife mit Hilfe einer Gleichung $v_u = f(g, r_s)$,

c) die Höhe h des Schwerpunkts beim Start über seiner tiefsten Lage in der Schleife mit Hilfe einer Gleichung $h = f(r_s)$.

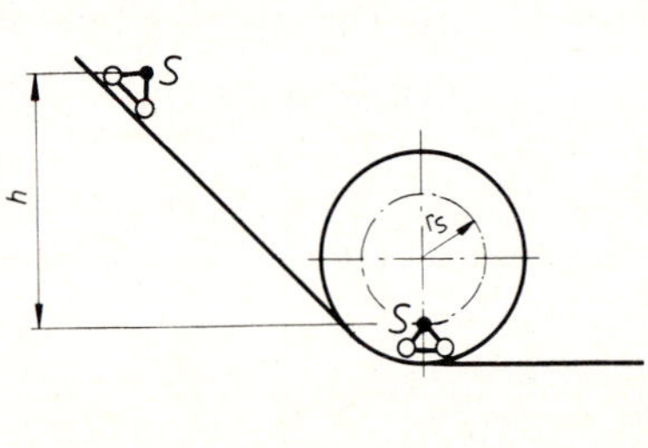

619 Eine Schwungmasse von 1100 kg ist mit einem Abstand von 2,3 mm ihres Schwerpunkts von der Drehachse exzentrisch aufgekeilt. Die Skizze zeigt die Lagerabstände. Die Drehzahl beträgt 180 min^{-1}.

Gesucht:

a) die statischen Stützkräfte in *A* und *B*,

b) die Fliehkraft,

c) die größten dynamischen Stützkräfte, die nach oben wirken,

d) die kleinsten dynamischen Stützkräfte und ihr Richtungssinn.

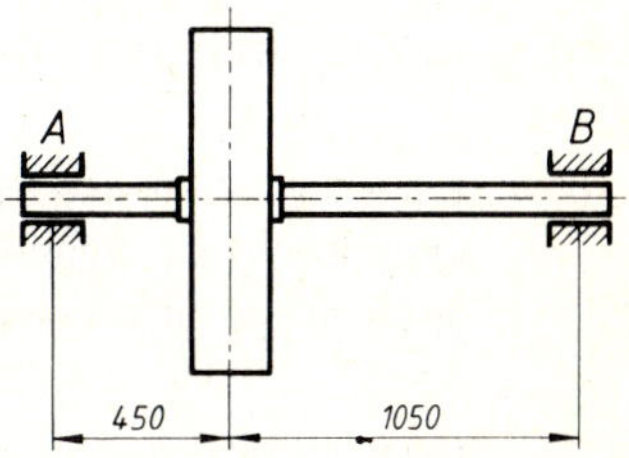

620 Die Skizze zeigt schematisch einen Fliehkraftregler. Das Pendel ist im Drehpunkt *D* gelagert und kann unter der Wirkung der Fliehkraft hochschwenken, z.B. in die gestrichelt gezeichnete Stellung. Die Abmessungen betragen $l = 200$ mm, $r_0 = 50$ m.

a) Entwickeln Sie eine Gleichung für die Einstellhöhe $h = f(g, \omega)$ und berechnen Sie daraus *h* für eine Drehzahl von 250 min^{-1}!

b) Berechnen Sie die Drehzahl für eine Einstellhöhe von 100 mm!

c) Berechnen Sie die Drehzahl n_0, bei der sich das Pendel abzuheben beginnt, mit Hilfe einer Gleichung für die Winkelgeschwindigkeit $\omega_0 = f(g, l, r_0)$!

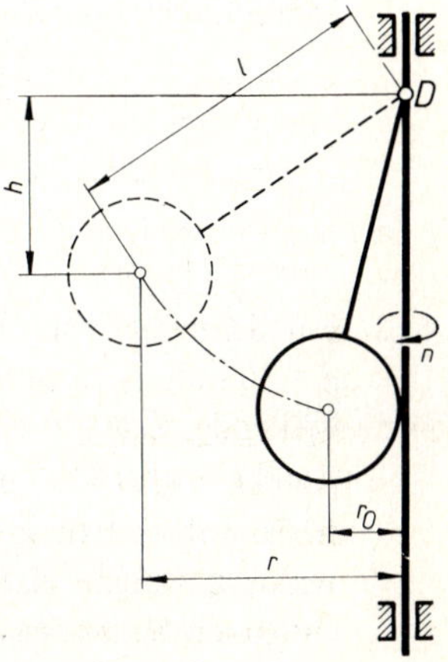

5 Festigkeitslehre

Inneres Kräftesystem und Beanspruchungsarten

651 Ein Drehmeißel ist nach Skizze eingespannt und durch die Schnittkraft $F_s = 12$ kN belastet. Die Abmessungen betragen $l = 40$ mm, $b = 12$ mm und $h = 20$ mm.

Gesucht sind das im Schnitt A–B wirkende innere Kräftesystem und die zugehörigen Spannungsarten.

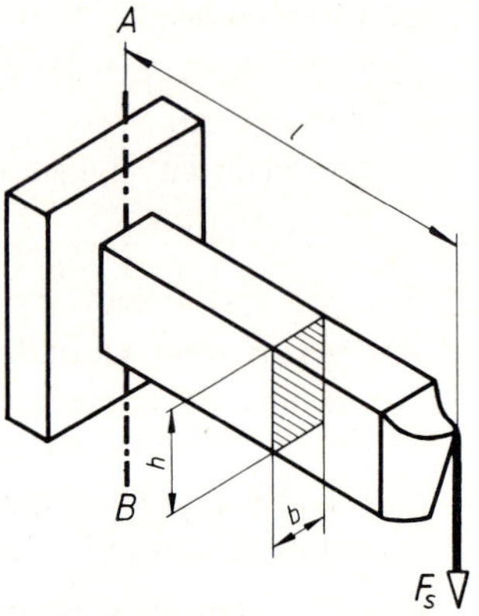

652 Ein Schraubenbolzen mit dem Durchmesser $d = 30$ mm wird durch eine unter $\alpha = 20°$ wirkende Kraft $F = 6$ kN belastet. Der Abstand l beträgt 60 mm.

Bestimmt werden sollen das im Schnitt A–B wirkende innere Kräftesystem und die auftretenden Spannungsarten. Die aus dem Anziehdrehmoment der Mutter herrührenden Spannungen bleiben unberücksichtigt.

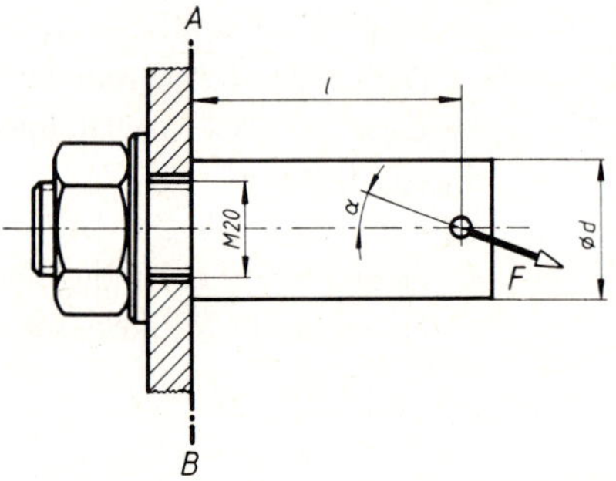

653 Ein durchgesetzter (gekröpfter) Flachstahl wird nach Skizze mit $F = 5$ kN belastet. Durchsetzmaß $l = 50$ mm.

Welches innere Kräftesystem haben die Schnitte x–x und y–y zu übertragen und welche Spannungsarten treten auf?

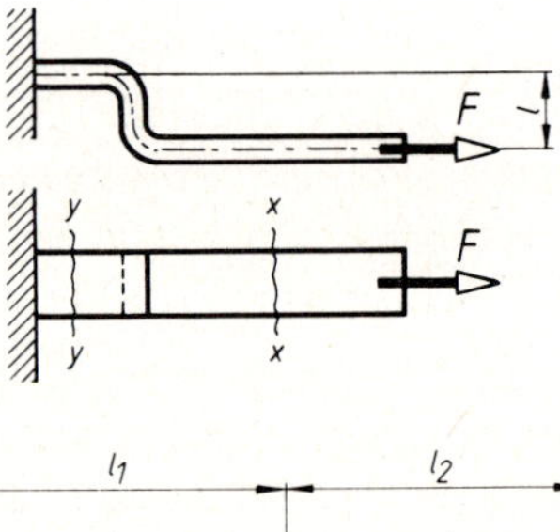

654 Das skizzierte Sprungbrett wird durch die Kräfte $F_1 = 500$ N und $F_2 = 2$ kN belastet. Die Abstände betragen $l_1 = 2{,}6$ m, $l_2 = 2{,}4$ m und $l_3 = 2{,}1$ m. Die Kraft F_2 schließt mit der Waagerechten den Winkel $\alpha = 60°$ ein.

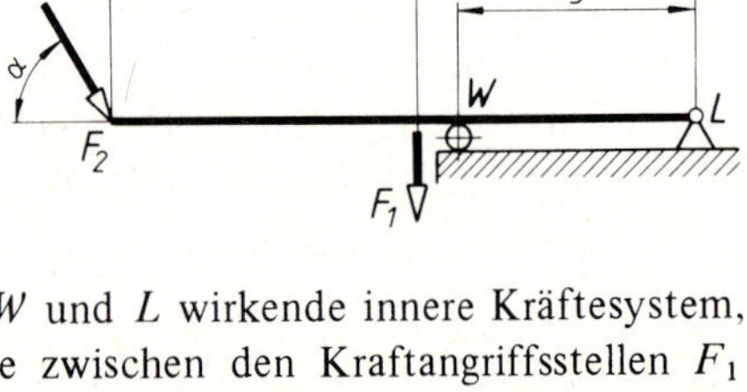

Gesucht:

a) das im Balken in der Mitte zwischen W und L wirkende innere Kräftesystem,

b) das innere Kräftesystem in der Mitte zwischen den Kraftangriffsstellen F_1 und F_2.

655 Der skizzierte Ausleger trägt eine Last $F = 10$ kN im Abstand $l = 2$ m von der Drehachse.

Für den Querschnitt x–x der senkrechten Säule sollen das innere Kräftesystem und die dadurch hervorgerufenen Spannungsarten ermittelt werden.

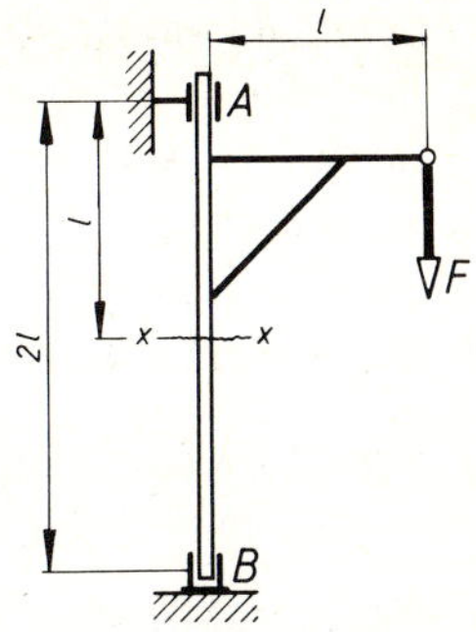

656 Das skizzierte Blech, z-förmig gebogen, ist an einer Blechwand angeschweißt und wird durch die Zugkraft $F = 900$ N belastet. Für die eingetragenen Schnitte A bis H sollen die inneren Kräftesysteme mit zugehöriger Spannungsart ermittelt werden.

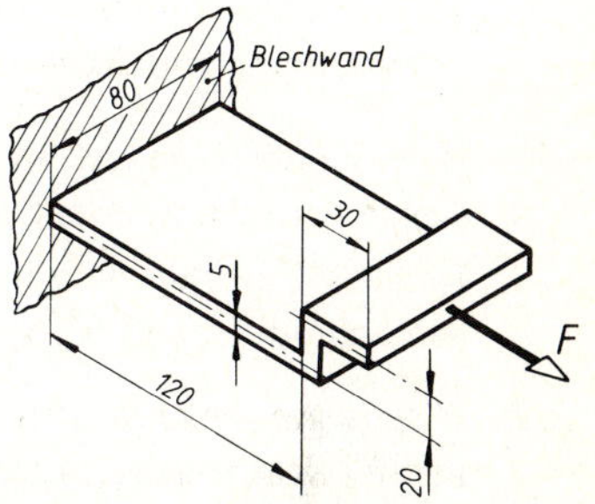

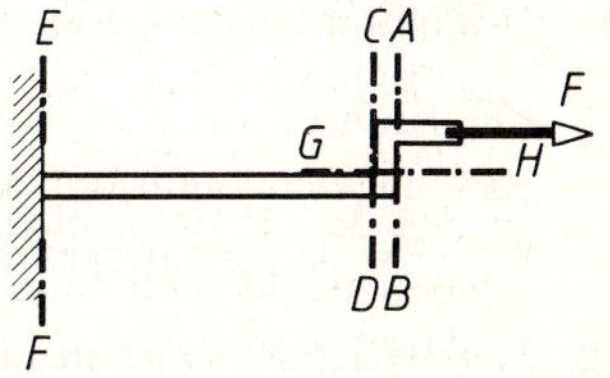

Beanspruchung auf Zug

661 Eine Zuglasche aus Flachstahl 60 × 6 wird durch eine Kraft $F = 12$ kN belastet. Wie groß ist die auftretende Zugspannung?

662 Welchen Durchmesser muß ein Zuganker erhalten, wenn er eine Zugkraft von 25 kN übertragen soll und die im Kreisquerschnitt auftretende Spannung 140 N/mm² nicht überschritten werden soll?

663 Wie groß ist die höchste Zugbelastung, die eine Schraube M16 aufnehmen kann, wenn im Spannungsquerschnitt nicht mehr als 90 N/mm² Zugspannung auftreten soll?

664 Eine Befestigungsschraube soll bei einer zulässigen Spannung von 70 N/mm² eine Zugkraft $F = 4{,}8$ kN übertragen.

Welches Gewinde ist zu wählen?

665 Ein Drahtseil soll 90 kN Last tragen. Wieviel Drähte von 1,6 mm Durchmesser muß das Seil haben, wenn 200 N/mm² Spannung zulässig sind?

666 Das Stahldrahtseil einer Fördereinrichtung soll bei einer Länge von 600 m eine Last von 40 kN tragen. Das Seil besteht aus 222 Einzeldrähten. Die Zugfestigkeit des Werkstoffes beträgt 1600 N/mm^2. Die Sicherheit gegen Bruch soll etwa 8fach sein.

Welchen Durchmesser muß der einzelne Draht haben, wenn in der Rechnung auch die Eigengewichtskraft des Seiles berücksichtigt wird?

667 Welche Zugkraft trägt ein Drahtseil aus 114 Drähten von je 1 mm Durchmesser bei einer Spannung von 300 N/mm^2?

668 Eine Hubwerkskette hat eine Last von 20 kN je Kettenstrang zu tragen.

Welchen Durchmesser müssen die Kettenglieder bekommen, wenn eine zulässige Zugspannung von 50 N/mm^2 festgesetzt worden ist?

669 Eine Schubstange hat 80 kN Zugkraft aufzunehmen. Der geteilte Kopf der Schubstange wird durch zwei Schrauben zusammengehalten.

Welches Gewinde ist zu wählen unter der Annahme reiner Zugbeanspruchung in den Schrauben und 65 N/mm^2 zulässiger Spannung?

670 Welche größte Zugkraft F_{max} kann ein durch 4 Nietlöcher von 17 mm Durchmesser im Steg geschwächtes Profil I PE 200 aufnehmen, wenn eine zulässige Spannung von 140 N/mm^2 eingehalten werden muß?

671 Ein Lederflachriemen hat 120 mm Breite und 6 mm Dicke. Er überträgt bei einer Riemengeschwindigkeit von 8 m/s eine Leistung von 7,35 kW.

Wie groß ist die Zugspannung im Riemen?

672 Welche Kraft wirkt in einem Zugstab eines Fachwerkträgers, der aus 2 U 200 besteht, wenn er mit 100 N/mm^2 in Längsrichtung beansprucht wird? Eigengewichtskraft nicht berücksichtigen!

673 Eine Rundgliederkette nach DIN 696 aus St 35 mit 8 mm Nenngliedduchmesser soll eine Last von 5 kN tragen.

Welche Zugspannung tritt dabei in den Kettengliedern auf?

674 Der Zylinder einer Dampfmaschine hat 380 mm Durchmesser. Der Dampfdruck beträgt 20 bar. Der Zylinderdeckel ist mit 16 Schrauben mit metrischem ISO-Gewinde befestigt.

Welches Gewinde ist für eine zulässige Spannung von 60 N/mm^2 zu wählen, wenn wegen der Vorspannung der Schrauben mit der 1,5fachen Betriebskraft gerechnet werden soll? Der Kolbenstangenquerschnitt bleibt unberücksichtigt.

675 Welchen Durchmesser muß ein Glied der Rundgliederkette haben, für die eine zulässige Spannung von 60 N/mm^2 vorgeschrieben ist, damit der mit F = 8 kN belastete Balken in der skizzierten Stellung gehalten wird? Die Abstände betragen l_1 = 1 m, l_2 = 3 m und l_3 = 2 m.

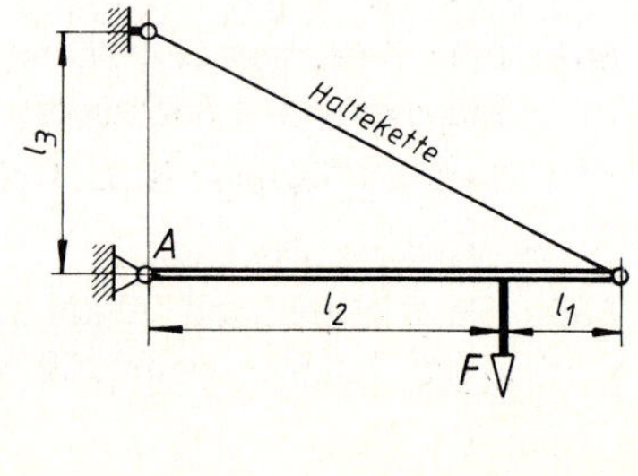

676 Der Zugstab eines Fachwerkträgers besteht aus 2 Winkelprofilen L 80 × 10. Der Querschnitt eines jeden Profiles ist durch zwei Bohrungen von 17 mm Durchmesser geschwächt.

Gesucht ist die größte zulässige Zugkraft F_{max}, die der Stab aufnehmen darf, wenn eine Zugspannung von 140 N/mm^2 nicht überschritten werden soll, und zwar

a) bei ungeschwächtem Querschnitt,
b) unter Berücksichtigung der Bohrungen.

677 Der skizzierte Handbremshebel einer Fahrradfelgenbremse wird mit $F = 50$ N belastet. Die Abmessungen betragen $l_1 = 80$ mm, $l_2 = 25$ mm, $d = 1{,}5$ mm, Winkel $\alpha = 20°$.

Gesucht:

a) die Zugkraft F_z und
b) die Zugspannung im Bowdenzugdraht.

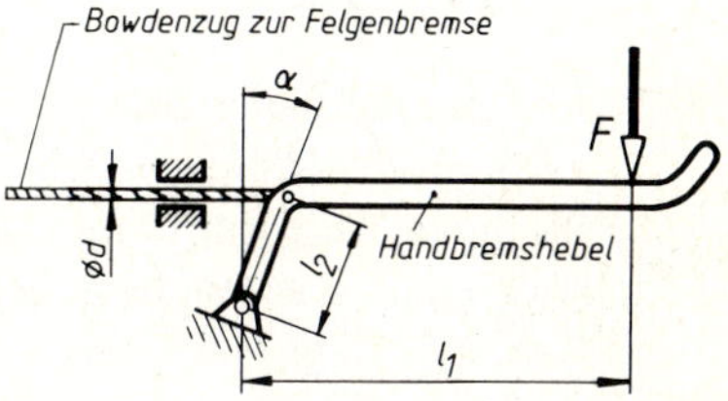

678 Ein Leder-Flachriemen hat eine Zugkraft von 3,2 kN zu übertragen. Die Zugspannung im Riemen darf 2,5 N/mm^2 nicht überschreiten.

Welche Riemenbreite ist bei 8 mm Riemendicke erforderlich?

679 Die gelenkige Laschenverbindung mit einem Bolzendurchmesser $d = 25$ mm hat die Zugkraft $F = 18$ kN zu übertragen.

Es ist die Form des gefährdeten Qurschnittes A–B zu skizzieren und das erforderliche Flachstahlprofil zu bestimmen, wenn ein Seitenverhältnis $b/s = 10$ gefordert wird und eine Spannung von 90 N/mm^2 eingehalten werden soll.

Mit dem gewählten Flachstahlprofil ist der Spannungsnachweis zu führen.

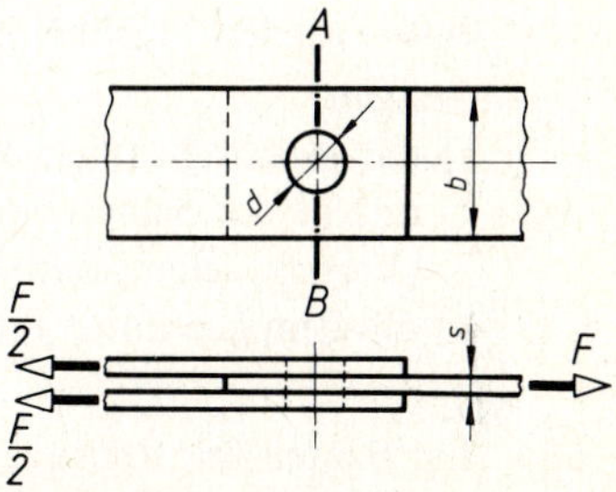

680 Die skizzierte Querkeilverbindung soll die Kraft $F = 14{,}5$ kN übertragen. Abmessungen: $d_1 = 25$ mm, $d_2 = 45$ mm, $b = 6$ mm.

Zu berechnen sind

a) die Spannung im kreisförmigen Zapfenquerschnitt,
b) die Spannung in dem durch Keilloch geschwächten Zapfenquerschnitt,
c) die Spannung im gefährdeten Querschnitt der Hülse.

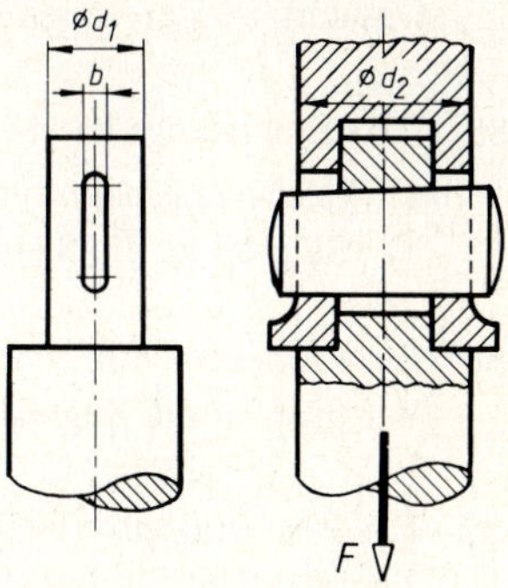

681 Eine Lasche aus Stahl wird durch eine Zugkraft von 16 kN belastet. Die Bohrungen für die Bolzen haben $d = 30$ mm Durchmesser, die zulässige Spannung beträgt 40 N/mm². Die Lasche soll Rechteckquerschnitt mit einem Bauverhältnis $h/s \approx 4$ erhalten.

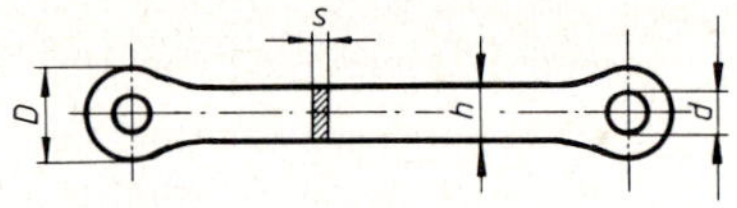

Gesucht:

a) die Laschendicke s,

b) die Laschenhöhe h,

c) der Durchmesser D der Laschenaugen bei gleicher Dicke s.

682 Der Zugstab einer Stahlbaukonstruktion besteht aus zwei gleichschenkligen Winkelstahlprofilen L 45 × 6, die durch Niete von 11 mm Durchmesser (geschlagener Niet!) am Knotenblech befestigt sind. Die Zugbelastung beträgt $F = 85$ kN.

Wie groß ist die Zugspannung im gefährdeten Querschnitt A–B der Winkelprofile?

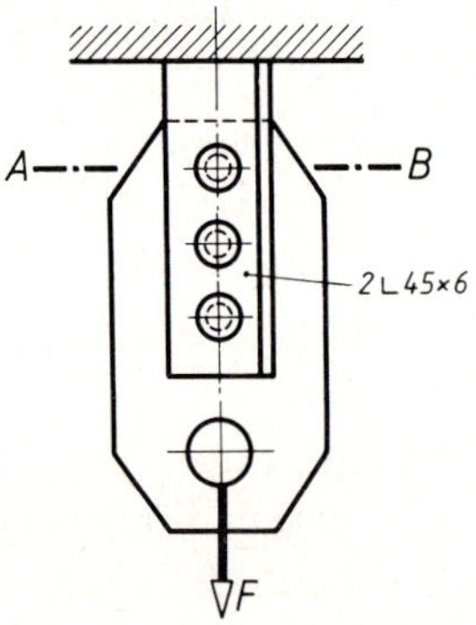

683 Ein Zugstab nach Aufgabe 682 soll durch Niete von 13 mm Durchmesser (geschlagener Niet-Durchmesser) an ein Knotenblech angeschlossen werden und dabei eine Last von 120 kN übertragen. Die zulässige Spannung beträgt 160 N/mm².

Gesucht:

a) das gleichschenklige Winkelprofil unter der Annahme, daß der Nutzquerschnitt infolge der Schwächung durch die Nietlöcher etwa 80 % des Profilwertes beträgt (Verschwächungsverhältnis $v = 0{,}8$),

b) mit dem gewählten Profil der Spannungsnachweis.

684 Ein Bauteil mit Rohrquerschnitt hat einen Außendurchmesser von 20 mm und wird mit einer Zugkraft von 13,5 kN belastet.

Gesucht ist der Innendurchmesser d für eine zulässige Spannung von 80 N/mm².

685 Eine Stahlstange hat 18 mm Durchmesser und trägt eine Zuglast von 20 kN.

a) Welche Zugspannung tritt auf?

b) Wie groß ist die Sicherheit gegen Bruch?

686 Ein Probestab von 20 mm Durchmesser zerreißt bei 153 kN Höchstlast.
Wie groß ist die Zugfestigkeit des Werkstoffes?

687 Ein Flachstahlprofil 120 × 12 DIN 1016 wird durch 150 kN Zugkraft belastet. Die Zugfestigkeit für den gleichen Werkstoff wurde mit 420 N/mm² ermittelt.

Welche Sicherheit gegen Bruch liegt vor?

688 Wie lang müßte ein lotrecht hängender Stahlstab aus St 34 sein, damit er unter der Wirkung seiner Eigengewichtskraft zerreißt?

689 Das Stahlseil eines Förderkorbes darf mit 180 N/mm² auf Zug beansprucht werden. Es hat 320 mm² Nutzquerschnitt und wird 900 Meter tief ausgefahren.

Welche Nutzlast darf das Seil unter Berücksichtigung seiner Eigengewichtskraft tragen?

690 Ein Bremsband *A* soll mit dem Anschlußbügel *B* durch 4 Schrauben verbunden werden, und zwar so, daß allein die Reibung zwischen den beiden Bauteilen die Zugkraft $F = 3{,}5$ kN überträgt. Die Reibzahl wird mit 0,15 angenommen. Die zulässige Zugspannung in den Schrauben sei 80 N/mm². Abmessungen: $b = 60$ mm, $s = 1$ mm.

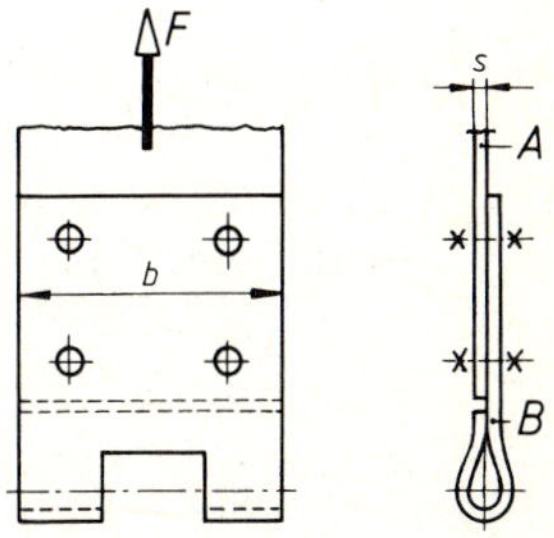

a) Welches metrische ISO-Gewinde ist für die Schrauben zu wählen?

b) Wie groß ist die Zugspannung im gefährdeten Querschnitt des Bremsbandes?

691 Zwei Flachstähle sollen überlappt durch zwei in Zugrichtung hintereinander liegende Schrauben verbunden werden. Dabei soll ausschließlich die Reibung zwischen den Stäben die Zugkraft von 5 kN übertragen. Die Reibzahl beträgt 0,15.

Gesucht:

a) die Kraft, die eine Schraube aufbringen muß, um die erforderliche Reibkraft zu erzeugen,

b) das erforderliche metrische ISO-Gewinde für eine zulässige Spannung von 60 N/mm²,

c) die Querschnittsmaße der Flachstähle für die gleiche zulässige Zugspannung und ein Bauverhältnis von $b/s \approx 6$.

692 Die beiden Gelenkstäbe S_1 und S_2 mit dem Durchmesser $d = 16$ mm liegen nach Skizze unter den Winkeln $\alpha = 25°$ und $\beta = 2\alpha$. Sie tragen im Knotenpunkt eine Last $F = 20$ kN.

Wie groß sind die Spannungen in den Gelenkstäben S_1 und S_2?

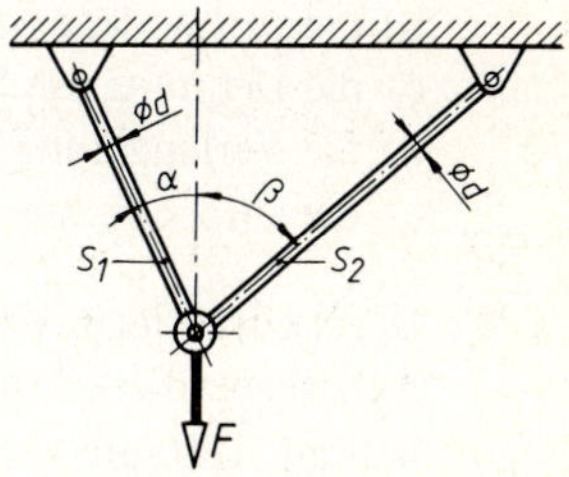

693 Ein Kranhubwerk mit einer Tragkraft von 100 kN hat einen Lasthaken nach DIN 687 mit 72 mm Schaftdurchmesser und einem Traggewinde M68 (Spannungsquerschnitt $A_S = 3060$ mm²).

Für die höchste zulässige Betriebslast sind zu bestimmen:

a) die Zugspannung im Schaft,

b) die Zugspannung im Spannungsquerschnitt A_S.

694 Ein geschliffener Stahlstab von 8 mm Durchmesser aus St 50 hat eine Querbohrung von 2 mm. Die Kerbwirkungszahl ergab sich zu 2,8. Der Stab wird schwellend auf Zug beansprucht.

Mit den Angaben nach Abschnitt 5.12.4.2 im Lehrbuch sollen ermittelt werden:

a) die zulässige Spannung für eine 1,5fache Sicherheit gegen Dauerbruch,

b) die höchste Zugkraft F_{max}, die der gefährdete Querschnitt aufnehmen kann.

Hookesches Gesetz

Lösungshinweis: Bei allen Berechnungen von Maschinenteilen, bei denen als Werkstoff Stahl angegeben ist, kann der Elastizitätsmodul $E = 2{,}1 \cdot 10^5$ N/mm² als gegebene Größe betrachtet werden.

696 Ein Stahldraht von 120 mm Länge und 0,8 mm Durchmesser trägt eine Zuglast von 60 N.

Gesucht:

a) die vorhandene Zugspannung,

b) die Dehnung des Drahtes in Prozent,

c) die elastische Verlängerung.

697 Im Querschnitt einer Zugstange aus St 60 von 6 m Länge wirkt eine Spannung von 100 N/mm².

Gesucht ist die elastische Verlängerung der Stange.

698 Ein senkrecht hängender Stahlstab von 6 m Länge wird mit einer Zugkraft von 40 kN belastet. Die zulässige Spannung beträgt 100 N/mm².

Gesucht:

a) der Durchmesser des erforderlichen Kreisquerschnittes (auf volle 10 mm erhöhen),

b) die vorhandene Spannung bei Berücksichtigung der Eigengewichtskraft,

c) die Dehnung des Stabes in Prozent,

d) die Verlängerung des Stabes,

e) die aufgenommene Formänderungsarbeit.

699 Der Leder-Flachriemen des skizzierten Riemengetriebes wird gespannt, indem der Achsabstand $l = 2$ m um $\Delta l = 80$ mm vergrößert wird. Der Querschnitt des Riemens beträgt 100 mm × 5 mm, der E-Modul für Leder $E = 60$ N/mm² und der Durchmesser der Scheiben $d = 0{,}6$ m.

Gesucht:

a) die Dehnung des Riemens,

b) die Zugspannung im Riemen,

c) die Spannkraft im Riemen.

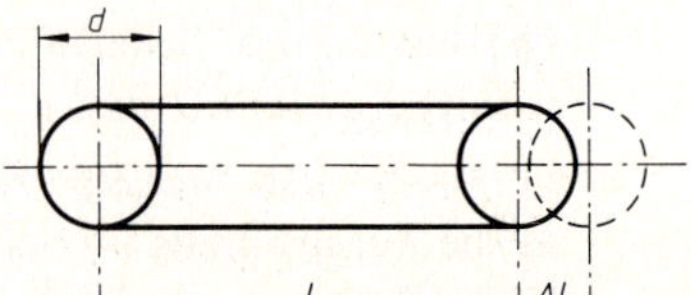

700 Ein runder Gummipuffer wird nach Skizze mit $F = 500$ N belastet und dabei von $l_0 = 30$ mm auf $l_1 = 25$ mm elastisch zusammengedrückt. Der E-Modul für Gummi sei 5 N/mm^2.

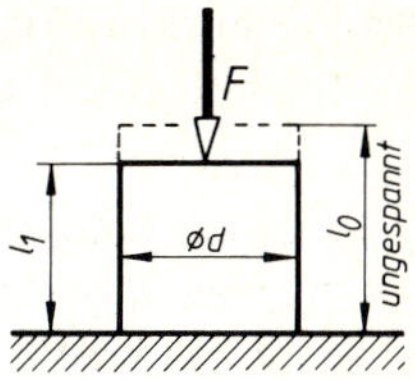

Gesucht:
a) die Druckspannung im Puffer,
b) der erforderliche Pufferdurchmesser d,
c) die vom Puffer aufgenommene Formänderungsarbeit.

701 Mit Hilfe von Dehnungsmeßstreifen wird an einem Zugstab einer Brückenkonstruktion bei größter Verkehrsbelastung eine Verlängerung von 6 mm festgestellt. Der Stab besteht aus 2 U 200 Profilen und hat eine Spannlänge von 9,2 m.

Gesucht:
a) die im Stab auftretende Zugspannung,
b) die maximale Belastung des Stabes infolge der Verkehrslasten.

702 Ein Probestab aus Stahl hat 400 mm Länge. Bei einer Belastung von 40 kN stellt sich eine Verlängerung von 0,25 mm ein.

Aus diesen Meßwerten soll berechnet werden:
a) die Zugspannung im Probestab,
b) die Dehnung des Stabes.

703 Ein Stahldraht von 0,2 mm^2 Querschnitt und 2 m Länge wird durch Zugbelastung um 4 mm verlängert.

Gesucht:
a) die Dehnung des Drahtes,
b) die vorhandene Zugspannung,
c) die Zugbelastung des Drahtes.

704 An einem Stahldraht von 0,4 mm^2 Querschnitt und 800 mm Länge wirkt eine Zugkraft von 50 N.

Gesucht:
a) die vorhandene Zugspannung,
b) die elastische Verlängerung.

705 Eine Zugstange aus Stahl hat 8 m Länge und 12 mm Durchmesser.

Welche Spannung wirkt im Querschnitt und welche Verlängerung stellt sich ein, wenn eine Zugkraft von 10 kN wirkt?

706 Ein Spannstab aus Stahl hat 8 m Länge und 50 mm Durchmesser. Er wird mit einer gleichmäßig über dem Querschnitt verteilten Zugspannung von 140 N/mm^2 beansprucht.

Gesucht:
a) die am Stab wirkende Zugkraft,
b) die Dehnung des Stabes in %,
c) die Verlängerung des Stabes,
d) die vom Stab aufgenommene Formänderungsarbeit.

707 Eine Weichgummischnur von 600 mm Länge und 2 mm² Querschnitt wird durch eine Zugkraft von 5 N auf 1000 mm verlängert.

Gesucht:

a) die Dehnung in %,

b) die Zugspannung im Querschnitt,

c) der Elastizitätsmodul des Werkstoffes.

708 Ein Gummiseil von 5 m ungespannter Länge soll bei 1 kN Belastung auf 6 m verlängert werden. E-Modul = 8 N/mm².

Gesucht:

a) die Zugspannung im Seil,

b) der Seildurchmesser,

c) die vom Seil aufgenommene Formänderungsarbeit.

709 Ein Stahlseil nach DIN 655 mit 86 Einzeldrähten von 1,2 mm Durchmesser und 1600 N/mm² Zugfestigkeit wird durch eine Kraft F auf Zug beansprucht.

a) Wie groß darf die Kraft F höchstens sein, wenn eine 6fache Sicherheit gegen Bruch erwartet wird?

b) Wie groß ist die elastische Verlängerung bei 22 m Länge?

710 Eine Stahlstange von 16 mm Durchmesser und 80 m Länge hängt frei herab und wird am unteren Ende mit 22 kN belastet.

a) Wie groß sind die Spannungen am unteren und am oberen Ende?

b) Wie groß ist die Verlängerung?

711 Der Dreiecksverband eines Fachwerkes wird mit $F = 65$ kN belastet. Der Zugstab soll aus zwei gleichschenkligen Winkelprofilen nach DIN 1028 hergestellt werden.

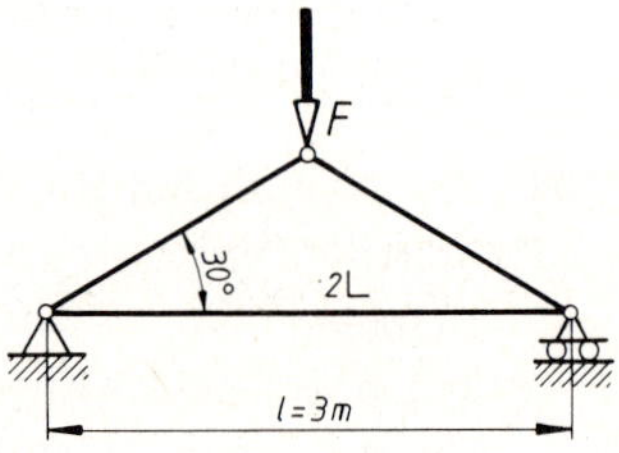

Gesucht:

a) die vom Zugstab aufzunehmende Kraft,

b) das erforderliche Winkelprofil für eine zulässige Spannung von 120 N/mm², wenn für die Nietlöcher eine Querschnittsminderung von etwa 20 % zu erwarten ist,

c) die vorhandene Spannung, wenn jedes Profil durch ein Nietloch von 11 mm Durchmesser geschwächt wird,

d) die elastische Verlängerung des Zugstabes.

712 Drei Gelenkstäbe S_1, S_2 und S_3 aus Stahl mit $d = 20$ mm Durchmesser tragen nach Skizze eine Last $F = 40$ kN. Der Winkel α beträgt 30°.

Welche Spannungen treten in den drei Zugstäben auf?

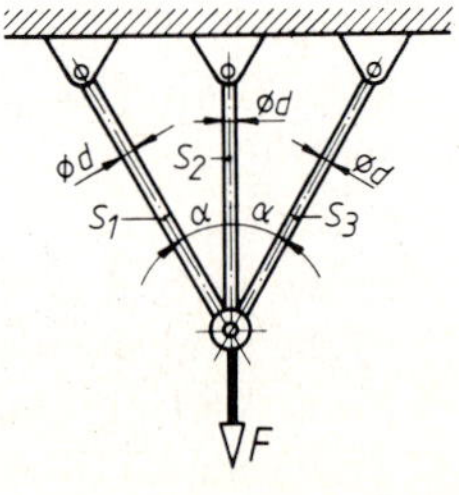

713 Zwischen zwei Gebäuden liegt frei eine wasserführende Rohrleitung, die durch zwei Strahltrossen in der Mitte zwischen den Gebäuden abgefangen werden soll. Der lichte Durchmesser der Rohrleitung beträgt 100 mm, die Gewichtskraft je Meter Rohrleitung 94,6 N. Für die Isolierung des Rohres werden 10 % des Gesamtgewichts angenommen. Die Berechnung ist auf 10 m Rohrlänge zu beziehen. Die Abmessungen betragen $l = 10$ m, $l_1 = 1$ m, $l_2 = 3{,}5$ m.

Gesucht:

a) die Anzahl n der Stahldrähte von 1 mm Durchmesser, wenn darin eine Spannung von 100 N/mm² nicht überschritten werden soll,

b) die ungefähre Senkung Δl_1 des Rohres infolge der elastischen Verlängerung der Trossen bei Belastung.

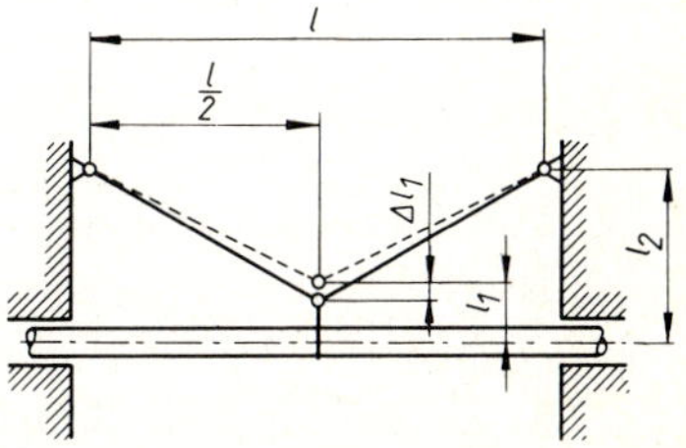

Beanspruchung auf Druck und Flächenpressung

714 Der skizzierte Träger wirkt mit der Kraft $F = 160$ kN über eine quadratische Auflagerplatte auf das Fundament. Die zulässige Flächenpressung beträgt 4 N/mm².

Gesucht ist die Seitenlänge a der Auflagerplatte.

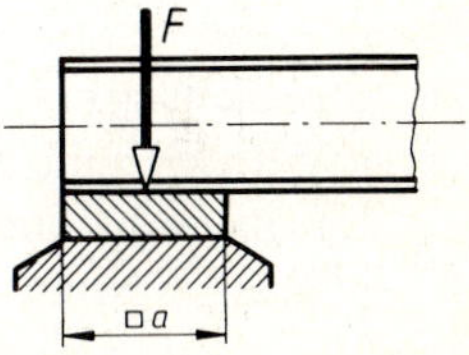

715 Der Gleitschuh einer Großkraftmaschine wird mit einer Normalkraft von 200 kN auf die Gleitbahn gedrückt. Die zulässige Flächenpressung beträgt 1,2 N/mm² und das Bauverhältnis für die rechteckige Gleitfläche $l/b \approx 1{,}6$.

Gesucht sind die Abmessungen l und b des Gleitschuhs.

716 Ein Gleitlager soll die Radialkraft $F = 12{,}5$ kN aufnehmen. Die zulässige Flächenpressung beträgt 10 N/mm² und das Bauverhältnis $l/d \approx 1{,}6$.

Gesucht sind die Länge l und der Durchmesser d des Zapfens.

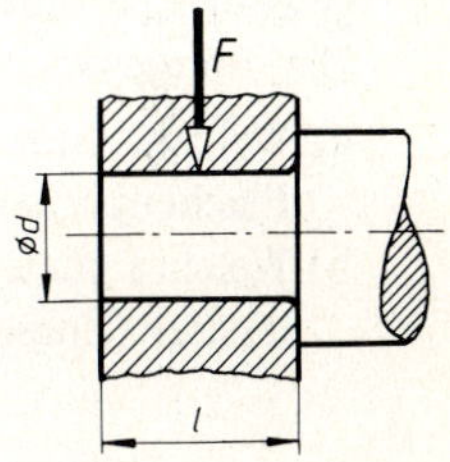

717 Die skizzierte Lagerung einer Seilrolle wird mit $F = 18$ kN belastet. Der Bolzendurchmesser wurde vom Konstrukteur mit $d = 30$ mm angenommen, die Blechdicke beträgt $s = 6$ mm.

Gesucht:

a) die Traglänge l des Rollenbolzens für eine zulässige Flächenpressung von 10 N/mm²,

b) die Flächenpressung zwischen Rollenbolzen und Lagerblech.

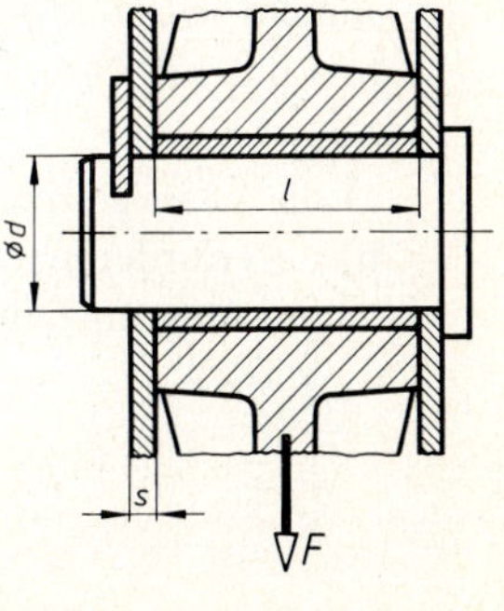

718 Der skizzierte Wellenzapfen mit $d = 40$ mm Durchmesser stützt sich mit seiner Schulter auf der Lagerstirnseite ab, die Kraft F beträgt 8 kN.

Gesucht ist der erforderliche Durchmesser D, wenn die Flächenpressung zwischen Lager und Zapfenschulter 6 N/mm² nicht überschreiten soll.

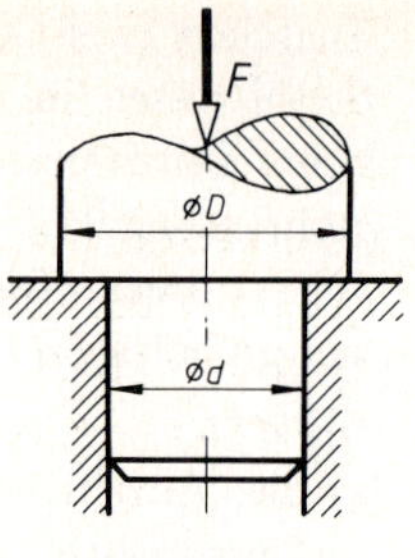

719 Ein Zugbolzen wird mit $F = 30$ kN nach Skizze belastet.

Gesucht:

a) der erforderliche Bolzendurchmesser d, wenn die Zugspannung 80 N/mm² einzuhalten ist,

b) der erforderliche Kopfdurchmesser D, wenn die Flächenpressung zwischen Kopf und Auflage 60 N/mm² nicht überschreiten soll.

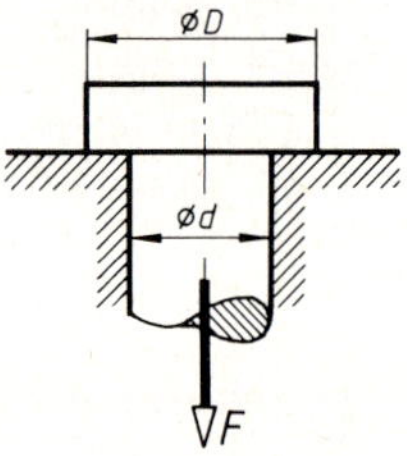

720 Ein Gleitlager wird nach Skizze mit der Radialkraft $F_r = 16$ kN und der Axialkraft $F_a = 7{,}5$ kN belastet. Das Bauverhältnis l/d soll 1,2 sein. Zulässige Flächenpressung 6 N/mm².

Gesucht sind d, D, l.

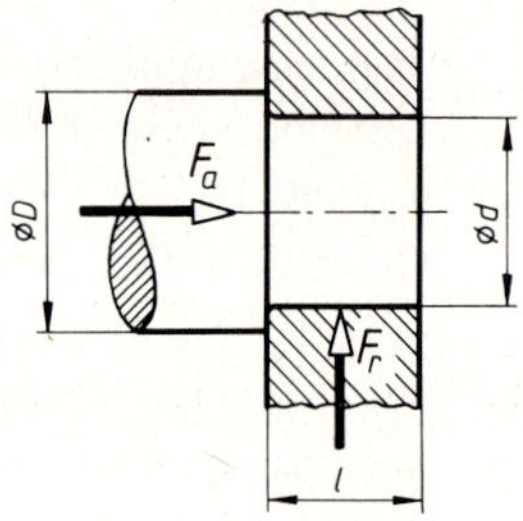

721 Die Nabe eines Rades wird mit Hilfe des Befestigungsgewindes auf den kegeligen Wellenstumpf gezogen. Die Abmessungen betragen: $D = 60$ mm, $d = 44$ mm.

a) Welche Anzugkraft F_a ist zulässig, wenn die Flächenpressung höchstens 50 N/mm² sein soll?

b) Welches metrische ISO-Gewinde ist bei einer zulässigen Zugspannung von 80 N/mm² zu wählen?

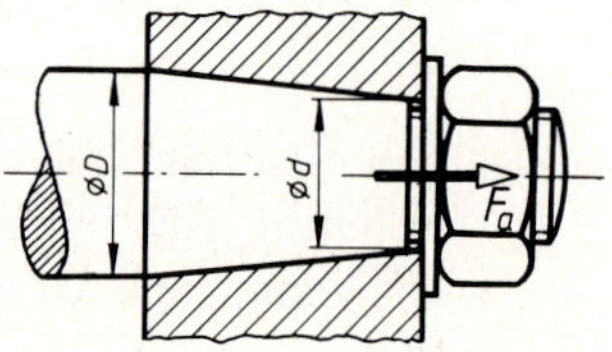

722 Die skizzierte Trapezgewindespindel ist zugbeansprucht. Die zulässige Zugspannung hat der Konstrukteur mit 120 N/mm² angenommen.

Gesucht:

a) die zulässige Höchstlast für die Spindel,

b) die erforderliche Mutterhöhe m, wenn die Flächenpressung im Gewinde 30 N/mm² nicht überschreiten soll.

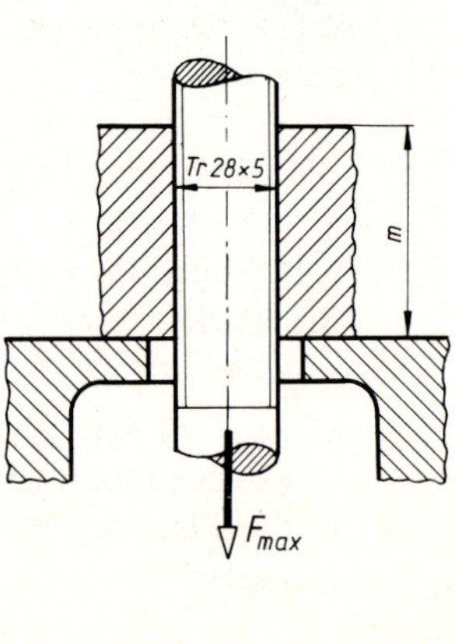

723 Eine Zugspindel mit metrischem ISO-Trapezgewinde hat über eine Mutter in Längsrichtung eine Zugkraft von 36 kN zu übertragen.

Gesucht:

a) das erforderliche Trapezgewinde, wenn eine zulässige Zugspannung von 100 N/mm² vorgeschrieben ist,
b) die erforderliche Mutterhöhe m, wenn die zulässige Flächenpressung 12 N/mm² beträgt (Werkstoff: Bronze).

724 Die Druckspindel einer Spindelpresse mit metrischem ISO-Trapezgewinde Tr 70 × 10 wird durch eine Druckkraft von 100 kN belastet.

Gesucht:

a) die Druckspannung im Kernquerschnitt der Spindel,
b) die erforderliche Mutterhöhe m, wenn die Flächenpressung in den Gewindegängen 10 N/mm² nicht überschreiten darf.

725 Eine Schraubenspindel mit metrischem ISO-Trapezgewinde soll 200 kN Zugkraft übertragen. Sie besteht aus Werkstoff St 60. Die zulässige Zugspannung soll 4fache Sicherheit gegen Bruch gewährleisten. Die Flächenpressung im Gewinde darf 8 N/mm² nicht überschreiten.

a) Welches Trapezgewinde ist nötig?
b) Welche Mutterhöhe ist erforderlich?

726 Eine Schraube M 20 mit metrischem ISO-Gewinde wird auf Zug beansprucht.

Gesucht:

a) die höchste Zuglast für die Schraube bei einer zulässigen Spannung von 45 N/mm²,
b) die Flächenpressung im Gewinde, wenn die Mutterhöhe $m = 0{,}8\,d$ sein soll.

727 Die skizzierte Kegelkupplung hat ein Drehmoment von 110 Nm zu übertragen. Maße: $d = 400$ mm, $b = 30$ mm, $\alpha = 15°$.

Bestimmt werden sollen die erforderliche Anpreßkraft der Feder und die Flächenpressung zwischen den Reibflächen. Die Reibzahl wird mit 0,1 angenommen.

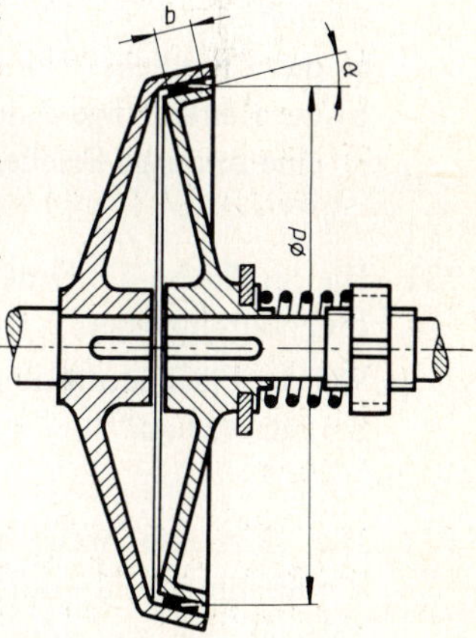

728 Die Schraubenfeder eines Personenkraftwagens muß zur Montage in der skizzierten Vorrichtung gespannt werden. Bei einer Länge $l = 350$ mm zwischen den beiden Muttern ist die Feder so gespannt, daß sie eine Federkraft von 5 kN erzeugt.

a) Welches metrische ISO-Gewinde ist für die Spindel erforderlich, wenn 80 N/mm² Zugspannung nicht überschritten werden sollen?
b) Wie groß ist etwa die elastische Verlängerung der Spindel?
c) Wie groß muß der Durchmesser d für die Mutterauflage bei einer zulässigen Flächenpressung von 5 N/mm² gemacht werden?
d) Wie groß muß die Mutterhöhe m für die gleiche Flächenpressung werden?

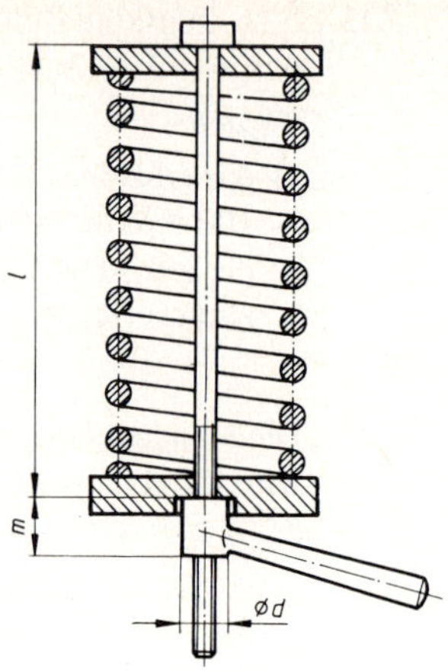

729 Eine Hohlsäule aus GG mit einer Höhe von $h = 6$ m und einem Außendurchmesser $d_a = 200$ mm wird durch die Kraft $F = 320$ kN belastet.

Gesucht:

a) der Innendurchmesser d_i der Säule für eine zulässige Spannung von 80 N/mm²,
b) der Fußdurchmesser d_f für eine zulässige Flächenpressung von 2,5 N/mm² unter Berücksichtigung der Gewichtskraft der Säule ohne Säulenfuß.

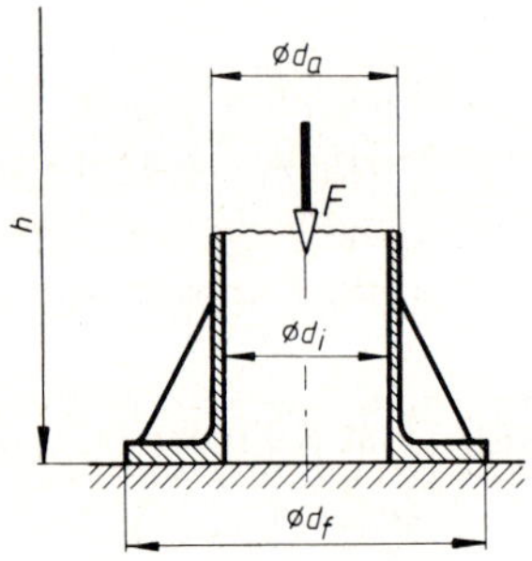

730 Eine hohle gußeiserne Säule mit Kreisringquerschnitt trägt eine Last von 1500 kN. Ihr Außendurchmesser beträgt 400 mm.

Gesucht:

a) die Wanddicke s für eine zulässige Spannung von 65 N/mm²,
b) die Kantenlänge a des vollen quadratischen Säulenfußes, wenn für den Baugrund eine zulässige Flächenpressung von 4 N/mm² vorgeschrieben ist.

731 Die Sitzfläche des Druckventiles einer Wasserpumpe hat 80 mm Außen- und 65 mm Innendurchmesser.

Welche Flächenpressung tritt im Ventilsitz auf, wenn die Pumpe einen Druck von 8,5 bar erzeugt?

732 Die skizzierte Welle mit dem Zapfendurchmesser $d = 80$ mm wird durch die Axialkraft $F = 5$ kN belastet. Sie soll von dem Bund bei einer Flächenpressung von 2,5 N/mm² aufgenommen werden. Gesucht ist der Bunddurchmesser D.

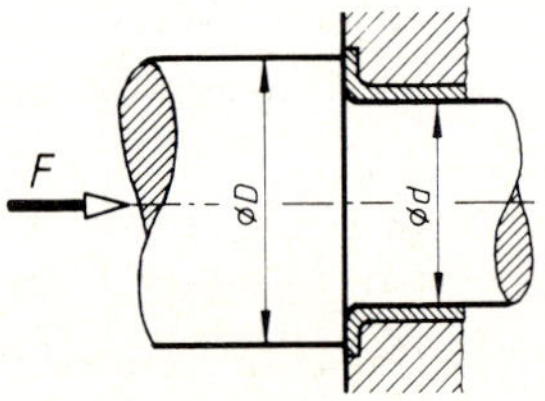

733 Eine senkrecht stehende Welle trägt die Axiallast $F = 10$ kN und ist durch einen Vollspurzapfen mit ebener Spurplatte gelagert.

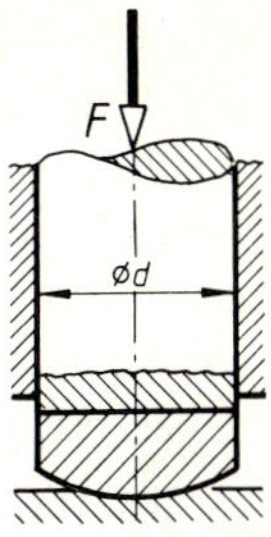

Gesucht:

a) der erforderliche Zapfendurchmesser d für eine mittlere Flächenpressung von 5 N/mm²,
b) die Druckspannung in der Welle bei gleichem Durchmesser.

734 Die senkrecht stehende Welle wird durch die Axiallast $F = 20$ kN belastet und in einem Ringspurlager abgestützt.

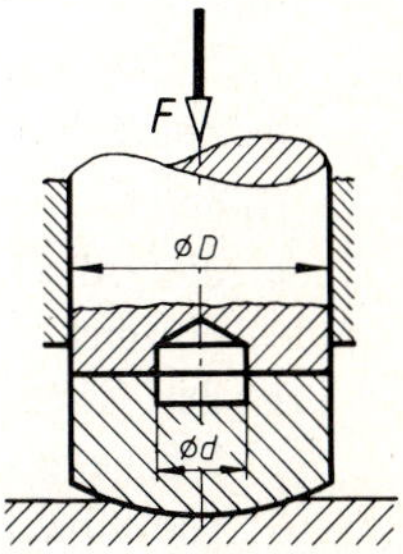

Gesucht:

a) die Maße D und d der Ringspurplatte für eine zulässige mittlere Flächenpressung von 2,5 N/mm² und ein Durchmesserverhältnis $D/d = 2{,}8$,
b) die Druckspannung in der Welle.

735 Eine Stütze besteht aus 2 Profilen U 140 und wird mit einer Kraft von 48 kN in Längsrichtung belastet. Der gefährdete Querschnitt ist durch 2 Nietlöcher von 17 mm Durchmesser im Steg eines jeden Profils geschwächt.

Gesucht ist die höchste auftretende Druckspannung in der Stütze.

736 Eine Welle von 70 mm Durchmesser hat eine Axialkraft $F = 12$ kN zu übertragen. Das Kammlager soll eine Ringbreite $b = 0{,}15\,d$ haben, die zulässige mittlere Flächenpressung beträgt 1,5 N/mm².

Gesucht ist die Anzahl z der Kämme.

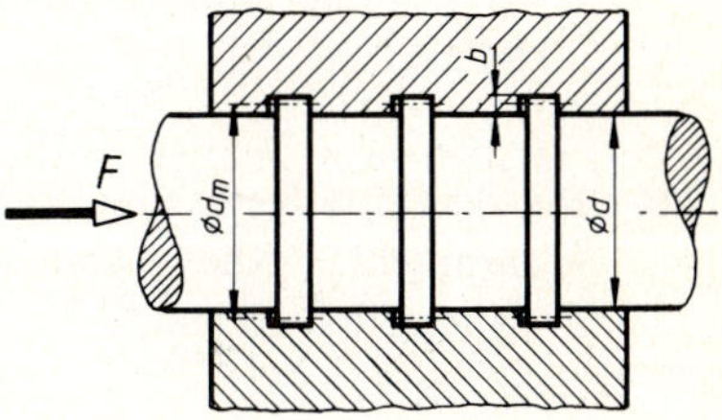

Beanspruchung auf Abscheren

738 In 2 mm dickes Stahlblech mit einer Abscherfestigkeit von 310 N/mm² sollen Löcher von 30 mm Durchmesser gestanzt werden.

Gesucht ist die erforderliche Stanzkraft.

739 Die zulässige Druckspannung eines Lochstempels beträgt 600 N/mm² und die Abscherfestigkeit des Blechwerkstoffes 390 N/mm². Es sollen Löcher von 25 mm Durchmesser gestanzt werden.

Gesucht ist die größte Blechdicke, die gestanzt werden darf.

740 In ein Blech aus St 50 von 6 mm Dicke werden Vierkantlöcher mit 20 mm Kantenlänge gestanzt.

Gesucht ist die erforderliche Mindestdruckkraft im Stempel für eine Abscherfestigkeit des Blechwerkstoffes von 425 N/mm².

741 Der skizzierte Lochstempel hat $d = 30$ mm Durchmesser, die zulässige Druckspannung des Stempelwerkstoffes beträgt 600 N/mm^2.

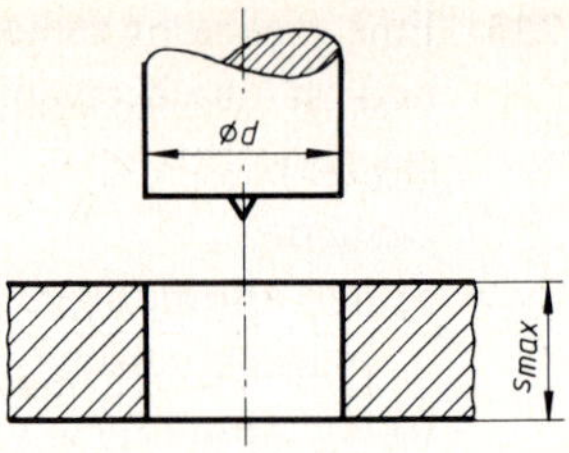

Gesucht:

a) die höchste zulässige Druckkraft im Stempel,
b) die größte Blechdicke s_{max}, die damit bei Werkstoff St 37 noch gelocht werden kann.

742 Ein Zugbolzen mit $d = 20$ mm Durchmesser wird mit einer Zugspannung von 80 N/mm^2 beansprucht. Die Kopfhöhe beträgt $k = 0{,}7\,d$.

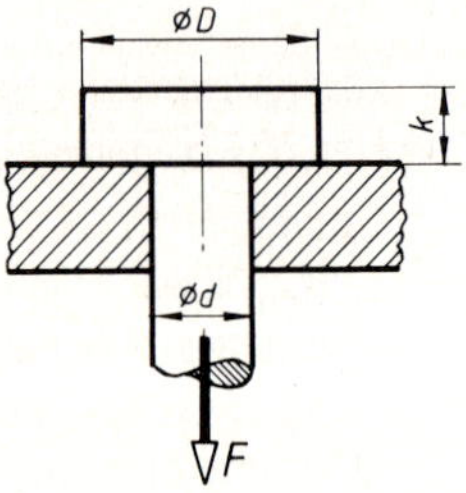

Gesucht:

a) die Abscherspannung im Kopf des Zugbolzens,
b) der Kopfdurchmesser D für eine zulässige Flächenpressung zwischen Kopf und Auflage von 20 N/mm^2.

743 Das skizzierte Stangengelenk wird durch die Kraft $F = 1{,}9$ kN belastet.

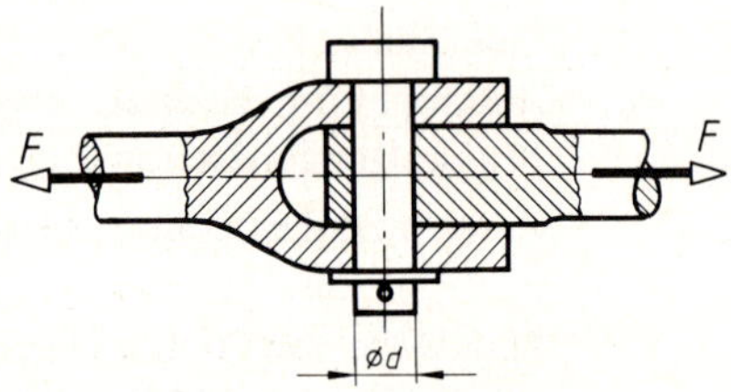

Gesucht ist der erforderliche Bolzendurchmesser d für eine zulässige Abscherspannung von 60 N/mm^2.

744 Die skizzierte Kette wird mit $F = 7$ kN auf Zug beansprucht. Die Abmessungen betragen $d = 4$ mm, $b = 10$ mm, $s = 1{,}5$ mm.

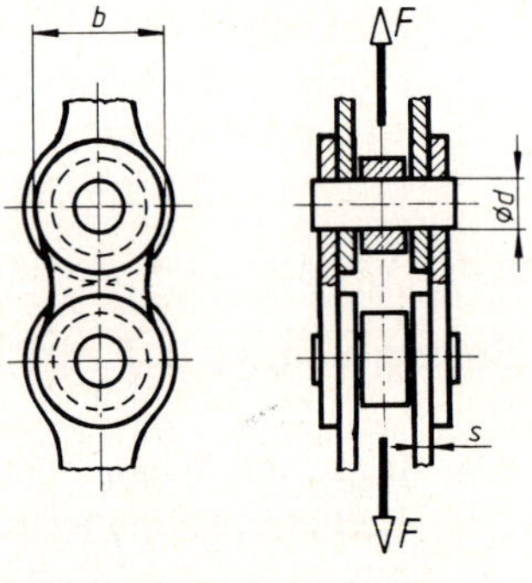

Gesucht:

a) die Zugspannung im gefährdeten Laschenquerschnitt,
b) die Abscherspannung in den Bolzen,
c) der Lochleibungsdruck zwischen Bolzen und Lasche.

745 Die Glieder einer Fahrradkette haben die Abmessungen $d = 3{,}5$ mm, $s = 0{,}8$ mm und $b = 5$ mm. Wir wollen annehmen, daß sich ein gewichtiger Radfahrer mit seiner Gewichtskraft von 1 kN auf ein Pedal stellt. Der Kurbelradius sei 160 mm, das Kettenrad habe einen Teilkreisdurchmesser von 90 mm.

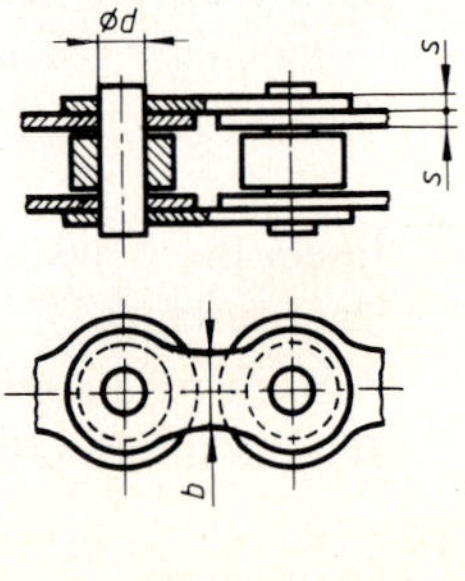

Gesucht:

a) die Zugkraft F_z in der Kette,
b) die Zugspannung im gefährdeten Querschnitt der Laschen,
c) die Flächenpressung zwischen Bolzen und Laschen,
d) die Abscherspannung im Bolzen.

746 Eine Winkelschere soll Winkelstahlprofil bis 60 × 6 schneiden.

Gesucht ist die ungefähre Stempelkraft F, wenn die Abscherfestigkeit des Profilstahles etwa 450 N/mm² beträgt.

747 Die skizzierte Strebenverbindung eines Streckbalkens durch einfachen Versatz wird durch die Strebenkraft $F = 20$ kN belastet. Die Winkel betragen $\alpha = 30°$ und $\beta = 15°$.

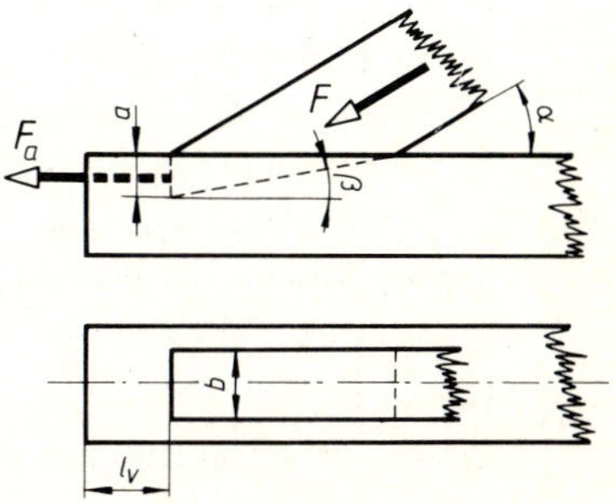

Gesucht:

a) die Vorholzlänge l_v für eine Einschnittiefe $a = 40$ mm und eine Strebenbreite $b = 120$ mm bei einer zulässigen Abscherspannung von 1 N/mm²,

b) die Fugenpressung der Stirnfläche $a \cdot b$.

748 Die skizzierte Keilverbindung ist für die Kraft $F = 13$ kN zu dimensionieren.

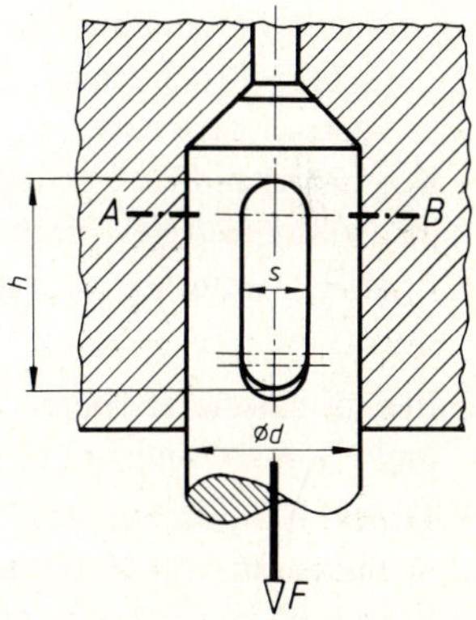

Gesucht:

a) die Keilabmessungen s und h, wenn das Bauverhältnis $h/s \approx 3$ einzuhalten ist und die Abscherspannung 30 N/mm² nicht überschreiten soll,

b) der Stangendurchmesser d, wenn die Flächenpressung im Keilloch gleich der Zugspannung im gefährdeten Querschnitt A–B sein soll.

749 Seiltrommel und Stirnrad einer Bauwinde sind durch Schrauben miteinander verbunden. Die Schrauben stecken in Scherhülsen, die die Umfangskraft allein aufnehmen sollen. Die Seilkraft beträgt $F = 20$ kN, die Durchmesser sind $d_1 = 450$ mm und $d_2 = 350$ mm.

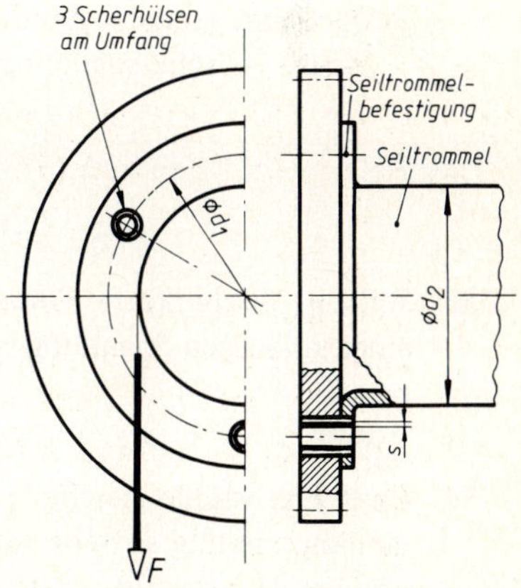

Gesucht ist die Wanddicke s der drei Scherhülsen für eine Abscherspannung von 50 N/mm², wenn der Innendurchmesser der Hülsen mit 12 mm angenommen wird.

750 Zwei Messingbleche sind überlappt nach Skizze hart aufeinander gelötet. Die Lötfläche hat die Maße $b = 5$ mm, $l = 18$ mm. Die zulässige Abscherspannung für das Hartlot soll 70 N/mm² betragen.

Gesucht:

a) die höchstzulässige Kraft F,

b) die erforderliche Lötbreite b, wenn die Lötverbindung ebenso zerreißfest sein soll, wie das Blech selbst. Die Schubfestigkeit des Kupferhartlotes sei 140 N/mm², die Zugfestigkeit des Bleches 410 N/mm², die Blechdicke $s = 2$ mm.

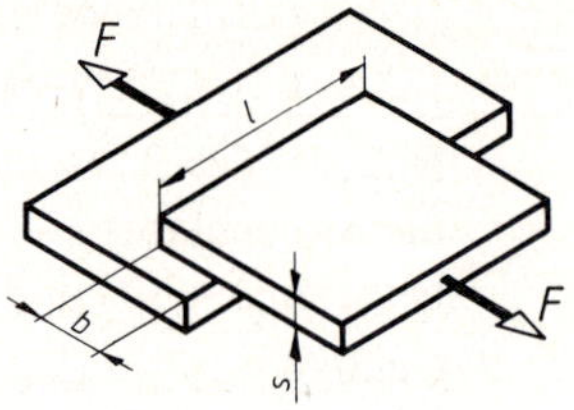

751 Die einschnittige Nietverbindung hat mit 2 Nieten eine Zugkraft $F = 30$ kN aufzunehmen.

Gesucht:

a) der Nietdurchmesser d_1 des geschlagenen Nietes (= Lochdurchmesser), wenn eine zulässige Abscherspannung von 140 N/mm² vorgeschrieben ist,

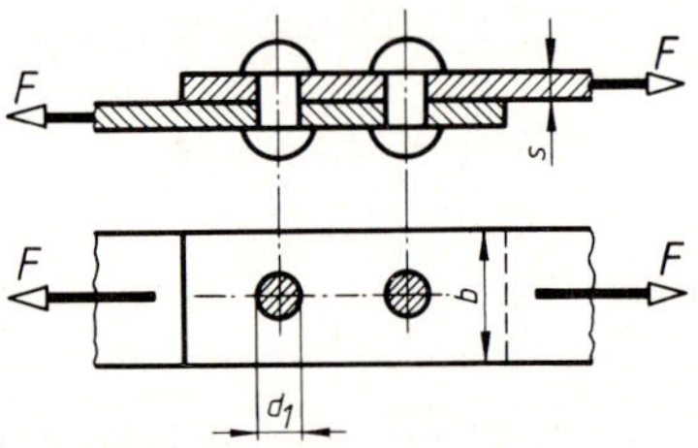

b) der vorhandene Lochleibungsdruck bei $s = 8$ mm,

c) die Breite b der Flachstähle (ohne Berücksichtigung des außermittigen Kraftangriffs), wenn die zulässige Spannung 140 N/mm² eingehalten werden muß.

752 Für die skizzierte Nietverbindung mit $s = 8$ mm und $F = 8$ kN sind zu bestimmen:

a) der Nietdurchmesser d_1 für eine zulässige Spannung von 40 N/mm²,

b) der Lochleibungsdruck zwischen Nietschaft und Lochwand,

c) der Mindestrandabstand a für die gleiche zulässige Abscherspannung in den Zugstäben.

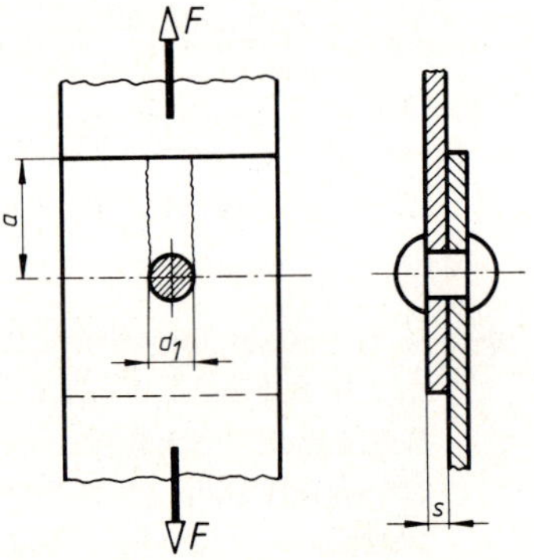

753 Welche Abscherkraft F kann ein Niet von 17 mm geschlagenem Durchmesser bei einer zulässigen Spannung von 120 N/mm² und zweischnittiger Verbindung aufnehmen?

754 Zwei Flachstähle gleicher Dicke s und Breite b sollen durch eine einschnittige Überlappungsnietung so verbunden werden, daß sie eine Zugkraft von 23 kN übertragen können. Dabei sollen 2 Niete hintereinander liegen. Das Bauverhältnis für den Flachstahlquerschnitt soll $b/s = 6$ betragen, die zulässigen Spannungen für Zug 120 N/mm², für Abscheren 80 N/mm².

Gesucht:
a) der Nietdurchmesser d,
b) die Flachstahlmaße b und s,
c) der Lochleibungsdruck,
d) die vorhandene Abscherspannung im geschlagenen Niet,
e) die vorhandene Zugspannung im gewählten Flachstahlquerschnitt.

755 Die skizzierte Nietverbindung soll die Kraft $F = 40\,\mathrm{kN}$ übertragen. Abmessungen: $s_1 = 6$ mm, $s_2 = 4$ mm, $d_1 = 11$ mm, $b = 60$ mm.

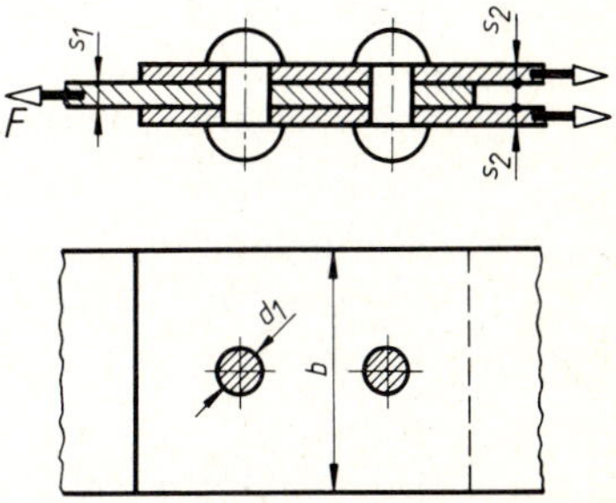

Gesucht:
a) die Abscherspannung im Niet,
b) der größte Lochleibungsdruck,
c) die Zugspannung im gefährdeten Flachstahlquerschnitt.

756 Die skizzierte Nietverbindung hat die folgenden Abmessungen: $s_1 = 12$ mm, $s_2 = 8$ mm, $d_1 = 21$ mm, $b = 50$ mm.

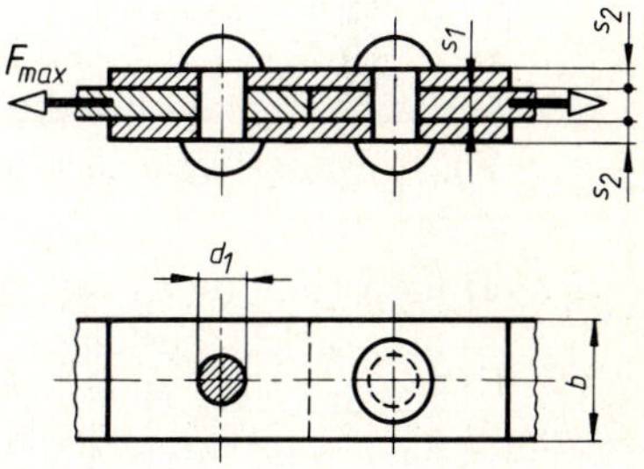

Welche maximale Zugkraft kann übertragen werden, wenn folgende zulässige Spannungen nicht überschritten werden dürfen:
für Zug 140 N/mm²,
für Abscheren 100 N/mm²,
für Lochleibungsdruck 240 N/mm²?

757 Die skizzierte Nietverbindung hat die Maße $s_1 = 8$ mm, $s_2 = 6$ mm, $d_1 = 17$ mm (Durchmesser des geschlagenen Nietes = Lochdurchmesser). Die Verbindung wird mit $F = 80$ kN belastet.

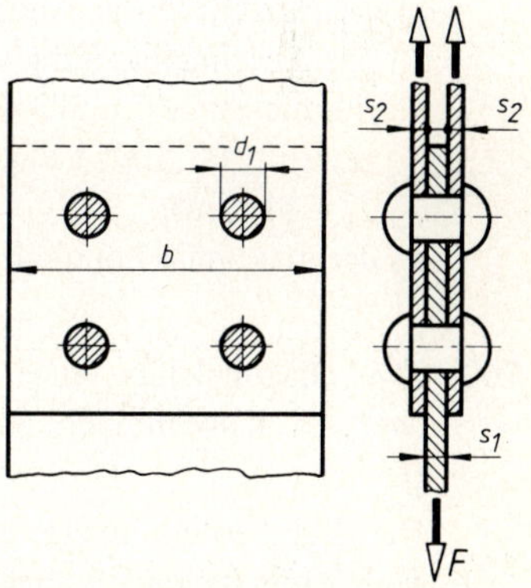

Gesucht:
a) die Abscherspannung im Niet,
b) der größte Lochleibungsdruck,
c) die erforderliche Flachstahlbreite b für eine zulässige Spannung von 120 N/mm².

758 Die einreihige Doppellaschennietung ist zu berechnen für eine Belastung von 120 kN und mit

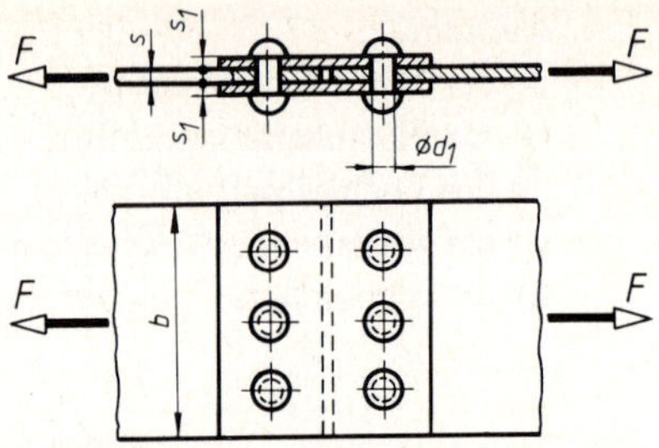

σ_{zul} = 140 N/mm²
τ_{zul} = 110 N/mm²
$\sigma_{l\,zul}$ = 280 N/mm².

Gewählt wurden d_1 = 17 mm, s = 8 mm, s_1 = 6 mm.

Gesucht:

a) der erforderliche Flachstahlquerschnitt unter der Annahme, daß etwa 25 % Querschnitt für Nietlöcher verloren gehen (Verschwächungsverhältnis $v = 0{,}75$),
b) die erforderliche Flachstahlbreite b,
c) die Anzahl n_a der Niete unter Berücksichtigung der zulässigen Abscherspannung,
d) die Anzahl n_l der Niete unter Berücksichtigung des zulässigen Lochleibungsdruckes,
e) die tatsächliche Zugspannung im gefährdeten Querschnitt,
f) die tatsächliche Abscherspannung in den Nieten,
g) der maximale Lochleibungsdruck.

759 Die Stäbe eines Fachwerkträgers bestehen aus je 2 gleichschenkligen Winkelprofilen. Für den skizzierten Anschluß, der durch die Kraft F_2 = 65 kN belastet wird, sind zu bestimmen:

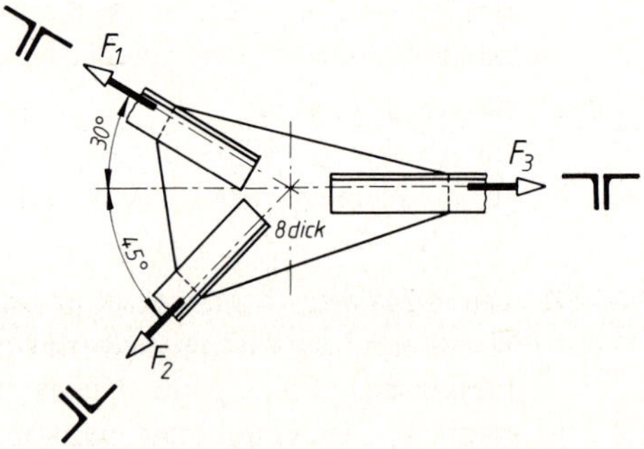

a) die Stabkräfte F_1 und F_3,
b) die gleichschenkligen Winkelprofile aus St 37 für eine zulässige Zugspannung von 140 N/mm², wenn für die Nietlöcher etwa 20 % des Querschnittes angesetzt werden muß,
c) die Anzahl n der Niete für eine zulässige Abscherspannung von 120 N/mm² (für die Stäbe 1 und 3 wird d_1 = 13 mm gewählt, für Stab 1 dagegen d_1 = 11 mm),
d) der maximale Lochleibungsdruck.

760 Zwei Diagonalstäbe eines Trägers sollen die Zugkräfte F_1 = 100 kN und F_2 = 240 kN über ein Knotenblech auf das Doppel-Winkelprofil aus 2 L 130 × 65 × 10 übertragen.

Die Stäbe sollen aus je zwei gleichschenkligen Winkelprofilen bestehen, wobei der Stab 2 mit Beiwinkel angeschlossen werden soll.

Die zulässigen Spannungen betragen: σ_{zul} = 160 N/mm², τ_{zul} = 140 N/mm², $\sigma_{l\,zul}$ = 280 N/mm².

Es sollen bestimmt werden:

a) das Winkelprofil für Stab 1,
b) das Winkelprofil für Stab 2,
c) die Nietanzahl n_1 für Stab 1 mit d_1 = 11 mm,
d) die Nietanzahl n_2 für Stab 2 mit d_1 = 17 mm,
e) der maximale Lochleibungsdruck für Stab 1 und Stab 2,
f) die tatsächlichen Zugspannungen in den Stäben,
g) die Nietanzahl n mit d_1 = 25 mm im Profil 130 × 65 × 10.

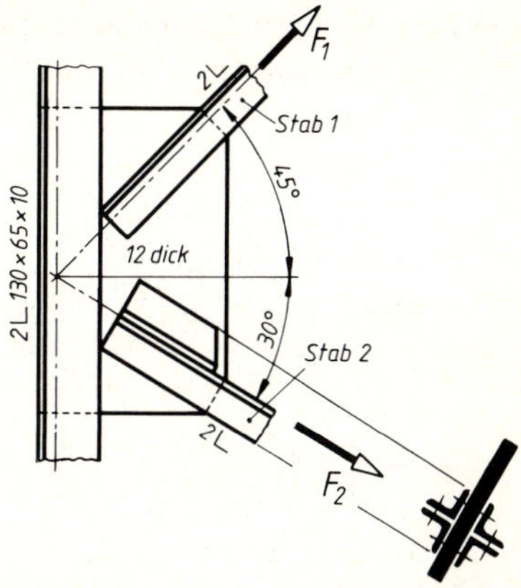

761 Eine Zugstange aus zwei gleichschenkligen Winkelprofilen hat $l = 4$ m Anschlußlänge und soll 180 kN aufnehmen. Sie wird durch Niete mit d_1 = 17 mm an Knotenbleche von 12 mm Dicke angeschlossen. Einzuhalten sind 160 N/mm² Zugspannung, 160 N/mm² Abscherspannung und 320 N/mm² Lochleibungsdruck.

Gesucht:

a) das erforderliche Winkelprofil,
b) die vorhandene Zugspannung,
c) die elastische Verlängerung,
d) die erforderliche Nietanzahl.

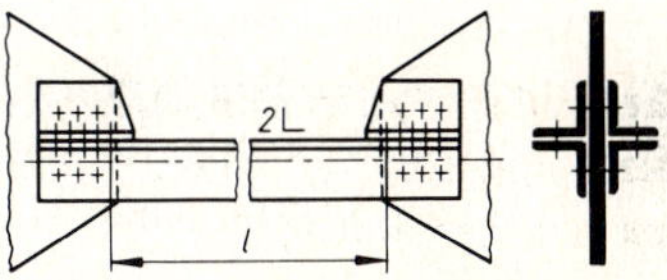

762 Ein IPE 400 ist nach Skizze über 2 Winkelprofile 120 × 80 × 12 an ein U 400 angeschlossen. Der Durchmesser des geschlagenen Nietes beträgt d_1 = 25 mm.

Es sind zu bestimmen:

a) die vorhandene maximale Abscherspannung in den Nieten unter Berücksichtigung des auftretenden Biegemomentes M_b,
b) der vorhandene maximale Lochleibungsdruck.

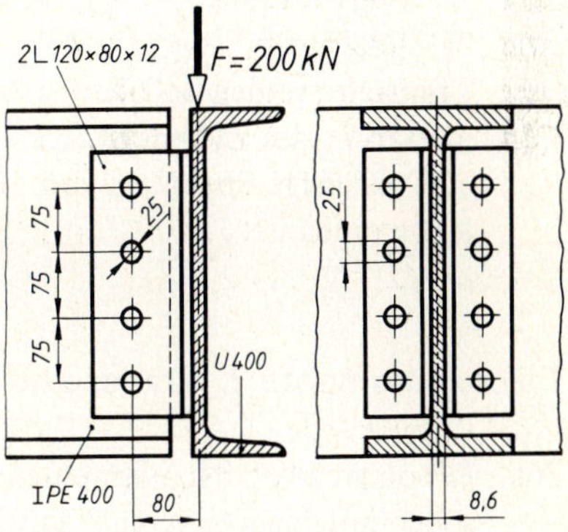

763 Für den Knotenpunkt eines Krangerüstes (Stoß zweier Flachstähle mit zwei U-Profilen) sind zu bestimmen:

a) die Stabkräfte F_1 und F_2,
b) das erforderliche Profil der beiden Flachstähle aus St 37, wenn das Bauverhältnis Breite b: Dicke s etwa 10 gewählt wird und die zulässige Spannung 140 N/mm² betragen soll.

c) die Schweißnahtlänge l für den Flachstahlanschluß an das Knotenblech, wenn die Nahtdicke $a = 5$ mm gewählt wird und die zulässige Schweißnahtspannung $\tau_{\text{schw zul}} = 90\ \text{N/mm}^2$ vorgeschrieben ist. Für die Endkrater sind jeweils $2a$ zuzuschlagen,

d) die Anzahl n der Schrauben M20 zur Verschraubung der U-Profile mit dem Knotenblech für eine zulässige Abscherspannung von $70\ \text{N/mm}^2$ und einen zulässigen Lochleibungsdruck von $160\ \text{N/mm}^2$.

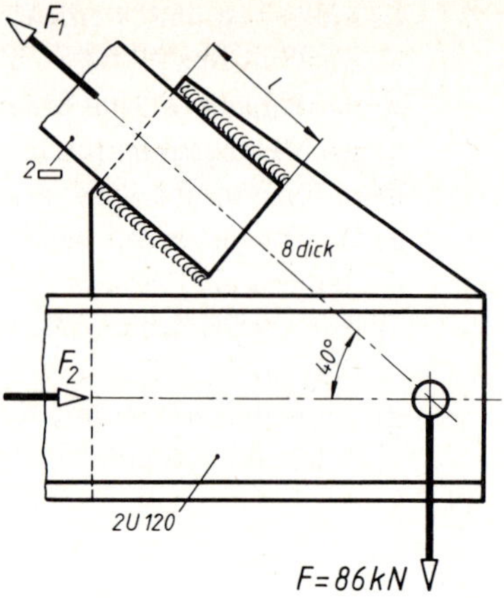

764 Ein Zugband ist nach Skizze mit dem Bügel verschweißt und wird mit $F = 50$ kN schwellend belastet. Abmessungen: $s = 12$ mm, $b = 100$ mm, $l = 250$ mm, $a = 6$ mm (Nahtdicke der Flachkehlnaht).

Gesucht:

a) die Zugspannung im Bremsband,

b) die Schweißnahtspannung τ_{schw}, wenn bei der Berechnung für die Schweißnaht-Endkrater jeweils eine Nahtdicke abgezogen wird.

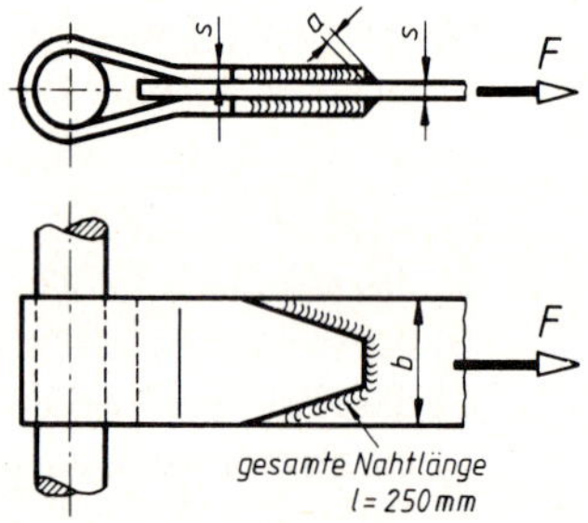

765 Die Skizze zeigt eine Welle mit dem Durchmesser $d_1 = 14$ mm, die durch einen Zylinderstift ein Drehmoment von 7,5 Nm auf das Zahnrad übertragen soll.

Ermittelt werden soll der erforderliche Durchmesser d_2 des Zylinderstiftes aus St 70, für den eine zulässige Spannung von $50\ \text{N/mm}^2$ festgelegt worden ist.

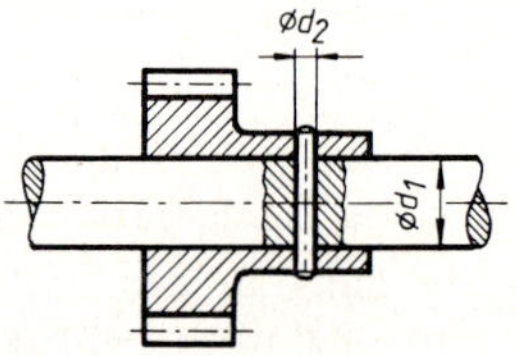

Flächenmomente 2. Grades und Widerstandsmomente

766 Die polaren Widerstandsmomente für flächengleiche Kreis- und Kreisringquerschnitte sollen miteinander verglichen werden. Dazu sind zu berechnen:

a) für einen Kreisquerschnitt von 60 mm Durchmesser der Flächeninhalt und das polare Widerstandsmoment W_p,

b) für einen Kreisringquerschnitt von gleichem Flächeninhalt wie unter a) die Maße D und d, wenn $D/d = 10:8$ sein soll,

c) für den unter b) gefundenen Kreisringquerschnitt das polare Widerstandsmoment W_p.

767 Es sollen die axialen Widerstandsmomente für flächengleiche Querschnitte miteinander verglichen werden.

a) Es wird das axiale Widerstandsmoment für ein Rechteck mit $b = 160$ mm und $h = 40$ mm berechnet.

b) Desgleichen für ein Quadrat mit $a = 80$ mm Kantenlänge.

c) Desgleichen für ein Rechteck mit $b = 40$ mm und $h = 160$ mm.

d) Desgleichen für ein Rechteck mit $b = 20$ mm und $h = 320$ mm.

e) Desgleichen für ein I-Profil mit 80 mm Flanschbreite, 110 mm Höhe, 30 mm Flanschdicke, 32 mm Stegdicke.

f) Desgleichen für ein I-Profil mit 90 mm Flanschbreite, 20 mm Flanschdicke, 320 mm Höhe, 10 mm Stegdicke.

768 *Gesucht:*

a) das axiale Flächenmoment I_x,

b) das axiale Widerstandsmoment W_x.

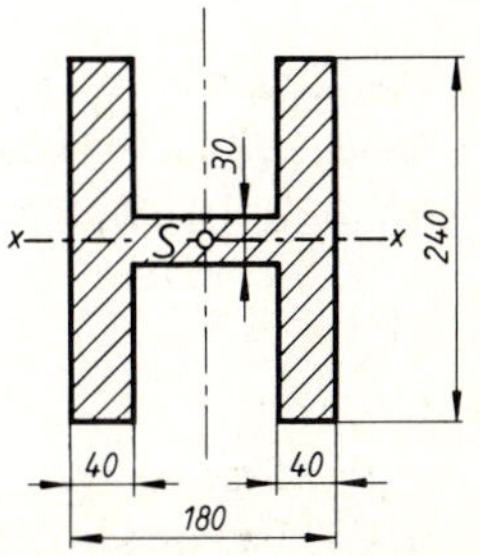

769 Gesucht:

a) die axialen Flächenmomente I_x, I_y,

b) die axialen Widerstandsmomente W_x, W_y.

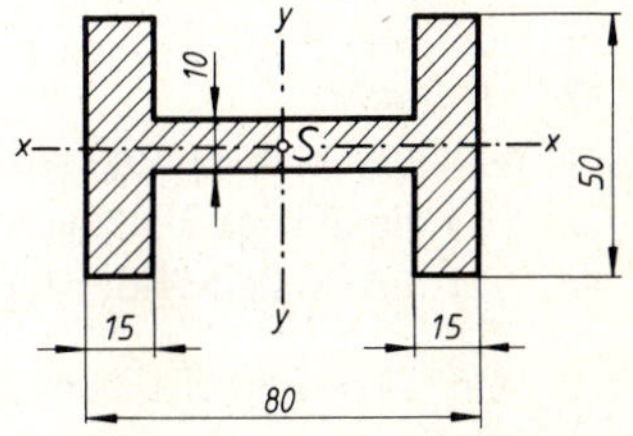

770 *Gesucht:*

a) das axiale Flächenmoment $I_x = I_y$,

b) das axiale Widerstandsmoment $W_x = W_y$.

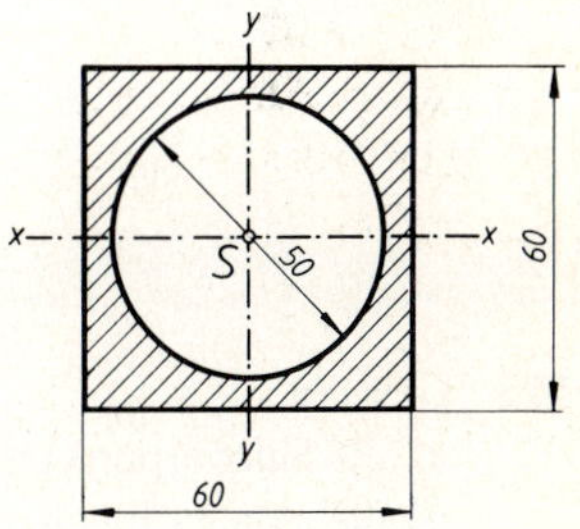

771 *Gesucht:*

a) die axialen Flächenmomente I_x, I_y,

b) die axialen Widerstandsmomente W_x, W_y.

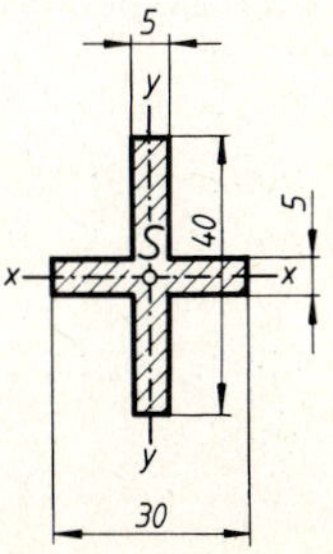

772 *Gesucht:*
a) das axiale Flächenmoment I_x,
b) das axiale Widerstandsmoment W_x.

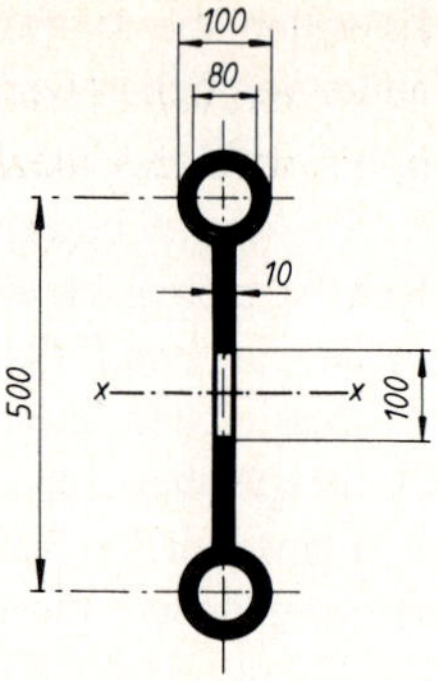

773 *Gesucht:*
a) das axiale Flächenmoment I_x,
b) das axiale Widerstandsmoment W_x.

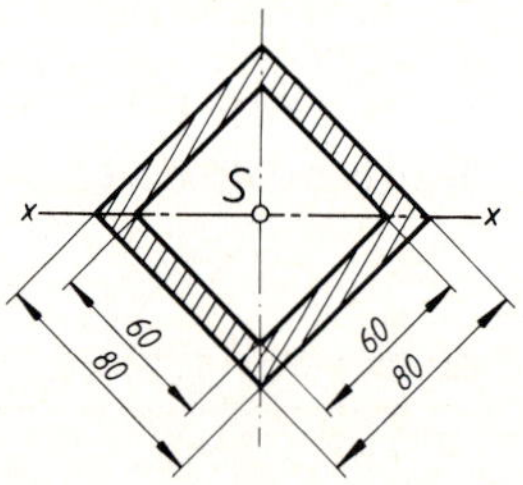

774 *Gesucht:*
a) die Schwerpunktsabstände e_1, e_2,
b) die axialen Flächenmomente I_x, I_y,
c) die axialen Widerstandsmomente W_{x1}, W_{x2}, W_y.

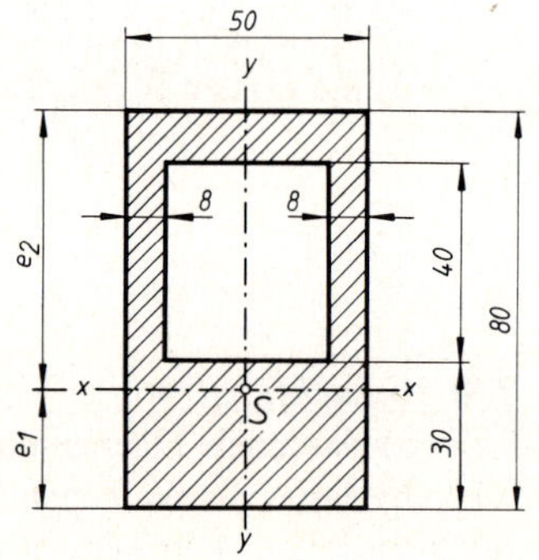

775 *Gesucht:*
a) die Schwerpunktsabstände e_1, e_2,
b) die axialen Flächenmomente I_x, I_y,
c) die axialen Widerstandsmomente W_{x1}, W_{x2}, W_y.

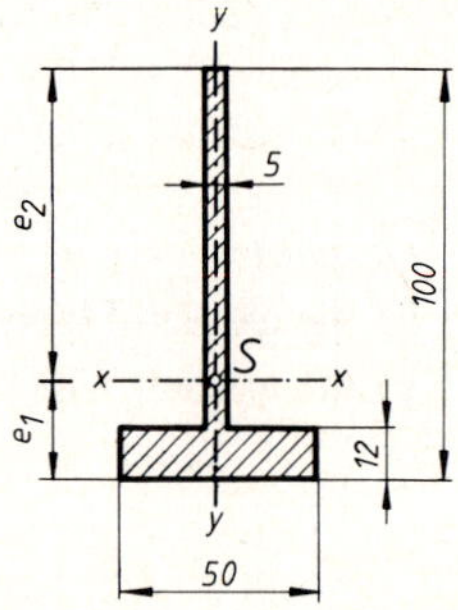

776 *Gesucht:*

a) die axialen Flächenmomente I_x, I_y,
b) die axialen Widerstandsmomente W_x, W_y.

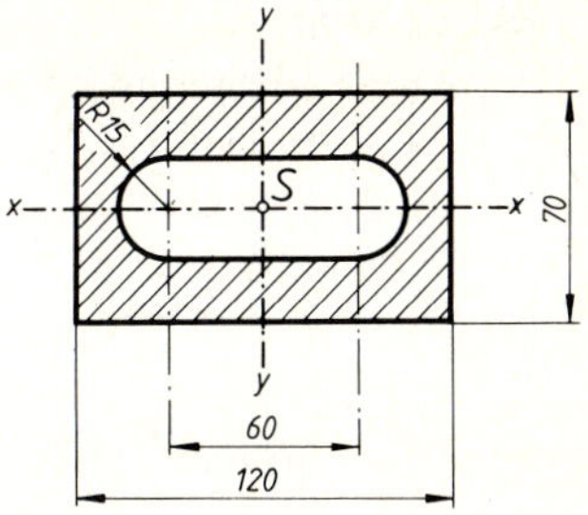

777 *Gesucht:*

a) die Schwerpunktsabstände e_1, e_2,
b) das axiale Flächenmoment I_x,
c) die axialen Widerstandsmomente W_{x1}, W_{x2}.

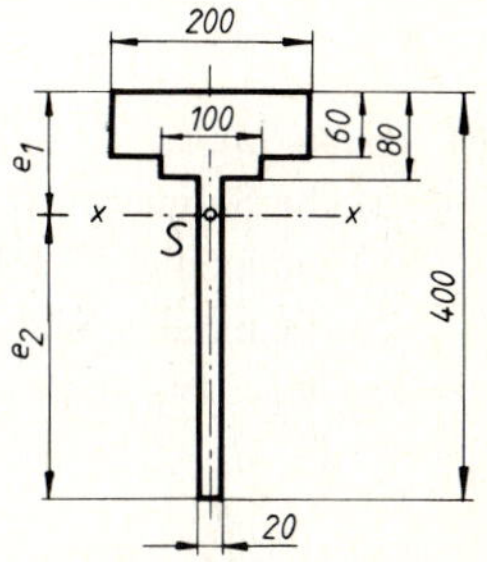

778 *Gesucht:*

a) die Schwerpunktsabstände e_1, e_2,
b) das axiale Flächenmoment I_x,
c) die axialen Widerstandsmomente W_{x1}, W_{x2}.

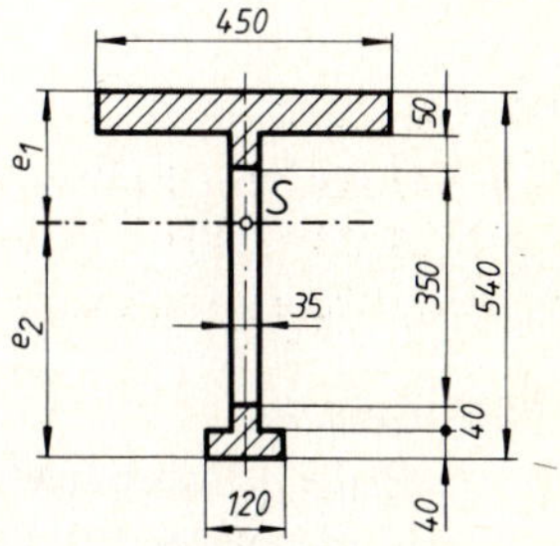

779 *Gesucht:*

a) der Schwerpunktsabstand e_1,
b) die axialen Flächenmomente I_x, I_y,
c) die axialen Widerstandsmomente W_x, W_{y1}, W_{y2}.

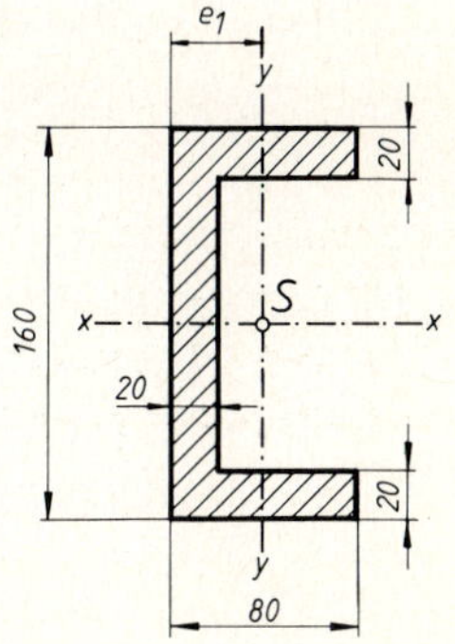

780 *Gesucht:*

a) die Schwerpunktsabstände e_1, e_2, e'_1, e'_2,
b) die axialen Flächenmomente I_x, I_y,
c) die axialen Widerstandsmomente $W_{x1}, W_{x2}, W_{y1}, W_{y2}$.

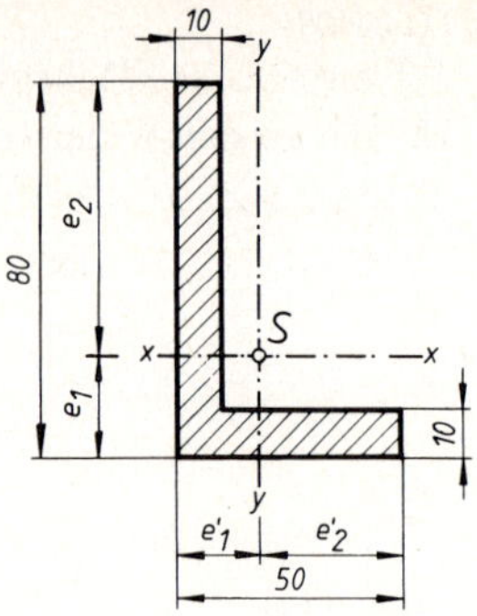

781 *Gesucht:*

a) die Schwerpunktsabstände e_1, e_2,
b) die axialen Flächenmomente I_x, I_y,
c) die axialen Widerstandsmomente W_{x1}, W_{x2}, W_y.

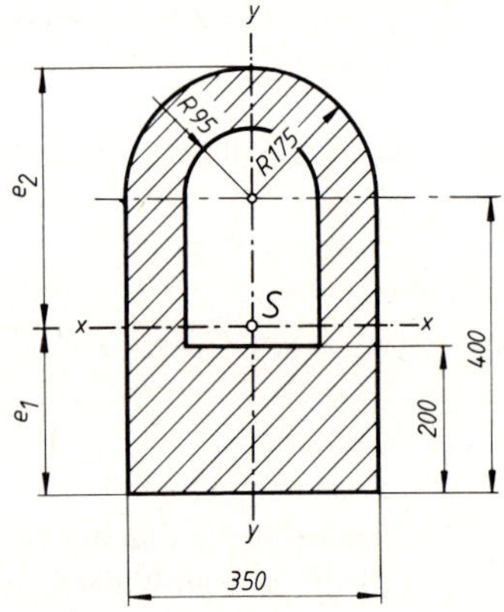

782 *Gesucht:*

a) die Schwerpunktsabstände e_1, e_2, e'_1, e'_2,
b) die axialen Flächenmomente I_x, I_y,
c) die axialen Widerstandsmomente $W_{x1}, W_{x2}, W_{y1}, W_{y2}$.

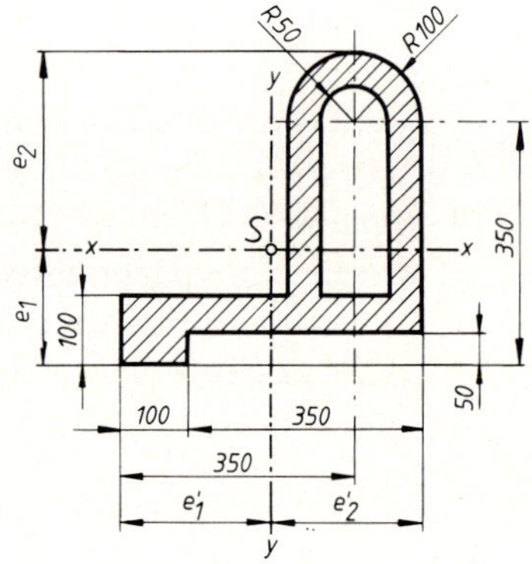

783 *Gesucht:*

a) die Schwerpunktsabstände e_1, e_2,

b) das axiale Flächenmoment I_x,

c) die axialen Widerstandsmomente W_{x1}, W_{x2}.

Maße: b_1 = 10 mm h_1 = 100 mm

b_2 = 100 mm h_2 = 10 mm

b_3 = 25 mm h_3 = 29 mm

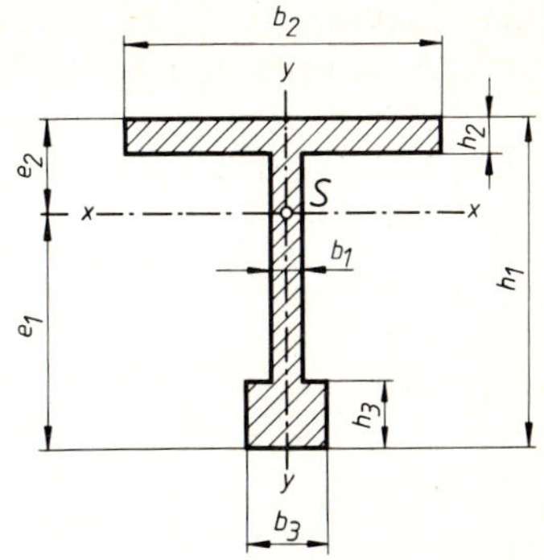

784 *Gesucht:*

a) die Schwerpunktsabstände e_1, e_2, e_1', e_2',

b) die axialen Flächenmomente I_x, I_y,

c) die axialen Widerstandsmomente W_{x1}, W_{x2}, W_{y1}, W_{y2}.

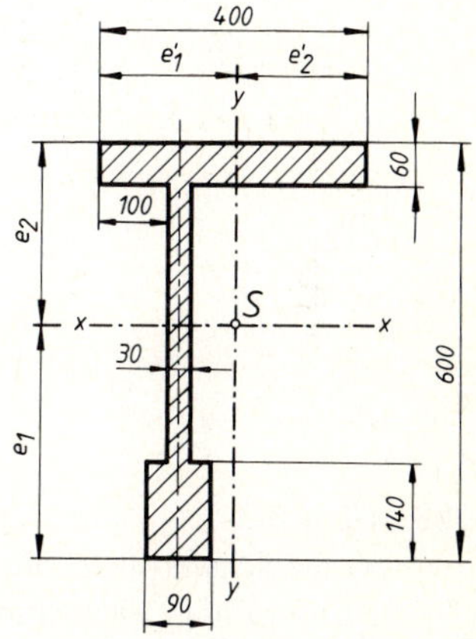

785 *Gesucht:*

a) die Schwerpunktsabstände e_1, e_2,

b) das axiale Flächenmoment I_x,

c) die axialen Widerstandsmomente W_{x1}, W_{x2}.

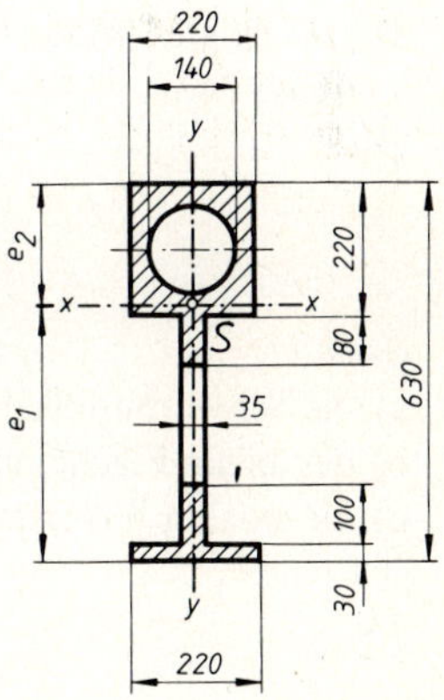

786 *Gesucht:*

a) die Schwerpunktsabstände e_1, e_2,

b) die axialen Flächenmomente I_x, I_y,

c) die axialen Widerstandsmomente W_x, W_y.

Maße: h_1 = 20 mm b_1 = 400 mm

h_2 = 500 mm b_2 = 20 mm

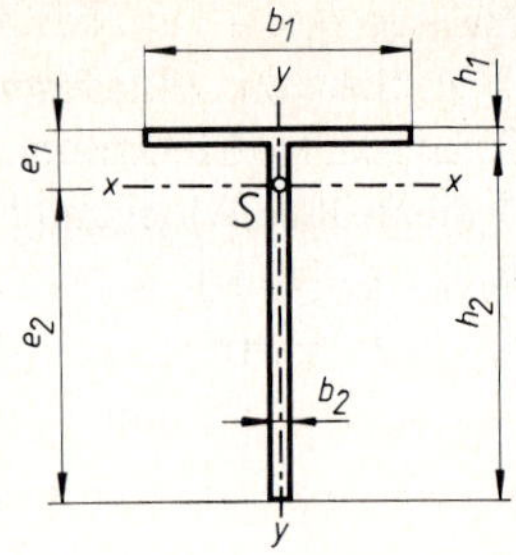

787 *Gesucht:*

a) die Schwerpunktsabstände e_1, e_2,

b) das axiale Flächemoment I_x,

c) die axialen Widerstandsmomente W_{x1}, W_{x2}.

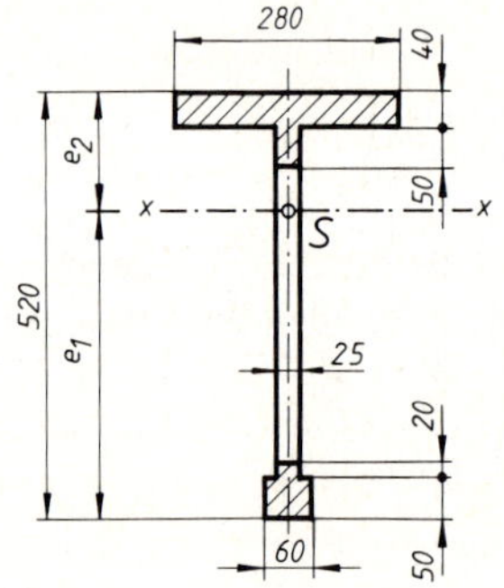

788 *Gesucht:*

a) die Schwerpunktsabstände e_1, e_2,

b) die axialen Flächenmomente I_{N1}, I_{N2},

c) die axialen Widerstandsmomente für die Achse N_1,

d) das axiale Widerstandsmoment für die Achse N_2.

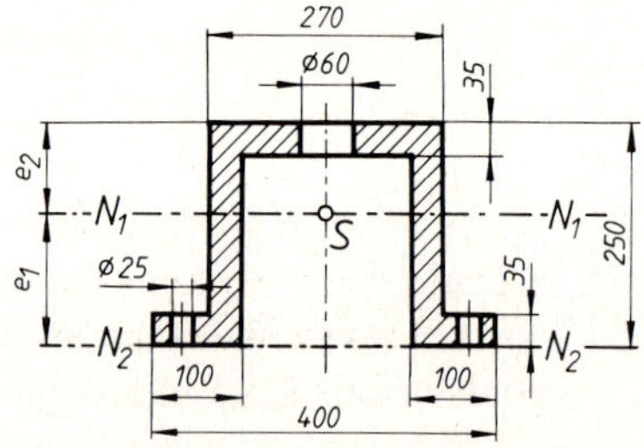

789 *Gesucht:*

a) die Schwerpunktsabstände e_1, e_2,

b) das axiale Flächenmoment I_x,

c) die axialen Widerstandsmomente W_{x1}, W_{x2}.

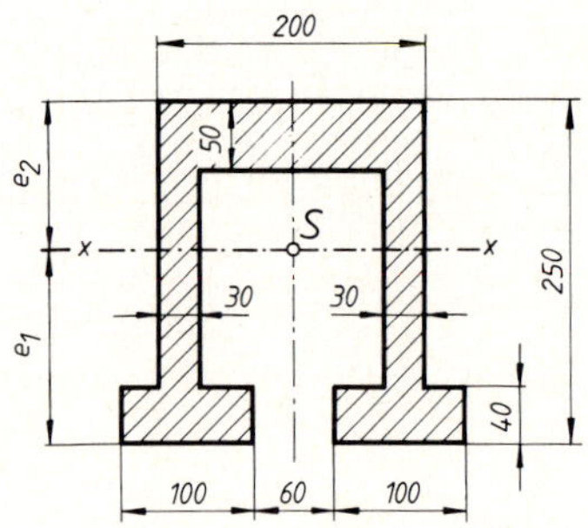

790 Für das skizzierte Nahtbild eines geschweißten Trägeranschlusses mit $a = 5$ mm Schweißnahtdicke sind zu bestimmen:

a) die Schwerpunktsabstände e_1, e_2,
b) das axiale Flächenmoment I_x,
c) die axialen Widerstandsmomente W_{x1}, W_{x2}.

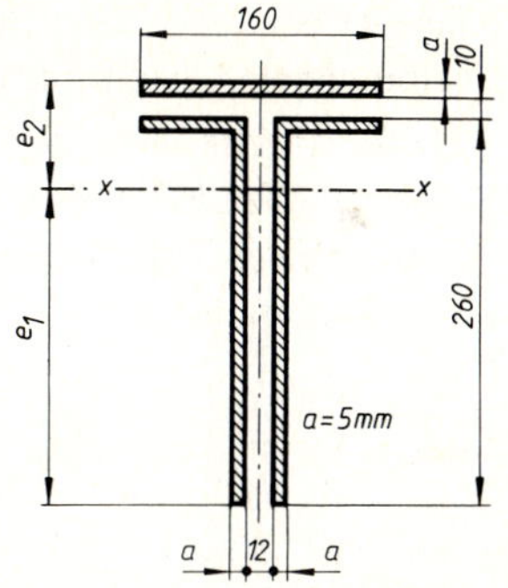

791 Für das skizzierte Nahtbild eines geschweißten Trägeranschlusses mit $a = 6$ mm Schweißnahtdicke sind zu bestimmen:

a) das axiale Flächenmoment I_x,
b) das axiale Widerstandsmoment W_x.

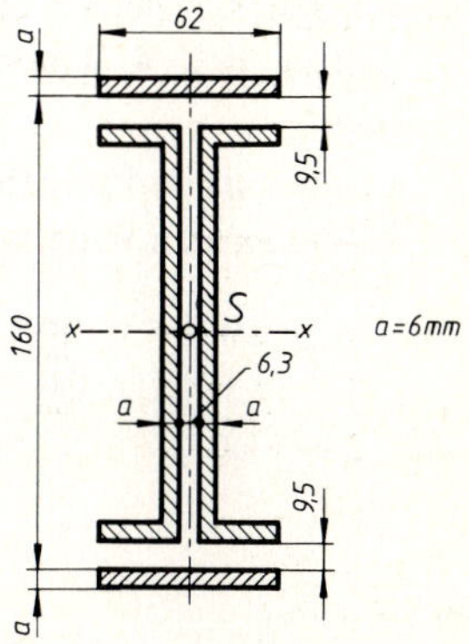

792 *Gesucht:*

a) die Schwerpunktsabstände e_1, e_1',
b) die axialen Flächenmomente I_x, I_y,
c) die axialen Widerstandsmomente W_{x1}, W_{x2}, W_{y1}, W_{y2}.

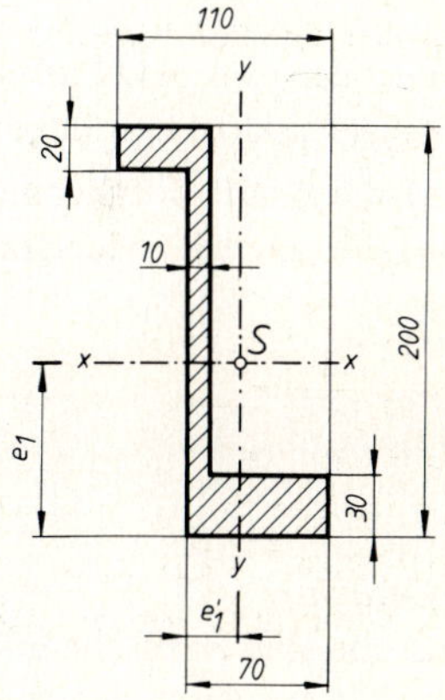

793 Für die beiden durch Streben starr miteinander verbundenen Quadratprofile sind zu bestimmen:

a) die axialen Flächenmomente der Profile,
b) die axialen Flächenmomente I_x, I_y,
c) die axialen Widerstandsmomente W_x, W_y.

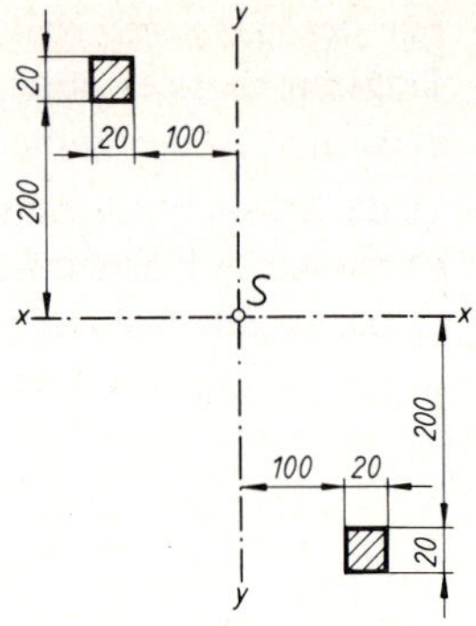

794 Für den skizzierten Träger aus 2 Stegen, 2 Gurtplatten und 4 Winkelprofilen sind zu bestimmen:

a) die axialen Flächenmomente I_x, I_y,
b) die axialen Widerstandsmomente W_x, W_y.

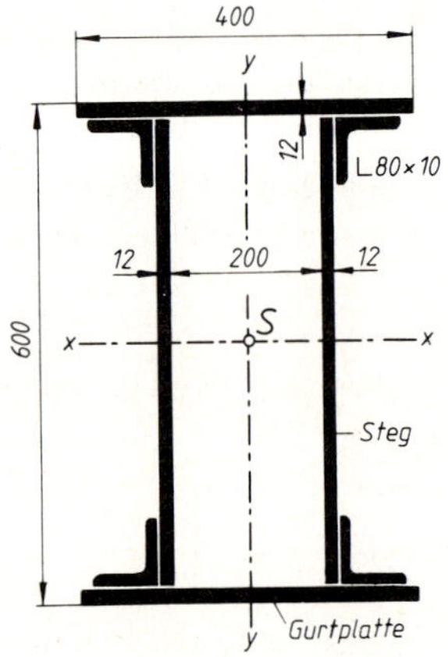

795 Für den aus 4 U-Profilen zusammengesetzten Träger sind zu bestimmen:

a) die axialen Flächenmomente I_x, I_y,
b) die axialen Widerstandsmomente W_x, W_y.

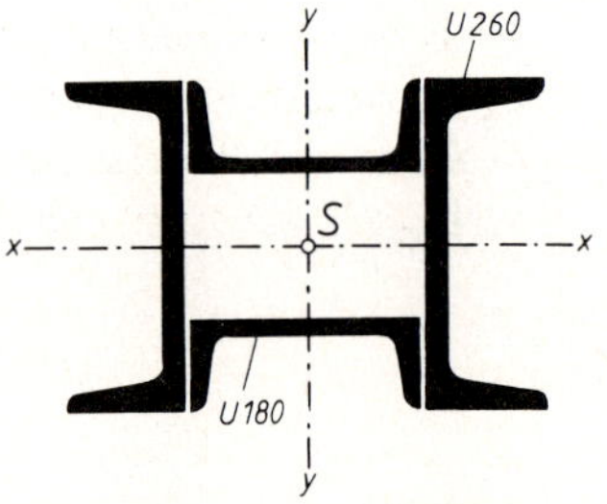

796 *Gesucht:*

a) die axialen Flächenmomente I_x, I_y,
b) die axialen Widerstandsmomente W_x, W_y.

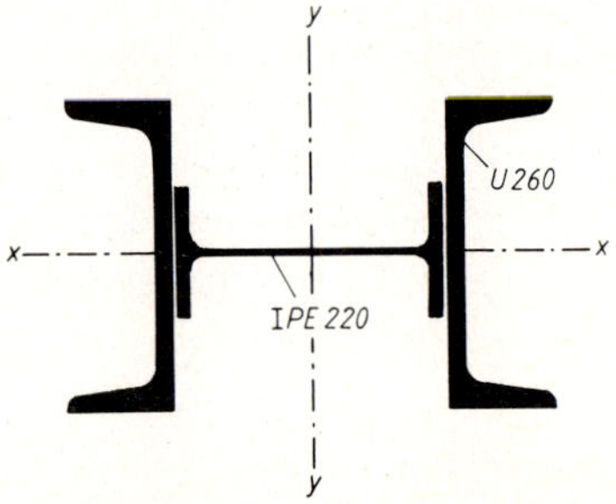

797 Für den geschweißten Kastenrahmenträger aus Stahlblech und Winkelprofilen sind zu bestimmen:

a) das axiale Flächenmoment I_x,
b) das axiale Widerstandsmoment W_x,
c) das größte übertragbare Biegemoment für eine zulässige Biegespannung von $140\,\text{N/mm}^2$.

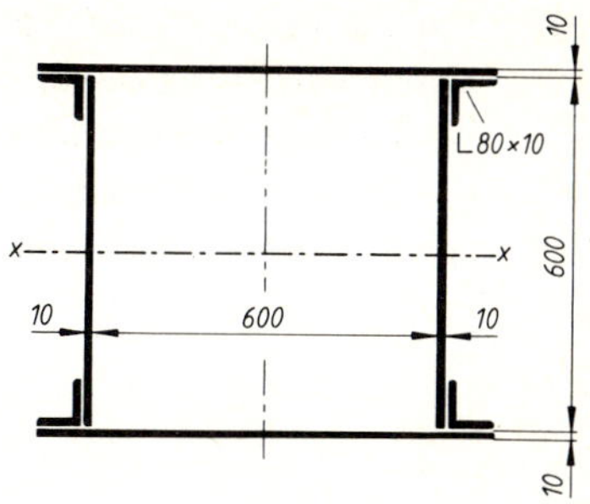

798 Unter Berücksichtigung der Nietlöcher sind zu bestimmen:

a) die axialen Flächenmomente I_x, I_y,
b) die axialen Widerstandsmomente W_x, W_y.

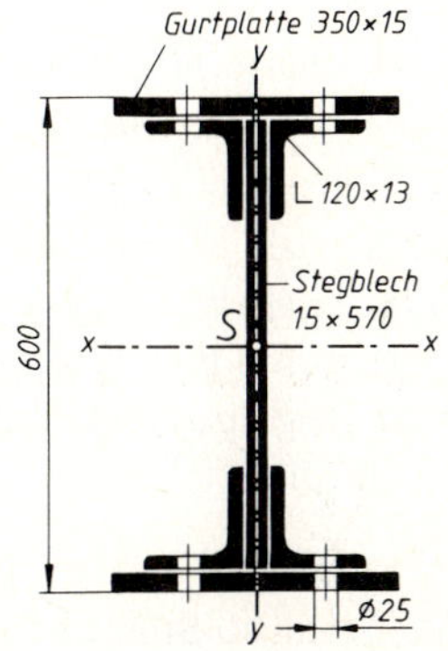

799 *Gesucht:*

a) das axiale Flächenmoment der Winkelprofile,
b) das axiale Flächenmoment der Gurtplatten,
c) das axiale Flächenmoment des Steges,
d) das axiale Flächenmoment I_x des Gesamtquerschnittes,
e) das axiale Widerstandsmoment W_x.

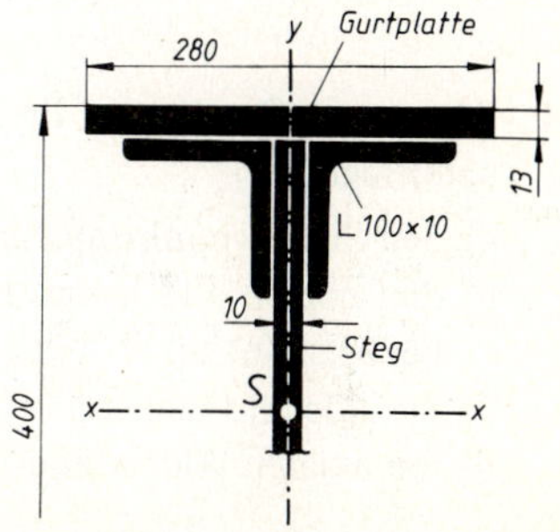

800 Gesucht sind unter Berücksichtigung der Nietlöcher:

a) das axiale Flächenmoment I_x,
b) das axiale Widerstandsmoment W_x,
c) die prozentuale Verringerung des Gesamtwiderstandsmomentes durch die Nietlöcher.

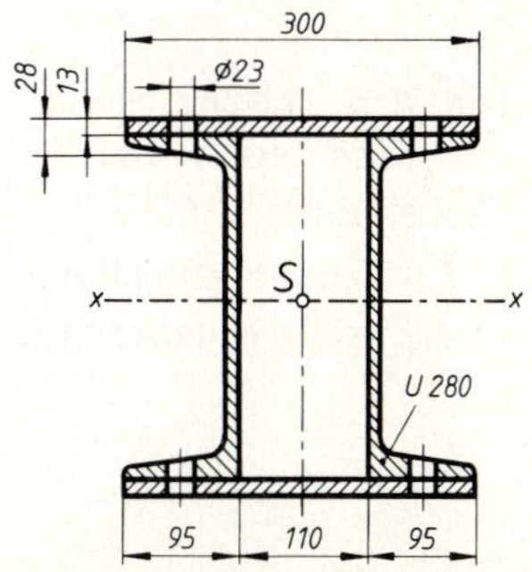

801 *Gesucht:*
a) das axiale Flächenmoment I_x,
b) das axiale Widerstandsmoment W_x,
c) das maximal übertragbare Biegemoment für eine zulässige Spannung von 140 N/mm².

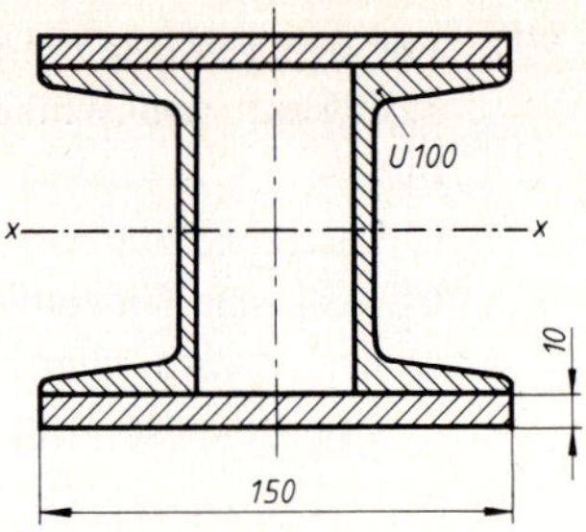

802 Der skizzierte Trägerquerschnitt ist um die x-Achse biegebelastet mit $M_{b\,max} = 50$ kNm.
Gesucht:
a) das axiale Flächenmoment I_x,
b) das axiale Widerstandsmoment W_x,
c) die größte Biegespannung,
d) die Biegespannung in den Randfasern der beiden U-Profile.

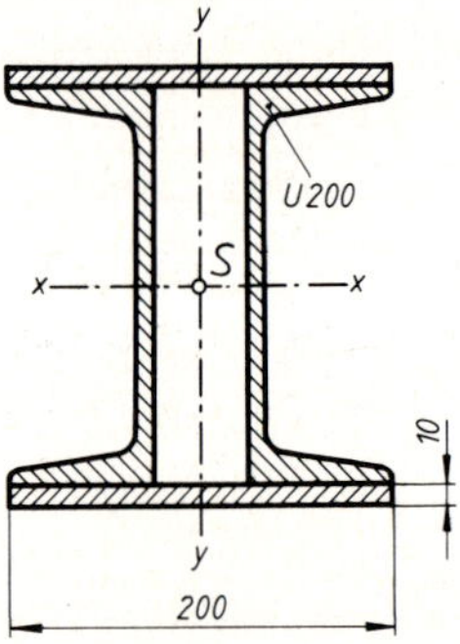

803 Eine Stahlbau-Stütze besteht aus zwei U-Profilen 200.
Wie groß muß die Stegentfernung l gemacht werden, damit das Flächenmoment I_y um die y-Achse 20 % größer ist als das Flächenmoment I_x um die x-Achse?

804 Berechnen Sie für das Profil des skizzierten Rollbahnträgers:
a) den Schwerpunktsabstand e,
b) die axialen Flächenmomente der Einzelprofile, bezogen auf die x-Achse,
c) die axialen Flächenmomente I_x, I_y,
d) die axialen Widerstandsmomente W_{x1}, W_{x2}, W_y.

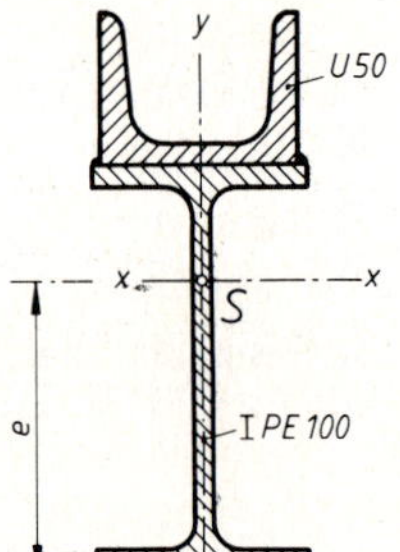

805 Für den skizzierten Querschnitt einer Stütze, bestehend aus 4 starr miteinander verbundenen Winkelprofilen, sind zu bestimmen:
a) das axiale Flächenmoment I_x,
b) das axiale Widerstandsmoment W_x.

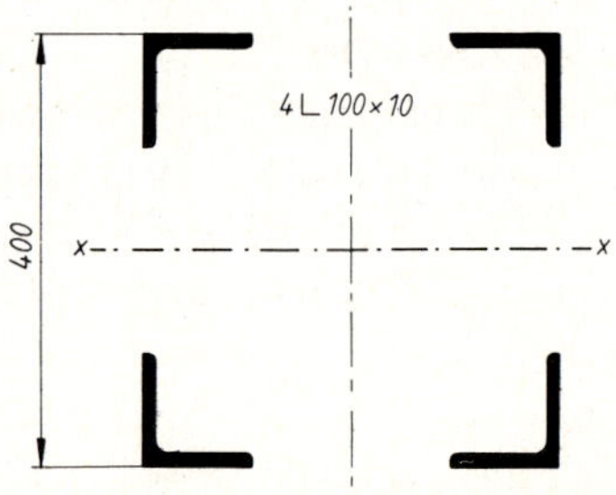

806 Bestimmen Sie die lichte Weite l so, daß die axialen Flächenmomente I_x und I_y gleich groß werden!

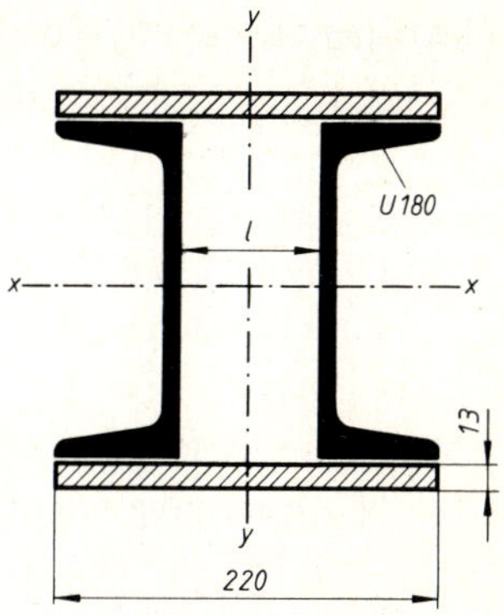

807 Für den Querschnitt der starr miteinander verbundenen Profile sind zu bestimmen:

a) das axiale Flächenmoment I_x,

b) das axiale Widerstandsmoment W_x.

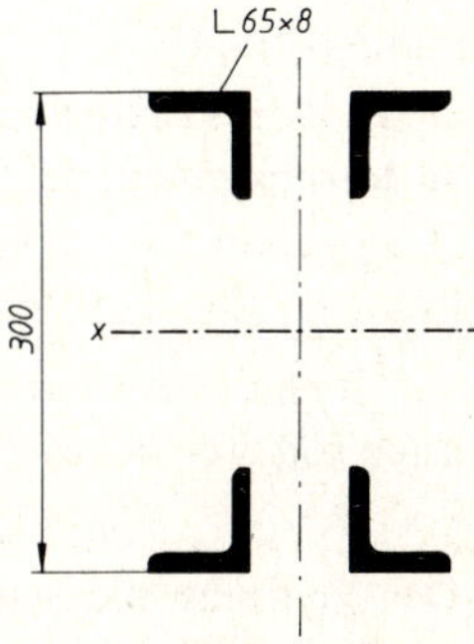

808 Ein Träger IPE 360 soll durch Aufschweißen von Gurtplatten von $\delta = 25$ mm Dicke verstärkt werden, so daß er ein Widerstandsmoment $W_x = 4 \cdot 10^6\ \text{mm}^3$ erhält.

Gesucht ist die Breite b der Gurtplatten.

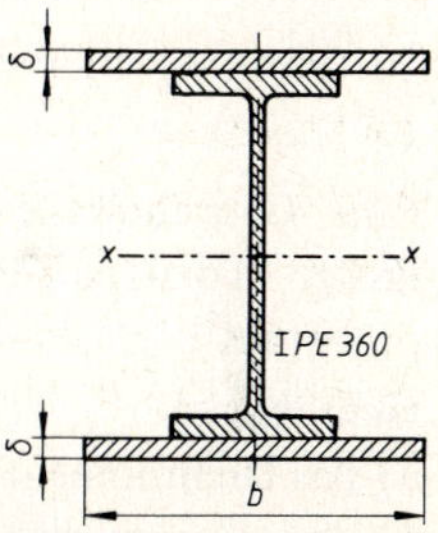

Beanspruchung auf Torsion

Bei den Aufgaben ohne Werkstoffangabe ist Stahl mit $G = 8 \cdot 10^4$ N/mm² vorgesehen.

809 Für eine gleichbleibende Leistung von 1470 kW sind die Wellendurchmesser für die Drehzahlen $n = 50, 100, 400, 800, 1200\ \text{min}^{-1}$ zu berechnen. Die zulässige Torsionsspannung sei 40 N/mm².

810 Zur überschlägigen Berechnung einer Getriebewelle wird wegen zusätzlicher Biegebeanspruchung zunächst rein auf Torsion mit einer zulässigen Spannung von 25 N/mm² gerechnet.

Einem 3-Wellen-Getriebe wird eine Leistung von 18 kW bei 960 min^{-1} zugeleitet. Die Übersetzung zwischen Welle 1 und Welle 2 beträgt 3,9 – die zwischen Welle 2 und 3 beträgt 2,8.

Ohne Berücksichtigung der Wirkungsgrade sind die Wellendurchmesser d_1, d_2, d_3 zu berechnen und auf volle 10 mm aufzurunden.

811 Wie verhalten sich die Durchmesser von Getriebewellen zueinander, wenn sie nur auf Torsion berechnet wurden und im Getriebe jeweils nur Übersetzungen ins Langsame vorgesehen sind?

812 Der Verdrehwinkel einer Welle aus St 50 von 15 m Länge soll 6° nicht überschreiten. Die zulässige Torsionsspannung wird mit 80 N/mm² angegeben.

a) Welchen Durchmesser muß die Welle haben?
b) Welche Leistung darf sie bei 1460 min^{-1} übertragen?

813 Eine Getriebewelle überträgt eine Leistung von 12 kW bei 460 min^{-1}. Die zulässige Torsionsspannung beträgt wegen zusätzlicher Biegebeanspruchung nur 30 N/mm².

Gesucht:

a) das Drehmoment M an der Welle,
b) das erforderliche Widerstandsmoment W_p,
c) der erforderliche Durchmesser d_{erf} einer Vollwelle,
d) der erforderliche Innendurchmesser d einer Hohlwelle, wenn der Außendurchmesser $D = 45$ mm ausgeführt wird,
e) die Torsionsspannung an der Wellen-Innenwand.

814 Ein Zahnrad 1 mit 29 Zähnen überträgt 10 kW bei 1460 min^{-1} auf ein Zahnrad 2 mit 116 Zähnen. Der Wirkungsgrad des Räderpaares wird zu 0,98 geschätzt.

Zu berechnen sind die Durchmesser d_1 und d_2 der beiden Wellen für eine zulässige Torsionsspannung von 30 N/mm².

815 Mit einem zweiarmigen Steckschlüssel sollen Befestigungsschrauben M 20 mit einem Drehmoment von 410 Nm angezogen werden.

Gesucht:

a) der erforderliche Durchmesser d für eine zulässige Spannung von 500 N/mm^2,

b) die Hebellänge l für eine Handkraft F = 250 N,

c) der Verdrehwinkel φ für eine Schlüssellänge von 550 mm.

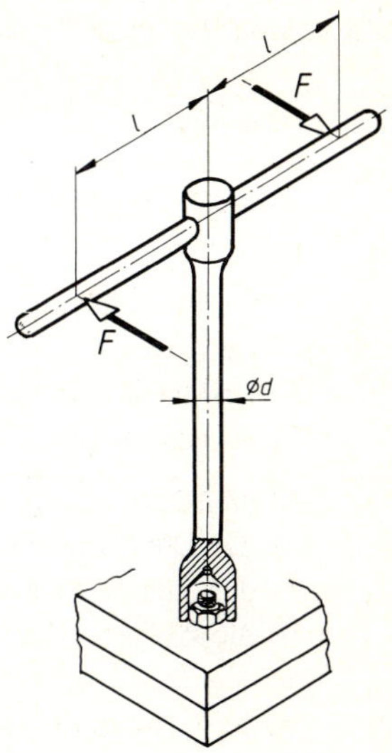

816 Eine Motorwelle hat die Leistung P = 12 kW bei einer Drehzahl n = 1460 min^{-1} zu übertragen.

a) Zu berechnen ist der erforderliche Wellendurchmesser, wenn die zulässige Torsionsspannung mit Rücksicht auf die Biegebeanspruchung 25 N/mm^2 betragen soll.

b) Wie groß ist der Verdrehwinkel je Meter Wellenlänge?

817 Ein Stahlrohr hat 16 mm Außen- und 12 mm Innendurchmesser und wird durch ein Drehmoment von 70 Nm beansprucht.

Gesucht:

a) die Torsionsspannungen an der Rohraußen- und -innenwand,

b) der Verdrehwinkel bei 3,5 m belasteter Rohrlänge.

818 Ein Stahlrohr mit D = 280 mm Außendurchmesser wird durch ein Torsionsmoment von 4,9 · 10^4 Nm beansprucht.

Gesucht:

a) der erforderliche Innendurchmesser d, wenn 32 N/mm^2 als höchste Spannung vorgeschrieben ist,

b) der auftretende Verdrehwinkel je Meter Rohrlänge.

819 Ein Stahlrohr von 300 mm Außendurchmesser wird durch ein Torsionsmoment von 4 · 10^4 Nm auf Torsion beansprucht. Der zulässige Verdrehwinkel für einen Meter Rohrlänge soll $\frac{1}{4}$ Grad betragen.

Gesucht:

a) der erforderliche Innendurchmesser d_i,

b) die Spannung an der Rohrinnenwand.

820 Das Rad eines Kraftfahrzeuges ist über den biege- und torsionssteifen Hebel 2 an einen Drehstab 1 als Federelement angelenkt. Beim Durchfedern durchläuft der Radmittelpunkt den Federweg f.

Maße:

l wirksame Hebellänge = 350 mm,

f Federweg = 120 mm,

F Radbelastung = 3 kN.

Zulässige Torsionsspannung: 400 N/mm².

Gesucht:

a) der Durchmesser d der Drehstabfeder aus der zulässigen Torsionsspannung,

b) die Länge l_1 der Drehstabfeder.

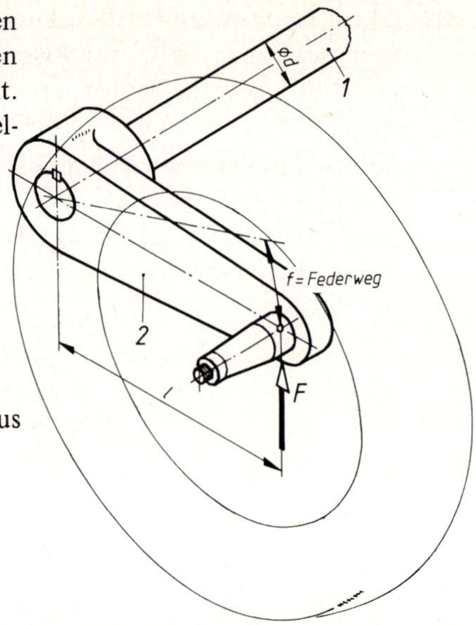

821 Eine Stahlwelle von 8 m Länge mit Kreisquerschnitt wird durch ein Torsionsmoment von $4{,}05 \cdot 10^3$ Nm beansprucht. Die zulässige Torsionsspannung beträgt 35 N/mm².

Gesucht:

a) der erforderliche Wellendurchmesser d (auf volle 10 mm erhöhen),

b) der Verdrehwinkel der Welle mit dem gewählten Durchmesser.

822 Ein Torsionsstab-Drehmomentenschlüssel soll bei einem Drehmoment von 50 Nm einen Verdrehwinkel von 10° anzeigen.

Gesucht:

a) der Durchmesser des Torsionsstabes für eine zulässige Spannung von 350 N/mm²,

b) die erforderliche Stablänge für den angegebenen Verdrehwinkel.

823 An einer Handkurbelwelle von 20 mm Durchmesser und 1,2 m torsionsbeanspruchter Länge wirkt eine Handkraft von 200 N am Kurbelradius von 300 mm Länge. Wie groß ist der Verdrehwinkel?

824 Eine Welle soll eine Leistung von 22 kW bei einer Drehzahl von 1000 min^{-1} übertragen.

Wie groß ist der Wellendurchmesser für eine zulässige Spannung von 80 N/mm²?

825 Eine Hohlwelle aus Stahl soll eine Leistung von 1470 kW bei einer Drehzahl von 300 min^{-1} übertragen. Die zulässige Spannung beträgt 60 N/mm², das Bauverhältnis $D/d = 1{,}5$.

Wie groß sind Außen- und Innendurchmesser D und d der Hohlwelle?

826 Eine Hohlwelle soll eine Leistung von 59 kW bei einer Drehzahl von $120\ \text{min}^{-1}$ übertragen. Der Innendurchmesser d muß wegen eines durchgehenden Schaltgestänges 50 mm betragen. Die zulässige Spannung wird wegen zusätzlicher Biegebeanspruchung zu $40\ \text{N/mm}^2$ angenommen.

Gesucht ist der Außendurchmesser der Hohlwelle.

Lösungshinweis: Der Ansatz führt auf eine Gleichung vierten Grades, die näherungsweise gelöst werden kann, z.B. nach dem Hornerschen Schema oder, sehr viel einfacher, durch Probieren mit dem Rechner.

827 Es ist der Verdrehwinkel der Hohlwelle aus Aufgabe 826 für eine Wellenlänge von 2,3 m zu berechnen.

828 Eine Welle soll eine Leistung von 44 kW bei einer Drehzahl von $300\ \text{min}^{-1}$ übertragen. Der zulässige Verdrehwinkel beträgt $0{,}25^\circ$ je Meter Wellenlänge.

Gesucht ist der Wellendurchmesser.

829 Eine Welle von 30 mm Durchmesser hat eine Drehzahl von $200\ \text{min}^{-1}$. Der zulässige Verdrehwinkel beträgt $0{,}25^\circ$ je Meter Wellenlänge.

Gesucht ist die übertragbare Höchstleistung.

830 Eine Welle soll eine Leistung von 100 kW bei einer Drehzahl von $500\ \text{min}^{-1}$ übertragen. Die zulässige Torsionsspannung beträgt $25\ \text{N/mm}^2$.

Gesucht:

a) der Durchmesser einer Vollwelle,
b) der Durchmesser einer Hohlwelle für ein Bauverhältnis $D/d = 2{,}5$,
c) die Werkstoffersparnis in % beim Übergang von Vollwelle auf Hohlwelle.

831 Zwei Messingrohre sind nach Skizze durch einen Kunststoffkleber miteinander verbunden. Die Schubfestigkeit des Klebers beträgt $28\ \text{N/mm}^2$, der Durchmesser $d = 12$ mm und die Wanddicke $s = 1$ mm.

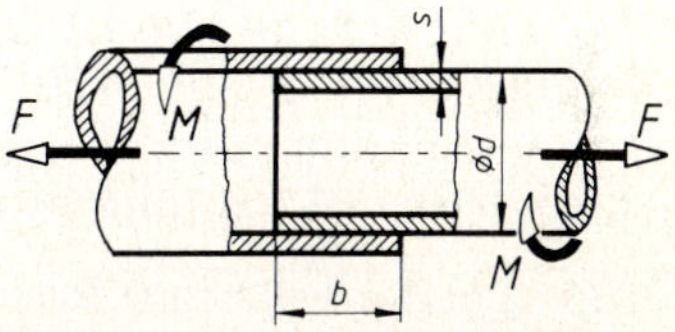

Gesucht:

a) die erforderliche Einstecktiefe b (Klebtiefe), wenn die Verbindung eine Zugkraft von $F = 1{,}2$ kN bei 4facher Sicherheit gegen Bruch zu übertragen hat,
b) das von der Verbindung übertragbare Torsionsmoment bei gleicher Sicherheit (Einstecktiefe auf volle Millimeter aufgerundet),
c) die erforderliche Einstecktiefe b, wenn die Klebverbindung die gleiche Bruchlast haben soll wie die Rohre. Die Bruchfestigkeit der Rohre beträgt $410\ \text{N/mm}^2$.

832 Ein geschweißtes Stirnrad hat bei $n = 960\ \mathrm{min}^{-1}$ eine Leistung $P = 8{,}8$ kW zu übertragen. Nach Berechnung der Zähnezahl und des Moduls hat der Konstrukteur die Maße $d_1 = 50$ mm und $d_2 = 280$ mm angenommen und will nun seine Annahmen überprüfen.

Gesucht:

a) die Nennspannung $\tau_{\mathrm{schw\,I}}$ in den Nabenschweißnähten I,

b) die Nennspannung $\tau_{\mathrm{schw\,II}}$ in den Kranzschweißnähten II.

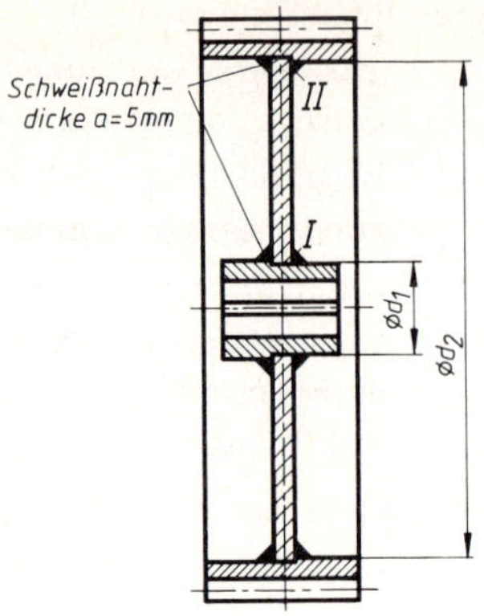

833 Auf die Welle I soll der Flachstahlhebel II aufgeschweißt werden. Die Welle I wurde wegen des Einbrandes auf $d_1 = 48$ mm verstärkt. Zur besseren Anlage des Hebels beim Schweißen ist außerdem $d_2 = 50$ mm gemacht worden. Der Hebel soll die Kraft $F = 4{,}5$ kN am Hebelarm mit $l = 135$ mm übertragen. Für die Flachkehlnaht gibt der Konstrukteur eine Schweißnahtdicke $a = 5$ mm an. Die Nennspannung $\tau_{\mathrm{schw\,t}}$ in der am stärksten gefährdeten Naht ist nachzuprüfen.

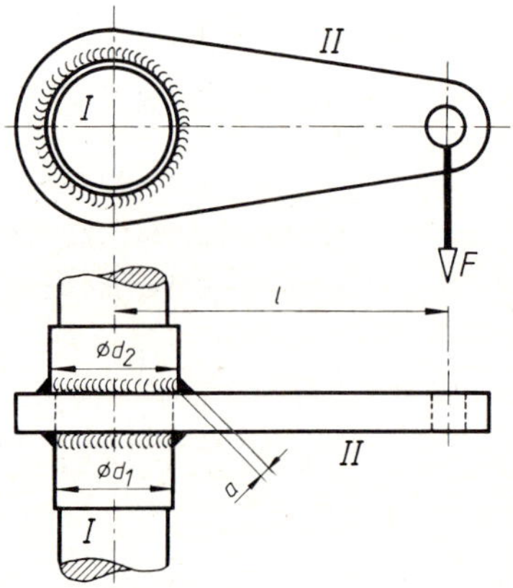

Beanspruchung auf Biegung

Freiträger mit Einzellasten

835 Ein Holzbalken hat Rechteckquerschnitt von 200 mm Höhe und 100 mm Breite. Welches größte Biegemoment kann er hochkant- und flachliegend aufnehmen, wenn 8 N/mm² Biegespannung nicht überschritten werden soll?

836 Eine Biegeblattfeder ist einseitig eingespannt (Freiträger) und hat die Querschnittsabmessungen 10 × 1 mm.

Wie groß darf die im Abstand $l = 80$ mm von der Einspannung am freien Ende wirksame Kraft F höchstens sein, wenn eine Spannung von 70 N/mm² nicht überschritten werden soll?

837 Ein Drehmeißel mit Rechteckquerschnitt $b = 12$ mm und $h = 20$ mm wird durch die Schnittkraft $F_s = 12$ kN nach Skizze belastet. Die zulässige Biegespannung für den Schaftwerkstoff St 70 sei zu 260 N/mm² ermittelt.

Gesucht ist die Länge l, um die der Meißel höchstens aus dem Spannkopf herausragen darf, damit im Schnitt A–B die zulässige Biegespannung nicht überschritten wird.

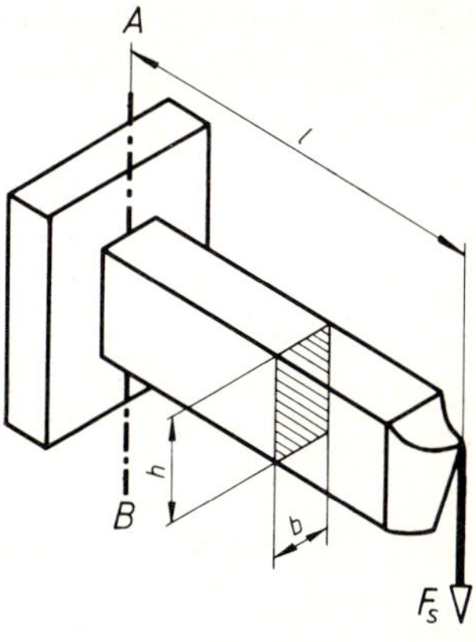

838 Ein Freiträger soll bei $l = 350$ mm und quadratischem Querschnitt eine Einzellast von 4,2 kN aufnehmen. Die zulässige Biegespannung soll 120 N/mm² betragen.

Gesucht:

a) das maximale Biegemoment,
b) das erforderliche Widerstandsmoment,
c) die Seitenlänge a des flachliegenden Quadratstahles,
d) die Seitenlänge a_1 eines übereck gestellten Quadratstahles.
e) Welche Ausführung ist wirtschaftlicher?

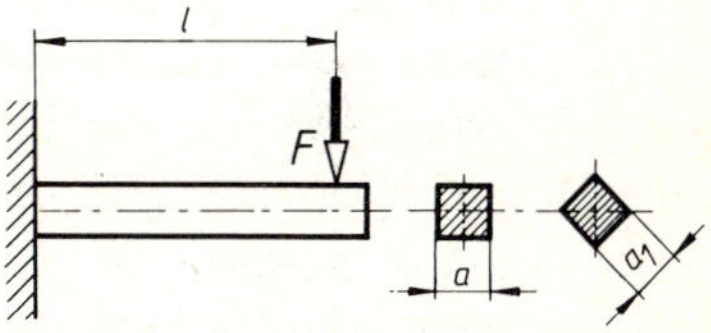

839 Die Pedalachse eines Fahrrades ist mit einem Gewindeansatz in den Kurbelarm eingeschraubt. Im ungünstigsten Falle kann der Fahrer im Abstand $l = 100$ mm vom Kurbelarm das Pedal belasten, wobei $F = 500$ N Dauer-Höchstlast vorgesehen sein sollen.

Wir wollen den Durchmesser d im Hohlkehlengrund berechnen. Die Achse soll aus 37 MnSi 5 (vergütet) hergestellt worden sein. Die zulässige Spannung beträgt 280 N/mm².

Gesucht:

a) das größte Biegemoment für die Pedalachse,
b) das erforderliche Widerstandsmoment,
c) der erforderliche Durchmesser d,
d) die vorhandene Abscherspannung infolge der Querkraft.

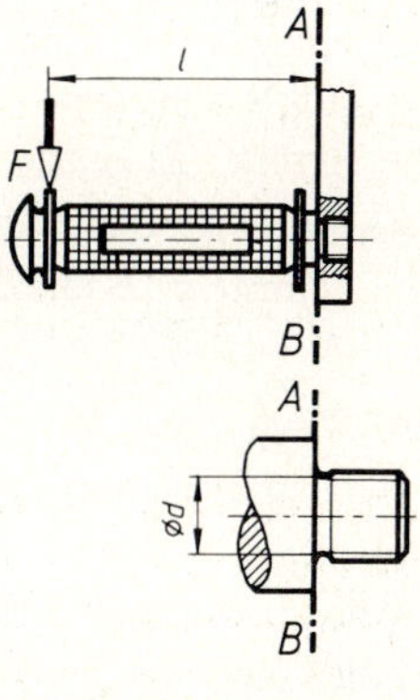

840 Ein Lagerzapfen von $l = 80$ mm Länge soll die Kraft $F = 25$ kN bei einer zulässigen Spannung von 95 N/mm² aufnehmen.

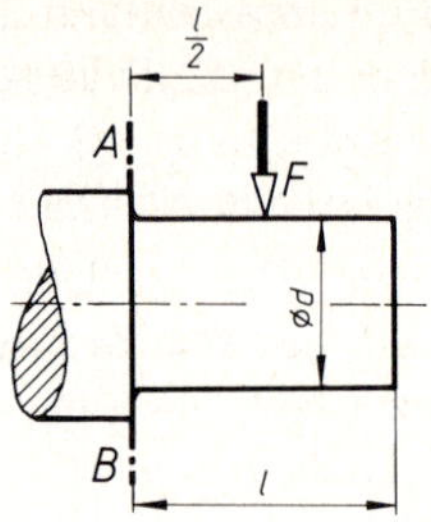

Gesucht:

a) das Biegemoment im Querschnitt A–B,
b) das erforderliche Widerstandsmoment,
c) der erforderliche Zapfendurchmesser d,
d) die vorhandene Biegespannung, wenn der Zapfendurchmesser auf volle 10 mm aufgerundet wird.

841 Der skizzierte Freiträger mit I-Profil soll die Lasten $F_1 = 15$ kN, $F_2 = 9$ kN und $F_3 = 20$ kN aufnehmen. Die Abstände betragen $l_1 = 2$ m, $l_2 = 1{,}5$ m, $l_3 = 0{,}8$ m.

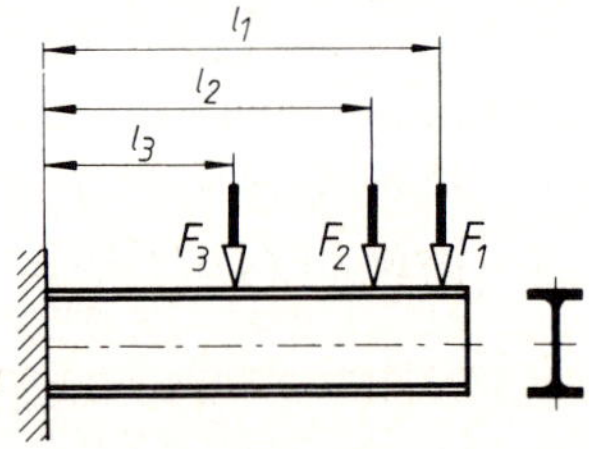

Gesucht:

a) das maximale Biegemoment,
b) das erforderliche Widerstandsmoment für eine zulässige Spannung von 120 N/mm²,
c) das erforderliche IPE-Profil und dessen Widerstandsmoment,
d) die im Freiträger auftretende Höchstspannung.

842 Die Vollachse eines Eisenbahnwagens trägt an jedem Zapfen die Belastung $F = 57{,}5$ kN. Die Abstände betragen $l_1 = 250$ mm, $l_2 = 180$ mm, $l_3 = 1500$ mm.

Für eine zulässige Spannung von 65 N/mm² sind zu bestimmen:

a) der Durchmesser d des Zapfens,
b) die Flächenpressung in den Lagern.

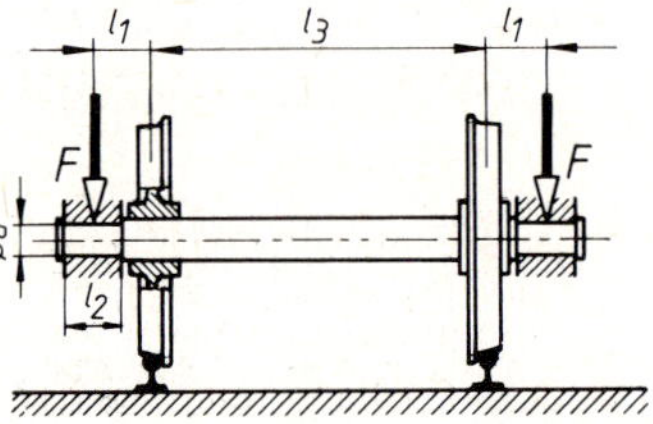

843 Der skizzierte Hebel wird durch die Kraft $F = 10$ kN belastet. Abmessungen: $l = 240$ mm, $d = 90$ mm. Zulässige Biegespannung 80 N/mm². Gesucht sind die Querschnittsmaße h und b für den Schnitt x–x mit einem Bauverhältnis $h/b \approx 3$.

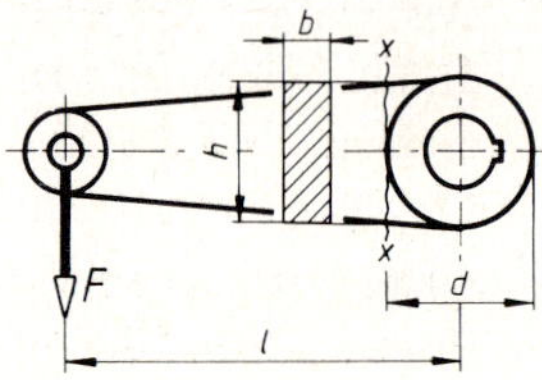

844 Ein Träger mit dem skizzierten Querschnitt ist durch ein Biegemoment von 5000 Nm beansprucht.

Gesucht:

a) die maximale Biegespannung,
b) die Biegespannungen an den Innenseiten des Profils.

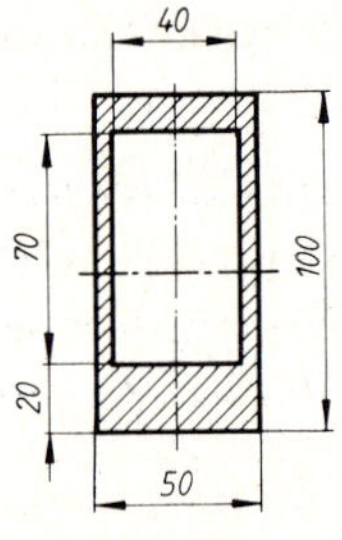

845 Ein geschweißter I-Träger ist so zu dimensionieren, daß er ein maximales Biegemoment von $1{,}05 \cdot 10^6$ Nm bei einer zulässigen Biegespannung von 140 N/mm² aufnehmen kann. Die gegebenen Abmessungen sind: Bauhöhe $h_1 = 900$ mm, Gurtplattenbreite $b = 260$ mm, Stegdicke $t = 10$ mm.

Gesucht sind die Gurtplattendicke δ und die Steghöhe h_2.

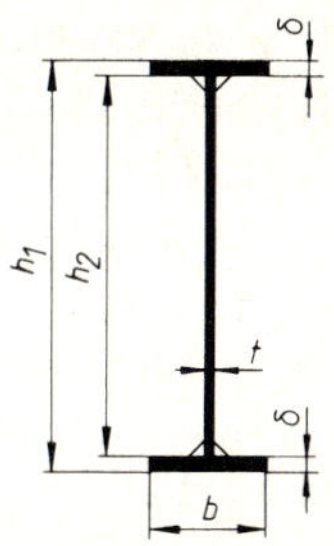

846 Ein vorhandener Biegeträger aus 2 U-Profilen ist durch Aufschweißen von Gurtplatten so zu verstärken, daß er ein maximales Biegemoment von $1{,}68 \cdot 10^5$ Nm bei einer zulässigen Spannung von 140 N/mm² aufnehmen kann.

Gurtplattendicke $s = 20$ mm.

Gesucht ist die Plattenbreite b.

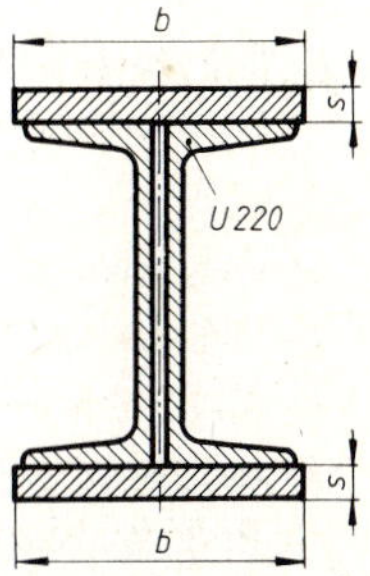

847 Ein Freiträger aus Eichenholz mit Rechteckquerschnitt 12 cm × 25 cm, hochkant liegend, soll in 1,8 m Abstand von der Einspannung eine Punktlast aufnehmen.

Bestimmt werden soll die Punktlast für eine zulässige Spannung von 22 N/mm² unter Vernachlässigung der Eigengewichtskraft des Trägers.

848 Ein hochkant liegender Freiträger aus IPE 300 von 1,4 m freitragender Länge ist am äußersten Ende mit einer Kraft von 50 kN belastet.

Wie groß ist die Biegespannung im gefährdeten Querschnitt?

849 Der skizzierte Freiträger besteht aus 2 U-Profilen und wird durch die Radkräfte einer Laufkatze $F_1 = 10$ kN und $F_2 = 12{,}5$ kN belastet. Die Abstände betragen $l_1 = 1{,}5$ m, $l_2 = 1{,}85$ m.

Gesucht:

a) das maximale Biegemoment für den Freiträger,
b) das erforderliche Widerstandsmoment für eine zulässige Spannung von 140 N/mm²,
c) das erforderliche U-Profil.

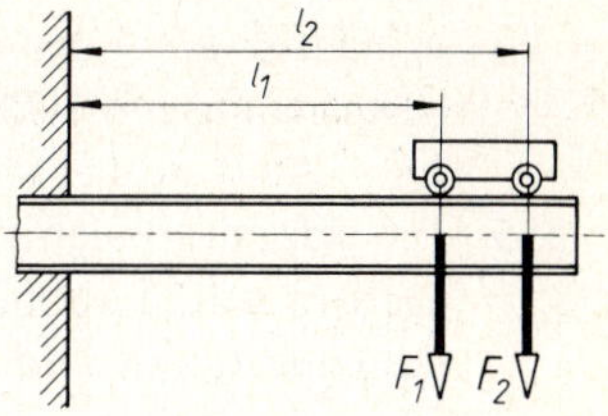

850 Ein Rohrmast von 280 mm innerem und 300 mm äußerem Durchmesser steht senkrecht mit einer freitragenden Höhe von 5,2 m.

Wie groß darf eine senkrecht zur Rohrachse am Mastende wirkende Biegekraft F höchstens sein, wenn die zulässige Spannung 120 N/mm² beträgt?

851 Ein waagerecht liegender Freiträger mit 2,8 m freitragender Länge wird an seinem freien Ende durch eine senkrecht wirkende Kraft von 15 kN biegend beansprucht. Die Biegespannung soll 140 N/mm² nicht überschreiten.

Gesucht ist das erforderliche IPE-Profil.

852 Der Bremshebel einer Backenbremse wird mit $F = 500$ N belastet. Die Abstände betragen $l_1 = 300$ mm, $l_2 = 100$ mm, $l_3 = 1600$ mm. Reibzahl $\mu = 0{,}5$.

Gesucht:

a) das maximale Biegemoment im Bremshebel,

b) die erforderlichen Querschnittsmaße s und h für ein Bauverhältnis $h/s \approx 4$ und eine zulässige Spannung von 60 N/mm².

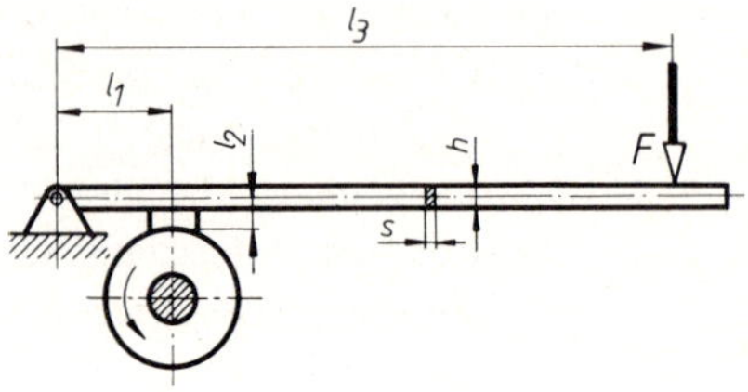

853 Der Bremshebel der vorstehenden Aufgabe soll nach Skizze gelagert werden.

Gesucht:

a) der Bolzendurchmesser d für eine zulässige Biegespannung von 60 N/mm² unter der Annahme, daß die Kräfte als Einzellasten in Mitte der jeweiligen Stützlänge angreifen,

b) die maximale Flächenpressung.

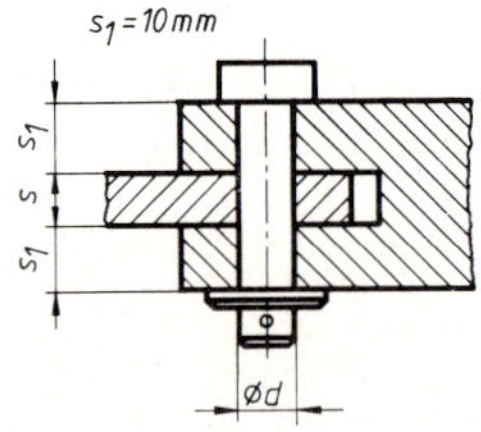

854 Der skizzierte Hebel aus Flachstahl wird durch eine Kraft $F = 750$ N belastet und soll mit zwei Schrauben so an ein Blech angeschlossen werden, daß allein die Reibung zwischen den Bauteilen das Kraftmoment aufnimmt.

Abstände: $l_1 = 100$ mm, $l_2 = 300$ mm.
Reibzahl $\mu_0 = 0{,}15$.

Gesucht:

a) der Gewinde-Nenndurchmesser der Schrauben für eine zulässige Spannung von 100 N/mm²,

b) die Flachstahlmaße b und s für ein Bauverhältnis $b/s \approx 10$ und eine zulässige Biegespannung von 100 N/mm².

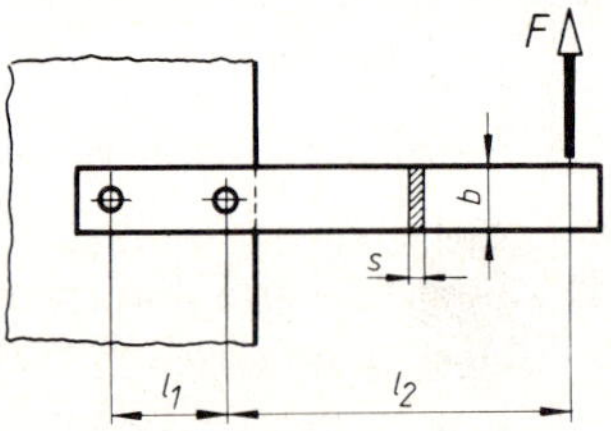

855 Die skizzierte Gleitlagerung wird durch die Axialkraft $F_a = 620$ N und die Radialkraft $F_r = 1{,}15$ kN belastet. Die zulässige Flächenpressung beträgt 2,5 N/mm² und das Bauverhältnis $l/d \approx 1{,}2$.

Gesucht:

a) der Zapfendurchmesser d aus der zulässigen Flächenpressung,

b) die Lagerlänge l,

c) der Bunddurchmesser D aus der zulässigen Flächenpressung,

d) die Biegespannung im gefährdeten Querschnitt.

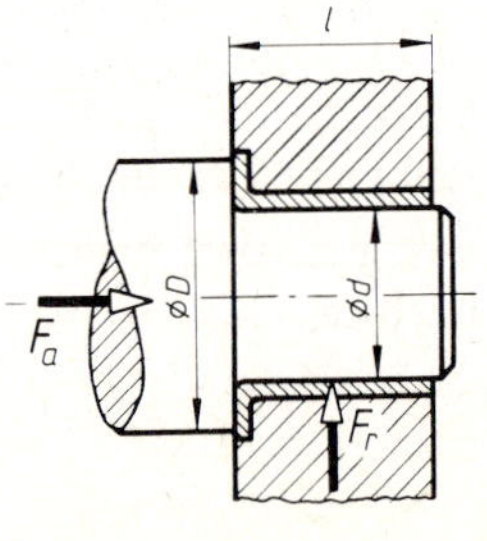

856 Der skizzierte Freiträger aus GG-22 wird bei einer Ausladung $l = 400$ mm durch eine Einzelkraft F schwellend belastet. Die zulässige Zugspannung beträgt 50 N/mm², die zulässige Druckspannung dagegen 180 N/mm².

Gesucht:

a) die Schwerpunktsabstände e_1 und e_2 des skizzierten Profiles im Querschnitt A–B,
b) das axiale Flächenmoment I_x des Querschnittes,
c) die axialen Widerstandsmomente W_{x1} und W_{x2},
d) die höchstzulässige Belastung F_{max}, wenn die angegebenen Spannungswerte nicht überschritten werden sollen,
e) die dieser höchstens Kraft F_{max} entsprechenden Randfaserspannungen σ_d und σ_z.

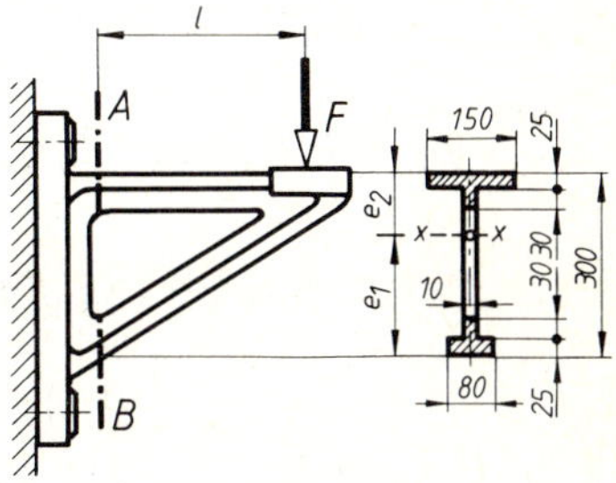

857 An der skizzierten Handkurbel wirkt die Kraft $F = 150$ N. Die Abstände betragen $l_1 = 140$ mm und $l_2 = 300$ mm.

Für die Querschnitte I–I und II–II werden gesucht:

a) das innere Kräftesystem und die auftretenden Spannungsarten,
b) der Durchmesser d unter der Annahme reiner Biegebeanspruchung und einer zulässigen Spannung von 60 N/mm²,
c) die Querschnittsmaße h und b für ein Bauverhältnis $h/b \approx 6$ und die gleiche Annahme wie unter b).

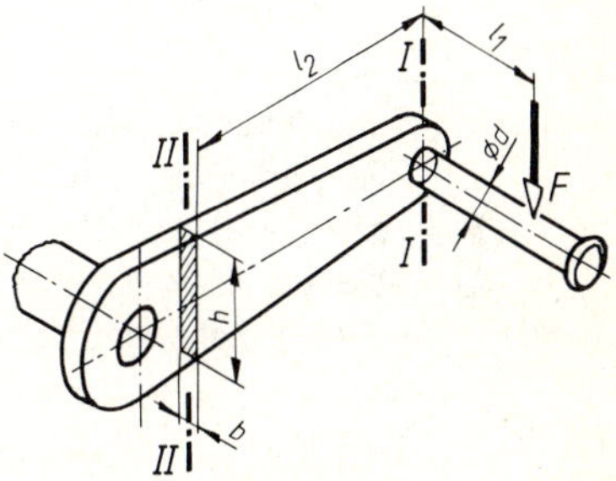

858 Die Lagerkräfte einer Hohlwelle sind $F_a = 410$ N und $F_r = 1{,}26$ kN. Bei gegebenem Bohrungsdurchmesser $d_1 = 4$ mm sind die Lagerabmessungen mit einem Bauverhältnis $l/d_2 \approx 1{,}3$ und einer zulässigen Flächenpressung von 2,5 N/mm² festzulegen.

Gesucht:

a) die Maße l und d_2 aus der zulässigen Flächenpressung,
b) der Bunddurchmesser d_3 aus der zulässigen Flächenpressung,
c) die Biegespannung des Hohlwellenzapfens im Schnitt A–B.

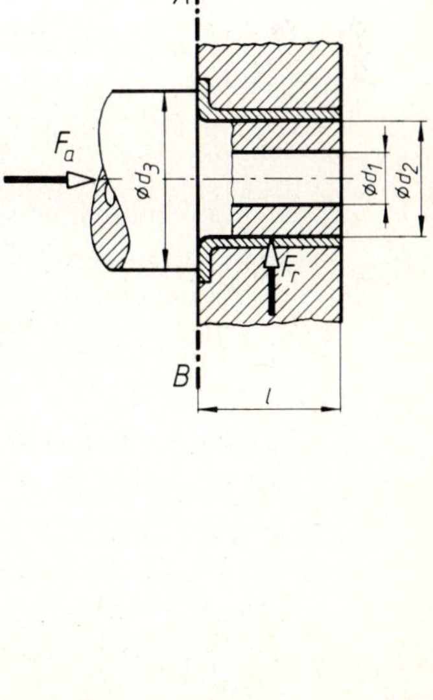

Freiträger mit Mischlasten

859 Ein freitragender Holzbalken wird belastet durch die Einzellasten $F_1 = 4$ kN, $F_2 = 3$ kN und durch eine gleichmäßig über die Balkenlänge verteilte Streckenlast von insgesamt 10 kN.

Abstände: $l_1 = 0{,}8$ m, $l_2 = 0{,}4$ m.
Zulässige Biegespannung 12 N/mm^2.

Gesucht:
a) das maximale Biegemoment,
b) das erforderliche Widerstandsmoment,
c) die Querschnittsmaße b und h für ein Bauverhältnis $b/h \approx 3/4$.

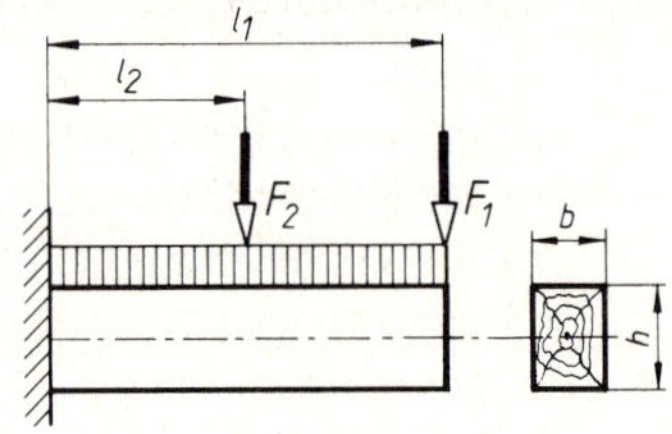

860 Der skizzierte Freiträger wird durch die Einzellast $F = 1$ kN und die Streckenlast $F' = 4$ kN/m belastet. Der Abstand l beträgt 1,2 m und die zulässige Biegespannung 120 N/mm^2.

Gesucht ist das erforderliche IPE-Profil. Führen Sie für dieses Profil den Spannungsnachweis!

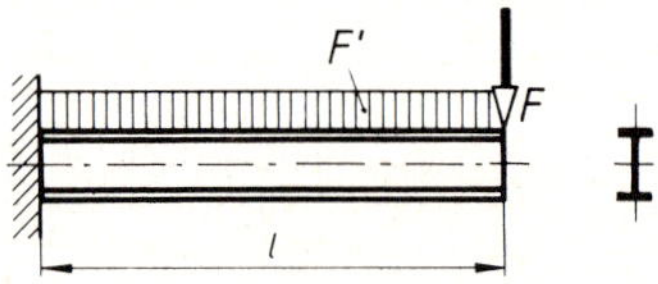

861 Ein I-Freiträger hat 2,5 m tragende Länge und soll eine Last von 5 kN aufnehmen.
a) Welches IPE-Profil ist zu wählen, wenn die Last am Ende des Freiträgers angreift und die zulässige Biegespannung 140 N/mm^2 beträgt?
b) Welches IPE-Profil ist bei gleicher zulässiger Spannung zu wählen, wenn die Last gleichmäßig über die ganze Länge verteilt ist?
c) Berechnen Sie die vorhandenen Spannungen für beide Fälle, wenn die Gewichtskraft des jeweiligen Trägers zu berücksichtigen ist. Welchen Einfluß hat die Gewichtskraft?

862 Die Laufachse eines Schienenfahrzeuges hat eine Streckenlast $F = 60$ kN auf der Lagerlänge $l = 180$ mm aufzunehmen.

Gesucht:
a) der Zapfendurchmesser d aus der zulässigen Flächenpressung von 2 N/mm^2,
b) das Biegemoment an der Schnittstelle A–B,
c) die dort auftretende Biegespannung.

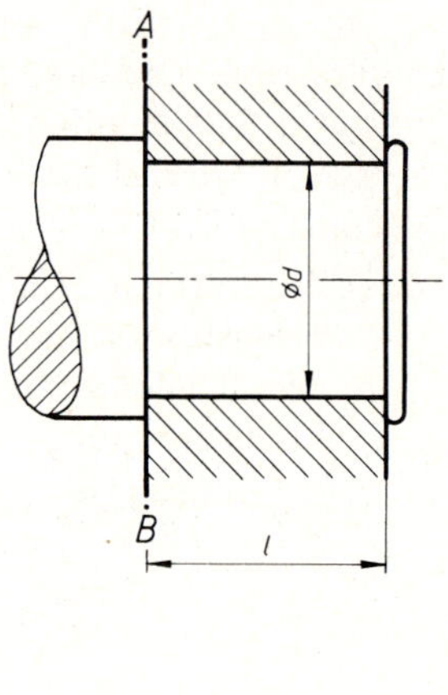

863 Das Konsolblech einer Stahlbaukonstruktion ist als Schweißverbindung ausgelegt und wird durch die Kraft $F = 26$ kN belastet. Die Abmessungen betragen $h = 250$ mm, $l = 320$ mm, $s = 12$ mm. Schweißnahtdicke $a = 8$ mm.

Gesucht:

a) die im gefährdeten Nahtquerschnitt auftretende Biegespannung $\sigma_{\text{schw b}}$,

b) die Schubspannung $\tau_{\text{schw s}}$.

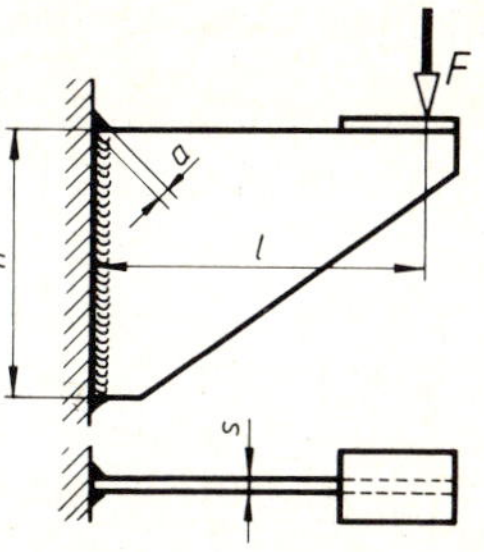

Stützträger mit Einzellasten

864 Ein Stützträger wird durch die Einzellasten $F_1 = 10$ kN und $F_2 = 30$ kN belastet.

Die Abstände betragen: $l_1 = 2$ m, $l_2 = 3$ m und $l_3 = 6$ m.

Gesucht:

a) die Stützkräfte F_A und F_B,

b) das maximale Biegemoment.

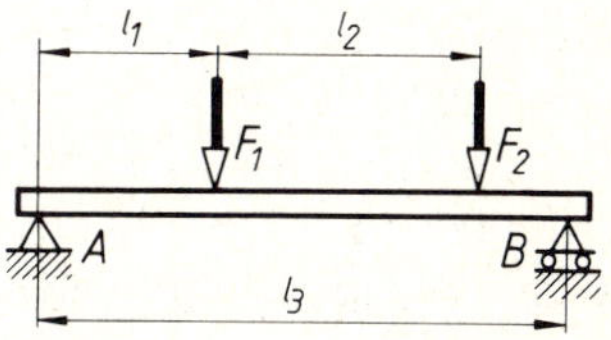

865 Auf die skizzierte Welle wirken die Kräfte $F_1 = 3$ kN, $F_2 = 4$ kN und $F_3 = 2$ kN.

Die Abstände betragen $l_1 = 100$ mm, $l_2 = 120$ mm, $l_3 = 80$ mm und $l_4 = 500$ mm.

Gesucht:

a) die Stützkräfte F_A und F_B,

b) die Biegemomente an den Kraftangriffsstellen I, II, B und III.

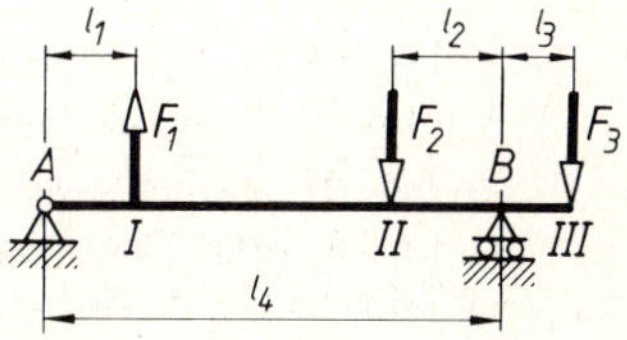

866 Ein Träger auf zwei Stützen hat 5 m Stützweite und wird durch die Einzelkräfte $F_1 = 15$ kN und $F_2 = 24$ kN belastet. F_1 wirkt im Abstand $l_1 = 1{,}4$ m vom linken, F_2 im Abstand $l_2 = 2{,}9$ m vom rechten Stützpunkt. Die zulässige Biegespannung beträgt 140 N/mm^2.

Gesucht ist das erforderliche Trägerprofil, wenn zwei nebeneinander liegende IPE-Profile vorgesehen sind.

867 Für den skizzierten zweiseitigen Kragträger betragen die Einzellasten $F_1 = 10$ kN, $F_2 = 15$ kN, $F_3 = 15$ kN, $F_4 = 10$ kN und die Abstände $l_1 = 1$ m, $l_2 = 1{,}5$ m, $l_3 = 1$ m, $l_4 = 2$ m und $l_5 = 5$ m.

Gesucht:

a) die Stützkräfte F_A und F_B,

b) das maximale Biegemoment.

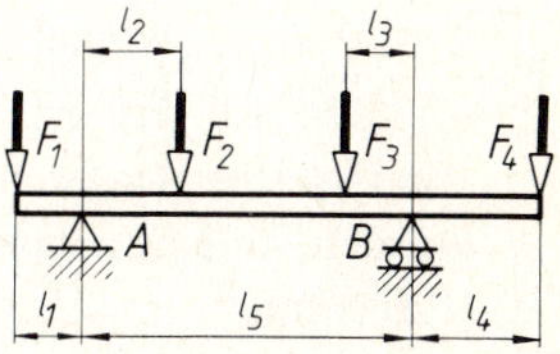

868 Der skizzierte einseitige Kragträger wird belastet durch die Kräfte $F_1 = 3{,}6$ kN und $F_2 = 1{,}4$ kN. Die Abstände betragen: $l_1 = 2$ m, $l_2 = 2{,}5$ m und $l_3 = 6$ m.

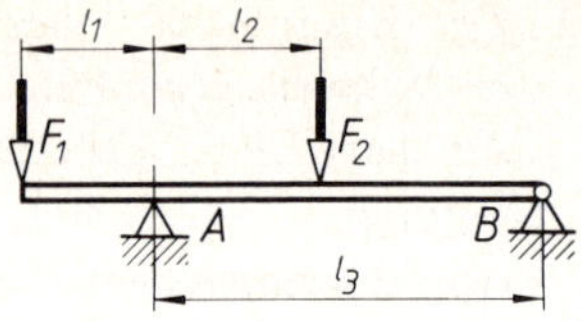

Gesucht:

a) die Stützkräfte F_A und F_B,

b) das maximale Biegemoment,

c) das erforderliche IPE-Profil für eine zulässige Spannung von 120 N/mm^2.

869 Ein Eichenholzbalken ruht hochkant auf zwei Stützen im Abstand von 4,5 m. Er wird durch eine senkrecht wirkende Einzellast von 13 kN im Abstand 1,8 m vom linken Auflager belastet.

Gesucht sind die Querschnittsabmessungen des Balkens für ein Bauverhältnis $h/b \approx 2{,}5$ und eine zulässige Biegespannung von 18 N/mm^2.

870 Zwei biegebeanspruchte Stahlwellen – Vollwelle und Hohlwelle – haben gleiche Masse und gleiche Länge $l = 1$ m. Die Vollwelle hat den Durchmesser $d_1 = 100$ mm, die Hohlwelle den Außendurchmesser D_2 und den Innendurchmesser $d_2 = 2/3 \cdot d_1$. Die zulässige Biegespannung beträgt 100 N/mm^2.

Gesucht:

a) die Durchmesser D_2 und d_2 der Hohlwelle,

b) die axialen Widerstandsmomente für beide Wellen,

c) die Tragfähigkeiten beider Wellen, wenn sie an ihren Enden abgestützt werden und eine Einzellast F_1 bzw. F_2 in der Mitte tragen.

871 Ein Biegeträger auf zwei Stützen ist 6 m lang und wird durch drei Kräfte belastet: $F_1 = 15$ kN, $F_2 = 20$ kN und $F_3 = 18$ kN. Die Abstände dieser Kräfte vom linken Auflager betragen $l_1 = 1{,}5$ m, $l_2 = 3$ m und $l_3 = 5$ m.

Gesucht:

a) die Stützkräfte F_A und F_B,

b) das maximale Biegemoment,

c) das erforderliche IPE-Profil für eine zulässige Biegespannung von 120 N/mm^2.

872 Auf den skizzierten Stützträger wirken die Kräfte $F_1 = 2$ kN, $F_2 = 3$ kN, $F_3 = 2$ kN, $F_4 = 5$ kN und $F_5 = 1$ kN im gleichen Abstand $l = 1{,}2$ m, der Winkel α beträgt 30°.

Gesucht ist das erforderliche U-Profil, wenn zwei gleiche Träger nebeneinander angeordnet werden, für eine zulässige Spannung von 120 N/mm^2.

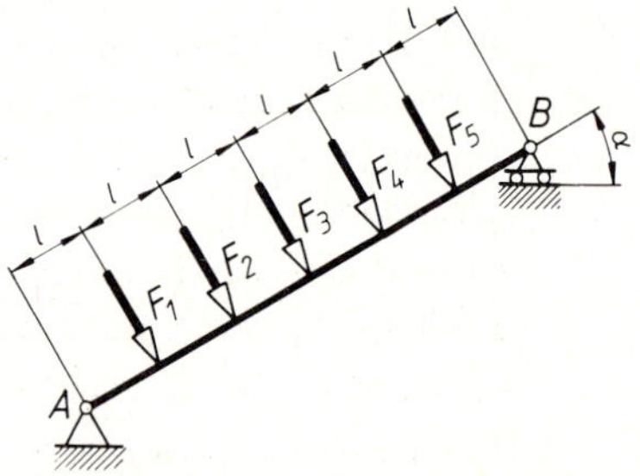

873 Ein Kragträger wird durch fünf gleich große Kräfte $F = 2{,}5$ kN im gleichen Abstand $l = 0{,}6$ m belastet. Die Stützlager A und B sollen symmetrisch so angeordnet sein, daß der Balken ein möglichst kleines IPE-Profil bekommt.

$\sigma_{b\,zul} = 120$ N/mm^2.

a) Welcher Abstand l_1 ist festzulegen?
b) Wie groß ist das maximale Biegemoment?
c) Welches Profil ist zu wählen?

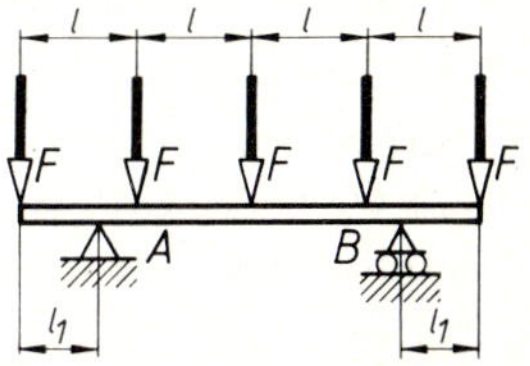

874 Auf das Sprungbrett wirkt die Kraft $F = 1$ kN. Die Abstände betragen $l_1 = 2{,}5$ m und $l_2 = 1{,}5$ m.

Bestimmt werden sollen die Querschnittsabmessungen b und h für ein Bauverhältnis $b/h \approx 10$ und eine zulässige Biegespannung von 8 N/mm^2.

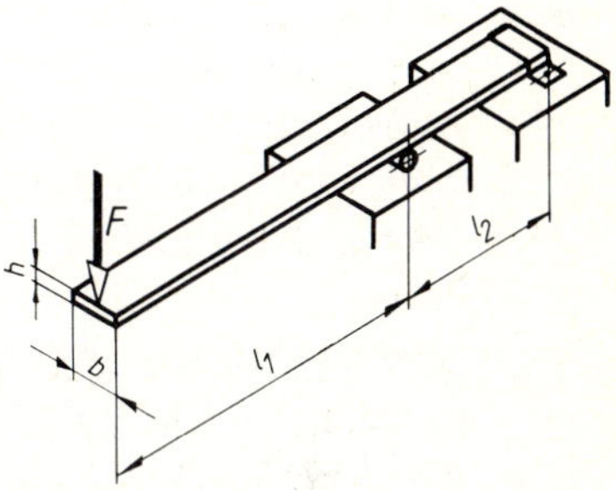

875 Die skizzierte Achse wird durch die Radnabe mit $F = 20$ kN (als Streckenlast wirkend) belastet. Die zulässige Biegespannung beträgt 50 N/mm^2. Abstände: $l_1 = 20$ mm, $l_2 = 60$ mm, $l_3 = 120$ mm, $l_4 = 100$ mm.

Gesucht:

a) die Stützkräfte F_A und F_B,
b) das maximale Biegemoment,
c) der erforderliche Wellendurchmesser d_3,
d) die erforderlichen Zapfendurchmesser d_1 und d_2 (aus der zulässigen Biegespannung),
e) die Flächenpressungen in den Lagern A und B.

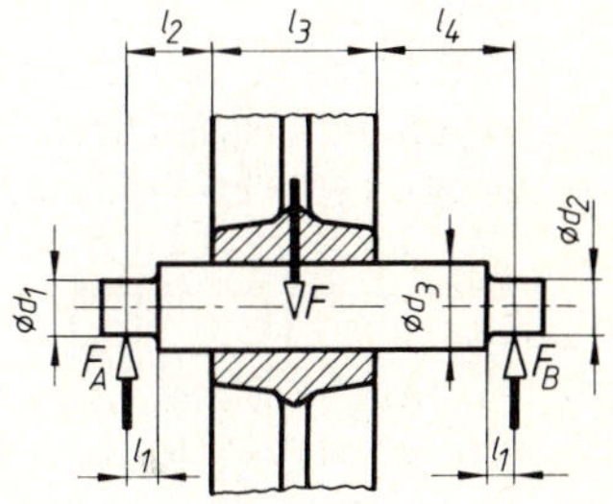

876 Der Konstrukteur hat die skizzierte Bolzenverbindung aufgrund seiner Erfahrung mit folgenden Maßen entworfen: $l_1 = 8$ mm, $l_2 = 3{,}5$ mm, $d = 6$ mm.

Unter der Annahme einer Punktwirkung der Kraft $F = 1{,}2$ kN sind zu bestimmen:

a) die Biegespannung im Bolzen,
b) die Abscherspannung im Bolzen,
c) die größte Flächenpressung in der Verbindung.

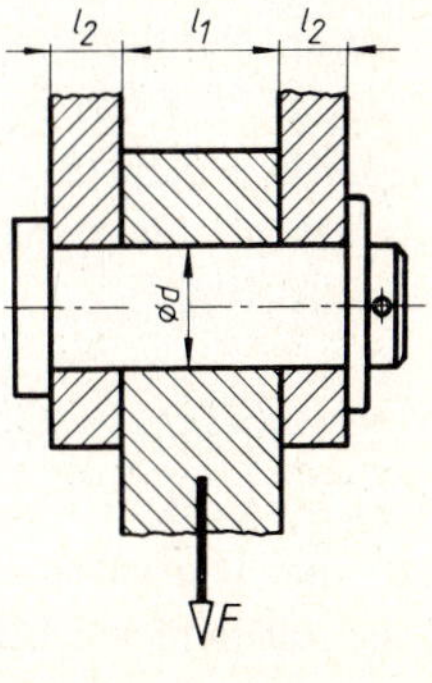

877 Die Traverse eines Hebezeuges wird durch die Kraft $F = 2{,}65$ kN belastet.

Gesucht:

a) das maximale Biegemoment,

b) die Biegespannung in der Schnittstelle I,

c) die Biegespannung in der Schnittstelle II,

d) die Biegespannung in der Schnittstelle III.

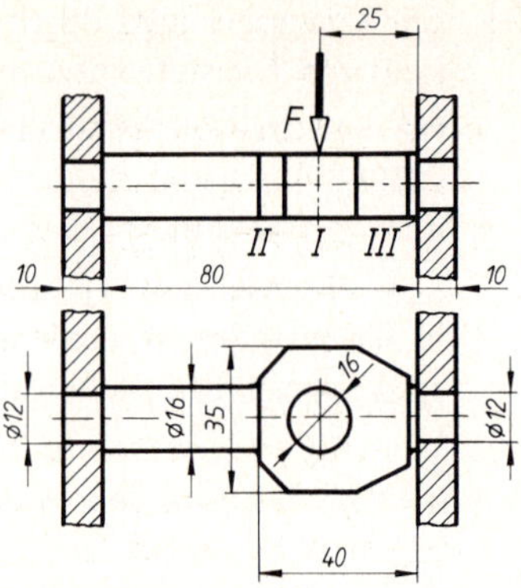

878 Auf einer in A und B fest gelagerten Achse 1 sitzt einseitig die Leitrolle 2, die eine Seilkraft $F = 8$ kN um den Winkel $\alpha = 60°$ umlenkt. Die zulässige Biegespannung beträgt 90 N/mm², die Abstände sind $l_1 = 420$ mm und $l_2 = 180$ mm.

Gesucht:

a) die resultierende Achslast F_r aus den beiden Seilkräften F,

b) das größte Biegemoment für die Achse,

c) das erforderliche Widerstandmoment der Achse bei Kreisquerschnitt,

d) der erforderliche Durchmesser d der Achse,

e) die größte Biegespannung, wenn der Achsendurchmesser auf volle 10 mm erhöht wird.

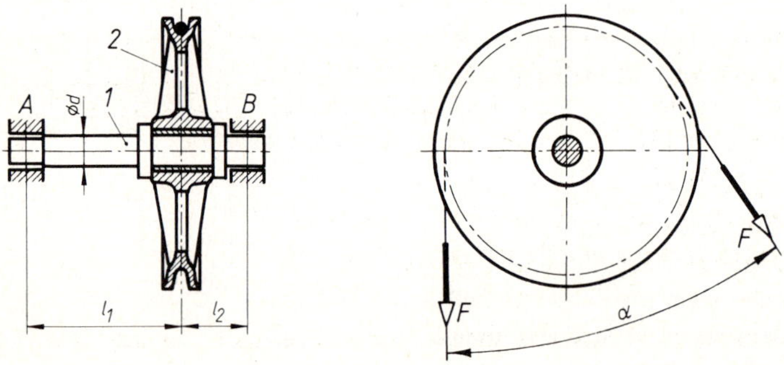

879 Der Hauptträger eines Laufkranes besteht aus zwei IPE-Profilen. Die Belastung durch Nutzlast und Eigengewichtskraft der Laufkatze beträgt $F = 45$ kN, die Abstände $l_1 = 0{,}6$ m und $l_2 = 10$ m. Die dynamischen Kräfte werden durch eine geringere zulässige Biegespannung von 85 N/mm² berücksichtigt.

Gesucht werden das erforderliche Profil und die vorhandene Biegespannung

a) ohne Berücksichtigung des Radstandes l_1 der Laufkatze,

b) mit Berücksichtigung des Radstandes.

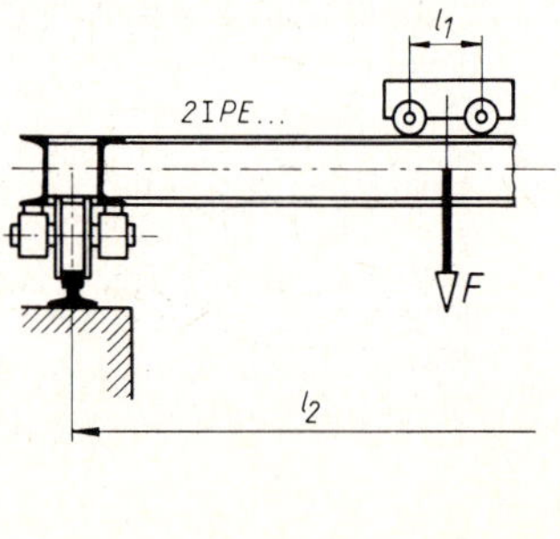

880 Der skizzierte Lagerträger ist mit einer Einzelkraft $F = 15$ kN belastet.

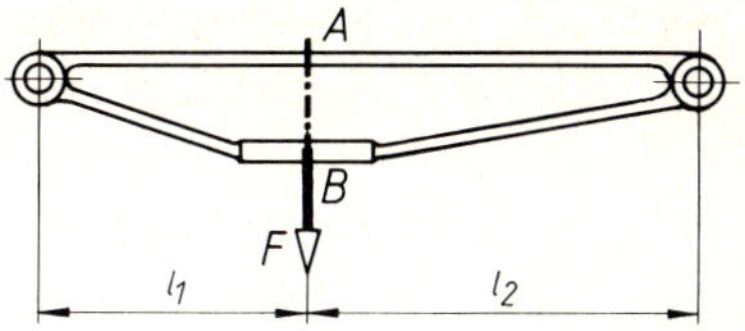

Der gefährdete Querschnitt ist im unteren Bild dargestellt. Die Abmessungen betragen

$l_1 = 400$ mm, $l_2 = 600$ mm, $h = 160$ mm,
$d_1 = 20$ mm, $d_2 = 30$ mm, $d_3 = 20$ mm,
$b_1 = 120$ mm, $b_2 = 90$ mm.

Gesucht:

a) die Schwerpunktsabstände e_1 und e_2,
b) das axiale Flächenmoment I,
c) die axialen Widerstandsmomente W_1 und W_2,
d) die größte Biegespannung.

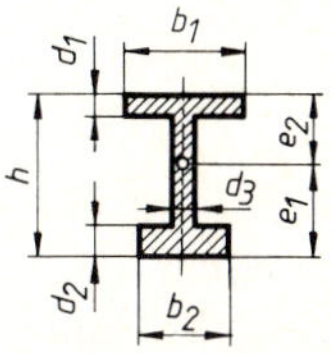

Stützträger mit Mischlasten

881 Der skizzierte Stützträger trägt eine Streckenlast (gleichmäßig verteilte Last) $F' = 2$ kN/m auf $l = 6$ m Länge.

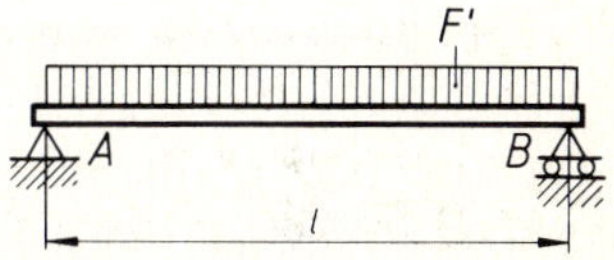

Gesucht:

a) die Stützkräfte F_A und F_B,
b) das maximale Biegemoment.

882 Ein Holzbalken mit Rechteckquerschnitt soll so dimensioniert werden, daß $h/b = 3$ wird. Dabei soll eine Biegespannung von 10 N/mm^2 nicht überschritten werden. Stützlänge $l = 10$ m.

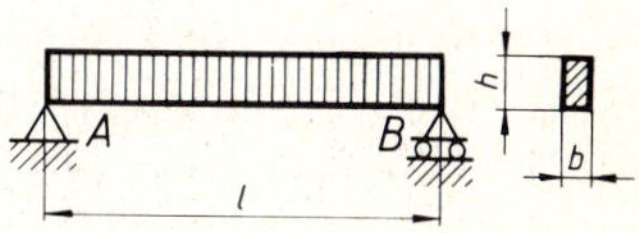

Bei der Berechnung soll nur die Gewichtskraft des Balkens berücksichtigt werden. Dichte $\rho = 1100 \text{ kg/m}^3$.

883 Ein Stützträger wird nach Skizze durch eine Streckenlast von insgesamt 19,5 kN belastet. Die Abstände betragen $l_1 = 4$ m und $l_2 = 2{,}8$ m.

Gesucht:

a) die Stützkraft F_A und F_B,
b) das maximale Biegemoment,
c) das erforderliche IPE-Profil für eine zulässige Biegespannung von 120 N/mm^2.

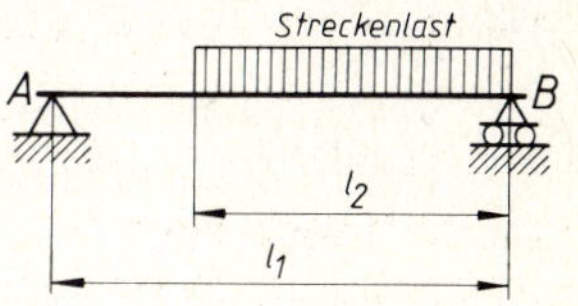

884 Ein Stützträger mit IPE 80-Profil und einer Stützlänge von 5 m soll die gleichmäßig verteilte Streckenlast von 20 N/m tragen.

Es ist die vorhandene Biegespannung unter Berücksichtigung der Eigengewichtskraft zu bestimmen.

885 Eine Achse trägt eine über die Länge $l_1 = 200$ mm gleichmäßig verteilte Last von 800 N. Die anderen Abstände betragen $l_2 = 300$ mm und $l_3 = 500$ mm.

Gesucht:

a) die Stützkräfte F_A und F_B,

b) der Abstand l_4 der $M_{b\,max}$-Stelle vom linken Lager,

c) das maximale Biegemoment,

d) der Durchmesser d der Vollachse bei einer zulässigen Spannung von 80 N/mm².

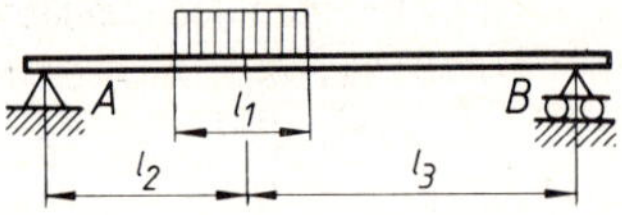

886 Der skizzierte Träger auf zwei Stützen wird belastet durch die Einzellast $F = 6$ kN und die Streckenlast $F' = 2$ kN/m. Die Abstände betragen $l_1 = 1{,}5$ m, $l_2 = 3$ m, $l_3 = 2{,}5$ m und $l_4 = 6$ m.

Gesucht:

a) die Stützkräfte F_A und F_B,

b) das maximale Biegemoment.

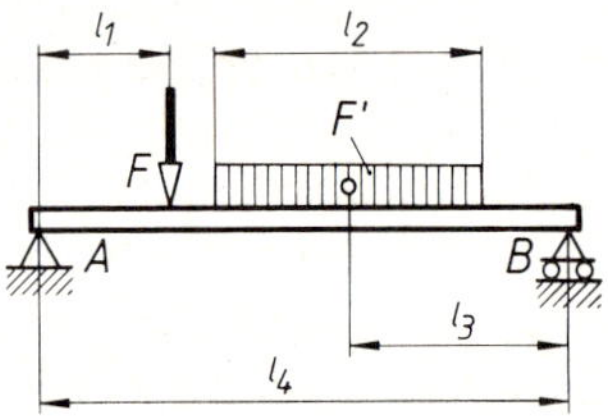

887 Auf den skizzierten Kragträger wirken die Einzellasten $F_1 = 1{,}5$ kN, $F_2 = 4$ kN, $F_3 = 2$ kN und eine Streckenlast $F' = 2$ kN/m. Die Abstände betragen $l_1 = 1$ m, $l_2 = 4{,}5$ m, $l_3 = 1{,}5$ m, $l_4 = 2{,}5$ m und $l_5 = 3$ m.

Gesucht:

a) die Stützkräfte F_A und F_B,

b) das maximale Biegemoment,

c) das erforderliche IPE-Profil für eine zulässige Spannung von 120 N/mm².

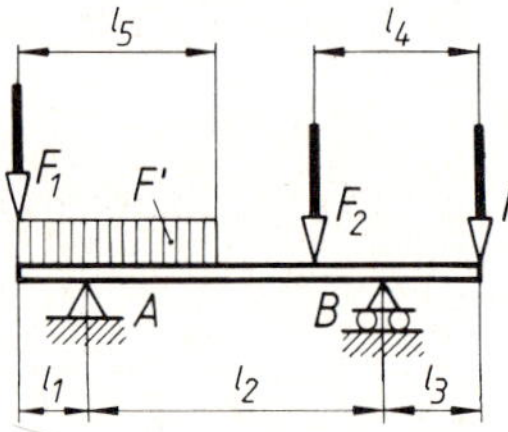

888 Der Träger mit dem skizzierten Profil wird durch die beiden Einzellasten $F = 20$ kN und die Streckenlast $F' = 4$ kN/m belastet. Die Abstände betragen $l_1 = 2$ m, $l_2 = 6$ m, $l_3 = 1$ m, $l_4 = 3$ m und $l_5 = 2$ m.

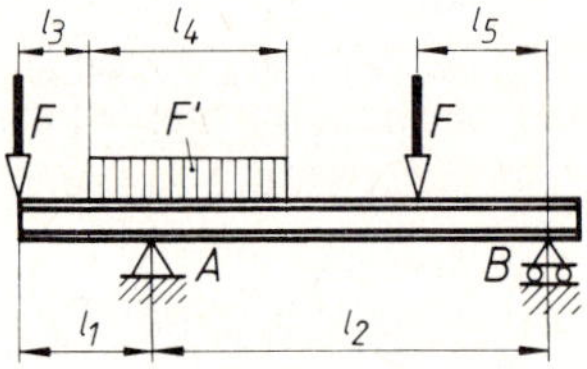

Gesucht:

a) das maximale Biegemoment,

b) der Abstand des Profilschwerpunktes von der Unterkante,

c) das axiale Flächenmoment des Profiles,

d) die Widerstandsmomente,

e) die maximale Biegespannung.

f) An welcher Stelle tritt sie auf?

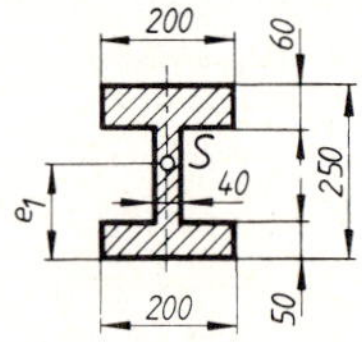

Profilquerschnitt

889 Die Skizze zeigt die Belastung einer Welle durch die Einzelkräfte $F_1 = 3$ kN, $F_2 = 4$ kN, $F_3 = 3$ kN und die Streckenlasten $F'_1 = 4$ kN/m und $F'_2 = 6$ kN/m. Die Abstände betragen $l_1 = 250$ mm, $l_2 = 450$ mm, $l_3 = 300$ mm, $l_4 = 300$ mm und $l_5 = 1000$ mm.

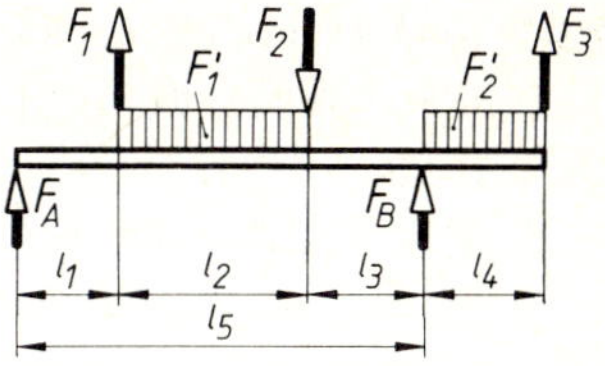

Gesucht:

a) die Stützkräfte F_A und F_B,

b) das maximale Biegemoment.

890 Ein Kragträger aus Holz hat Rechteckquerschnitt mit den Maßen 20 × 25 cm und liegt hochkant auf. Er trägt die Einzellasten $F_1 = 6$ kN und $F_2 = 8$ kN, sowie die Streckenlasten $F'_1 = 13{,}75$ kN/m und $F'_2 = 12$ kN/m gleichmäßig auf die zugehörigen Balkenlängen verteilt. Die Abstände betragen $l_1 = 2{,}5$ m und $l_2 = 0{,}8$ m.

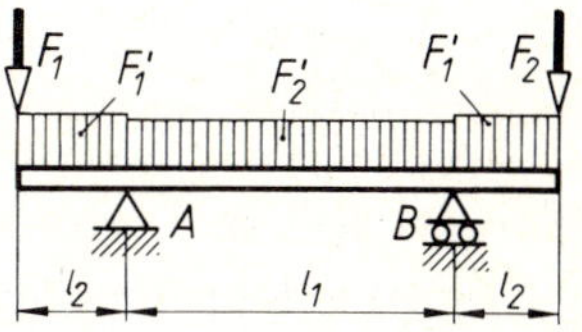

Gesucht:

a) die Stützkräfte F_A und F_B,

b) das maximale Biegemoment,

c) die größte Biegespannung im Balken.

891 Auf den skizzierten Kragträger wirken die Einzellasten $F_1 = 30$ kN, $F_2 = 20$ kN, $F_3 = 15$ kN und die Streckenlasten $F'_1 = 6$ kN/m und $F'_2 = 3$ kN/m. Die Abmessungen betragen $l_1 = 1$ m, $l_2 = 1{,}5$ m, $l_3 = 5$ m, $l_4 = 5$ m, $l_5 = 1$ m und $l_6 = 2$ m.

Gesucht:

a) die Stützkräfte F_A und F_B,

b) das maximale Biegemoment,

c) das erforderliche IPE-Profil für eine zulässige Spannung von 140 N/mm².

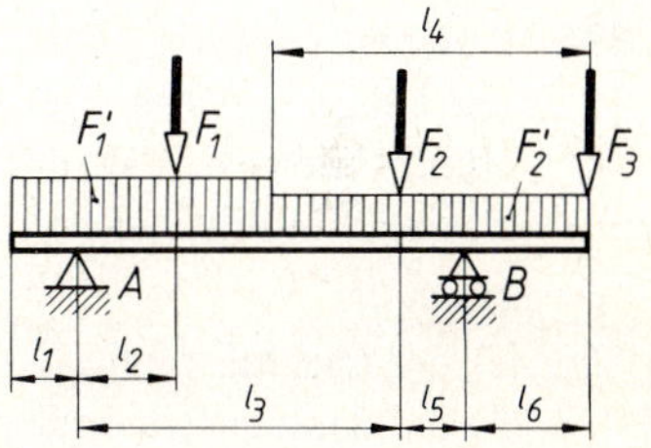

892 Eine Seilrolle ist nach Skizze gelagert und mit $F = 300$ kN belastet.

Unter der Annahme gleichmäßig verteilter Streckenlast sind zu ermitteln:

a) die Stützkräfte am Rollenbolzen,
b) das maximale Biegemoment,
c) der erforderliche Bolzendurchmesser d für eine zulässige Spannung von 140 N/mm²,
d) die Abscherbeanspruchung im Rollenbolzen,
e) die Flächenpressung zwischen Zuglasche und Bolzen,
f) die Flächenpressung zwischen Lagerbuchse und Bolzen.

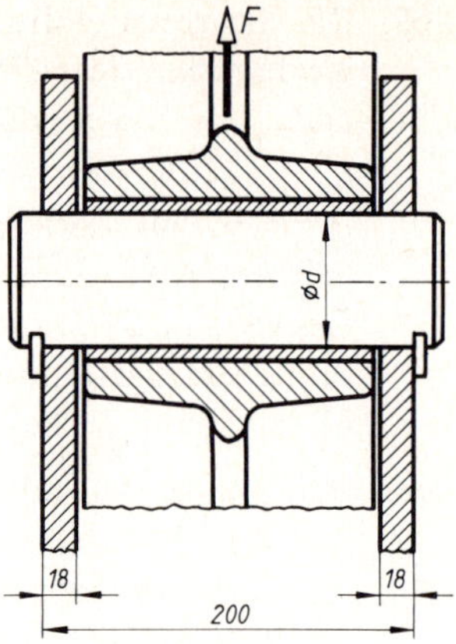

893 Die skizzierte Bolzenverbindung soll die Kraft $F = 140$ kN übertragen. Laschenmaße: $s_1 = 30$ mm, $s_2 = 60$ mm.

Mit den zulässigen Spannungen für Abscheren von 120 N/mm² und für Biegung von 140 N/mm² sind zu bestimmen:

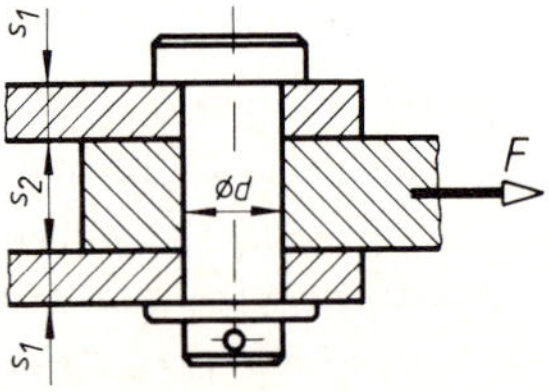

a) der Bolzendurchmesser d auf Abscheren (nächsthöhere Normzahl),
b) die auftretende Biegespannung unter der Annahme gleichmäßig verteilter Last.
c) Vergleichen Sie die vorhandene Biegespannung mit der zulässigen und berechnen Sie den Bolzendurchmesser gegebenenfalls neu!
d) Wie groß ist die jetzt auftretende Abscherspannung?
e) Wie groß ist die größte Flächenpressung?

894 Auf den einseitig überkragenden Träger wirkt die Streckenlast $F' = 2{,}5$ kN/m auf der Länge $l_1 = 4$ m. Der Lagerabstand l_2 soll durch Verschieben des Lagers B so bestimmt werden, daß das maximale Biegemoment im Träger den kleinstmöglichen Betrag annimmt.

Gesucht:

a) der Lagerabstand l_2,
b) das dann auftretende maximale Biegemoment.

Lösungshinweis: Die Skizze der Querkraftfläche zeigt zwei Nulldurchgänge. Die Biegemomente an diesen beiden Stellen müssen gleichen Betrag haben.

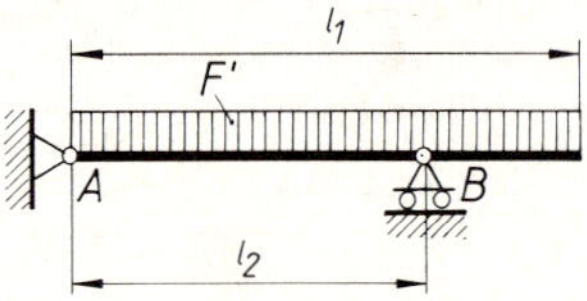

895 Eine einseitig eingespannte Blattfeder aus Stahl drückt mit ihrem freien Ende auf einen Hebel. Im eingebauten Zustand ist das freie Ende elastisch um einen Federweg von 12 mm aufgebogen. Die Blattfeder hat eine freitragende Länge von 60 mm und konstanten Rechteckquerschnitt 10 × 1 mm.

Mit welcher Kraft wirkt das freie Ende der Feder auf den Hebel?

896 Der skizzierte Freiträger aus IPE 100 wird durch die Einzellast $F = 1$ kN und die Streckenlast $F' = 4$ kN/m belastet. Die freitragende Länge l beträgt 1,2 m.

Berechnen Sie die Durchbiegung am freien Trägerende:

a) wenn die Einzellast F allein wirkt,

b) wenn die Streckenlast allein wirkt,

c) wenn die Eigengewichtskraft allein wirkt.

d) Wie groß ist die resultierende Durchbiegung (Überlagerungsprinzip)?

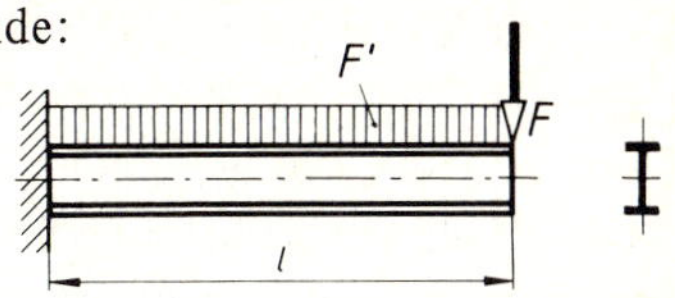

897 Eine Welle aus St 50 hat einen Durchmesser von 30 mm und einen Lagerabstand von 400 mm. Sie wird mittig durch eine Kraft von 4 kN belastet.

Ermitteln Sie unter Vernachlässigung der Eigengewichtskraft:

a) die maximale Biegespannung,

b) die maximale Durchbiegung,

c) den Winkel, den die Biegelinie in den Lagerpunkten mit der Verbindungslinie der Lager einschließt,

d) die maximale Durchbiegung einer Welle gleicher Abmessungen aus dem Werkstoff AlCuMg 2 mit $E = 7 \cdot 10^4$ N/mm^2.

e) Auf welchen Betrag muß der Durchmesser der Al-Welle erhöht werden, wenn sie die gleiche Durchbiegung aufweisen soll wie die Stahlwelle?

Beanspruchung auf Knickung

898 Eine Ventilstößelstange aus St 50 hat 8 mm Durchmesser und ist 250 mm lang. Welche maximale Stößelkraft ist zulässig, wenn eine 10fache Sicherheit gegen Knicken gefordert wird?

899 Die Skizze zeigt eine Presse mit Handantrieb zum Ausdrücken von Lagerbuchsen. Die Kraft $F = 400$ N wirkt über den Handhebel und das Zahnstangengetriebe auf den Stempel. Die Abmessungen betragen $r = 350$ mm, $d_2 = 36$ mm, $l = 400$ mm, Zahnrad mit $z = 30$ Zähnen und Modul $m = 5$ mm.

Gesucht:

a) der erforderliche Durchmesser d_1 des Handhebels, wenn eine zulässige Biegespannung von 140 N/mm^2 vorgeschrieben ist,

b) die Sicherheit gegen Knicken im Pressenstempel (St 50) mit Kreisquerschnitt, wenn als freie Knicklänge $s = 2l$ eingesetzt werden soll.

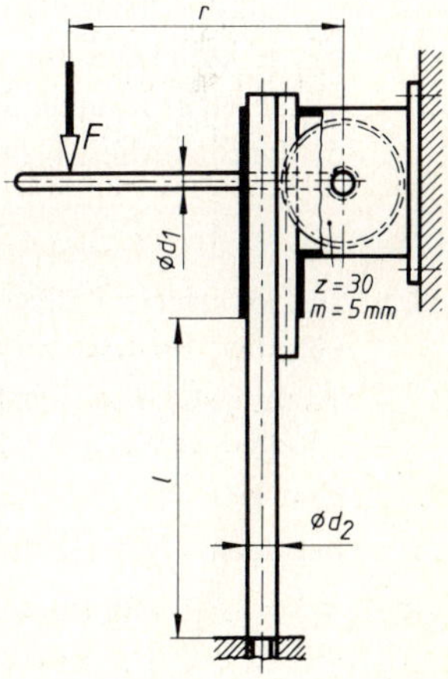

900 Die Spindel einer Presse hat 800 kN Druckkraft aufzunehmen. Gewindeart: ISO-Trapezgewinde.

Gesucht:

a) der erforderliche Kernquerschnitt des Trapezgewindes für eine zulässige Spannung von 100 N/mm^2,
b) das zu wählende Trapezgewinde,
c) die erforderliche Mutterhöhe m für eine zulässige Flächenpressung von 30 N/mm^2,
d) der Schlankheitsgrad λ der Spindel für eine freie Knicklänge $s = 1600$ mm (mit Kerndurchmesser d_3 rechnen!),
e) die Knickspannung σ_K für Werkstoff St 50,
f) die vorhandene Druckspannung in der Spindel,
g) die Sicherheit ν gegen Knicken (Knicksicherheit).

901 Eine Lenkstange aus St 50 von 600 mm Länge wird in axialer Richtung durch eine Höchstkraft $F = 6$ kN belastet.

Wie groß muß der Durchmesser d der Lenkstange bei Kreisquerschnitt sein, wenn eine 8fache Knicksicherheit gefordert wird?

902 Die Druckspindel der skizzierten Abziehvorrichtung soll nachgerechnet werden.

Es wirkt eine Handkraft von 150 N im Abstand $l_1 = 200$ mm von der Spindelachse. Spindelwerkstoff: St 50. Gewinde: Metrisches ISO-Gewinde M20. Freie Knicklänge $s = l_2 = 380$ mm. Die Spindelmutter besteht aus Bronze mit einer zulässigen Flächenpressung von 12 N/mm^2.

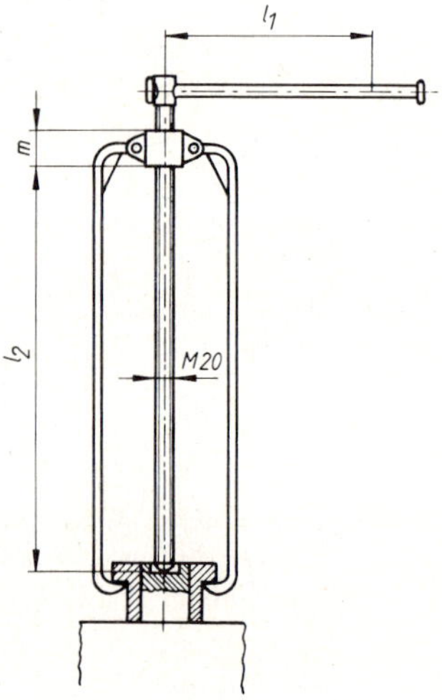

Gesucht:

a) die Druckkraft in der Spindel für den ungünstigen Fall der trockenen Reibung Stahl/Bronze,
b) die Druckspannung im Gewindequerschnitt,
c) die erforderliche Mutterhöhe m,
d) die Sicherheit ν der Spindel gegen Knicken.

903 Das skizzierte Ladegeschirr wird mit $F = 20$ kN belastet. Es besteht aus Rundgliederketten mit 13 mm Glieddurchmesser, dem Spreizbalken aus Rohr 60 × 5, Werkstoff St 37, und Zugstangen mit Kreisquerschnitt. Die Abmessungen betragen $l_1 = 1{,}7$ m, $l_2 = 0{,}7$ m, $l_3 = 0{,}75$ m.

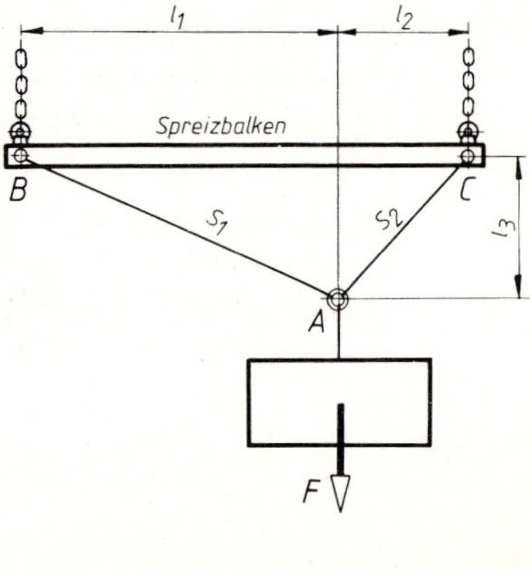

Gesucht:

a) die Durchmesser d_1 und d_2 der Zugstangen S_1 und S_2 für eine zulässige Spannung von 120 N/mm²,
b) die Spannungen in den beiden Ketten,
c) die Druckspannung im Spreizbalken,
d) die Knicksicherheit des Spreizbalkens.

904 Eine Nähmaschinennadel hat den skizzierten Querschnitt und 28 mm Länge; die freie Knicklänge ist dann $s = 2l = 56$ mm.

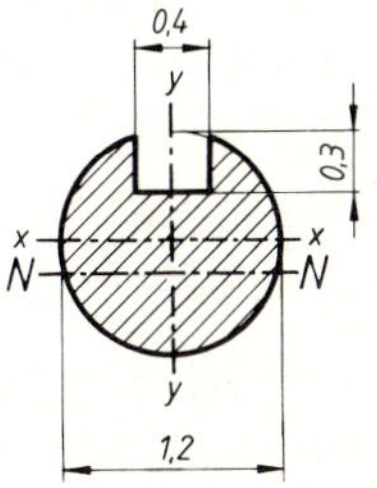

Gesucht:

a) das axiale Flächenmoment für die *N*-Achse,
b) das axiale Flächenmoment für die *y*-Achse,
c) der Trägheitsradius i_N,
d) der Schlankheitsgrad λ,
e) die Knickkraft F_K.

905 Ein Behälter faßt 3000 Liter Öl mit der Dichte $\rho = 850$ kg/m³. Die Lasten für Rohre, Armaturen und Behälter sowie für Isolierungen werden insgesamt mit 20 % des Füllgewichts angenommen.

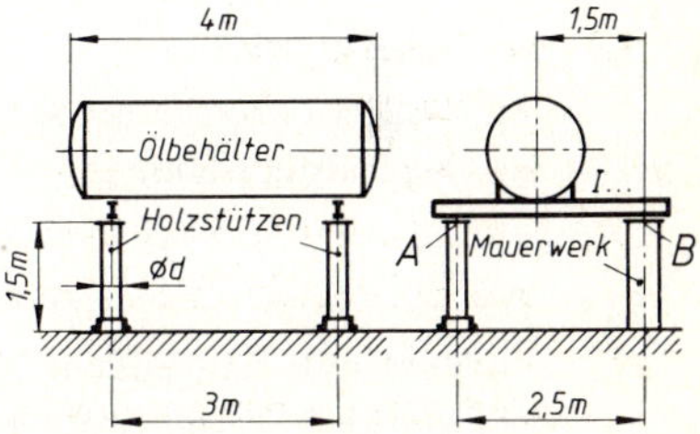

Gesucht:

a) das erforderliche IPE-Profil für eine zulässige Spannung von 120 N/mm²,
b) der Durchmesser *d* der Holzstützen für 10-fache Sicherheit.

906 Eine Kolbenstange aus St 50 mit Kreisquerschnitt wird durch eine Höchstkraft $F = 60$ kN auf Knickung beansprucht. Die freie Knicklänge ist $s = l = 1350$ mm, die geforderte Knicksicherheit $\nu = 3{,}5$.

Gesucht ist der erforderliche Durchmesser *d* der Kolbenstange.

907 Die Schubstange des Hydraulik-Hubgerätes zum Schwenken des Arbeitstisches, der die Belastung $F = 12$ kN trägt, hat eine freie Knicklänge $s = 400$ mm.

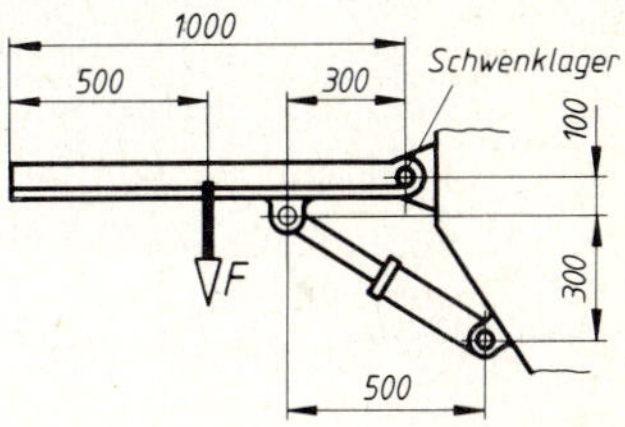

Gesucht ist der erforderliche Kreisquerschnitt der Schubstange aus St 50 für 6fache Sicherheit gegen Knicken.

908 Die Pleuelstange eines Verbrennungsmotors besteht aus St 50 und hat die Maße $l = 370$ mm, $H = 40$ mm, $h = 30$ mm, $b = 20$ mm, $s = 15$ mm. Sie wird durch eine Kraft $F = 16$ kN auf Knickung beansprucht.

Gesucht ist die vorhandene Knicksicherheit ν.

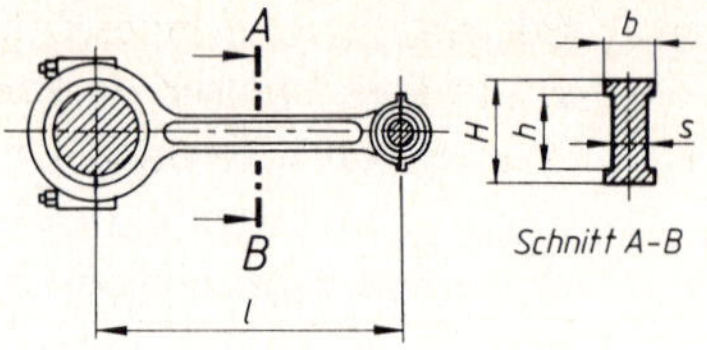

909 Für die gezeichnete Stellung eines Bremsgestänges ist der Durchmesser d der 550 mm langen Stange aus St 37 zu berechnen.

Hebelkraft $F_1 = 4$ kN. Gefordert wird eine 10-fache Sicherheit gegen Knicken.

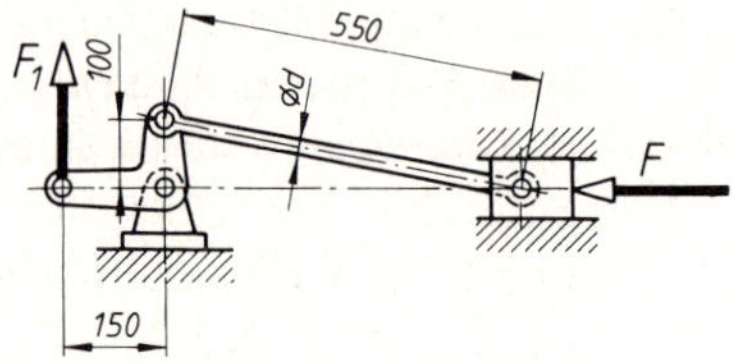

910 Eine wechselnd auf Zug/Druck beanspruchte Stange von 300 mm freier Knicklänge aus St 50 wird mit 20 kN belastet. Die Spannung soll wegen Dauerbruchgefahr 60 N/mm² nicht überschreiten. Aus dieser Bedingung sollen zunächst die Querschnittsabmessungen festgelegt und anschließend die Sicherheit gegen Knicken nachgeprüft werden für

a) Rechteckquerschnitt mit $h/b = 3{,}5$ und
b) Quadratquerschnitt.

911 Die skizzierte Ventilsteuerung eines Verbrennungsmotors mit hängenden Ventilen besteht aus der Nockenwelle 1, der Stößelstange 2, dem Kipphebel 3, dem Ventil 4 und der Ventilfeder 5. Am rechten Ende wird der Kipphebel mit $F = 4$ kN belastet.

Die Abstände betragen $l_1 = 40$ mm, $l_2 = 28$ mm und $l_3 = 305$ mm.

Gesucht:

a) die Belastung der Stößelstange,
b) die Knickkraft bei 3facher Knicksicherheit,
c) das erforderliche Flächenmoment I_{erf},
d) der Außendurchmesser D und der Innendurchmesser d der Stößelstange mit Rohrquerschnitt, wenn $D/d = 10/8$ sein soll. Werkstoff: Vergütungsstahl mit einem Grenzschlankheitsgrad $\lambda_0 = 70$,
e) der Trägheitsradius des gefundenen Stößelstangenquerschnitts,
f) der Schlankheitsgrad der Stößelstange.

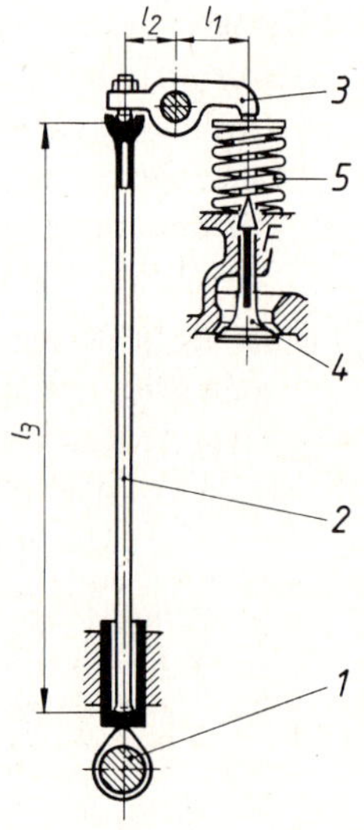

912 Der skizzierte Spindelbock soll eine größte Last von $F = 15$ kN heben. Die Skizze zeigt die am weitesten ausgefahrene Stellung. Die Füße aus 60 × 5 mm Rohr bilden in der Stützebene ein gleichseitiges Dreieck.

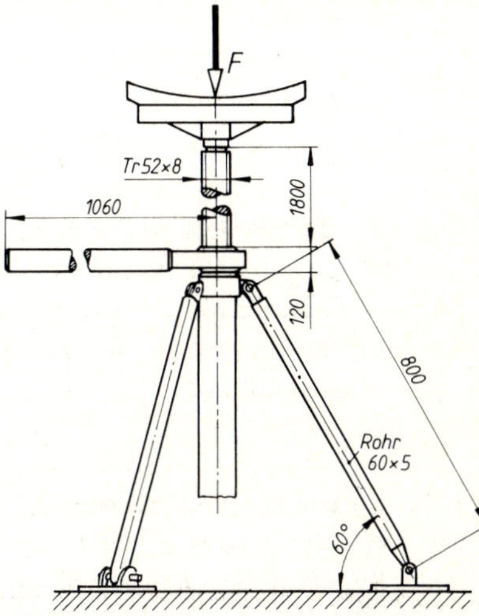

Gesucht:

a) die Druckspannung in der Trapezgewindespindel,
b) die Flächenpressung im Gewinde bei 120 mm Mutterhöhe,
c) der Schlankheitsgrad der Spindel (freie Knicklänge $s = l$ gesetzt),
d) die Knicksicherheit der Spindel aus St 50,
e) die Belastung einer Rohrstütze,
f) deren Druckspannung,
g) deren Schlankheitsgrad,
h) die Knicksicherheit der Rohrstützen, Werkstoff St 37.

913 Eine Hebebühne trägt eine Last von 30 kN und wird durch den Hydraulikzylinder 1 gehoben, wobei dessen Kolbenstange maximal 1,8 m frei steht. Die Hubbewegung wird von der Kolbenstange über das Konsolblech 2 auf die seitlich geführten Stützen aus zwei U-Profilen übertragen.

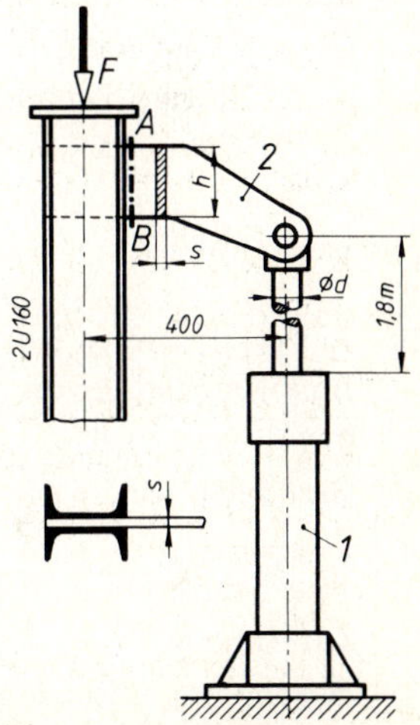

Gesucht:

a) der Durchmesser d der Kolbenstange aus St 50 für eine 6fache Knicksicherheit,
b) die Querschnittsmaße h und s des Konsolbleches im Schnitt A–B für eine zulässige Biegespannung von 120 N/mm² und ein Bauverhältnis von $h/s \approx 10/1$.

914 Die skizzierte Spindelpresse soll eine Druckkraft $F = 40$ kN aufbringen. Die Spindel besteht aus St 50 und hat eine Länge $l = s = 0{,}8$ m.

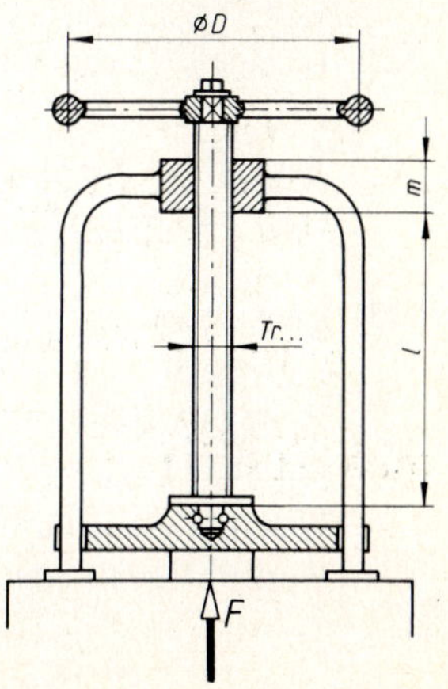

Gesucht:

a) der erforderliche Kernquerschnitt der Spindel für eine zulässige Spannung von 60 N/mm²,
b) das erforderliche Trapezgewinde,
c) der Schlankheitsgrad der Spindel,
d) die Knicksicherheit der Spindel,
e) die Mutterhöhe m für eine zulässige Flächenpressung von 10 N/mm²,
f) der Handrad-Durchmesser D für eine Handkraft $F_1 = 300$ N zur Erzeugung der Druckkraft F. Dabei soll nur die Gewindereibung mit $\mu' = 0{,}1$ berücksichtigt werden.

915 Eine Schraubenwinde ist für eine Tragkraft von 50 kN und eine größte Hubhöhe von $l = s = 1{,}4$ m ausgelegt.

Werkstoffe: Spindel aus St 50, Mutter aus GG.

Gesucht:

a) der erforderliche Kernquerschnitt der Spindel bei einer zulässigen Spannung von 60 N/mm^2,
b) das erforderliche Trapezgewinde,
c) der Schlankheitsgrad der Spindel,
d) die Knicksicherheit der Spindel,
e) die Mutterhöhe m für eine zulässige Flächenpressung von 8 N/mm^2,
f) die Hebellänge l_1 für eine Handkraft von 300 N ohne Berücksichtigung der Rollreibung an der Kopfauflage ($\mu' = 0{,}16$ gesetzt),
g) der Hebeldurchmesser d_1 für eine zulässige Spannung von 60 N/mm^2.

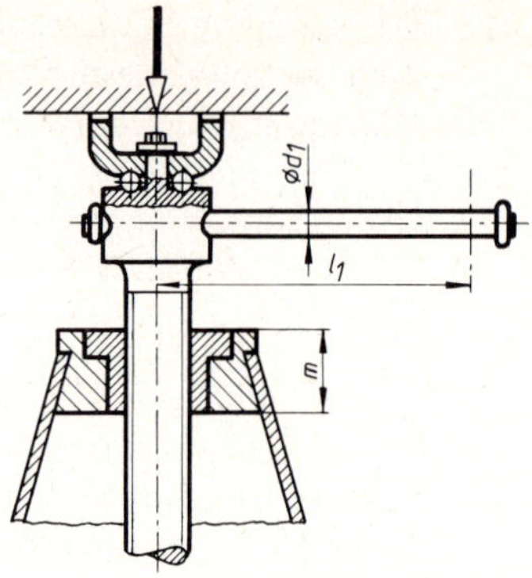

916 Eine Dreibein aus Nadelholzstämmen von 150 mm Durchmesser und 4,5 m Länge bildet in seiner Stützebene ein gleichseitiges Dreieck von 3 m Seitenlänge.

Welche Last kann höchstens an den Flaschenzug des Dreibeins gehängt werden, wenn 10fache Sicherheit gegen Knicken gefordert wird?

Omegaverfahren

920 Ein geschweißter Knickstab aus 2 L 90 × 9, Werkstoff St 37, Lastfall H, hat eine freie Knicklänge von 2 m. Die zulässige Spannung ist mit 140 N/mm^2 vorgeschrieben.

Berechnen Sie die höchste zulässige Belastung des Knickstabes!

921 Eine Stütze mit Rohrprofil aus St 37 soll bei 4 m Knicklänge eine Last von 300 kN aufnehmen. Die zulässige Spannung beträgt 140 N/mm^2.

Welche Wanddicke δ ist erforderlich, wenn der Rohr-Außendurchmesser $D = 120$ mm gewählt wird?

922 In einem Lagerhaus wird eine Säule mit $F = 84$ kN in Achsrichtung belastet. Die freie Knicklänge beträgt $s = 3$ m.

Bestimmen Sie das erforderliche I PE-Profil aus St 37! Die zulässige Spannung beträgt 140 N/mm^2.

923 Eine Baustütze soll aus einem nahtlosen Flußstahlrohr nach DIN 2448 durch Aufschweißen einer Fuß- und einer Kopfplatte hergestellt werden. Zur Verfügung steht Rohr mit 108 mm ($4\frac{1}{4}''$) Außendurchmesser und 6 mm Wanddicke in den Qualitäten St 35 ($\sigma_{zul} = 140$ N/mm^2) und St 55 ($\sigma_{zul} = 210$ N/mm^2).

Welche Last kann die Baustütze bei einer Knicklänge von 4,5 m in jeder der beiden Werkstoffqualitäten aufnehmen?

924 Die Hubhöhe eines vorhandenen Wandkranes reicht nicht mehr aus. Sie soll durch umgekehrte Aufhängung vergrößert werden. Stab 2 besteht aus Flachstahl 120 × 10 mm und ist an Stab 1, bestehend aus 2 U 240 und an Stab 3, bestehend aus 2 U 160 mit je 4 Schrauben M 16 in 17 mm Löchern angeschlossen. In der alten Aufhängung mußte Stab 2 eine Zugkraft von 100 kN aufnehmen können.

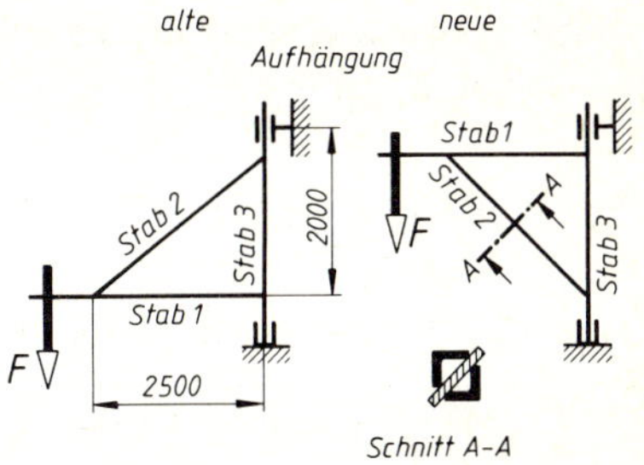

a) Wie ändert sich die Beanspruchung in den Stäben 1, 2 und 3?

b) Berechnen Sie die Systemlänge für Stab 2; sie soll gleich der Knicklänge gesetzt werden!

c) Der vorhandene Stab 2 ist durch Aufschweißen von 2 Winkelstählen so zu verstärken, daß er den Anforderungen nach dem ω-Verfahren genügt. Zulässige Spannung 140 N/mm^2. Anordnung der Verstärkung nach Skizze.

Bemerkung: Wir wählen die Winkelprofile so, daß durch die Schweißarbeit die Randzonen des vorhandenen Flachstahles nicht beschädigt werden, da beim Ausknicken über die x-Achse hier die größten Spannungen auftreten. Nach dieser Überlegung sind nur die Profile 60 × ? oder 65 × ? verwendbar.

Um Korrosionsschäden zu vermeiden, sind die Hohlräume luftdicht abzuschließen.

925 Ein Laufsteg ist alle drei Meter unterstützt. Die größte Belastung der Lauffläche beträgt 2,5 kN/m^2.

Berechnen Sie die Stütze für die Unterstützungsrahmen, wenn U-Profil verwendet werden soll!

Die vorhandenen Spannungen sind nach dem Omegaverfahren nachzuweisen (St 37 mit 140 N/mm^2 zulässiger Spannung).

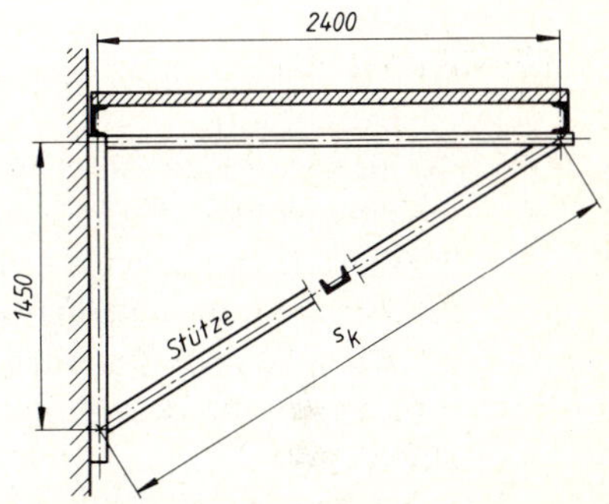

926 Eine vorhandene Baustütze aus I PE 200 trägt bei einer freien Knicklänge von 4 m eine mittige Last von 60 kN.

Werkstoff St 37 im Lastfall H mit $\sigma_{zul} = 140$ N/mm^2.

a) Welche Last kann sie aufnehmen, wenn ein Ausknicken nur über die x-Achse möglich wäre?

b) Wie breit müssen Flachstähle von 8 mm Dicke sein, die hochkant auf der x-Achse des Profiles angeordnet werden, damit für die y-Achse etwa die gleiche Knicksicherheit vorhanden ist wie für die x-Achse?

c) In einer Nachrechnung ist die maximale Belastbarkeit nach der Verstärkung des Profiles für die beiden Hauptachsen (x- und y-Achse) zu bestimmen.

Zusammengesetzte Beanspruchung

Biegung und Zug/Druck

927 Berechnen Sie für den mit $F = 6$ kN belasteten eingeschweißten Bolzen

a) die im Querschnitt A–B auftretende Abscherspannung,
b) die Zugspannung im selben Querschnitt,
c) die im gefährdeten Querschnitt auftretende Biegespannung,
d) die im Querschnitt A–B auftretende höchste Normalspannung.

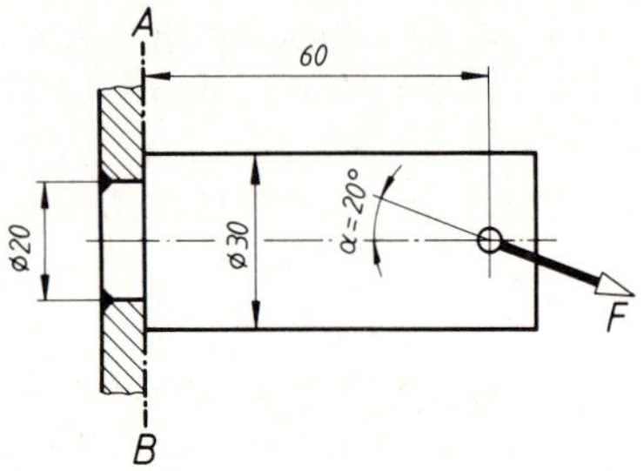

928 Der skizzierte eingemauerte Freiträger besteht aus 2 U 80 DIN 1026 und wird nach Skizze außermittig durch eine Zugkraft $F = 10$ kN belastet.

Gesucht:

a) das innere Kräftesystem im gefährdeten Querschnitt,
b) die auftretende Abscherspannung,
c) die auftretende reine Zugspannung,
d) die auftretende reine Biegespannung,
e) die größte resultierende Normalspannung.
f) Wie groß muß l_2 werden, wenn im Einspannquerschnitt keine Biegung auftreten soll?

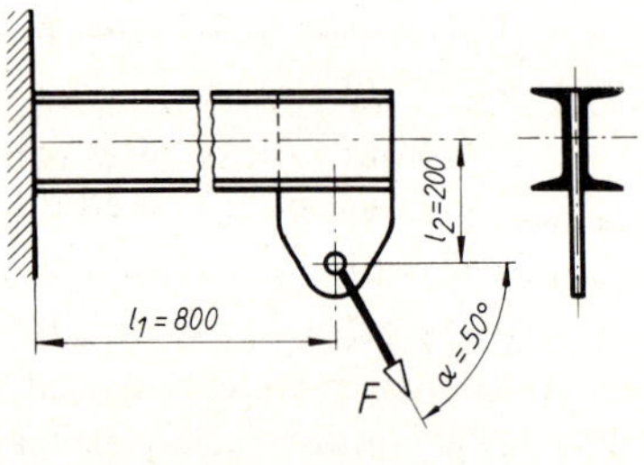

929 Ein Konsolträger aus GG hat den skizzierten gefährdeten Querschnitt. Die Flanschbreite b soll so berechnet werden, daß die auftretenden Randfaserspannungen oben und unten (Zug- und Druckspannungen) den jeweils zulässigen Wert erreichen, und zwar 50 N/mm² Zugspannung und 150 N/mm² Druckspannung.

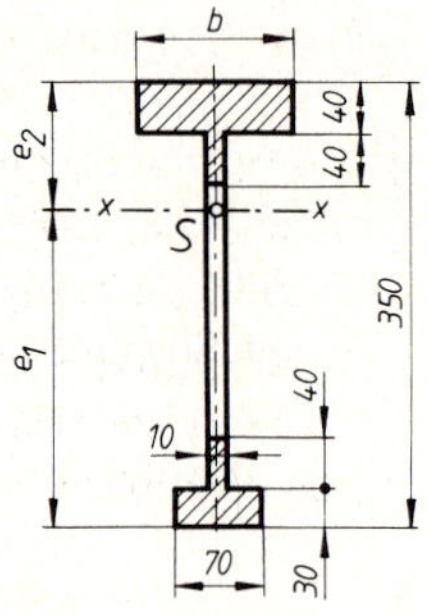

930 Der skizzierte Ausleger ist für eine Nutzlast von 20 kN im Hubseil auszulegen. Es sind die Querschnitte von Seil und Rohr zu bestimmen.

Gesucht:

a) die Kraft F_s im waagerechten Seil,

b) die Stützkraft in B,

c) die Anzahl der Drähte von 1,5 mm Durchmesser im Seil, wenn die zulässige Spannung 300 N/mm² beträgt,

d) der erforderliche Rohrquerschnitt, wenn $D/d = 10/9$ und $\sigma_{b\,zul} = 100\ \text{N/mm}^2$ sein soll und nur auf Biegung gerechnet wird,

e) die größte resultierende Normalspannung.

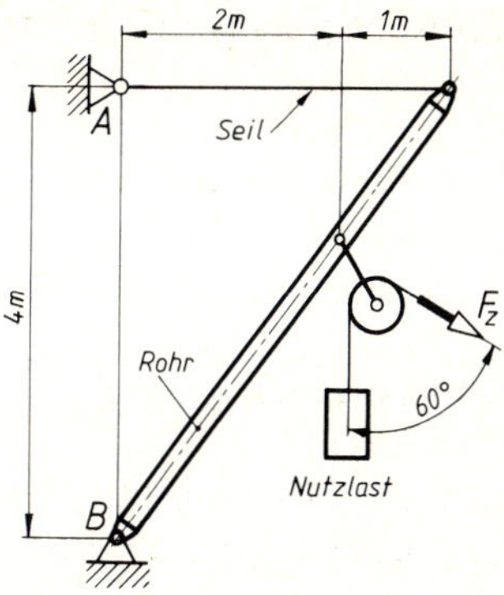

931 Das gebogene Profil U120 ist in zwei Ausführungen angeschweißt. Der Abstand l beträgt in beiden Fällen 450 mm. Die höchste zulässige Normalspannung im Querschnitt A–B soll 60 N/mm² betragen.

Berechnen Sie F_{max} für die beiden Ausführungen!

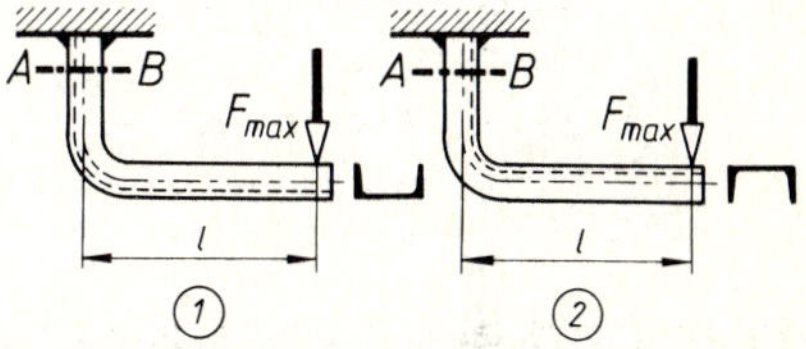

932 Ein U-Profil hat $F = 180$ kN Zuglast zu übertragen und ist einseitig an ein Knotenblech von $s = 16$ mm Dicke angeschlossen. Die zulässige Zugspannung soll 140 N/mm² betragen. Die Nietlöcher bleiben unberücksichtigt.

a) Berechnen Sie das erforderliche U-Profil unter der Annahme reiner Zugbeanspruchung!

b) Berechnen Sie für das gewählte Profil:

α) die reine Zugspannung,

β) die Biegespannung in den Randfasern,

γ) die größte resultierende Normalspannung!

c) Wählen Sie das nächstgrößere Profil und bestimmen Sie dafür ebenfalls:

α) die reine Zugspannung,

β) die Biegespannung,

γ) die größte resultierende Normalspannung!

d) Vergleichen Sie mit der zulässigen Spannung!

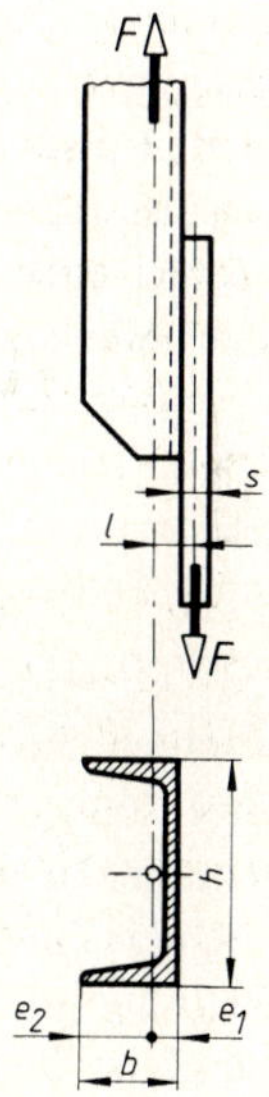

933 Zwischen zwei Knotenblechen von 16 mm Dicke hängt ein Zugstab aus einem Winkelprofil L 100 x 10. Der Stab ist mit den Knotenblechen durch Schrauben verbunden. Die Bohrungen bleiben unberücksichtigt.

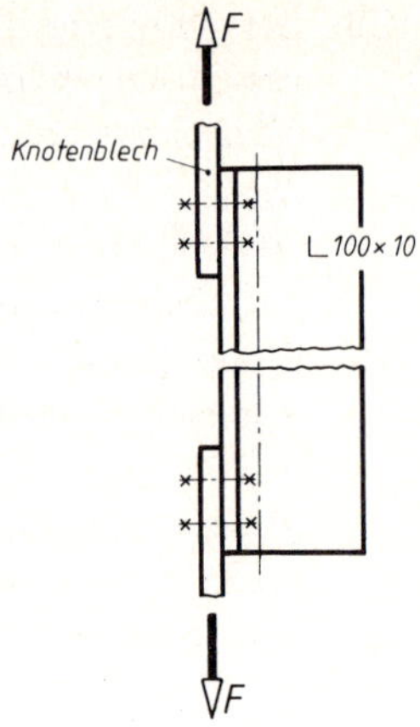

Gesucht:

a) die höchste zulässige Zugkraft F_{max} bei 140 N/mm^2 zulässiger Spannung,

b) die höchste zulässige Zugkraft F_{max}, wenn der Zugstab durch einen zweiten Winkel gleicher Größe verstärkt wird, so daß die Biegebeanspruchung ausgeschlossen wird,

c) die prozentuale Mehrbelastbarkeit nach Verstärkung des Zugstabes.

934 Der skizzierte Winkelhebel soll für die Kraft $F_1 = 3$ kN dimensioniert werden.

Gesucht:

a) die Hebelkraft F_2,

b) die Querschnittsmaße h_1 und b_1 unter der Annahme reiner Biegebeanspruchung; die zulässige Biegespannung beträgt 120 N/mm^2, das Bauverhältnis $h/b \approx 4$,

c) die Querschnittsmaße h_2 und b_2 bei gleicher zulässiger Spannung und gleichem Bauverhältnis,

d) die resultierende Normalspannung im gefährdeten Querschnitt des waagerecht liegenden Hebelarmes.

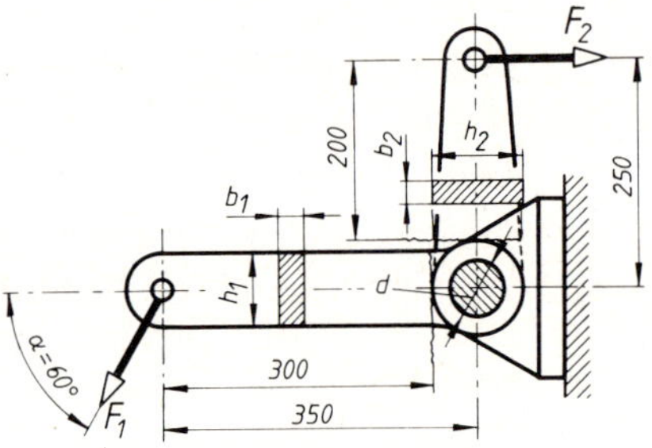

935 Nach Skizze ist an den Träger IPE 120 ein Blech von 14 mm Dicke angeschlossen, so daß sich ein einseitiger Kraftangriff ergibt.

a) Bestimmen Sie das im Schnitt A–B auftretende innere Kräftesystem!

b) Welche größte Kraft F darf in dem Blech wirken, wenn im Querschnitt A–B eine Normalspannung von 140 N/mm^2 nicht überschritten werden soll?

c) Wie groß ist die dabei auftretende Zugspannung?

d) Wie groß ist die Biegespannung?

e) Wie groß sind die resultierenden Randfaserspannungen?

f) Um wie viele Millimeter verschiebt sich die Nullinie des Querschnittes?

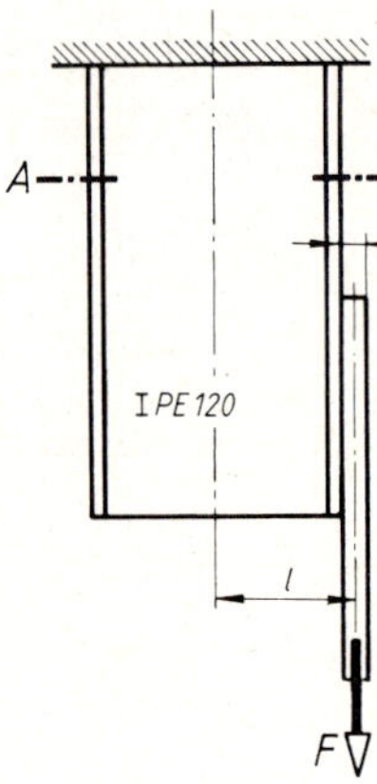

936 Der Freiträger aus 2 L 100 × 50 × 10 wird durch eine schräg wirkende Kraft unter dem Winkel $\alpha = 50°$ belastet. Der Abstand l beträgt 0,8 m und die zulässige Normalspannung 140 N/mm².

Gegebene Größen für das ungleichschenklige Winkelprofil: Querschnitt $A_L = 1410\ \text{mm}^2$; Schwerachsenabstand $e_x = 36{,}7$ mm; Flächenmoment $I_x = 141 \cdot 10^4\ \text{mm}^4$.

Gesucht ist die höchste zulässige Kraft F_{max}

a) für die Ausführung 1, Flansch oben liegend,

b) für die Ausführung 2, Flansch unten liegend.

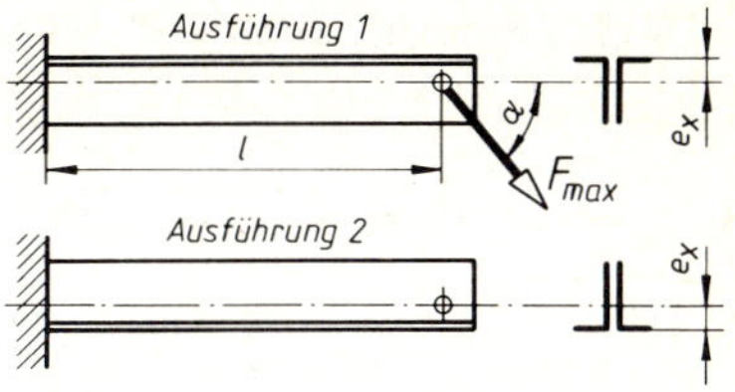

937 Das skizzierte Blech, z-förmig gebogen, ist an einer Blechwand angeschweißt und wird durch die Zugkraft $F = 900$ N belastet.

Berechnen Sie für die Schnitte A bis H die auftretenden Spannungen!

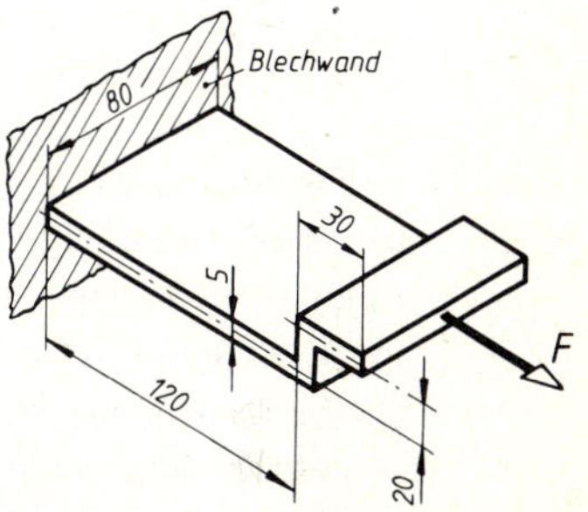

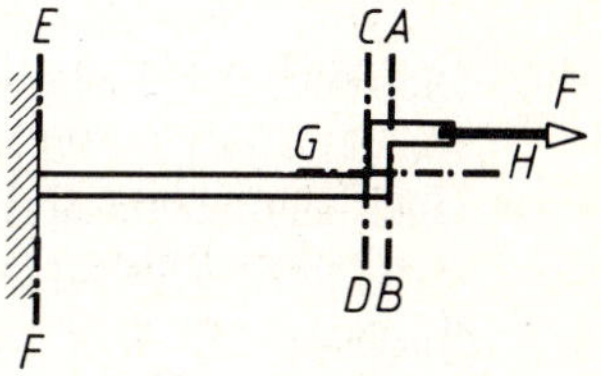

938 Für die skizzierte Schraubzwinge sind zu berechnen:

a) die höchste zulässige Klemmkraft F_{max} der Zwinge, wenn im eingezeichneten Querschnitt eine Zugspannung von 60 N/mm² und eine Druckspannung von 85 N/mm² nicht überschritten werden soll,

b) das zum Festklemmen mit F_{max} erforderliche Drehmoment M, wobei die Reibung zwischen Klemmteller und Gewindespindel nicht berücksichtigt werden soll ($\mu' = 0{,}15$),

c) die erforderliche Handkraft F_h zum Festklemmen, wenn diese am Knebel im Abstand $r = 60$ mm von der Spindelachse angreift,

d) die Mutterhöhe m für eine zulässige Flächenpressung von 3 N/mm²,

e) die Knicksicherheit der Spindel, wenn die freie Knicklänge $s = 100$ mm gesetzt wird.
Spindelwerkstoff: St 50.

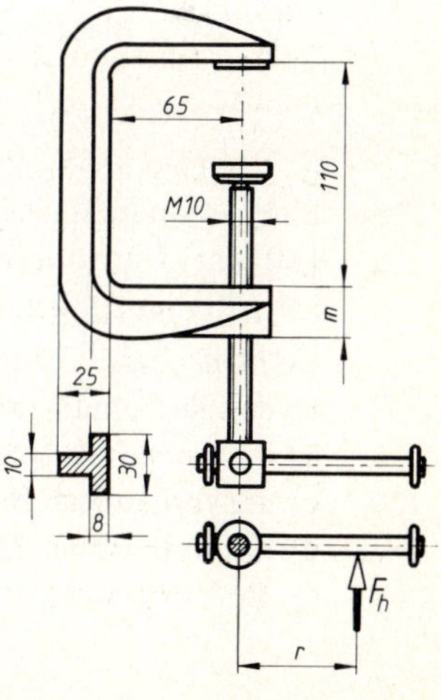

Biegung und Torsion

Aufgaben, bei denen wechselnde Biege- und schwellende Torsionsbeanspruchung vorliegt, wurden mit dem Anstrengungsverhältnis $\alpha = 0{,}7$ gerechnet.

939 Der skizzierte Schalthebel mit Schaltwelle wird durch die Kraft $F = 1$ kN belastet. Die zulässigen Spannungen betragen für Biegung 60 N/mm² und für Torsion 20 N/mm².

Gesucht:

a) die Profilmaße h und b für ein Bauverhältnis $h/b = 5$,
b) die in diesem Querschnitt auftretende Abscherspannung unter der Annahme gleichmäßiger Spannungsverteilung,
c) das von der Schaltwelle zu übertragende Torsionsmoment,
d) der erforderliche Wellendurchmesser d, auf Torsion berechnet,
e) die im gefährdeten Wellenquerschnitt auftretende Biegespannung,
f) die Vergleichsspannung für diesen Querschnitt, wenn σ_b wechselnd und τ_t schwellend wirken.

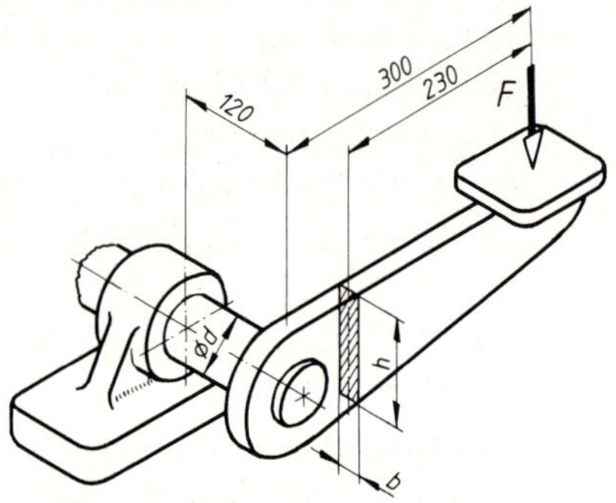

940 Die Handkurbel einer Bauwinde wird mit einer Handkraft $F_h = 300$ N angetrieben. Die Zahnräder sind geradverzahnt; die Radialkraft F_r bleibt unberücksichtigt.

Gesucht:

a) das Torsionsmoment,
b) das maximale Biegemoment,
c) das Vergleichsmoment,
d) der erforderliche Wellendurchmesser für eine zulässige Biegespannung von 60 N/mm².

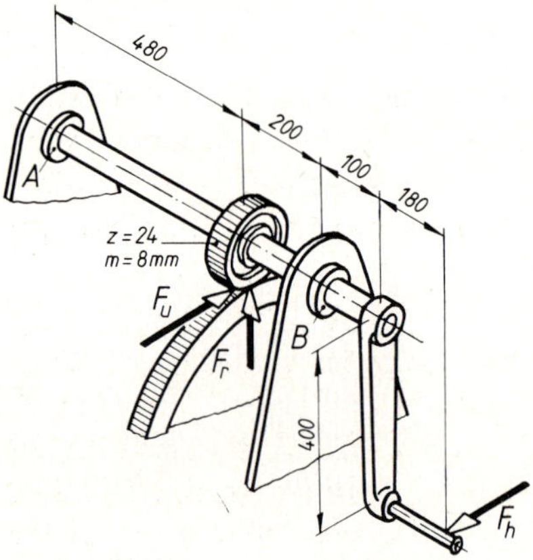

941 Eine Fräsmaschinenspindel wird durch die Umfangskraft $F_u = 6$ kN am Fräser von 180 mm Durchmesser auf Biegung und Torsion beansprucht. Die Frässpindel hat 120 mm Außendurchmesser und eine Bohrung von 80 mm.

Gesucht:

a) das die Spindel belastende maximale Biegemoment,
b) das Torsionsmoment,
c) die vorhandene Biegespannung,
d) die vorhandene Torsionsspannung,
e) die Vergleichsspannung.

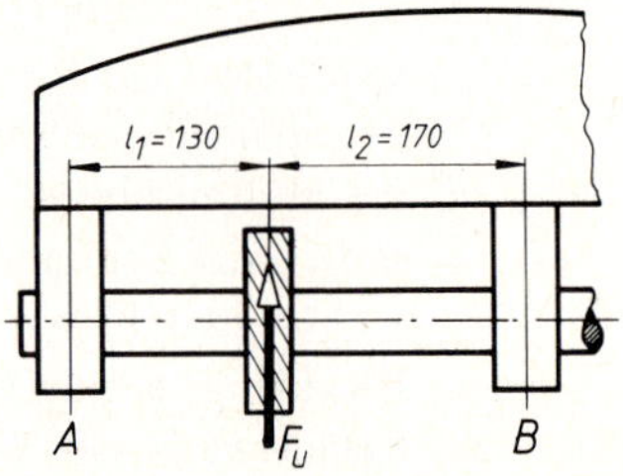

942 Eine Welle trägt nach Skizze fliegend das Haspelrad eines Stirnrad-Flaschenzuges. Der Durchmesser des Teilkreises am Haspelrad beträgt 240 mm. An der Haspelradkette wird mit $F = 500$ N gezogen.

Gesucht:

a) das Torsionsmoment infolge der Handkraftwirkung,
b) das maximale Biegemoment,
c) das Vergleichsmoment,
d) der Wellendurchmesser für eine zulässige Spannung von 80 N/mm².

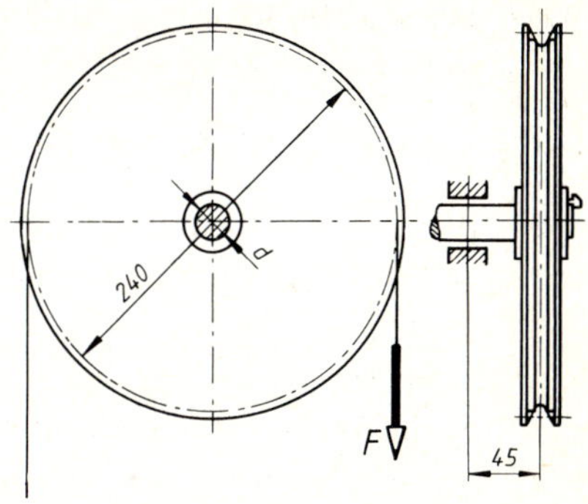

943 Ein Kurbelzapfen wird nach Skizze durch $F = 8$ kN belastet.

Gesucht:

a) das maximale Biegemoment,
b) das Torsionsmoment,
c) das Vergleichsmoment,
d) der Wellendurchmesser für eine zulässige Biegespannung von 80 N/mm².

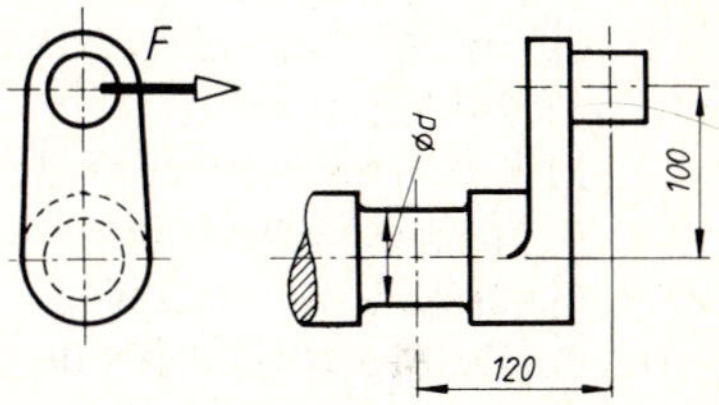

944 Die Nabe eines Zahnrades ist mit einem als Rundkeil wirkenden Zylinderstift mit der Welle verbunden, wobei ein Torsionsmoment von 15 Nm schwellend übertragen werden soll. Die Welle wird außerdem wechselnd durch ein Biegemoment von 9,5 Nm beansprucht. Welle aus St 50; Nabe aus GG-20.

Gesucht:

a) das Vergleichsmoment für die Welle,
b) der erforderliche Wellendurchmesser d_1 für $\sigma_{b\,zul} = 72{,}2$ N/mm²,
c) die erforderliche Länge l des Zylinderstiftes für eine zulässige Flächenpressung von 30 N/mm² und einen Stiftdurchmesser $d_2 = 5$ mm,
d) die Abscherspannung im Zylinderstift.

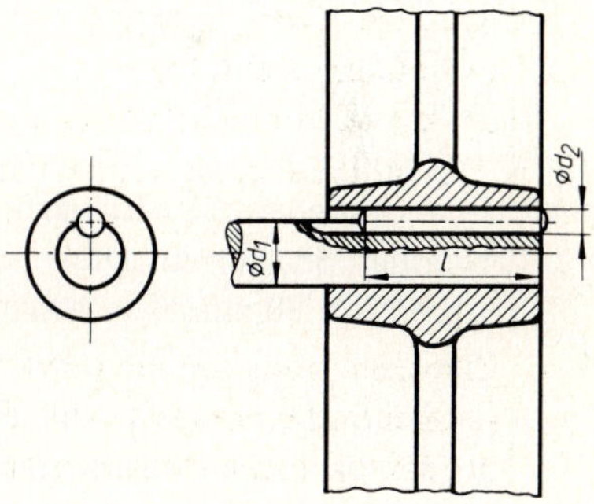

945 Der skizzierten Getriebewelle wird ein Drehmoment von 1000 Nm zugeleitet. Die Kräfte $F_1 = 8$ kN und $F_2 = 12$ kN beanspruchen die Welle auf Biegung.

Gesucht:

a) die Stützkräfte (Lagerkräfte) F_A und F_B,

b) die Durchmesser d_2, d_a, d_b, wenn die zulässige Biegespannung 80 N/mm² (wechselnd) und die zulässige Torsionsspannung 60 N/mm² (schwellend) ist ($\alpha_0 = 0{,}77$ wurde hier aus den zulässigen Spannungen berechnet),

c) die in den Lagern auftretende Flächenpressung.

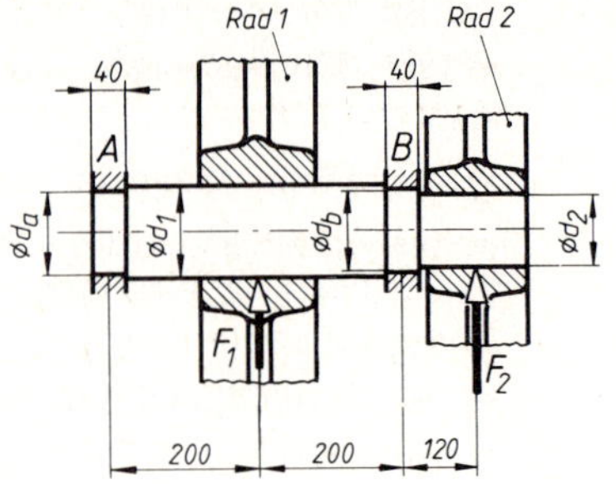

946 Die Kurbelwelle eines Fahrrades besteht aus der Pedalachse 1, dem Kurbelarm 2, der Welle 3 und dem Wellenlager 4. Die Pedalachse soll mit $F = 800$ N belastet sein.

Gesucht:

a) die Biegespannung im Kurbelarm 2 an der Querschnittsstelle A,

b) die Sicherheit gegen Dauerbruch, wenn σ_{bW} (die Biegewechselfestigkeit) für den Werkstoff 600 N/mm² beträgt und ohne Kerbwirkung gerechnet werden soll,

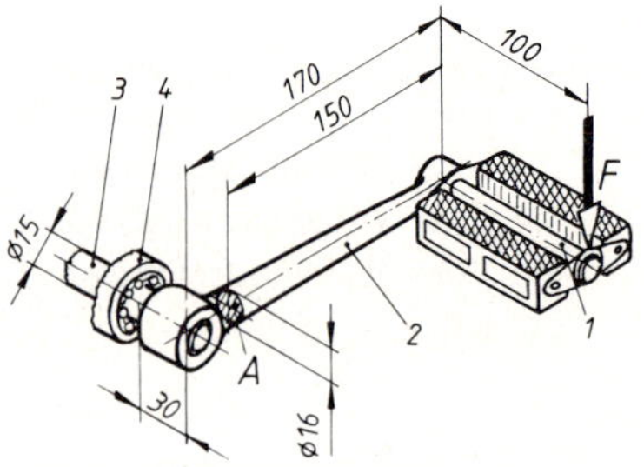

c) die Torsionsspannung im Querschnitt A,

d) die Vergleichsspannung im Querschnitt A, wenn σ_b und τ_t schwellend wirken,

e) die tatsächliche Dauerbruchsicherheit gegenüber der Biegewechselfestigkeit σ_{bW},

f) die Biegespannung in der Welle 3 an der Lagerstelle 4,

g) die dort vorhandene Torsionsspannung,

h) die Vergleichsspannung, wenn σ_b wechselnd und τ_t schwellend wirken.

947 Eine Getriebewelle wird nach Skizze durch die Biegekräfte $F_1 = 4$ kN und $F_2 = 6$ kN belastet. Sie hat ein Drehmoment von 200 Nm zu übertragen. Die Abstände betragen $l_1 = 80$ mm, $l_2 = 400$ mm, $l_3 = 100$ mm.

Gesucht:

a) die Stützkräfte F_A und F_B in den Lagern,

b) das maximale Biegemoment,

c) das Vergleichsmoment, wenn die Welle auf Biegung wechselnd und auf Torsion schwellend belastet wird,

d) der Wellendurchmesser d für eine zulässige Biegespannung von 60 N/mm².

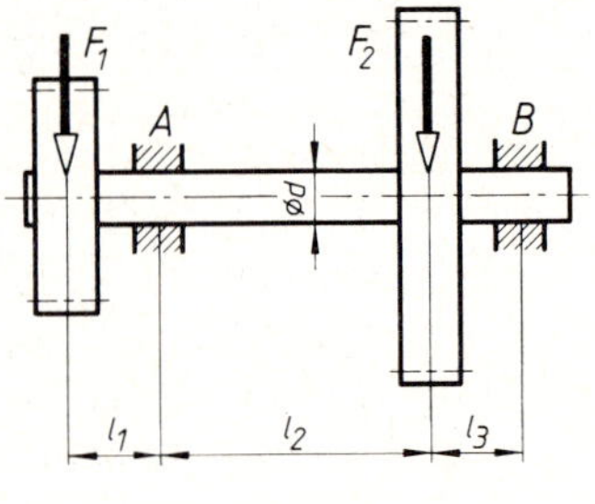

948 Die skizzierte Welle 1 mit Kreisquerschnitt wird durch die Kraft $F = 800$ N über einen Hebel 2 mit Rechteckquerschnitt auf Biegung und Verdrehung beansprucht. Die Abstände betragen $l_1 = 280$ mm, $l_2 = 200$ mm, $l_3 = 170$ mm. Durchmesser $d = 30$ mm.

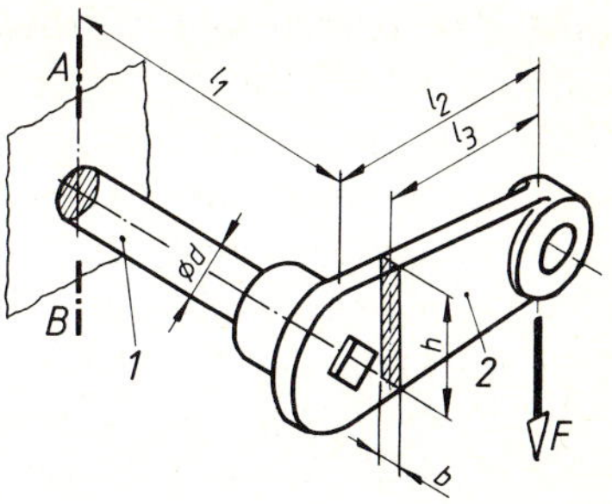

Gesucht:

a) die Querschnittsabmessungen h und b für ein Verhältnis $h/b = 4$ und eine zulässige Spannung von 100 N/mm²,
b) die größte Biegespannung in der Schnittebene A–B der Welle 1,
c) die Torsionsspannung,
d) die Vergleichsspannung im Schnitt A–B.

949 Das skizzierte Drei-Wellen-Stirnradgetriebe mit geradverzahnten Rädern wird durch einen Flanschmotor mit 4 kW Antriebsleistung bei 960 min^{-1} angetrieben. Festgelegt sind die Zähnezahlen mit $z_1 = 19$, $z_3 = 25$ und die Übersetzungen mit $i_1 = 3{,}2$ und $i_2 = 2{,}8$ sowie die Moduln mit $m_{1/2} = 6$ mm und $m_{3/4} = 8$ mm.

Die Stirnräder sind mit dem Herstell-Eingriffswinkel $\alpha = 20°$ geradverzahnt. Die Wirkungsgrade bleiben unberücksichtigt.

Gesucht:

a) das Drehmoment M_{I} an der Welle I,
b) der Teilkreisdurchmesser d_1,
c) die Zähnezahl z_2,
d) die Tangentialkraft $F_{\text{T}1}$ (Umfangskraft am Zahnrad 1),
e) die Radialkraft $F_{\text{r}1}$ am Zahnrad 1,
f) die Stützkräfte F_A und F_B,
g) das maximale Biegemoment der Welle I,
h) das Vergleichsmoment M_{vI},
i) der erforderliche Wellendurchmesser d_{I} der Welle I mit $\sigma_{\text{b zul}} = 50$ N/mm²,
k) das Drehmoment M_{II} an der Welle II,
l) die Teilkreisdurchmesser d_2 und d_3,
m) die Zähnezahl z_4 und der Teilkreisdurchmesser d_4,
n) die Tangentialkraft $F_{\text{T}3}$ und die Radialkraft $F_{\text{r}3}$,
o) die Stützkräfte F_C und F_D,
p) das maximale Biegemoment der Welle II,
q) das Vergleichsmoment M_{vII} für Welle II,
r) der Wellendurchmesser d_{II} der Welle II für eine zulässige Spannung von 50 N/mm².

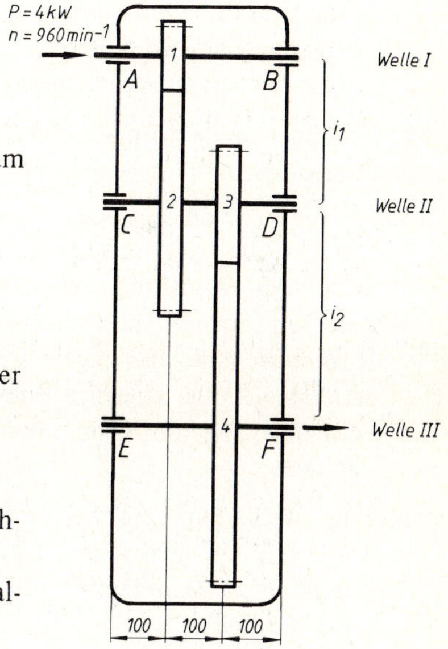

Verschiedene Aufgaben aus der Festigkeitslehre

950 Eine Zugkraft wird nach Skizze durch einen Sicherheitsscherstift von der quadratischen Zugstange auf die Hülse übertragen.

Gesucht:

a) der erforderliche Durchmesser d des Scherstiftes, wenn dieser bei $F_{max} = 60$ kN zu Bruch gehen soll (Werkstoff St 60),

b) die bei Bruchlast im gefährdeten Stangenquerschnitt auftretende Zugspannung,

c) die erforderliche Hülsenbreite b, wenn die Flächenpressung zwischen Scherstift und Hülse 350 N/mm² nicht überschreiten soll.

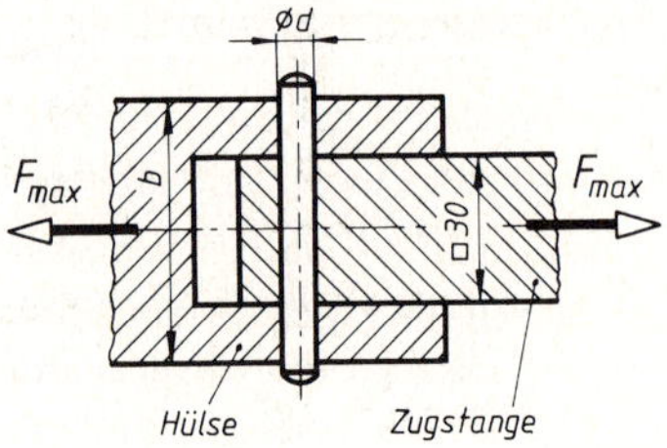

951 Berechnen Sie für den skizzierten Zugbolzen, der mit $F = 40$ kN belastet ist

a) den Schaftdurchmesser d, wenn die Zugspannung 100 N/mm² nicht überschreiten soll,

b) den Kopfdurchmesser D aus der Bedingung, daß die Flächenpressung an der Kopfauflage 15 N/mm² nicht überschreiten soll,

c) die Kopfhöhe h bei einer zulässigen Abscherspannung von 60 N/mm².

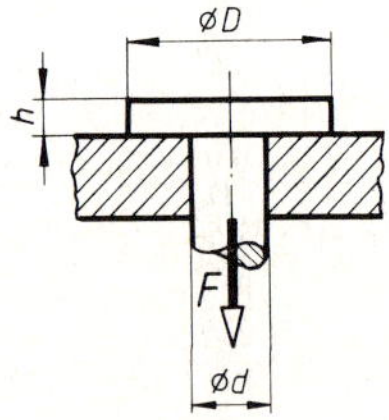

952 Trommel und Stirnrad einer Bauwinde sind durch 4 Schrauben verbunden. Die Höchstlast beträgt $F = 40$ kN.

Gesucht ist das erforderliche ISO-Gewinde unter der Annahme, daß das Drehmoment zwischen Stirnrad und Trommel allein durch Reibungsschluß übertragen wird ($\mu = 0{,}1$ angenommen). Die zulässige Zugspannung in den Schrauben soll 400 N/mm² betragen.

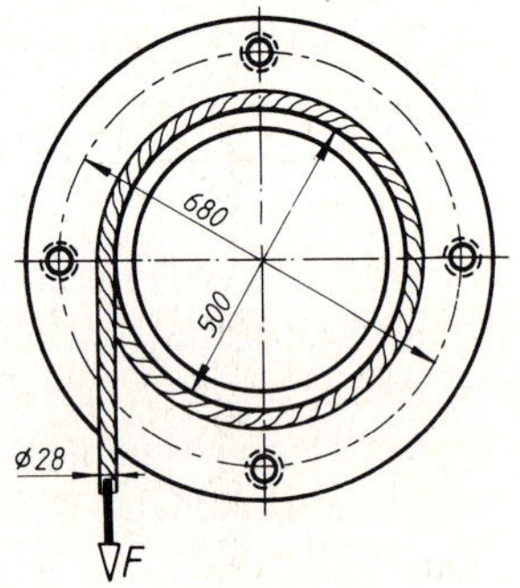

953 Eine Welle hat eine Leistung von 3 kW bei 450 min⁻¹ zu übertragen. Das Wellenende ist durch einen Zylinderstift mit einer Abtriebshülse verbunden.

Gesucht:

a) die Umfangskraft an der Welle,

b) der Durchmesser d des Zylinderstiftes, wenn die zulässige Abscherspannung 30 N/mm² betragen soll.

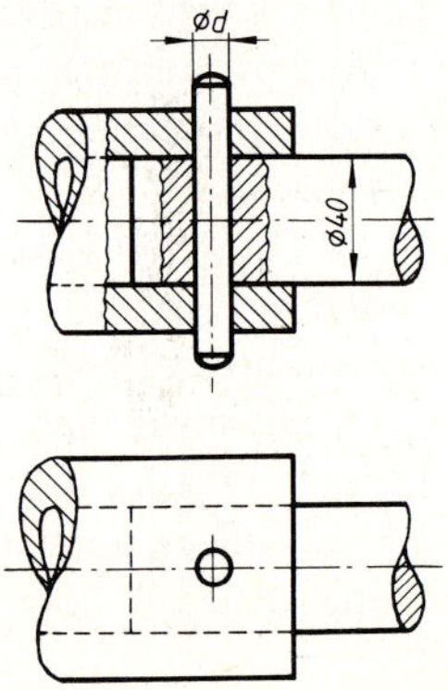

954 An der Hohlwelle C greift ein Drehmoment $M = 220$ Nm an. Dadurch drückt der mit C verbundene Hebel H auf den statisch bestimmt gelagerten Flachstab AB.

Gesucht:

a) die Torsionsspannung an der Außenwand der Hohlwelle C bei 15 mm Innen- und 25 mm Außendurchmesser,

b) die Torsionsspannung an der Wellen-Innenwand,

c) die Flächenpressung an der Hebelauflage in F,

d) die Stützkräfte in A und B,

e) das maximale Biegemoment im Flachstab,

f) die im Flachstab auftretende größte Biegespannung,

g) die Abscherspannung im Bolzen A, der 8 mm Durchmesser hat,

h) die Knicksicherheit des Flachstabes AD mit dem Querschnitt 30 mm × 15 mm,

i) der Bolzendurchmesser im Lager B bei gleicher Ausführung wie Lager A und einer zulässigen Abscherspannung von 35 N/mm².

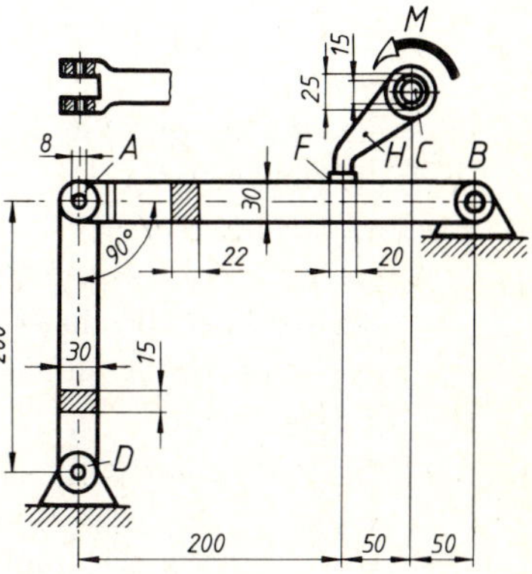

955 Für den skizzierten Bolzen sind zu ermitteln:

a) die Zugkomponente der Kraft $F = 30$ kN,

b) die Biegekomponente,

c) die Zugspannung im Bolzen,

d) die Biegespannung im Schnitt x–x,

e) die Abscherspannung,

f) der erforderliche Durchmesser D, wenn die zulässige Flächenpressung an der Kopfauflage 120 N/mm² beträgt,

g) die Kopfhöhe h, wenn im Kopf eine Abscherspannung von 60 N/mm² eingehalten werden soll.

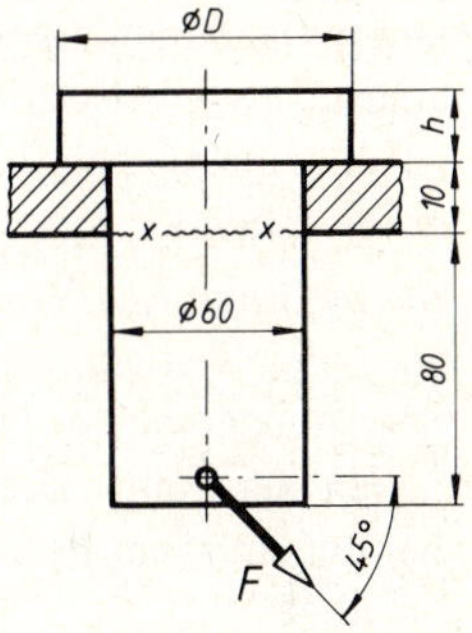

956 Ein Rohr aus St 37 mit 60 mm Außendurchmesser und 50 mm Innendurchmesser hat 1 m Länge. Es soll auf seine größte Belastbarkeit untersucht werden, und zwar

a) für Zugbeanspruchung,

b) für Abscherbeanspruchung,

c) für Biegung,

d) für Torsion,

e) für Knickung bei 6facher Sicherheit.

Die zulässigen Spannungen sind:
140 N/mm² für Zug und Biegung, 120 N/mm² für Abscheren, 100 N/mm² für Torsion.

957 In der skizzierten Stellung wird der Kolben eines Steuerungssystems durch die Hubkraft F_1 gegen die Kolbenkraft $F = 5$ kN gehoben.

Die Reibung in den Gelenken und Führungen wird vernachlässigt.

Maße: $l_1 = 100$ mm, $l_2 = 250$ mm, $l_3 = 300$ mm.

Gesucht:

a) die Druckkraft F_s in der Stange,

b) die Hubkraft F_1,

c) die Lagerkraft F_D,

d) der erforderliche Durchmesser d der Stange aus St 50 bei 10facher Knicksicherheit,

e) das vom Hebel aufzunehmende maximale Biegemoment,

f) die Querschnittsmaße h und b bei Rechteck-Vollprofil für eine zulässige Biegespannung von 100 N/mm^2 und ein Bauverhältnis $h/b \approx 3$.

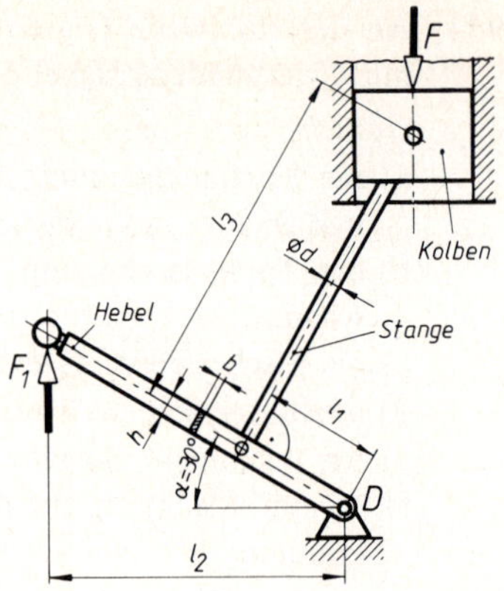

958 Zwei Flachstahlenden 120 × 8 aus St 37 sollen stumpf aneinandergeschweißt werden. Für eine zulässige Schweißnahtspannung von 140 N/mm^2 ist die zulässige statische (ruhende) Belastung F zu berechnen.

Bemerkung: Aus Versuchen weiß man, daß die statische Festigkeit der Schweißnaht gleich der des Mutterwerkstoffes ist: der Bruch liegt neben der Naht. Das ist jedoch nicht der Fall bei dynamischer Belastung.

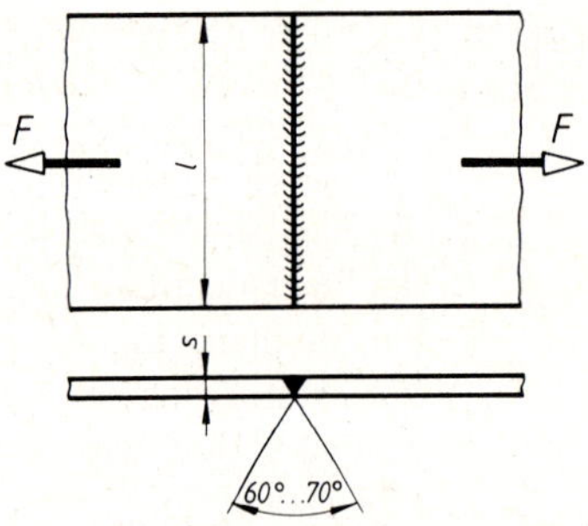

959 Welcher Spannweg s ist erforderlich, um im Lederriemen eine Vorspannkraft von 200 N zu erzeugen?

Riemenquerschnitt 50 mm × 5 mm,
Elastizitätsmodul $E = 50$ N/mm^2.

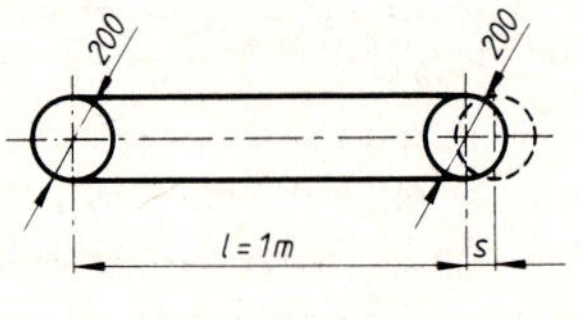

960 Der Zahn eines Geradzahn-Stirnrades wird nach Skizze belastet.

a) Bestimmen Sie für den gefährdeten Querschnitt A–B das innere Kräftesystem und geben Sie die auftretenden Spannungsarten an!

b) Entwickeln Sie die Beanspruchungsgleichung für den gefährdeten Querschnitt! Verwenden Sie dazu die eingetragenen Bezeichnungen: l, e, b, F, Winkel α, Winkel β!

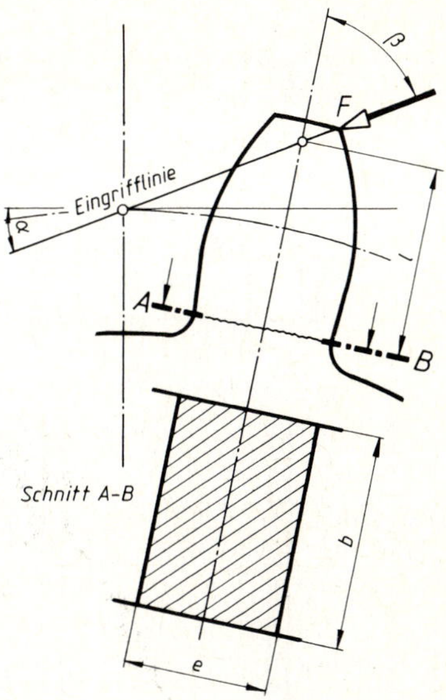

961 Ein Techniker hat eine Vorrichtung zum Spannen von Rohrstücken 60 × 5 entworfen. Die Rohre sollen mit 80 bar Wasserdruck (Überdruck) abgedrückt werden.

Zur Überprüfung sollen berechnet werden:

a) das die Spindel mit ISO-Gewinde M 20 × 1 belastende Drehmoment M, wenn am Schließhebel mit einer Handkraft F_h = 500 N am Hebelarm von etwa 100 mm das Rohr abgedichtet werden soll (Gewindegrößen: Flankendurchmesser d_2 = 19,35 mm, Spannungsquerschnitt A_S = 285 mm²);

b) die Schraubenlängskraft F_1 = Schließkraft in der Spindel, wenn im Gewinde eine Reibzahl μ' = 0,25 angenommen wird und die Berührung der Spindel mit der Abschlußplatte reibungsfrei gedacht sein soll (Spitzenlagerung);

c) die Druckkraft F auf die Abschlußplatte, die durch den Wasserdruck von 80 bar hervorgerufen wird;

d) die höchste Druckspannung in der Spindel beim Anziehen mit dem oben berechneten Drehmoment;

e) die Flächenpressung im Gewinde bei 40 mm Mutterhöhe;

f) die Biegespannung im Querschnitt A–B;

g) die Stützkräfte in den Schellenlagern des Rohres;

h) die erforderlichen Befestigungsschrauben für die Halteschelle, wenn im Spannungsquerschnitt höchstens 100 N/mm² Zugspannung auftreten sollen;

i) die Schraubenlängskraft in den Schrauben, wenn der Konstrukteur die Stützbleche im Querschnitt C–D abgeschnitten hätte, wie er es zunächst vorhatte;

k) die Biegespannung im Querschnitt C–D in der jetzigen Ausführung;

l) die Biegespannung und die Abscherspannung in der Rohrschweißnaht.

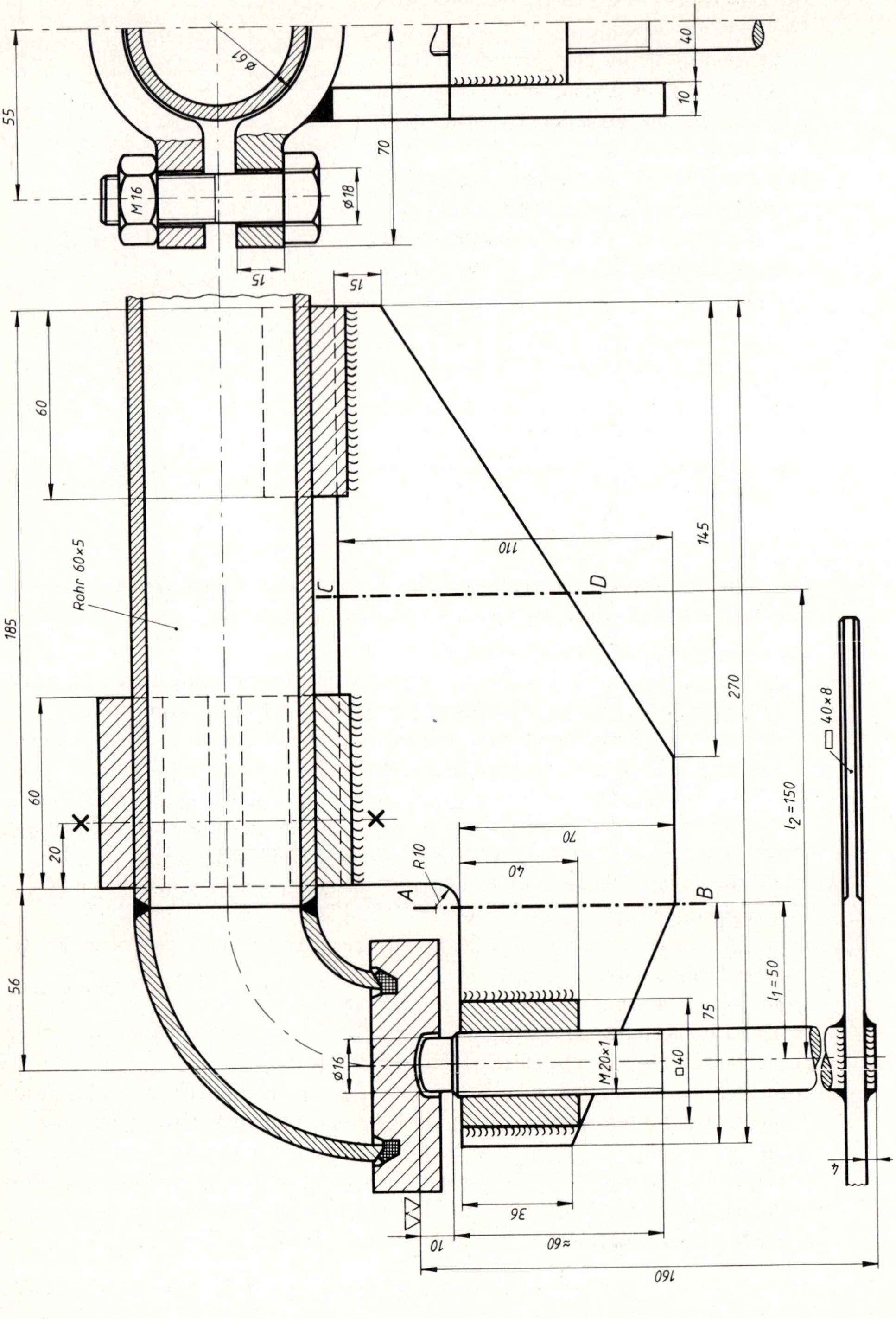
Rohr 60×5
M16
Ø18
Ø61
M20×1
□40
Ø16
R10
l1=50
l2=150
□ 40×8
A
B
C
D
55
70
40
10
15
15
185
60
60
20
56
110
145
270
70
40
75
36
10
≈60
160
4

6 Hydraulik

Hydrostatischer Druck, Ausbreitung des Drucks

1001 Eine Hydraulikanlage arbeitet mit einem Druck von 160 bar. Der Arbeitszylinder soll eine Schubstangenkraft von 80 kN aufbringen.

Berechnen Sie unter Vernachlässigung der Reibung den Durchmesser des Zylinders!

1002 Eine Schlauchleitung mit der Nennweite NW 15 soll an der Öffnung durch Daumendruck abgesperrt werden.

Berechnen Sie die Schließkraft bei einem Wasserdruck von 4,5 bar!

1003 Der skizzierte Windkessel an der Druckseite einer Kolbenpumpe wird durch Druckstöße von 15 bar belastet.

Berechnen Sie die Kraft, die den Windkessel vom Flansch abzuheben versucht!

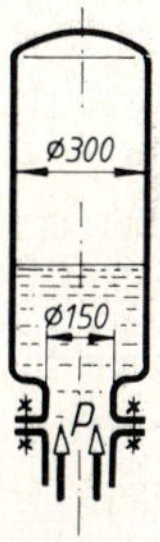

1004 Die zwischen den beiden Kolben eingeschlossene Flüssigkeit steht unter einem Überdruck von 6 bar.

Berechnen Sie unter Vernachlässigung der Reibung die beiden Schubstangenkräfte F_1 und F_2!

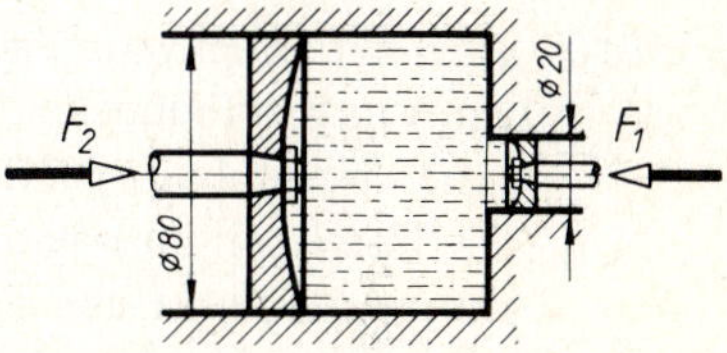

1005 Ein Druckluftkessel soll auf Dichtigkeit geprüft werden. Dazu wird er mit Wasser von 40 bar Überdruck abgedrückt.

Innendurchmesser $d = 450$ mm,
Wanddicke $s = 6$ mm,
Länge $l = 1100$ mm.

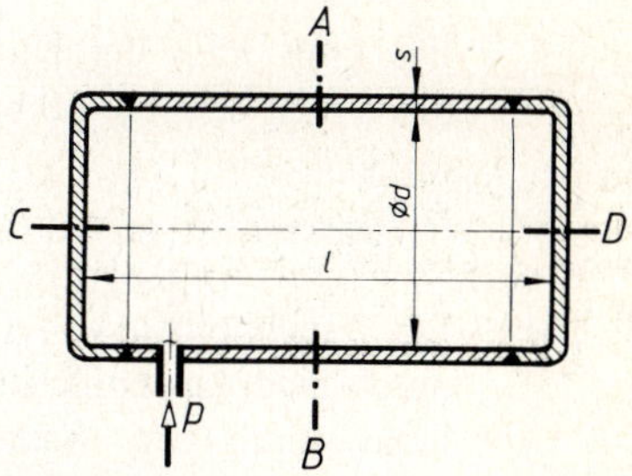

Berechnen Sie (unter der Annahme gleichmäßiger Spannungsverteilung):

a) die im Querschnitt A–B des Kessels auftretende Spannung σ_1,
b) die im Längsschnitt C–D des Kessels auftretende Spannung σ_2.
c) Wo liegt der gefährdete Querschnitt?
d) Bei welchem Innendruck reißt der Kessel, wenn die Zugfestigkeit des Werkstoffes 600 N/mm² beträgt?

1006 Ein Stahlrohr mit der Nennweite NW 1000 soll einen Wasserdruck von 8 bar aufnehmen. Die dabei auftretende Spannung im Werkstoff soll 65 N/mm^2 nicht überschreiten.

Berechnen Sie die erforderliche Wanddicke ohne Berücksichtigung der Schwächung durch die Schweißnaht!

1007 Der Hubzylinder eines Muldenkippers hat einen Zylinderdurchmesser von 210 mm und eine Hublänge von 930 mm. Zu Beginn des Kippens muß er eine Kraft von 520 kN aufbringen. Ein Hub dauert 20 Sekunden.

Gesucht:
a) der Öldruck im Zylinder zu Beginn des Hubes,
b) der Volumenstrom der Pumpe in l/min.

1008 Ein Hydraulik-Hebebock arbeitet mit einem Flüssigkeitsdruck von 80 bar. Er soll am Lastkolben eine größte Last von 200 kN heben können.

Berechnen Sie ohne Berücksichtigung der Reibung die Durchmesser der beiden Kolben, wenn am Antriebskolben eine Kraft von 3 kN wirksam ist!

1009 Der skizzierte Druckübersetzer soll mittels Druckluft von $p_1 = 6$ bar Überdruck im linken, großen Zylinder einen Flüssigkeitsdruck im rechten, kleinen Zylinder erzeugen.

Berechnen Sie für die gegebenen Abmessungen den im rechten, kleinen Zylinder entstehenden Flüssigkeitsdruck p_2!

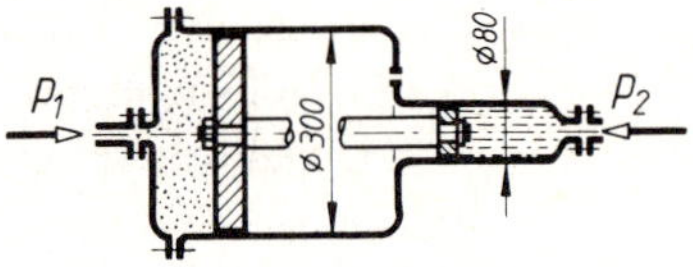

1010 Zwei mit Druckwasser gefüllte Speicher sind durch ein Ventil verbunden, das durch den unterschiedlichen Wasserdruck geöffnet bzw. geschlossen wird. Die Flüssigkeit im Raum I steht unter 30 bar Überdruck, sie drückt auf den 200 mm großen Ventilteller.

Wie groß muß der Durchmesser d_2 sein, damit das Ventil sich bei 60 bar Überdruck im Raum II öffnet?

(Gewichtskraft des Ventils vernachlässigen!)

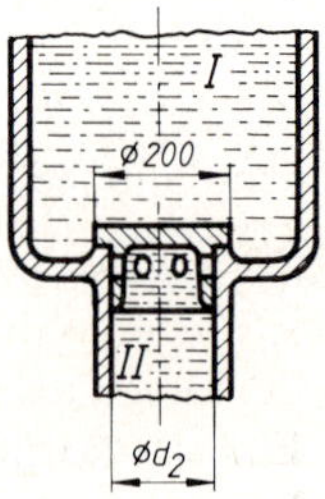

1011 Ein Tauchkolben von 60 mm Durchmesser wird durch eine Lippendichtung mit 8 mm Dichtungshöhe durch den Wasserdruck abgedichtet. Der Kolben wird mit der Kraft $F = 6{,}5$ kN belastet.

Welcher Wasserdruck wird durch die Kolbenkraft erzeugt

a) ohne Berücksichtigung der Reibung zwischen Kolben und Dichtung,
b) mit Berücksichtigung der Reibung bei $\mu = 0{,}12$?

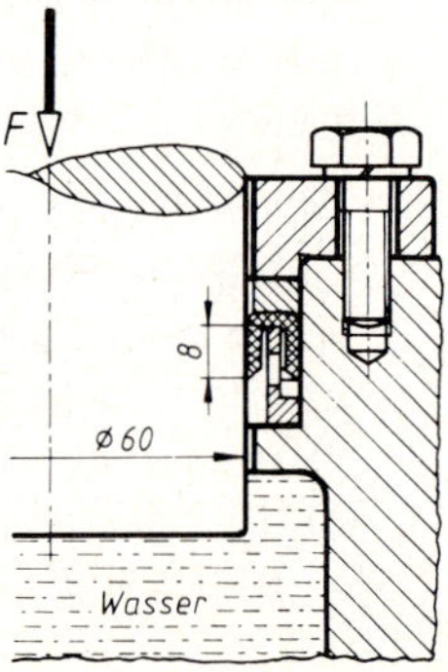

1012 An einer hydraulischen Presse werden folgende Werte gemessen:

Durchmesser des Pumpenkolbens	$d_1 = 20$ mm
Durchmesser des Preßkolbens	$d_2 = 280$ mm
Dichtungshöhe am Pumpenkolben	$h_1 = 8$ mm
Dichtungshöhe am Preßkolben	$h_2 = 20$ mm

Die Reibzahl für die Lippendichtungen ist 0,12. Der Pumpenkolben wird über den Pumpenhebel mit einer Kraft $F_1' = 2$ kN belastet. Sein Hub beträgt $s_1 = 30$ mm.

Gesucht:

a) der Druck p in der Flüssigkeit,
b) der Wirkungsgrad der Presse,
c) die auftretende Preßkraft F_2',
d) der Weg s_2 des Preßkolbens je Hub des Pumpenkolbens,
e) die aufgewendete Arbeit W_1 je Hub,
f) die Nutzarbeit W_2 je Hub,
g) die erforderliche Anzahl der Pumpenhübe für einen Weg des Preßkolbens von 28 mm.

Druckverteilung unter Berücksichtigung der Schwerkraft

1013 In einem Rohr steht eine 300 mm hohe Wassersäule.
Wie groß ist der hydrostatische Druck an ihrem Fuß in Bar und Pascal?

1014 Berechnen Sie den hydrostatischen Druck in einer Meerestiefe von 6000 m!
($\rho = 1030$ kg/m^3 für Salzwasser.)

1015 Ein Behälter, der mit Natronlauge gefüllt ist, hat einen Flüssigkeitsspiegel von 3,25 m über dem Boden.

Berechnen Sie den Bodendruck in Bar und Pascal für eine Dichte der Natronlauge von 1700 kg/m^3!

1016 Die Dichte des Quecksilbers beträgt 13 590 kg/m^3. Wie hoch muß eine Quecksilbersäule sein, die einen Druck von 1000 mbar erzeugt?

1017 Eine Beobachtungskugel für Tiefseeforschung besteht aus zwei stählernen Halbkugeln von 1,1 m Radius, die durch den Wasserdruck aneinandergepreßt werden. Die Dichte für Salzwasser beträgt 1030 kg/m^3.

Mit welcher Kraft werden die beiden Schalen zusammengedrückt, wenn die Tauchtiefe 11 000 m beträgt?

1018 Berechnen Sie die Kraft, mit der das flüssige Metall beim Gießen den Oberkasten infolge des hydrostatischen Drucks abzuheben versucht!

Die Dichte für Grauguß beträgt 7200 kg/m^3.

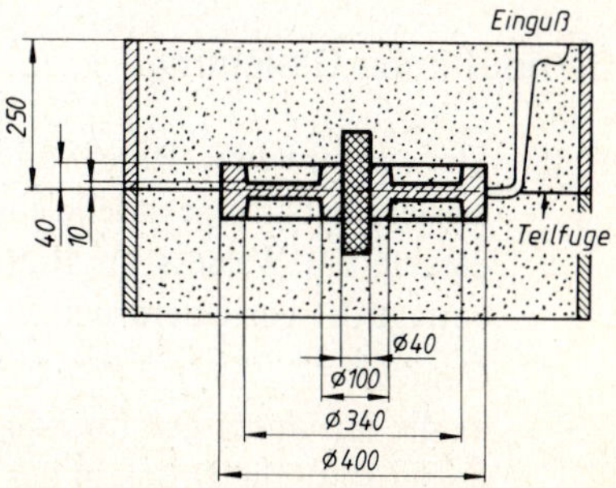

1019 In einem Bassin von 2,4 m Wassertiefe ist die Abflußöffnung im Boden durch eine runde Platte von 160 mm Durchmesser abgedeckt.

Wie groß ist die Kraft, welche die Platte auf die Öffnung preßt?

1020 In der Wand eines Wasserbehälters liegt 4,5 m unter dem Flüssigkeitsspiegel eine Öffnung von 80 mm Durchmesser.

Mit welcher Kraft muß von außen ein Verschlußdeckel angepreßt werden?

1021 Eine Baugrube ist durch eine Spundwand trockengelegt. Der Wasserspiegel liegt 3,5 m über dem Boden der Grube.

Gesucht:

a) die Seitenkraft auf eine 40 cm breite Bohle,

b) die Höhe des Angriffspunktes dieser Kraft über dem Boden,

c) das Biegemoment in der Spundbohle am Boden der Grube.

1022 Ein offenes U-Rohr ist mit Wasser und Öl so gefüllt, wie die Skizze zeigt. Öl- und Wassersäule sind im Gleichgewicht.

Gesucht:

a) die Dichte des Öls,

b) die Höhe der Wassersäule über der Trennfläche, wenn anstelle des Öls das gleiche Volumen Teeröl mit einer Dichte von $1100\,kg/m^3$ verwendet würde.

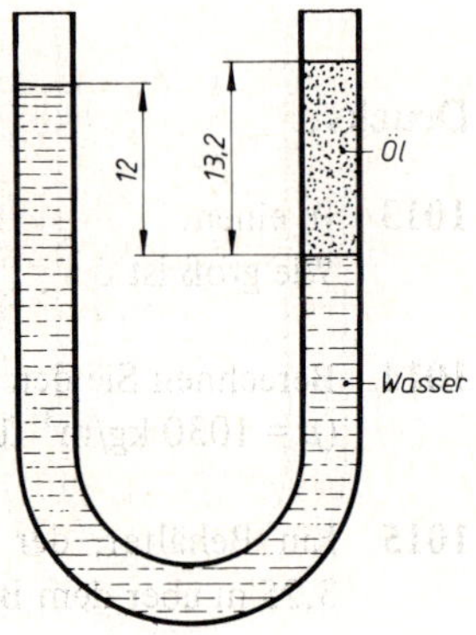

Auftriebskraft

1023 Welche Kraft ist nötig, um eine Hohlkugel von 40 cm Durchmesser und 500 g Masse unter Wasser zu halten?

1024 Ein mit Benzin gefüllter Behälter von 300 kg Masse (leer) und einem Volumen von $10\,m^3$ schwimmt im Wasser.

Welche Nutzlast kann er tragen, wenn er voll untergetaucht im Gleichgewicht ist? (Dichte für Benzin $700\,kg/m^3$, für Salzwasser $1030\,kg/m^3$.)

Bernoullische Gleichung

1025 Ein waagerechtes Rohr von der Nennweite NW 30 (Nennweite = lichter Durchmesser) hat an einer Stelle eine Verengung auf 20 mm Durchmesser. Die Geschwindigkeit des Wassers im Rohr beträgt 4 m/s und der zugehörige statische Druck beträgt 0,1 bar Überdruck.

Gesucht:

a) die Strömungsgeschwindigkeit in der Verengung,

b) der statische Druck in der Verengung.

1026 Durch eine waagerechte Rohrleitung von der Nennweite NW 80 fließt Wasser mit einer Geschwindigkeit von 4 m/s und einem statischen Überdruck von 0,05 bar.

Auf welchen Durchmesser muß das Rohr an irgendeiner Stelle verengt werden, damit in dem verengten Querschnitt ein statischer Unterdruck von 0,4 bar, d.h. eine negative statische Druckhöhe entsteht?

1027 Es soll Wasser auf eine Höhe von 15 m gepumpt werden und dort mit einer Geschwindigkeit von 12 m/s das Rohr verlassen.

Berechnen Sie unter Vernachlässigung der Leitungsverluste
a) die kinetische Druckhöhe,
b) die gesamte Druckhöhe,
c) den statischen Druck in bar am Fuße der Leitung.

Ausfluß aus Gefäßen

1028 Im Boden einer hölzernen Wasserrinne befindet sich ein Astloch von 20 mm Durchmesser. Die Höhe des Wassers in der Rinne beträgt 0,9 m.

Gesucht:
a) die theoretische Ausflußgeschwindigkeit des Wassers aus dem Astloch,
b) die Wassermenge, die in einem Tag bei einer Ausflußzahl von 0,64 verlorengeht.

1029 Ein Becken von 200 m^3 Fassungsvermögen wird durch ein Rohr mit der Nennweite NW 50 gefüllt. Das Rohr ist an einen Wassergraben angeschlossen, dessen Wasserspiegel sich 7,5 m über der Rohrmündung befindet. Die Ausflußzahl beträgt 0,815.

Berechnen Sie die Zeit für die Füllung unter Vernachlässigung des Druckverlustes im Rohr!

1030 Eine Düse mit einer Ausflußzahl von 0,96 soll 60 Liter Wasser je Minute aus einem offenen Behälter fließen lassen. Der gleichbleibende Wasserspiegel steht 3,6 m über der Düse.

Wie groß ist der Durchmesser der Düsenöffnung zu wählen?

1031 Aus einer Öffnung fließen in 106,5 Sekunden 1,8 m^3 Wasser. Die Öffnung liegt 4 m unter dem gleichbleibenden Wasserspiegel und hat einen Drurchmesser von 50 mm.

Berechnen Sie die Ausflußzahl!

1032 Der Schwerpunktsabstand der Öffnungsfläche eines Lecks im Rumpf eines Schiffs liegt 6 m unter dem Wasserspiegel. Die scharfkantige Öffnung hat annähernd Kreisquerschnitt mit 80 mm Durchmesser. Die Ausflußzahl wird mit 0,63 angenommen.

Gesucht:

a) die Geschwindigkeit (Strahlgeschwindigkeit), mit der das Wasser einzuströmen beginnt,

b) der wirkliche Volumenstrom $\dot{V}_e$ am Beginn,

c) der wirkliche Volumenstrom, wenn der Wasserspiegel im Schiff bis auf 4 m unter den Wasserspiegel der Oberfläche gestiegen ist.

1033 Mit welcher theoretischen Geschwindigkeit tritt Wasser mit einem Überdruck von 6 bar bei einem Rohrbruch aus einer horizontalen Leitung aus?

1034 Eine Baugrube, die durch eine Spundwand vom Fluß abgetrennt wurde, läuft durch eine Öffnung von 100 mm Durchmesser, deren Mittelpunkt sich 2,3 m unter dem Wasserspiegel des Flusses befindet, langsam voll. Die Grube hat eine Grundfläche von 2 m × 8 m, der Boden liegt 4 m unter dem Wasserspiegel. Die Ausflußzahl beträgt 0,64.

Gesucht:

a) die wirkliche Ausflußgeschwindigkeit des Wassers bei leerer Baugrube,

b) der wirkliche Volumenstrom bei leerer Baugrube,

c) die Zeit, bis der Wasserspiegel in der Grube den Mittelpunkt der Öffnung erreicht hat,

d) die Zeit zur vollständigen Füllung der Grube.

1035 Durch die Düse einer Pelton-Turbine strömt Wasser aus einem Stausee, dessen Wasserspiegel 280 m über der Düsenöffnung steht. Der Querschnitt der Düse ist kreisförmig mit 150 mm Durchmesser. Die Ausflußzahl beträgt 0,98.

Gesucht:

a) die wirkliche Ausflußgeschwindigkeit,

b) der wirkliche Volumenstrom,

c) die Leistung des Wassers.

Strömung in Rohrleitungen

1036 Eine waagerechte Wasserleitung aus Stahlrohr mit der Nennweite NW 80 und 230 m Länge soll 11 m^3 Wasser je Stunde fördern.

Gesucht:

a) die erforderliche Strömungsgeschwindigkeit im Rohr,

b) der Druckabfall in der Leitung bei einer Widerstandszahl $\lambda = 0{,}028$.

1037 Eine waagerechte Leitung aus Stahlrohr hat die Nennweite NW 125 und 350 m Länge. Sie soll je Stunde 280 m^3 Wasser fördern.

Gesucht:

a) die erforderliche Strömungsgeschwindigkeit im Rohr,

b) der notwendige statische Druckunterschied zwischen Rohranfang und Rohrende bei einer Widerstandszahl $\lambda = 0{,}015$.

1038 Es sollen 120 Liter Wasser je Minute durch eine 300 m lange Rohrleitung bergauf gepumpt werden. Die Strömungsgeschwindigkeit soll 2 m/s nicht überschreiten. Der Höhenunterschied der beiden Rohrenden beträgt 20 m.

Gesucht:

a) der Rohrdurchmesser in mm (ganzzahlig aufgerundet),

b) die bei diesem Durchmesser erforderliche Strömungsgeschwindigkeit,

c) der Druckabfall in der Leitung bei $\lambda = 0{,}025$,

d) der kinetische Druck des Wassers,

e) der Druck der Pumpe am unteren Rohrende,

f) die Förderleistung in kW.

Ergebnisse

1 Statik in der Ebene

1 a) 72 Nm
b) 1200 N

2 700 Nm

3 221,4 N

4 3,3 m

5 3440 N

6 a) 30,22 mm
b) 332,5 Nm

7 a) 51,19 mm
b) 5469 N

8 a) 46,2 Nm
b) 507,7 N
c) 16,5 Nm
d) 47,83 N

29 a) 150 N
b) 36,87°

30 a) 74,37 N
b) 41,73°

31 a) 32,02 N
b) 49,4°

32 a) 93,97 kN
b) 20°

33 a) 626,2 N
b) 128,15°

34 a) 1317 N
b) − 9,37°
c) nach rechts unten

35 a) 1,818 kN
b) 6,31°
c) nach links unten

36 a) 562,2 N
b) 26,4°
c) nach rechts oben

37 a) 29,2 N
b) − 53,24°
c) nach links oben

38 a) 223,5 N
b) − 44,26°
c) nach links oben

39 a) 84,46 N
b) − 73,13°
c) nach rechts unten

40 $F_1 = 20{,}48$ N
$F_2 = 14{,}34$ N

41 $F_1 = 3600$ N
$F_2 = 5091$ N

42 a) 41,86 kN
b) 53,58 kN

43 $F_{Ax} = 15{,}28$ kN
$F_{Ay} = 21{,}03$ kN

44 $F_1 = 5{,}862$ kN
$F_2 = 3{,}901$ kN

45 $F_1 = 113{,}2$ N
$F_2 = 130{,}3$ N

46 44,56 kN

47 $F_1 = 512{,}9$ N
$F_2 = 780{,}2$ N

48 $F_1 = 26{,}38$ kN
$F_2 = 19{,}58$ kN

49 $F_1 = 8{,}5$ kN
$F_2 = 14{,}72$ kN

50 a) $G_2 = G_1 \dfrac{\sin(\alpha_3 - \alpha_1)}{\sin(\alpha_2 - \alpha_3)}$

$G_3 = G_1 \dfrac{\sin(\alpha_2 - \alpha_1)}{\sin(\alpha_3 - \alpha_2)}$

b) $G_2 = 5{,}393$ N
$G_3 = 28{,}15$ N

51 a) $F_A = 184{,}5$ N
$F_B = 286$ N
b) F_A wirkt nach links unten,
F_B wirkt nach unten

52 $F_p = \dfrac{F_1}{2 \tan\varphi}$

5,715 F_1 und 28,64 F_1

53 2,676 N
17,24 N

54 $F_1 = \dfrac{F_s}{2 \sin\frac{\beta}{2}}$

$F_1 = F_2 = 84{,}85$ kN

55 a) $F_Z = 28{,}48$ kN
$F_D = 40{,}14$ kN
b) $F_{Zx} = 26{,}67$ kN
$F_{Zy} = 10$ kN
c) $F_{Dx} = 26{,}67$ kN
$F_{Dy} = 30$ kN

56 783,2 N

57 $F_1 = 50{,}35$ kN
$F_2 = 43{,}70$ kN

58 $F_w = 80{,}07$ N
$F = 234{,}1$ N

59 7,832 kN

60 $F_A = 614{,}4$ N
$F_B = 430{,}2$ N

61 $F_s = 2{,}894$ kN
$F_R = 2{,}946$ kN

62 a) 31,42 kN
b) $F_s = 32{,}04$ kN
$F_N = 6{,}283$ kN
c) 6408 Nm

63 a) 23,38 kN
b) 112,5 kN

64 a) 0,5 kN
b) 1,031 kN

65 a) 145,8 N
b) 61,87 N

66 a) $F_1 = 18{,}06$ kN
$F_2 = 24{,}22$ kN
b) $F_{k1} = 7{,}290$ kN
$F_{d1} = 16{,}53$ kN
c) $F_{k2} = 17{,}71$ kN
$F_{d2} = 16{,}53$ kN

67 a)

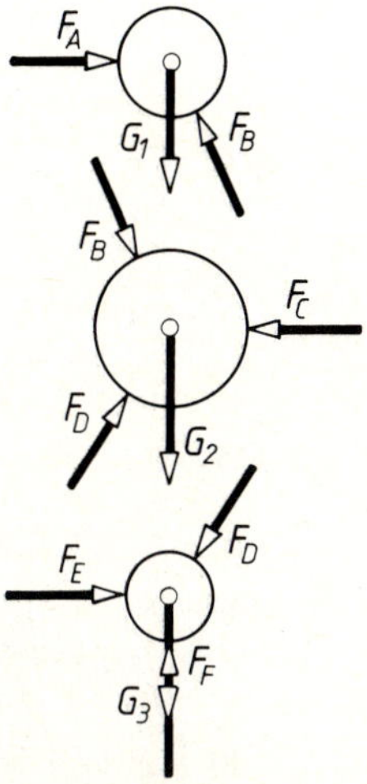

b) $F_A = 1{,}375$ N
$F_B = 3{,}300$ N
$F_C = 6{,}581$ N
$F_D = 9{,}545$ N
$F_E = 5{,}206$ N
$F_F = 10$ N

68 a) $G_3 = -G_1 \cos(\alpha_1 - \alpha_3) + \sqrt{G_1^2 [\cos^2(\alpha_1 - \alpha_3) - \sin^2 \alpha_3] + G_2^2}$

$\sin(\gamma + \beta) = \dfrac{G_1}{G_2} \cos\gamma$

b) $\beta = 13{,}85°$
$G_3 = 28{,}03$ N

69 $S_1 = -74{,}22$ kN
$S_2 = +72$ kN
$S_3 = -30{,}92$ kN
$S_4 = -43{,}29$ kN

70 $S_1 = -11{,}25$ kN
$S_2 = +12{,}31$ kN
$S_3 = -10$ kN
$S_6 = +12{,}31$ kN

71 $S_1 = -36{,}00$ kN
$S_2 = +37{,}36$ kN
$S_3 = 0$
$S_4 = -54$ kN
$S_5 = +20{,}59$ kN
$S_6 = +37{,}36$ kN

72 a) 16,5 N
b) 5,455 cm

73 a) 60 N
b) 3,12 m
c) nach unten

74 154 kN
3,613 m

75 3,1 kN
2,887 m

76 a) 1800 N
b) nach unten
c) 0,5417 m

77 a) 35 kN
b) 968,6 mm
c) 25 kN
d) 0,444 m

78 a) 1546 N
b) − 2,25°
c) 0,132 m
d) 204 Nm
e) beide sind gleich

79 a) 30,98 kN
b) − 23,79°
c) 2,981 m

80 a) 3,166 kN
b) − 83,59°
c) 0,2208 m

81 a) 846,4 N
b) 67,68°
c) 2,233 m

82 a) 227,5 N
b) 45,1 mm

83 a) 577,4 N
b) 763,8 N
c) 40,89°

84 a) 353,6 N
b) 790,6 N
c) 26,57°

85 a) WL F_A liegt waagerecht
b) 480 N
c) 933 N
d) $F_{Bx} = 480$ N
$F_{By} = 800$ N

86 a) 5,47 kN
b) 5,557 kN
c) 73,71°

87 a) 13,42 kN
b) 12,17 kN
c) $F_{Ax} = 12$ kN
$F_{Ay} = 2$ kN

88 a) 18,46 kN
b) 19,93 kN
c) $F_{Bx} = 18{,}46$ kN
$F_{By} = 7{,}5$ kN

89 a) 1,329 kN
b) 6,439 kN
c) 78,09°

90 a) 14,74 kN
b) 23,83 kN
c) $F_{Ax} = 12{,}07$ kN
$F_{Ay} = 20{,}55$ kN
d) 68,22°
e) 13,28 kN

91 a) 24,99 kN
b) 21,45 kN
c) 2,29°

92 a) 250,6 N
b) 580 N
c) 65,56°

93 a) 242,6 N
b) 390,9 N
c) 90°
d) 51,84°

94 a) 733,9 N
b) 628,3 N

95 a) 0,2019 kN
b) $F_A = 1{,}266$ kN
$F_{Ax} = 0{,}2019$ kN
$F_{Ay} = 1{,}25$ kN
c) 0,5893 kN
d) 0,1071 kN
e) $F_x = 0{,}101$ kN
$F_y = 0{,}0357$ kN

96 a) 600,7 N
b) 549,6 N

97 a) 2,418 kN
b) 3,332 kN
c) 45,63°

98 a) 746,4 N
b) 772,8 N
c) 1352 N
d) 2108 N
e) $F_{Cx} = 200$ N
$F_{Cy} = 2099$ N

99 a) 0,3266 kN
b) 0,6897 kN
c) 7,04°

100 a) $F_B = 34{,}64$ N
$F_D = 40$ N
b) $F = 72$ N
$F_A = 45{,}43$ N

101 a) $F_A = 1000$ N
$F_F = 1000$ N
b) 0,4444 kN
c) $F_B = 1,094$ kN
$F_{Bx} = 0,4444$ kN
$F_{By} = 1$ kN
d) 0,7817 kN
e) $F_E = 0,5209$ kN
$F_{Ex} = 0,1544$ kN
$F_{Ey} = 0,4975$ kN
f) 0,0842 kN
g) $F_K = 0,7192$ kN
$F_{Kx} = 0,5146$ kN
$F_{Ky} = 0,5025$ kN
$\alpha_K = 44,32°$

102 a) $F_A = 140,4$ N
$F_{Ax} = 131,5$ N
$F_{Ay} = 49,32$ N
b) $F_B = 762,1$ N
$F_{Bx} = 131,5$ N
$F_{By} = 750,7$ N

103 a) $F_A = 63,25$ N
$F_{Ax} = 20$ N
$F_{Ay} = 60$ N
b) $F_B = 44,72$ N
$F_{Bx} = 20$ N
$F_{By} = 40$ N

104 a) $F_A = 1,863$ kN
$F_B = 1,179$ kN
$\alpha_A = 63,43°$
$\alpha_B = 45°$
b) $F_A = 2,5$ kN
$F_B = 3,536$ kN
$\alpha_A = 0°$
$\alpha_B = 45°$

105 a) $F_A = 808,3$ N
$F_{Ax} = 404,1$ N
$F_{Ay} = 700$ N
b) $F_B = 534,6$ N
$F_{Bx} = 404,1$ N
$F_{By} = 350$ N

106 a) 3,505 kN
b) 4,445 kN
c) 46,94°

107 a) 40,33 kN
b) $F_B = 49,1$ kN
$F_{Bx} = 40,33$ kN
$F_{By} = 28$ kN
c) 34,77°

108 a) 57,04 N
b) 90,3 N
c) 50,83°

109 a) 12,74 kN
b) 12,74 kN
c) 39,47°

110 a) 25,59 kN
b) 15,11 kN
c) $F_{Bx} = 12,73$ kN
$F_{By} = 8,14$ kN

111 a) 83,76 kN
b) 85,27 kN
c) 13,82°

112 a) 20,67 N
b) 101,6 N
c) $F_{Ax} = 84,85$ N
$F_{Ay} = 55,82$ N

113 a) 14,7 kN
b) 18,54 kN
c) 52,45°

114 a) 2,687 kN
b) 1,765 kN
c) $F_{Ax} = 0,394$ kN
$F_{Ay} = 1,721$ kN

115 a) 359,8 N
b) 373,7 N
c) 22,03°

116 a) 63,64 N
b) 330,9 N
c) $F_{Ax} = 263,64$ N
$F_{Ay} = 200$ N

117 a) $F_A = 24$ kN
$F_{R1} = 16$ kN
$F_{R2} = 16$ kN
b) $F_A = 24$ kN
$F_{R1} = 16$ kN
$F_{R2} = 16$ kN

118 $F_A = 66$ kN
$F_B = 59,07$ kN
$F_C = 59,07$ kN

119 a) 11,31°
b) 19,61 kN
c) $F_A = 51,48$ kN
$F_B = 46,58$ kN

120 $F_{A1} = 19,61$ kN
$F_{A2} = 14$ kN
$F_d = 7,619$ kN

121 a) 4,2 kN
b) $F_B = 6,72$ kN
$F_C = 6,72$ kN

122 a) 9,317 kN
b) $F_o = 9$ kN
$F_u = 9$ kN

123 $F_A = 119,2$ N
$F_B = 36,69$ N
$F_C = 733,6$ N

124 $F_A = 400$ N
$F_B = 1200$ N
$F_2 = 565,7$ N

125 $F_A = 225$ N
$F_B = 159,1$ N
$F_C = 159,1$ N

126 $F_F = 0,3125$ kN
$F_{V1} = 0,8397$ kN
$F_{V2} = 0,8397$ kN

127 $F_A = 5,942$ kN
$F_B = 6,122$ kN
$F_C = 11,51$ kN

128 $F_A = 2,8$ kN
$F_B = 1,394$ kN
$F_C = 0,7508$ kN

129 $F_{D1} = 1,320$ kN
$F_{D2} = 3,694$ kN
$F_F = 2,268$ kN

130 a) $F_N = 404,1$ N
$F_A = 423,4$ N
$F_B = 221,3$ N
b) $F_N = 404,1$ N
$F_A = 182,8$ N
$F_B = 19,28$ N
c) $F_N = 350$ N
$F_A = 120,3$ N
$F_B = 120,3$ N

131 a) $F_A = 544$ N
$F_B = 306$ N
b) 126 N
c) $F_C = 330,9$ N
$F_{Cx} = 126$ N
$F_{Cy} = 306$ N

132 $F_A = 714$ N
$F_B = 136$ N
$F_k = 56$ N
$F_C = 147,1$ N
$F_{Cx} = 56$ N
$F_{Cy} = 136$ N

133 a) $F_A = 523,2$ N
$F_B = 360,8$ N
$F_C = 627,7$ N
$F_D = 288,7$ N
$F_E = 346,4$ N
$F_F = 202,1$ N
$F_h = 178,6$ N

b) F_A = 219,7 N
F_B = 151,6 N
F_C = 263,6 N
F_D = 121,2 N
F_E = 145,5 N
F_F = 84,87 N
F = 105 N

134 F_A = 2,248 kN
F_B = 2,248 kN
F_s = 4 kN

135 a) F_A = 156,2 N
b) F = 100 N
c) F_C = 218,2 N
F_D = 98,18 N

136 a) F = 130 N
F_A = 146,8 N
F_B = 66,8 N
b) F = 130 N
F_A = 115 N
F_B = 35 N

137 F_A = 884,8 N
F_B = 365,2 N

138 a) F_A = 2070 N
F_B = 1380 N
b) F_A wirkt gegensinnig zu F, F_B wirkt gleichsinnig

139 F_A = 2,833 kN
F_B = 2,167 kN

140 F_A = 1,438 kN
F_B = 0,7615 kN

141 a) 0,1527 kN
b) 1,647 kN

142 a) 17,5 kN
b) 3,5 kN

143 F_A = 5,792 kN
F_B = 2,708 kN

144 F_A = 14 kN
F_B = 36 kN

145 a) F_A = 32,91 kN
F_B = 163,1 kN
b) F_C = 74,21 kN
F_D = 218,8 kN
c) F_A = 18,55 kN
F_B = 117,5 kN
F_C = 65,5 kN
F_D = 167,5 kN

146 F_A = 7,656 kN
F_B = 24,656 kN

147 F_A = 1 kN
F_B = 0,5 kN

148 F_A = 18 kN
F_B = 12 kN

149 F_A = 2,912 kN
F_B = 15,19 kN

150 F_A = 590,6 N
F_B = 309,4 N

151 a) F_v = 7,397 kN
F_h = 6,503 kN
b) F_v = 7,075 kN
F_h = 6,825 kN

152 a) 1,8 kN
b) 1,559 kN
c) 0,128 kN
d) 1,687 kN
e) F_{Cx} = 0,8434 kN
F_{Cy} = 1,461 kN

153 a) F_A = 3,4 kN
F_B = 1,6 kN
b) F_C = 1 kN
F_D = 1,887 kN
c) F_{Dx} = 1 kN
F_{Dy} = 1,6 kN

154 F_A = 2,333 kN
F_B = 2,667 kN
F_C = 1,667 kN
F_D = 3,145 kN
F_{Dx} = 1,667 kN
F_{Dy} = 2,667 kN

155 a) 485,1 mm
b) 705,2 N
c) 705,2 N

156 F_A = 6,883 kN
F_B = 5,389 kN
F_{Ax} = 2,694 kN
F_{Ay} = 6,333 kN
F_{Bx} = 2,694 kN
F_{By} = 4,667 kN

157 a) 2199 N
b) 1206 N
c) 68,1°

158 a) 10,87 kN
b) 9,049 kN
c) 71,88°

159 a) 64,98°
b) 4,5 kN
c) 4,966 kN
d) 0,6219 kN
e) 2,536 kN
f) F_{Cx} = 2,1 kN
F_{Cy} = 1,422 kN

In den Tabellen für die Aufgaben 160 bis 175 sind die Kräfte in der Einheit Kilonewton (kN) angegeben.

160 a) $F_A = F_B$ = 8 kN
b)

Stab	Zug	Druck
1	–	10,6
2	8,98	–
3	4,00	–
4	8,98	–
5	–	10,6

c) S_2 = 8,976 kN
S_3 = 4,00 kN
S_5 = 10,61 kN

161 a) $F_A = F_B$ = 12 kN
b)

Stab	Zug	Druck	Stab
1	–	23,2	11
2	18,9	–	10
3	–	4,69	9
4	–	19,4	8
5	10,5	–	7
6	10	–	6

c) S_6 = 10 kN
S_7 = 10,51 kN
S_8 = 19,44 kN

162 a) $F_A = F_B$ = 60 kN
b)

Stab	Zug	Druck	Stab
1	–	22,5	17
2	24,6	–	16
3	–	20	15
4	22,5	–	14
5	–	60,2	13
6	24,6	–	12
7	–	–	11
8	–	24,6	10
9	–	–	9

c) S_{10} = 24,62 kN
S_{11} = 0
S_{14} = 22,5 kN

163 a) $F_A = F_B = 84$ kN

b)

Stab	Zug	Druck
1	–	93,9
2	42	–
3	93,9	–
4	–	84
5	–	62,6
6	112	–
7	62,6	–
8	–	140
9	–	31,3
10	154	–
11	31,3	–
12	–	168
13	–	–
14	168	–

164 a) $F_A = F_B = 84$ kN

b)

Stab	Zug	Druck
1	93,9	–
2	–	42
3	–	93,9
4	84	–
5	62,6	–
6	–	112
7	–	62,6
8	140	–
9	31,3	–
10	–	154
11	–	31,3
12	168	–
13	–	–
14	–	168

165 a) $F_A = F_B = 14$ kN

b)

Stab	Zug	Druck
1	–	14
2	–	21,3
3	23,5	–
4	–	–
5	–	4
6	–	21,3
7	–	10,2
8	28,8	–
9	–	–
10	–	30,4
11	1,56	–
12	28,8	–
13	–	4
14	–	30,4
15	3,95	–
16	27,4	–
17	–	–

c) $S_{10} = 30{,}41$ kN
$S_{11} = 1{,}562$ kN
$S_{12} = 28{,}8$ kN

166 a) $F_A = F_B = 20$ kN

b)

Stab	Zug	Druck
1	–	82,4
2	80	–
3	–	41,2
4	–	41,2
5	–	20
6	–	41,2
7	50	–

c) $S_2 = 80$ kN
$S_3 = 41{,}23$ kN
$S_4 = 41{,}23$ kN
$S_5 = 20$ kN
$S_7 = 50$ kN

167 a) $F_A = 28{,}33$ kN
$F_B = 11{,}67$ kN

b)

Stab	Zug	Druck
1	38,9	–
2	–	40,6
3	–	–
4	38,9	–
5	–	17,4
6	–	23,2
7	6	–
8	18,9	–
9	–	34,1

c) $S_4 = 38{,}89$ kN
$S_5 = 17{,}40$ kN
$S_6 = 23{,}20$ kN

168 a) $F_A = 70$ kN
$F_B = 110$ kN

b)

Stab	Zug	Druck
1	–	100
2	104	–
3	10	–
4	–	100
5	–	17,4
6	122	–
7	–	126
8	–	46,7
9	84,1	–

169 a) $F_A = 58{,}9$ kN

b) $F_B = 33{,}35$ kN
$F_{Bx} = 22{,}86$ kN
$F_{By} = 24{,}29$ kN

c)

Stab	Zug	Druck
1	61,8	–
2	–	61,8
3	–	30
4	–	38,3
5	61,8	–

d) $S_1 = 61{,}85$ kN
$S_3 = 30{,}0$ kN
$S_4 = 38{,}29$ kN

170 a) 28,98 kN
b) F_A = 33,70 kN
F_B = 37,96 kN
c)

Stab	Zug	Druck
1	30,2	–
2	–	54,2
3	21,8	–
4	–	54,2
5	18,4	–

d) S_2 = 54,16 kN
S_3 = 21,84 kN
S_5 = 18,39 kN

171 a) F_A = 24 kN
F_B = 31,24 kN
b)

Stab	Zug	Druck
1	15,3	–
2	–	16,1
3	–	12
4	22	–
5	2,29	–
6	–	27,7
7	–	6,14

c) S_2 = 16,13 kN
S_3 = 12,03 kN
S_4 = 22,02 kN

172 a) F_A = 57,28 kN
F_B = 41 kN
b) 44,29°
c)

Stab	Zug	Druck
1	–	34
2	38	–
3	5	–
4	–	34
5	–	17,5
6	54,3	–
7	–	31,2

d) S_4 = 34,0 kN
S_5 = 17,51 kN
S_6 = 54,3 kN

173 a) 38,45 kN
b) 33,19 kN
c) 27,42°
d)

Stab	Zug	Druck
1	–	58,2
2	56,3	–
3	–	–
4	–	58,2
5	33,4	–
6	–	2,67
7	–	7,86
8	–	27,7
9	–	3,43
10	–	–
11	–	6

e) S_4 = 58,22 kN
S_5 = 33,40 kN
S_6 = 2,677 kN

174 a)

Stab	Zug	Druck
1	–	20,2
2	20,9	–
3	–	–
4	–	30,2
5	11,5	–
6	20,9	–
7	–	2,8
8	–	40,3
9	13,1	–
10	31,4	–

b) S_4 = 30,24 kN
S_7 = 2,8 kN
S_{10} = 31,38 kN

175 a) F_A = 56,67 kN
F_B = 88,52 kN
b)

Stab	Zug	Druck
1	22,3	–
2	–	21,4
3	–	12
4	22,3	–
5	24,6	–
6	–	42,9
7	–	18
8	44,5	–
9	59,1	–
10	–	88,1
11	–	37,3
12	91,5	–
13	–	47,2
14	–	92
15	4,53	–

c) S_6 = 42,86 kN
S_7 = 18,00 kN
S_8 = 44,51 kN

2 Schwerpunktslehre

201 Die Lösung wird übersichtlicher, einfacher und sicherer, wenn bei der Schwerpunktsermittlung nach folgendem Rechenschema gearbeitet wird:

n	A_n in mm²	y_n in mm	$A_n y_n$ in mm³
1	900	9	8100
2	705	41,5	29257,5
	1605		37357,5

$$y_0 = \frac{37\,357{,}5\ \text{mm}^3}{1605\ \text{mm}^2} = 23{,}28\ \text{mm}$$

202 $y_0 = 318{,}1$ mm

203 $x_0 = 8{,}65$ mm
$y_0 = 15{,}22$ mm

204 $y_0 = 206{,}3$ mm

205 $x_0 = 2{,}095$ mm

206 $y_0 = 116{,}8$ mm

207 $y_0 = 166{,}9$ mm

208 $y_0 = 88{,}9$ mm

209 $y_0 = 365{,}1$ mm

210 $y_0 = 230{,}7$ mm

211 $y_0 = 178{,}4$ mm

212 $y_0 = 153{,}2$ mm

213 $y_0 = 122{,}1$ mm

214 $y_0 = 220{,}4$ mm

215 $y_0 = 140{,}1$ mm

216 $y_0 = 194{,}1$ mm

217 a) 1,47 mm
b) im U-Profil

218 a) 2,13 mm
b) oberhalb

219 58 mm

220 $x_0 = 11{,}91$ mm

221 $y_0 = 21{,}98$ mm

222 $y_0 = 25{,}2$ mm

223 $x_0 = 5{,}43$ mm

224 $x_0 = 33{,}5$ mm

225 $x_0 = y_0 = 11{,}14$ mm

226 $x_0 = 22{,}91$ mm

227 $x_0 = 7{,}84$ mm
$y_0 = 10{,}29$ mm

228 $x_0 = 7{,}18$ mm

229 $x_0 = 10{,}08$ mm

230 $x_0 = 4{,}21$ mm

231 $x_0 = 12{,}51$ mm

232 $x_0 = 5{,}47$ mm
$y_0 = 9{,}47$ mm

233 $y_0 = 15{,}54$ mm

234 $x_0 = 6{,}44$ mm
$y_0 = 5{,}03$ mm

235 $x_0 = 1{,}275$ m
$y_0 = 0{,}342$ m

236 $x_0 = 1{,}06$ m

237 $x_0 = 1{,}695$ m

238 $x_0 = 0{,}835$ m

239 1,2799 m²

240 0,0491 m²

241 1,571 m²

242 a) 12,43 m²
b) 292,7 kg

243 a) 0,1572 m²
b) 0,4086 kg

244 0,09684 m²

245 13,5 m²

246 0,06922 m³

247 0,04771 m³

248 2530 cm³

249 a) 776,6 cm³
b) 6,096 kg

250 a) 82,8 cm³
b) 99,36 g

251 a) 18,394 cm³
b) 21,15 g

252 12,62 cm³

253 a) 459,5 cm³
b) 0,6203 kg

254 78,43 cm³

255 a) 70,5 cm³
b) 0,5922 kg

256 a) 1239 cm³
b) 9,047 kg

257 41,12 cm³

258 a) 105,5 cm³
b) 0,2637 kg

259 a) 218 *l*
b) 105,6 *l*

260 a) 1056 cm³
b) 8,289 kg

261 a) 3559 cm³
b) 2562 kg
c) 9437 cm³

262 4,719 m³

263 3,848 m³

264 2812 *l*

265 1,275

266 1,389

267 6,733 kN

268 a) 2,309 kN
b) 492,4 J

269 16 kN

270 a) 454,5 N, 727,3 N
b) 625 N, 1375 N
c) 1600 N, 2200 N

271 a) 0,02741 m³
b) 197,35 kg
c) 1,296 m
d) 515,5 N
e) 561,3 J
f) die Kippkraft wird kleiner, weil die Stange steiler steht und dadurch der Abstand l größer wird.

272 a) 186,6 kN
b) 1,103 m

273 2,519 kN

274 1,764 m

275 a) 2,324 m
b) 1,628
c) 177,93 kN bzw. 23,84 kN
d) 52,07 kN bzw. 156,16 kN

276 171,8 N/m

277 a) 46,95°
b) 28,16°
c) keinen Einfluß

278 a) 2,709
b) 41,36°

279 a) 34,25°
b) ja; je größer die Gewichtskraft, desto größer darf der Böschungswinkel sein, ehe Kippen eintritt.

3 Reibung

301 $\mu_0 = 0{,}189$; $\mu = 0{,}178$

302 $\mu_0 = 0{,}5$; $\mu = 0{,}3$

303 $\mu_0 = 0{,}344$; $\mu = 0{,}231$

304 a) 0,466
b) μ

305 21,8°

306 27°

307 a) 0,625
b) 0,543
c) 0,306
d) 0,176
e) 0,073
f) 0,052
g) 0,026

308 a) 2,86°
b) 4,86°
c) 6,84°
d) 9,65°
e) 12,41°
f) 19,29°
g) 32,21°

309 a) 2,5 m/s
b) 210 N
c) 525 W

310 a) 300 N
b) 260 N
c) 1,667 m
d) 1,923 m
e) 1092 J

311 181,5 N

312 a) 40 kN
b) 32,8 kN
c) 24 kN
d) 19,68 kN

313 a) 72 kN
b) 57,6 kN
c) $M_a = 18\,000$ Nm
$M_b = 14\,400$ Nm

314 a) $F_{NA} = 852{,}4$ N
$F_{NB} = 4010$ N
b) $F_{NA} = 2999$ N
$F_{NB} = 2796$ N
c) $F_{RA} = 102{,}3$ N
$F_{RB} = 481{,}2$ N
d) $F_{RA} = 359{,}8$ N
$F_{RB} = 335{,}5$ N
e) $F_{vI} = 583{,}5$ N
$F_{vII} = 695{,}4$ N

315 48 N

316 a) 125,66 kN
b) 26,15 kN
c) 2,615 kN
d) 125,8 kN

317 a) 40,52 N
b) 26,9 N

318 a) 3,7 kN
b) 21,7 kN
c) 17,05 %
d) 22,6 kW
e) 4,327 kW

319 68,48°

320 a) 2,518 m
b) keinen
c) 74,36°

321 a) $F_{N1} = 149{,}7$ N
$F_{R1} = 29{,}94$ N
b) $F_{N2} = 163{,}2$ N
$F_{R2} = 97{,}95$ N
c) 2,154 kW

322 a) $F_N = 400{,}5$ N
$F_R = 44{,}05$ N
b) $F_{NA} = 427{,}2$ N
$F_{RA} = 46{,}99$ N
c) 771,1 N
d) 1182 N

323 a) 8,75 N
b) 39,77 N
c) 18,92 N (Zug)
d) 59,34 N

324 a) 0,25
b) 23,18 kN
c) 80,27 kN
d) 20,07 kN
e) 3,345
f) 102,7 kN
g) keinen
h) 0,0747

325 a) $F_N = 528{,}5$ N
$F_{NA} = 516{,}7$ N
$F_{NB} = 252{,}4$ N
$F_{RA} = 72{,}33$ N
$F_{RB} = 35{,}34$ N
b) $F_N = 373{,}9$ N
$F_{NA} = 160{,}1$ N
$F_{NB} = 26{,}83$ N
$F_{RA} = 22{,}42$ N
$F_{RB} = 3{,}756$ N
c) $F_N = 311{,}5$ N
$F_{NA} = F_{NB} = 120{,}3$ N
$F_{R0\,max A} =$
$= F_{R0\,max B} = 19{,}25$ N

326 a) $F_{NA} = 301{,}7$ N
$F_{RA} = 66{,}38$ N
b) $F_{NB} = 151{,}7$ N
$F_{RB} = 33{,}38$ N
c) 339,8 N

327 a) $F_A = 156{,}2$ N
$F_B = 120$ N
b) $F_{NC} = 218{,}2$ N
$F_{RC} = 41{,}45$ N
c) $F_{ND} = 98{,}2$ N
$F_{RD} = 18{,}65$ N
d) 160,1 N

328 a) 90,91 N
b) 606,1 N

329 a) 288 N
b) 16,7 Nm

330 a) 500 N
b) 1190 N

331 a) 1170 Nm
b) 18 280 N

332 a) 798,7 Nm
b) 11410 N
c) 8644 N

333 46,69 kN

334 a) 22,74 Nm
b) 765,6 N
c) 627,1 N

335 a) 4,48 kN
b) 3,739 kN
c) 2,255 kN

336 a) 4,409 MN
b) 728,6 kN
c) 0,0971 m/s^2

337 72,15 N

338 a) 288,5 N
b) 36,5 N
c) 0

339 a) 393,8 N
b) 3,978 kN
c) 3,542 kN
d) 953,3 N

340 a) $\cos(197{,}5° - \beta) = \frac{G}{F} \sin 17{,}95° = 0{,}30823 \frac{G}{F}$

$\cos(\gamma + 7{,}95°) = \frac{G}{F} \sin 7{,}95° = 0{,}13836 \frac{G}{F}$

b) je größer die Gewichtskraft G wird, desto größer wird β und desto kleiner wird γ
c) je größer die Kraft F wird, desto kleiner wird β und desto größer wird γ

345 a) 0,1556
b) 230,7 N

346 a) 96 mm
b) ja
c) je länger die Buchse ist, desto leichter gleitet sie, weil die Normalkräfte und damit auch die Reibkräfte kleiner werden.

347 a) $l_1 = \frac{l_3 - \mu_0 b}{2\mu_0} = 151{,}7$ mm

b) $F_2 = F_1 \frac{2 l_3}{2\mu_0 l_2 + l_3 + \mu_0 b}$
$= 826{,}4$ N

349 a) 10,64 kN
b) 2,181 kNm

350 a) 1,944 Nm
b) 0,6514 kW
c) 9771 J

351 a) $P_{ab} = 148{,}35$ kW
$P_R = 1{,}65$ kW
b) 44,39 Nm
c) $F_A = 29{,}83$ kN
$F_B = 5{,}37$ kN
d) 0,04313
e) $M_A = 38{,}60$ Nm
$M_B = 5{,}785$ Nm
f) $W_A = 86103$ J
$W_B = 12905$ J

352 a) $M_R = 10{,}02$ Nm
$F_R = 143{,}1$ N
b) 817,8 N
c) 190,4 N
d) $F_A = 1004$ N
$F_{Ax} = 624$ N
$F_{Ay} = 787{,}1$ N
e) 889,8 min^{-1}
f) 0,9962 Nm
g) 92,82 W
h) 3,094 %

353 a) 19,9 kW
b) 1,508 %

354 a) 64 Nm
b) 1,005 kW
c) 60,31 kJ

355 a) 7,875 Nm
b) 0,2927 kW
c) 1,054 MJ

356 a) 38,57 kN
b) 38,57 kN
c) 20 kN
d) $F_{RA} = 4{,}629$ kN
$F_{RBx} = 4{,}629$ kN
$F_{RBy} = 2{,}4$ kN
e) $M_A = 185{,}1$ Nm
$M_{Bx} = 185{,}1$ Nm
$M_{By} = 48$ Nm
f) 418,3 Nm
g) 154,9 N

357 a) 4,574°
b) 37333 N

358 a) $\mu' = 0{,}1242$; $\rho' = 7{,}082°$
b) 12566 N
c) 267,9 N
d) 87,37 N

359 a) $\mu' = 0{,}1242$; $\rho' = 7{,}082°$
b) 37,48 Nm
c) 39,6 Nm
d) 77,08 Nm
e) 202,8 N

360 a) $\mu' = 0{,}0828$; $\rho' = 4{,}735°$
b) 2431 Nm
c) 5720 N
d) 20 428 N
e) 0,5657
f) nein

361 a) $\mu' = 0{,}1242$; $\rho' = 7{,}082°$
b) 190,4 Nm
c) 5441 N
d) 0,4179
e) 452,9 Nm
f) 0,1757
g) 0,1142
h) 1,667 kW
i) 14,59 kW

362 a) 13,33 kN
b) 38,89 Nm

363 24,64 kN

364 a) 5,629
b) zwischen 106,6 N und 3377 N
c) 493,4 N und 2777 N

365 a) 2,793 rad
b) 2,311
c) 385,1 N
d) 504,9 N
e) 9492 W

366 a) 278,3 N
b) 222°

367 a) 9,742 kN
b) 1,479 kN
c) 0,2246 kN

368 a) 12,57 rad
b) 9,6
c) 166,6 N

369 a) 31,18 kN
b) 12,39 kN
c) 30,97
d) 15,60 rad = 894,1°
e) 2,484

370 a) F_N = 329,8 N
F_R = 131,9 N
F_D = 223 N
b) 19,79 Nm
c) F_N = 426,6 N
F_R = 170,6 N
F_D = 325 N
d) 25,60 Nm
e) 0
f) 625 mm

371 a) 23,88 Nm
b) 125,7 N
c) 251,3 N
d) F = 46,22 N
F_A = 240,5 N

372 a) 521 N
b) F_N = 502,6 N
F_R = 251,3 N
c) 47,75 Nm
d) 2 kW

373 a) 1333 N
b) 13,33 kN
c) 13,4 kN
d) 6 mm
e) 13,4 kN
f) keinen

374 a) F_{NA} = 1923 N
F_{RA} = 923,1 N
F_C = 1696 N
b) F_{NB} = 1471 N
F_{RB} = 705,9 N
F_D = 1200 N
c) M_A = 147,7 Nm
M_B = 112,9 Nm
d) 260,6 Nm
e) 501,9 N

375 a) 93,04 Nm
b) 279,1 Nm
c) 872,3 N
d) 1745 N
e) 654,2 N
f) 1396 N

376 a) 3,927 rad
b) 3,248
c) 625 N
d) 2030 N
e) 1405 N
f) 210,8 Nm

377 a) 466,7 N
b) 3,248
c) 674,2 N
d) 207,6 N
e) 196 N
f) 883,4 N
g) keinen

378 a) 1,965
b) F_1 = 2215 N
F_2 = 1127 N
c) 1088 N
d) 108,8 Nm
e) 3112 N
f) 64,36 N

379 a) 0,096 cm
b) 2,199°

380 6 N

381 a) 266 N
b) die Verschiebekraft wird größer

382 a) 35 N
b) 11,9 Nm

383 a) 90 Nm
b) 75 Nm

384 a) 2255 N
b) 686 mm

385 a) 12,73 kN
b) 990 N

4 Dynamik

400

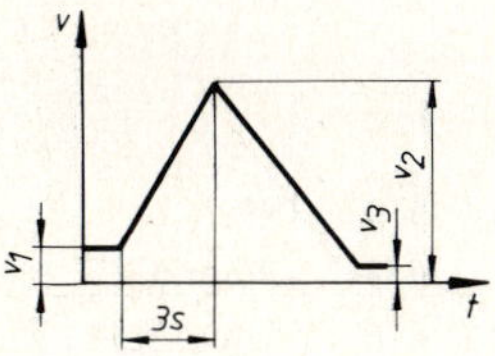

402

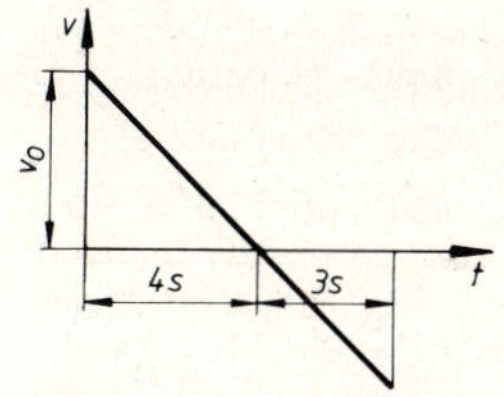

401

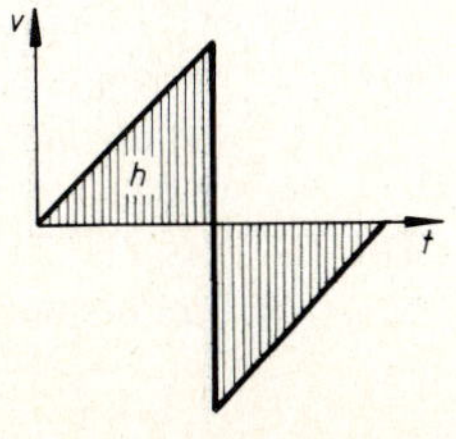

403

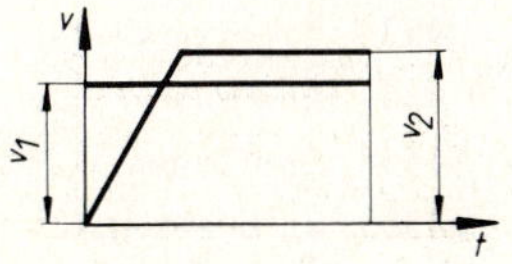

404

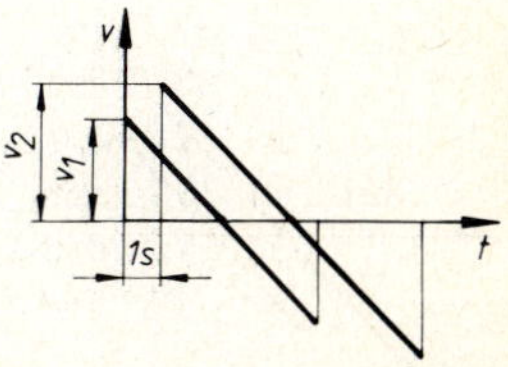

405 14,84 km/h = 4,122 m/s

406 1,026 m/s

407 40 m/min = 0,6667 m/s

408 5,003 s

409 a) 0,0833 m/min
b) 45 min

410 1,061 m/s

411 30 km

412 a) 16,96 m
b) 13,05 min
c) 0,046 m/min

413 3,125 m/s; 4,883 m/s

414 a) 631,7 m
b) 1,579 m/min

415 a) 40 min
b) 66,67 min
c) 13,33 min

416 72 s

417 36 m

418 20 s

419 1,2 m/s^2

420 a) 104,5 km/h
b) 127,8 m

421 24,26 m/s

422 108 s

423 1 m/s^2

424 a) 3 km/h
b) 0,9333 m/s^2

425 a) 4,077 s
b) 81,55 m

426 a) 73395 m
b) 122,3 s
c) 8,64 s/236 s

427 a) 110,9 km/h
b) 20,44 s

428 a) 1,375 s
b) 1,169 m

429 a) 0,54 m/s^2
b) 2,222 s

430 a) 3,029 s
b) 29,71 m/s
c) 33,75 m
d) 33,75 m
e) 2,142 s

431 a) 26,02 m/s
b) 11,31 m/s

432 a) 78,48 m
b) 39,24 m/s

433 62,55 km/h

434 72,71 km/h

435 a) 40,83 s
b) 21,67 s

436 a) 3655 m
b) 73,1 s

437 62,53 km/h

438 a) 6,25 s
b) 2 m/s^2

439 a) 5,426 m/s
b) 4,9 m
c) 33,85 s

440 28,57 m

441 3,545 m

442 a) 19,43 m/s
b) 39,43 m/s
c) 79,24 m

443 a) 0,4077 s; 0,8155 m
b) 0,905 m/s abwärts
c) 0,1549 m

444 a) $h = \frac{g}{2}\left(\frac{s_x}{v_x}\right)^2 = 0{,}1962\ \mathrm{m}$
b) ändert sich auf h/4

445 a) $s_x = v_x \sqrt{\frac{2h}{g}} = 1{,}806\ \mathrm{m}$
b) 2,194 m

446 a) 221,7 m
b) 274,3 km/h; 24,28°

447 a) 1,329 m/s
b) 9 cm

448 $\sin 2\alpha = \frac{g\, s_{max}}{v_0^2}$
$\alpha = 83{,}7°$

449 29,94 m/s

450 103 m

451 a) 750 m
b) $h = v_0 \sin\alpha\, \Delta t_{ges} - \frac{g}{2}(\Delta t_{ges})^2$
$h = 195{,}4\ \mathrm{m}$

453 5,131 m/s

454 464 m/s

455 259,2 m/s

456 a) 6,944 m/s
b) 186,5 min^{-1}

457 47,11 mm

458 272,8 mm

459 a) 310 mm
b) 1432/1848 min^{-1}

460 $1{,}454 \cdot 10^{-4}$ rad/s
$1{,}745 \cdot 10^{-3}$ rad/s
$1{,}047 \cdot 10^{-1}$ rad/s

461 1,122/1,683/2,244 m/s

462 a) 1027 min^{-1}
b) 107,5 rad/s

463 a) 15 m/s = 54 km/h
b) 0,6548 m
c) 45,81 rad/s

464 a) 3,75 min^{-1}
b) 0,3927 rad/s
c) 2,121 m/s

465 a) 2,513 rad/s
b) 0,377 m/s
c) 0,5027/0,8378 rad/s
d) 27,14 m/min

466 a) 5,231 m/s
b) 94,25 rad/s
c) 444 mm

467 a) 1773 min^{-1}
b) 184,7 mm
c) 9,286 m/s

468 a) 405,7 min^{-1}
b) 91,43 mm
c) 6,798 m/s

469 5,397

470 4,444/6/10,40 mm

471 50

472 a) 16
b) 60 min^{-1}
c) 56,55 m/min

473 a) 149,6 min^{-1}
b) 4,113 m/s
15,67/54,84 rad/s
c) 523,7 min^{-1}
d) 3,5

474 194,4

475 105 min^{-1}

476 71 mm/min

477 a) 229,2 min^{-1}
b) 80,21 mm/min

478 a) 197,9 m/min
b) 504 mm/min
c) 19,05 s

479 a) 335,1 min^{-1}
b) 0,1194 mm/U

480 5,438 min = 326,3 s

481 a) 8,639 m/s
b) 5,5 m/s

482 a) 16,41 m/s
b) 10,45 m/s

483 52,5 mm

484 a) 209°/151°/14,5°
b) 450 mm
c) 18,60 m/min
d) 25,75 m/min

485 a) 100 mm
b) 36,89 min^{-1}

486 a) 25,13 rad/s^2
b) 2,513 m/s^2
c) 50

487 a) 329,5 min^{-1}
b) 17 rad/s

488 a) 314,2 rad/s
b) 28,05 s

489 a) 2,004 s
b) 180,5 rad
c) 150,4 rad
d) 30,1 rad

490 a) 0,0816 rad/s
b) 0,0204/0,0272 rad/s^2

491 a) 6 rad/s
b) 62,83 rad; 0,2865 rad/s^2; 20,94 s
c) 43,98 rad; 0,4093 rad/s^2; 14,66 s
d) 163,2 rad
e) 408 m

492 a) 2,5 rad/s^2
b) 25 rad/s
c) 10 m/s

493 a) 64,81 rad/s
b) 408,4 rad
c) 5,143 rad/s^2
d) 12,6 s

495 a) 0,3571 m/s^2
b) 2,702 m/s

496 a) 69,44 m/s^2
b) 5208 N

497 2,943 m/s^2

498 $a = g \tan\alpha = 3{,}187\ m/s^2$

499 a) 0,0125 m/s^2
b) 15,63 kN

500 a) 0,2632 m/s^2
b) 0,7255 m/s

501 3,924 m/s^2

502 0,1485 m/s^2

503 152460 N

504 a) $a = g\,\dfrac{1 - m_2/m_1}{1 + m_2/m_1} = 5{,}886\ m/s^2$

505 a) $F_u = g\,(m_1 - m_2) + a\,(m_1 + m_2)$
$F_u = 15612$ N
b) 2,453 m/s^2

506 a) 4362/6429 N
b) 3524/7267 N

507 a) 2,943 m/s^2
b) 1,952 m/s^2

508 6424 N

509 $a = g\,\left(\dfrac{1-\mu}{2}\right) = 4{,}169\ m/s^2$

510 a) 1260 N
b) 6468 N

511 $a = g\,\left(\dfrac{l}{h}\cos\alpha - \sin\alpha\right)$
$a = 5{,}623\ m/s^2$

512 $a = g\,\dfrac{\mu_0\, l}{2\,(l + \mu_0\, h)} = 2{,}628\ m/s^2$

513 a) 327 N ↓
b) 2000 N →; 73 N ↑
c) 5000 N ←; 1327 N ↓

514 a) 2,356 m/s^2
b) 2,943 m/s^2
c) 6,256 m/s
d) 6,479 m

515 12 s

516 a) 0,01625 s
b) 738,5 kN

517 a) 9,259 kN
b) 33,33 m

518 a) 519 m/s
b) 5,19 m/s^2
c) 25,95 km

519 a) 59,72 s
b) 356,7 m

520 12,72 km/h = 3,533 m/s

521 a) 70 kN
b) 0,3333 m/s^2
c) 600 m

522 a) 10 m/s
b) 2972 N

523 a) 0,5711 s
b) 0,4847 s
c) 0,3058 s
d) 30 min^{-1}

526 a) 9,583 kN
b) 364,1 kJ

527 a) 560 N
b) 19,6 J

528 a) 21,19 MJ
b) 17,66 kW

529 a) 7,2 MJ
b) 240 kW

530 2,139 m/s

531 6,278 kW

532 1084 kW

533 a) 2,490 kN
b) 64,40 kW

534 a) 1,619 kW
b) 5 kW
c) 6,89 kW

535 70,76 m/min

536 163,6 kW

537 19,2 kW

538 248,7 m^3

539 a) 779 kg
b) 504,8 t/h

540 a) 3,683 kW
b) 0,9208

541 a) 20,63 kN
b) 23,91 m/min

542 a) 0,5971
b) 0,7025

543 a) 36,05 kJ
b) 1,442 kN

544 a) 203,9 kg
b) 79,58

545 a) 18,58 N
b) 8,7 : 1000 = 0,87 %

546 a) 785,4 rad
b) 78,54 kJ

547 1,414 kW

548 2,356 kW

549 11670 N

550 377 kN

551 18,85/29,32 kW

552 I. 1029 min^{-1}
603,5 Nm
II. 1636 min^{-1}
379,3 Nm
III. 3600 min^{-1}
172,4 Nm

553 a) 500,4 min^{-1}
b) 15,72 kW
c) 5,004 W

554 a) 1,539 kW
b) 0,7696

555 0,833

556 a) 209,25
b) 0,6588
c) I. 1420 min^{-1}
5,717 Nm
II. 94,67 min^{-1}
62,6 Nm
III. 30,54 min^{-1}
184,3 Nm
IV. 6,786 min^{-1}
788,1 Nm

557 a) 1,25 kW
b) 119,4 N

558 a) 17,49/600 Nm
b) 35,7

559 a) 525,5 min^{-1}
b) 27,99 kN

560 a) 22,05
b) 98,23 N
c) 2,068 Nm
d) 0,7795 kW

561 a) 1,698 MJ
b) 11,32 kN

562 a) 4,757 m
b) 9,661 m/s

563 a) $0 = \frac{mv^2}{2} - F_W s$
b) $s = \frac{v^2}{2 F'_W} = 87{,}05$ m

564 $s = \frac{m v^2}{2 (m g \sin\alpha + F_W)}$
$s = 55{,}57$ m

565 a) 104,9 kJ
b) $v = \sqrt{\frac{2h}{m}(m g + F)}$
$v = 20{,}48$ m/s

566 $v = s \sqrt{\frac{2c}{m}}$
$v = 0{,}3919$ m/s = 1,411 km/h

567 a) 4,905 cm
b) 9,81 cm

568 $s_1 = \frac{\mu (s_2 + \Delta s) + \frac{c (\Delta s)^2}{2 m g}}{\sin\alpha - \mu \cos\alpha}$

569 $\frac{m v_2^2}{2} = \frac{m v_1^2}{2} + m g h - m g \mu \cos\alpha \frac{h}{\sin\alpha} - m g \mu l$
$l = 6{,}48$ m

570 a) 1,228/0,221 m
b) 98,77 J
c) 81 J

571 $v = \sqrt{2g(l - h)}$

572 $m = \frac{W}{g h \eta}$
$V = 175800\ m^3$

573 69,62 kW

574 0,3462

575 22,04 kg

576 0,3827

577 a) − 1,265 m/s
b) − 1 m/s
c) − 2,5 m/s

578 $v_1 = \frac{m_1 + m_2}{m_1} \cdot \sqrt{2 g l_s (1 - \cos\alpha)}$
$v_1 = 864{,}1$ m/s

579 a) 3,132 m/s
b) − 1,879/1,253 m/s
c) 0,18 m; 34,92°
d) 0,5333 m

580 a) 8 m/s
b) 6,667 m/s
c) 16 kJ
d) 302 kN
e) 0,8571 = 85,71 %

581 a) 60,03 kg
b) 94,34 %

582 a) 0,4028 rad/s^2
b) 1,208 Nm

583 318,3 kgm^2

584 a) 15,71 rad/s^2
b) 235,6 Nm

585 a) 7,54 rad/s^2
b) 26,89 Nm
c) 1,014 kW

586 a) 0,1203 Nm
b) 0,1226

587 a) $8 \cdot 10^{-4}$ rad/s^2
b) $2{,}4 \cdot 10^{-2}$ rad/s
c) 576 N

588 a) 46,8 rad/s^2
b) 9,361 m/s^2
c) 7,494 m/s

589 a) $a = 2 g \mu_0 \cos\beta$
$a = 3{,}398\ m/s^2$
b) $F = m [a + g (\sin\beta + \mu_0 \cos\beta)]$
$F = 100$ N

590 a) 5 kg
b) 7 kg
c) 19,62 N
d) $a = g \frac{m_1 r_2^2}{m_1 r_2^2 + J_2}$
$a = 2{,}803\ m/s^2$

591 a) 0,012484 kgm^2/106,1 m
b) 0,012481 kgm^2/107 mm

592 $2{,}621 \cdot 10^{-2}$ kgm^2

593 a) 1116 kgm^2
b) 1854 kg
c) 0,7759 m

594 a) 4,622 kgm^2
b) 146,3 kg
c) 177,7 mm

595 0,01958 kgm^2

596 $10{,}86 \cdot 10^{-4}$ kgm^2

597 2516 min^{-1}

598 a) 7,295 kgm^2
b) 43,14 kg

599 a) 312,5 m
b) 320,3 m

600 0,162 m

601 a) $m_1 \frac{v^2}{2} + J_2 \frac{\omega^2}{2} = m_1 g h$

b) $v = \sqrt{\frac{2 m_1 g h}{m_1 + \frac{J_2}{r_2^2}}}$

$v = 2{,}368$ m/s

602 a) $\omega = \sqrt{\frac{g}{l}}$

b) $v_u = 2\sqrt{gl}$

603 a) $\frac{J\omega_2^2}{2} = 0 + M_k \Delta\varphi$

b) $z = \frac{J\omega_2^2}{4\pi F r} = 43{,}63$

c) 52,36 s

604 a) 386 J

b) 79,58 Nm

c) 0,4211 s

605 a) 1,676 s

b) 13,96

c) 4386 J

d) 175,5 kJ/h

610 a) 3,519 m/s

b) 3242 N

611 6,415 MN

612 75,4 kN

613 21,99 kN

614 $n = \frac{30}{\pi}\sqrt{\frac{2g}{d\mu_0}}$

$n = 38{,}61\ \text{min}^{-1}$

615 a) 5556 N

b) 10,43 kN/32,18°

c) 0,5357

616 a) $v = \sqrt{\frac{g l r_s}{2h}}$

$v = 32{,}29$ m/s
$= 116{,}3$ km/h

b) 140,4 mm

617 a) 27,71°

b) 5,153 m/s²

c) 27,80 m/s = 100,1 km/h

618 a) $v_0 = \sqrt{g r_s} = 5{,}334\ \frac{\text{m}}{\text{s}}$
$= 19{,}2\ \frac{\text{km}}{\text{h}}$

b) $v_u = \sqrt{5 g r_s} = 11{,}93\ \frac{\text{m}}{\text{s}}$
$= 42{,}94\ \frac{\text{km}}{\text{h}}$

c) $h = 2{,}5\, r_s = 7{,}25$ m

619 a) $F_A = 7{,}554$ kN
$F_B = 3{,}237$ kN

b) $F_z = 0{,}8989$ kN

c) $F_A = 8{,}183$ kN
$F_B = 3{,}507$ kN

d) $F_A = 6{,}924$ kN ↑
$F_B = 2{,}968$ kN ↑

620 a) $h = \frac{g}{\omega^2} = 14{,}31$ mm

b) $94{,}58\ \text{min}^{-1}$

c) $\omega_0 = \sqrt{\frac{g}{\sqrt{l^2 - r_0^2}}}$

$n_0 = 67{,}97\ \text{min}^{-1}$

5 Festigkeitslehre

651 Schnitt $A-B$ hat zu übertragen:
eine im Schnitt liegende Querkraft $F_q = F_s = 12\,000$ N; sie erzeugt Schubspannungen τ (Abscherspannung τ_a),
ein senkrecht auf der Schnittebene stehendes Biegemoment $M_b = F_s l = 12\,000\ \text{N} \cdot 40\ \text{mm} = 48 \cdot 10^4$ Nmm; es erzeugt Normalspannungen σ (Biegespannung σ_b).

652 Schnitt $A-B$ hat zu übertragen:
eine senkrecht zum Schnitt stehende Normalkraft $F_N = 5640$ N; sie erzeugt Normalspannungen σ (Zugspannungen σ_z),
eine im Schnitt liegende Querkraft $F_q = 2050$ N; sie erzeugt Schubspannungen τ (Abscherspannungen τ_a),
ein senkrecht zum Schnitt stehendes Biegemoment $M_b = F_y l = 2050\ \text{N} \cdot 60\ \text{mm} = 12{,}3 \cdot 10^4$ Nmm
es erzeugt Normalspannungen σ (Biegespannungen σ_b).

653 Schnitt $x-x$ hat zu übertragen:
eine senkrecht zum Schnitt stehende Normalkraft $F_N = 5000$ N; sie erzeugt Normalspannungen σ (Zugspannungen σ_z).
Schnitt $y-y$ hat zu übertragen:
eine senkrecht zum Schnitt stehende Normalkraft $F_N = 5000$ N; sie erzeugt Normalspannungen σ (Zugspannungen σ_z) und
ein senkrecht zum Schnitt stehendes Biegemoment $M_b = Fl = 5000\ \text{N} \cdot 50\ \text{mm} = 25 \cdot 10^4$ Nmm; es erzeugt Normalspannungen σ (Biegespannungen σ_b).

654 a) eine senkrecht zum Schnitt stehende Normalkraft $F_N = F_{Lx} = 1000$ N; sie erzeugt Normalspannungen σ (Druckspannungen σ_d),
eine im Schnitt liegende Querkraft $F_q = F_{Ly} = 2463$ N; sie erzeugt Schubspannungen τ (Abscherspannungen τ_a),
ein senkrecht zum Schnitt stehendes Biegemoment $M_b = F_q\, l_3/2 = 2463\ \text{N} \cdot 1{,}05\ \text{m} = 2586$ Nm; es erzeugt Normalspannungen σ (Biegespannungen σ_b).

b) eine senkrecht zum Schnitt stehende Normalkraft $F_N = F_{2x} = 1000$ N; sie erzeugt Normalspannungen σ (Druckspannungen σ_d),
eine im Schnitt liegende Querkraft $F_q = F_{2y} = 1732$ N; sie erzeugt Schubspannungen τ (Abscherspannungen τ_a),
ein senkrecht zum Schnitt stehendes Biegemoment $M_b = F_q\, l_1/2 = 1732\ \text{N} \cdot 1{,}3\ \text{m} = 2252$ Nm; es erzeugt Normalspannungen σ (Biegespannungen σ_b).

655 Schnitt x–x hat zu übertragen:
eine in der Schnittfläche liegende Querkraft $F_q = 5$ kN; sie erzeugt Schubspannungen τ (Abscherspannungen τ_a),
eine senkrecht auf der Schnittfläche stehende Normalkraft $F_N = 10$ kN; sie erzeugt Normalspannungen σ (Druckspannungen σ_d),
ein senkrecht auf der Schnittfläche stehendes Biegemoment $M_b = 10^4$ Nm; es erzeugt Normalspannungen σ (Biegespannungen σ_b).

656 Es überträgt

Schnitt *A–B:* eine senkrecht zum Schnitt stehende Normalkraft $F_N = 900$ N; sie erzeugt Normalspannungen σ (Zugspannungen σ_z).

Schnitt *C–D:* eine senkrecht zum Schnitt stehende Normalkraft $F_N = 900$ N; sie erzeugt Normalspannungen σ (Zugspannungen σ_z),
ein senkrecht zum Schnitt stehendes Biegemoment $M_b = 18$ Nm; es erzeugt Normalspannungen σ (Biegespannungen σ_b).

Schnitt *E–F:* wie Schnitt *C–D*.

Schnitt *G–H:* eine im Schnitt liegende Querkraft $F_q = 900$ N; sie erzeugt Schubspannungen τ (Abscherspannung τ_a),
ein senkrecht zum Schnitt stehendes Biegemoment $M_b = 15{,}75$ Nm; es erzeugt Normalspannungen σ (Biegespannungen σ_b).

Hinweis: In Klammern gerundete Werte.

661 33,3 N/mm²

662 15,1 mm (16 mm)

663 14 130 N

664 M 12 mit $A_s = 84{,}3$ mm²

665 224 Drähte

666 1,22 mm (1,4 mm)

667 26 861 N

668 16 mm

669 M 33 mit $A_s = 694$ mm²

670 345 700 N

671 1,276 N/mm²

672 644 kN

673 49,74 N/mm²

674 M 24 mit $A_s = 353$ mm² ($A_{erf} = 354$ mm² ist nur geringfügig größer)

675 11,9 mm (12 mm)

676 a) 422,8 kN
b) 327,6 kN

677 a) $F_z = 170{,}3$ N
b) 96,4 N/mm²

678 160 mm

679 □60 × 6;
85,7 N/mm²

680 a) 29,5 N/mm²
b) 42,5 N/mm²
c) 14,8 N/mm²

681 a) $s = 10$ mm
b) $h = 40$ mm
c) $D = 70$ mm

682 95,9 N/mm²

683 z.B. 2 L 45 × 6 mit
$A = 509$ mm²
$\sigma_z = 139$ N/mm²

684 13,6 mm (13 mm)

685 a) 78,6 N/mm²
b) 5,3

686 487 N/mm²

687 $\nu = 4$

688 4 415 m

689 35 421 N

690 a) M 12 mit
$A_s = 84{,}3$ mm²
b) 103 N/mm²

691 a) 16,67 kN
b) M 22 mit
$A_s = 303$ mm²
c) □40 × 6

692 $\sigma_1 = 78{,}9$ N/mm²
$\sigma_2 = 43{,}5$ N/mm²

693 a) 24,6 N/mm²
b) 32,7 N/mm²

694 a) 67,9 N/mm²
b) 2327 N

696 a) 119,4 N/mm²
b) 0,057 %
c) 0,068 mm

697 2,857 mm

698 a) 22,6 mm (30 mm)
b) 57,1 N/mm²
c) 0,0272 %
d) 1,632 mm
e) 32,64 J

699 a) 0,0272
b) 1,632 N/mm²
c) 816 N

700 a) 0,833 N/mm²
b) 27,7 mm (28 mm)
c) 1,25 J

701 a) 137 N/mm²
b) 882 280 N

702 a) 131 N/mm²
b) $0{,}625 \cdot 10^{-3}$

703 a) $2 \cdot 10^{-3}$
b) 420 N/mm²
c) 84 N

704 a) 125 N/mm²
b) 0,476 mm

705 88,4 N/mm²
3,368 mm

706 a) 274,9 kN
b) 0,067 %
c) 5,36 mm
d) 736,7 J

707 a) 66,7 %
b) 2,5 N/mm²
c) 3,75 N/mm²

708 a) 1,6 N/mm²
b) 28,2 mm
c) 500 J

709 a) 25 937 N
b) 27,9 mm

710 a) 109,4 N/mm²
115,6 N/mm²
b) 42,86 mm

711 a) 56 287 N
b) L 35 × 5 mit
A = 328 mm²
c) 103 N/mm²
d) 1,473 mm

712 $\sigma_1 = \sigma_3$ = 41,6 N/mm²
σ_2 = 55,4 N/mm²

713 a) n = 26
b) $\Delta l_1 \approx$ 5,9 mm

714 a = 200 mm

715 l = 515 mm
b = 322 mm (320 × 520)

716 l = 44,7 mm (45 mm)
d = 28 mm

717 a) l = 60 mm
b) 50 N/mm²

718 D = 57,4 mm (58 mm)

719 a) d = 21,9 mm (22 mm)
b) D = 33,5 mm (34 mm)

720 d = 47,1 mm (48 mm)
D = 62,4 mm (63 mm)
l = 57,6 mm (58 mm)

721 a) F_a = 65 345 N
b) M 36
mit A_S = 817 mm²

722 a) 47 760 N
b) m = 39,75 mm (40 mm)

723 a) Tr 28 × 5 mit
A_3 = 398 mm²
b) m = 74,9 mm (75 mm)

724 a) 36,6 N/mm²
b) m = 97,9 mm (98 mm)

725 a) Tr 52 × 8 mit
A_3 = 1452 mm²
b) 331,6 mm (332 mm)

726 a) 11 025 N
b) 22,1 N/mm²

727 1424 N
0,146 N/mm²

728 a) M 12 mit
A_s = 84,3 mm²
b) 0,074 mm
c) 38 mm
d) 54,15 mm (55 mm)

729 a) d_i = 186,85 mm (186 mm)
b) d_f = 445,5 mm (446 mm)

730 a) s = 20 mm
b) a = 612 mm

731 2,5 N/mm²

732 94,6 mm (95 mm)

733 a) 50,54 mm (50 mm)
b) 5 N/mm²

734 a) D = 108 mm
d = 38,6 mm (38 mm)
b) 2,5 N/mm²

735 13,3 N/mm²

736 z = 3

738 58,4 kN

739 9,6 mm

740 204 kN

741 a) 424,1 kN
b) 14,3 mm

742 a) τ_a = 28,6 N/mm²
b) D = 44,8 mm (45 mm)

743 4,36 mm (4,5 mm)

744 a) 389 N/mm²
b) 278,5 N/mm²
c) 583 N/mm²

745 a) 1778 N
b) 222 N/mm²
c) 318 N/mm²
d) 92,4 N/mm²

746 311 kN

747 a) l_v = 100 mm
b) 4,17 N/mm²

748 a) s = 8,82 mm (10 mm)
h = 30 mm
b) d = 25,46 mm (25 mm)

749 s = 2,5 mm

750 a) 6,3 kN
b) b = 5,86 (6 mm)

751 a) d_1 = 13 mm
b) 144 N/mm²
c) b = 39,8 mm (40 mm)

752 a) d_1 = 17 mm
b) 58,8 N/mm²
c) a = 12,5 mm

753 54 480 N

754 a) d = 14 mm,
d_1 = 15 mm, mit
A_1 = 177 mm²
b) □45 × 8
c) 95,8 N/mm²
d) 65 N/mm²
e) 95,8 N/mm²

755 a) 105 N/mm²
b) 303 N/mm²
c) 136 N/mm²

756 $F_{max} = 48{,}7$ kN (aus der zulässigen Zugspannung!)

757 a) 44 N/mm^2
b) 147 N/mm^2
c) 117,3 mm (120 mm)

758 a) 1143 mm^2
b) 142,9 mm (145 mm)
c) $n_a = 3$ Niete
d) $n_l = 4$ Niete
e) 195 N/mm^2
f) 66 N/mm^2
g) 221 N/mm^2

759 a) $F_1 = 91\,924$ N
$F_3 = 125\,570$ N
b) S_1: L 40 × 6 mit $A = 448$ mm^2
S_2: L 35 × 5 mit $A = 328$ mm^2
S_3: L 50 × 6 mit $A = 569$ mm^2
c) S_1: 3 Niete 12 ϕ
S_2: 3 Niete 10 ϕ
S_3: 4 Niete 12 ϕ
d) $\sigma_{l1} = 295$ N/mm^2
$\sigma_{l2} = 246$ N/mm^2
$\sigma_{l3} = 302$ N/mm^2

760 a) 2 L 35 × 5
b) 2 L 65 × 8
c) $n_1 = 4$ Niete 10 ϕ
d) $n_2 = 4$ Niete 16 ϕ
e) 227 und 294 N/mm^2
f) 183 und 141 N/mm^2
g) $n = 4$ Niete 24 ϕ

761 a) L 50 X 8
b) 149 N/mm^2
c) 2,84 mm
d) 3 Niete 16 ϕ

762 a) 82,7 N/mm^2
b) 378 N/mm^2

763 a) $F_1 = 133{,}8$ kN
$F_2 = 102{,}5$ kN
b) ☐ 70 X 7
c) $l = 84{,}3$ mm (85 mm)
d) $n = 4$

764 a) $\sigma_z = 41{,}7$ N/mm^2
b) $\tau_{schw} = 17{,}5$ N/mm^2

765 $d = 3{,}7$ mm (4 mm)

766 a) $A = 2827$ mm^2
$W_p = 42{,}4 \cdot 10^3$ mm^3
b) $D = 100$ mm
$d = 80$ mm
c) $W_p = 115{,}9 \cdot 10^3$ mm^3

767 a) $42{,}7 \cdot 10^3$ mm^3
b) $85{,}3 \cdot 10^3$ mm^3
c) $170{,}7 \cdot 10^3$ mm^3
d) $341{,}3 \cdot 10^3$ mm^3
e) $152{,}2 \cdot 10^3$ mm^3
f) $621{,}4 \cdot 10^3$ mm^3

768 a) $I_x = 92{,}4 \cdot 10^6$ mm^4
b) $W_x = 770 \cdot 10^3$ mm^3

769 a) $I_x = 31{,}7 \cdot 10^4$ mm^4
$I_y = 171{,}7 \cdot 10^4$ mm^4
b) $W_x = 12{,}7 \cdot 10^3$ mm^3
$W_y = 42{,}9 \cdot 10^3$ mm^3

770 a) $I_x = I_y = 77{,}3 \cdot 10^4$ mm^4
b) $W_x = W_y = 25{,}8 \cdot 10^3$ mm^3

771 a) $I_x = 2{,}693 \cdot 10^4$ mm^4
$I_y = 1{,}162 \cdot 10^4$ mm^4
b) $W_x = 1{,}346 \cdot 10^3$ mm^3
$W_y = 0{,}774 \cdot 10^3$ mm^3

772 a) $I_x = 4{,}1 \cdot 10^8$ mm^4
b) $W_x = 1{,}37 \cdot 10^6$ mm^3

773 a) $I_x = 233 \cdot 10^4$ mm^4
b) $W_x = 41{,}2 \cdot 10^3$ mm^3

774 a) $e_1 = 34{,}8$ mm
$e_2 = 45{,}2$ mm
b) $I_x = 174{,}6 \cdot 10^4$ mm^4
$I_y = 70{,}2 \cdot 10^4$ mm^4
c) $W_{x1} = 50{,}2 \cdot 10^3$ mm^3
$W_{x2} = 38{,}6 \cdot 10^3$ mm^3
$W_y = 28{,}1 \cdot 10^3$ mm^3

775 a) $e_1 = 27{,}15$ mm (27 mm)
$e_2 = 73$ mm
b) $I_x = 92{,}6 \cdot 10^4$ mm^4
$I_y = 12{,}6 \cdot 10^4$ mm^4
c) $W_{x1} = 34{,}3 \cdot 10^3$ mm^3
$W_{x2} = 12{,}7 \cdot 10^3$ mm^3
$W_y = 5{,}04 \cdot 10^3$ mm^3

776 a) $I_x = 325{,}5 \cdot 10^4$ mm^4
$I_y = 859{,}5 \cdot 10^4$ mm^4
b) $W_x = 93 \cdot 10^3$ mm^3
$W_y = 143 \cdot 10^3$ mm^3

777 a) $e_1 = 100$ mm
$e_2 = 300$ mm
b) $I_x = 2{,}45 \cdot 10^8$ mm^4
c) $W_{x1} = 2{,}42 \cdot 10^6$ mm^3
$W_{x2} = 822 \cdot 10^3$ mm^3

778 a) $e_1 = 118$ mm
$e_2 = 422$ mm
b) $I_x = 11{,}83 \cdot 10^8$ mm^4
c) $W_{x1} = 10^7$ mm^3
$W_{x2} = 2{,}81 \cdot 10^6$ mm^3

779 a) $e_1 = 27$ mm
b) $I_x = 1871 \cdot 10^4$ mm^4
$I_y = 303 \cdot 10^4$ mm^4
c) $W_x = 234 \cdot 10^3$ mm^3
$W_{y1} = 112 \cdot 10^3$ mm^3
$W_{y2} = 57{,}2 \cdot 10^3$ mm^3

780 a) $e_1 = 28{,}3$ mm
$e_2 = 51{,}7$ mm
$e_1' = 13{,}33$ mm
$e_2' = 36{,}67$ mm
b) $I_x = 75{,}63 \cdot 10^4$ mm^4
$I_y = 22{,}65 \cdot 10^4$ mm^4
c) $W_{x1} = 26{,}7 \cdot 10^3$ mm^3
$W_{x2} = 14{,}6 \cdot 10^3$ mm^3
$W_{y1} = 17{,}05 \cdot 10^3$ mm^3
$W_{y2} = 6{,}2 \cdot 10^3$ mm^3

781 a) $e_1 = 244$ mm
$e_2 = 331$ mm
b) $I_x = 39{,}9 \cdot 10^8$ mm^4
$I_y = 16{,}6 \cdot 10^8$ mm^4
c) $W_{x1} = 16{,}35 \cdot 10^6$ mm^3
$W_{x2} = 12{,}05 \cdot 10^6$ mm^3
$W_y = 9{,}47 \cdot 10^6$ mm^3

782 a) $e_1 = 189$ mm
$e_2 = 261$ mm
$e_1' = 283$ mm
$e_2' = 167$ mm
b) $I_x = 11{,}26 \cdot 10^8$ mm^4
$I_y = 10{,}8 \cdot 10^8$ mm^4
c) $W_{x1} = 5{,}96 \cdot 10^6$ mm^3
$W_{x2} = 4{,}32 \cdot 10^6$ mm^3
$W_{y1} = 3{,}81 \cdot 10^6$ mm^3
$W_{y2} = 6{,}46 \cdot 10^6$ mm^3

783 a) $e_1 = 60{,}7$ mm
$e_2 = 37$ mm
b) $I_x = 297{,}3 \cdot 10^4$ mm^4
c) $W_{x1} = 49 \cdot 10^3$ mm^3
$W_{x2} = 75{,}5 \cdot 10^3$ mm^3

784 a) $e_1 = 384$ mm
$e_2 = 216$ mm
$e_1' = 157$ mm
$e_2' = 243$ mm

b) $I_x = 22{,}87 \cdot 10^8$ mm^4
$I_y = 4{,}17 \cdot 10^8$ mm^4
c) $W_{x1} = 5{,}96 \cdot 10^6$ mm^3
$W_{x2} = 10{,}6 \cdot 10^6$ mm^3
$W_{y1} = 2{,}655 \cdot 10^6$ mm^3
$W_{y2} = 1{,}72 \cdot 10^6$ mm^3

785 a) $e_1 = 403$ mm
$e_2 = 227$ mm
b) $I_x = 19{,}79 \cdot 10^8$ mm^4
c) $W_{x1} = 4{,}91 \cdot 10^6$ mm^3
$W_{x2} = 8{,}71 \cdot 10^6$ mm^3

786 a) $e_1 = 154{,}4$ mm
$e_2 = 365{,}6$ mm
b) $I_x = 5{,}09 \cdot 10^8$ mm^4
$I_y = 1{,}07 \cdot 10^8$ mm^4
c) $W_{x1} = 3{,}3 \cdot 10^6$ mm^3
$W_{x2} = 1{,}39 \cdot 10^6$ mm^3
$W_y = 535 \cdot 10^3$ mm^3

787 a) $e_1 = 393$ mm
$e_2 = 127$ mm
b) $I_x = 5{,}98 \cdot 10^8$ mm^4
c) $W_{x1} = 1{,}52 \cdot 10^6$ mm^3
$W_{x2} = 4{,}72 \cdot 10^6$ mm^3

788 a) $e_1 = 133{,}5$ mm
$e_2 = 116{,}5$ mm
b) $I_{N1} = 1{,}79 \cdot 10^8$ mm^4
$I_{N2} = 6{,}3 \cdot 10^8$ mm^4
c) $W_{N1} = 1{,}34 \cdot 10^6$ mm^3
$W'_{N1} = 1{,}54 \cdot 10^6$ mm^3
d) $W_{N2} = 2{,}52 \cdot 10^6$ mm^3

789 a) $e_1 = 129$ mm
$e_2 = 121$ mm
b) $I_x = 2{,}12 \cdot 10^8$ mm^4
c) $W_{x1} = 1{,}64 \cdot 10^6$ mm^3
$W_{x2} = 1{,}75 \cdot 10^6$ mm^3

790 a) $e_1 = 179$ mm
$e_2 = 96$ mm
b) $I_x = 32{,}5 \cdot 10^6$ mm^4
c) $W_{x1} = 167 \cdot 10^3$ mm^3
$W_{x2} = 402 \cdot 10^3$ mm^3

791 a) $I_x = 10{,}3 \cdot 10^6$ mm^4
b) $W_x = 120 \cdot 10^3$ mm^3

792 a) $e_1 = 82{,}5$ mm
$e'_1 = 14{,}3$ mm
b) $I_x = 24{,}9 \cdot 10^6$ mm^4
$I_y = 298 \cdot 10^3$ mm^3
c) $W_{x1} = 302 \cdot 10^3$ mm^3
$W_{x2} = 212 \cdot 10^3$ mm^3
$W_{y1} = 55 \cdot 10^3$ mm^3
$W_{y2} = 53{,}5 \cdot 10^3$ mm^3

793 a) $1{,}33 \cdot 10^4$ mm^4
b) $I_x = 35{,}3 \cdot 10^6$ mm^4
$I_y = 9{,}62 \cdot 10^6$ mm^4
c) $W_x = 160 \cdot 10^3$ mm^3
$W_y = 80 \cdot 10^3$ mm^3

794 a) $I_x = 16{,}4 \cdot 10^8$ mm^4
$I_y = 3{,}97 \cdot 10^8$ mm^4
b) $W_x = 5{,}46 \cdot 10^6$ mm^3
$W_y = 1{,}99 \cdot 10^6$ mm^3

795 a) $I_x = 1{,}34 \cdot 10^8$ mm^4
$I_y = 1{,}58 \cdot 10^8$ mm^4
b) $W_x = 1030 \cdot 10^3$ mm^3
$W_y = 878 \cdot 10^3$ mm^3

796 a) $I_x = 9845 \cdot 10^4$ mm^4
$I_y = 20646 \cdot 10^4$ mm^4
b) $W_x = 757 \cdot 10^3$ mm^3
$W_y = 1032 \cdot 10^3$ mm^3

797 a) $I_x = 227\,700 \cdot 10^4$ mm^4
b) $W_x = 7345 \cdot 10^3$ mm^3
c) $M_b = 95{,}83 \cdot 10^4$ Nm

798 a) $I_x = 166\,265 \cdot 10^4$ mm^4
$I_y = 13\,456 \cdot 10^4$ mm^4
b) $W_x = 5542 \cdot 10^3$ mm^3
$W_y = 769 \cdot 10^3$ mm^3

799 a) ca. $2 \cdot 10^8$ mm^4
b) $27\,250 \cdot 10^4$ mm^4
c) $4360 \cdot 10^4$ mm^4
d) $I_x = 51\,500 \cdot 10^4$ mm^4
e) $W_x = 2580 \cdot 10^3$ mm^3

800 a) $I_x = 2{,}432 \cdot 10^8$ mm^4
b) $W_x = 1{,}589 \cdot 10^6$ mm^3
c) ca. 17 % des vollen Querschnittes

801 a) $I_x = 1322 \cdot 10^4$ mm^4
b) $W_x = 220 \cdot 10^3$ mm^3
c) $M_b = 3{,}08 \cdot 10^4$ Nm

802 a) $I_x = 8230 \cdot 10^4$ mm^4
b) $W_x = 779 \cdot 10^3$ mm^3
c) 67 N/mm^2
d) 61 N/mm^2

803 $l = 107{,}8$ mm

804 a) $e = 76{,}036$ mm
b) $240{,}8 \cdot 10^4$ mm^4, $110{,}1 \cdot 10^4$ mm^4
c) $I_x = 351 \cdot 10^4$ mm^4
$I_y = 42{,}3 \cdot 10^4$ mm^4
d) $W_{x1} = 47{,}4 \cdot 10^3$ mm^3
$W_{x2} = 56{,}6 \cdot 10^3$ mm^3
$W_y = 15{,}4 \cdot 10^3$ mm^3

805 a) $I_x = 23\,380 \cdot 10^4$ mm^4
b) $W_x = 1170 \cdot 10^3$ mm^3

806 $l = 160$ mm

807 a) $I_x = 6922 \cdot 10^4$ mm^4
b) $W_x = 461 \cdot 10^3$ mm^3

808 $b = 354$ mm

809 $d = 330, 260, 165, 130, 115$ mm

810 $d_1 = 40$ mm
$d_2 = 60$ mm
$d_3 = 80$ mm

811 der Durchmesser der folgenden Welle (d_2) ist stets größer als derjenige der vorhergehenden (d_1). Es ist:
$d_2/d_1 = \sqrt[3]{i}$
$d_2 = d_1 \cdot \sqrt[3]{i}$

812 a) 286,5 mm
b) 56 477 kW

813 a) $M = T = 249{,}1$ Nm
b) $W_p = 8{,}303 \cdot 10^3$ mm^3
c) $d = 34{,}8$ mm (35 mm)
d) $d = 38{,}5$ mm (38 mm)
e) 23,9 N/mm^2

814 $d_1 = 22{,}2$ mm (23 mm)
$d_2 = 35$ mm

815 a) $d = 16$ mm
b) $l = 820$ mm
c) $\varphi = 24{,}6°$

816 a) 25 mm
b) 1,43°

817 a) 127,3 N/mm^2 und 95,5 N/mm^2
b) 39,9°

818 a) $d \approx 250$ mm
b) $\approx 0{,}16°$/m

819 a) $d_i = 288$ mm
b) 48,1 N/mm^2

820 a) $d = 23{,}6$ mm
b) $l_1 = 810$ mm

821 a) $d = 90$ mm
b) 3,6°

822 a) $d = 9$ mm gewählt
b) $l = 180$ mm

823 $\varphi = 3{,}22°$

824 24 mm

825 $D = 170{,}4$ mm (170 mm)
$d = 113{,}6$ mm (110 mm)

826 $D = 88$ mm (90 mm)

827 1°25′

828 80 mm

829 581 W

830 a) 73,5 mm
b) $d = 30$ mm
$D = 75$ mm

831 a) $b = 4{,}55$ mm
b) 7,92 Nm
c) $b = 13{,}4$ mm

832 a) $\tau_{\text{schwI}} = 2{,}23\ \text{N/mm}^2$
b) $\tau_{\text{schwII}} = 0{,}07\ \text{N/mm}^2$

833 $16{,}8\ \text{N/mm}^2$

835 hochkant: 5333 Nm
flach: 2667 Nm

836 $F_{\text{max}} = 1{,}46$ N

837 $l = 17{,}3$ mm

838 a) 1470 Nm
b) $12{,}25 \cdot 10^3\ \text{mm}^3$
c) 42 mm
d) 47 mm
e) Ausführung c)

839 a) 50 Nm
b) $178{,}57\ \text{mm}^3$
c) $d = 12{,}21$ mm (13 mm)
d) $3{,}77\ \text{N/mm}^2$

840 a) 10^3 Nm
b) $10{,}53 \cdot 10^3\ \text{mm}^3$
c) $d = 48$ mm
d) $80\ \text{N/mm}^2$

841 a) 59,5 kNm
b) $496 \cdot 10^3\ \text{mm}^3$
c) IPE 300 mit
$W_x = 557 \cdot 10^3\ \text{mm}^3$
d) $107\ \text{N/mm}^2$

842 a) $d = 92{,}7$ mm (95 mm)
b) $3{,}36\ \text{N/mm}^2$

843 $h = 75{,}9$ mm
$b = 25{,}3$ mm; ausgeführt
etwa □80 × 25

844 a) $98{,}4\ \text{N/mm}^2$
b) $81\ \text{N/mm}^2$ und
$41{,}2\ \text{N/mm}^2$

845 $h_2 = 840$ mm
$\delta = 26$ mm

846 $b = 177$ mm

847 15 278 N

848 $126\ \text{N/mm}^2$

849 a) 38,1 kNm
b) $271 \cdot 10^3\ \text{mm}^3$
c) U 180 mit
$2 \cdot W_x = 300 \cdot 10^3\ \text{mm}^3$

850 $F_{\text{max}} \approx 15$ kN

851 IPE 240 mit
$W_x = 324 \cdot 10^3\ \text{mm}^3$

852 a) 810 Nm
b) $h = 69$ mm (70 mm)
$s = 18$ mm

853 a) $d = 15{,}4$ mm (16 mm)
b) $10{,}9\ \text{N/mm}^2$

854 a) M 20 DIN 13 mit
$A_s = 245\ \text{mm}^2$
b) □55 × 5

855 a) $d = 19{,}6$ mm (20 mm)
b) $l = 24$ mm
c) $D = 26{,}8$ mm (28 mm)
d) $\sigma_b = 17{,}6\ \text{N/mm}^2$

856 a) $e_1 = 188$ mm
$e_2 = 112$ mm
b) $I_x = 1{,}07 \cdot 10^8\ \text{mm}^4$
c) $W_{x1} = 572 \cdot 10^3\ \text{mm}^3$
$W_{x2} = 958 \cdot 10^3\ \text{mm}^3$
d) 119,8 kN
e) $\sigma_d = 83{,}2\ \text{N/mm}^2$
$\sigma_z = 50\ \text{N/mm}^2$

857 a) siehe Lehrbuch
b) $d = 16$ mm
c) $h = 30$ mm
$b = 5$ mm

858 a) $d = 20$ mm
$l = 26$ mm
b) $D = 25$ mm
c) $20{,}6\ \text{N/mm}^2$

859 a) 8400 Nm
b) $700 \cdot 10^3\ \text{mm}^3$
c) $b = 135$ mm
$h = 178$ mm (180 mm)

860 gewählt:
IPE 100 mit
$W_x = 34{,}2 \cdot 10^3\ \text{mm}^3$ und
$\sigma_b = 119{,}3\ \text{N/mm}^2$

861 a) IPE 160 mit
$W_x = 109 \cdot 10^3\ \text{mm}^3$
b) IPE 120 mit
$W_x = 53 \cdot 10^3\ \text{mm}^3$
c) $119{,}4\ \text{N/mm}^2$ und
$122{,}4\ \text{N/mm}^2$
die Gewichtskraft
erhöht die Spannung
nur geringfügig

862 a) $d = 167$ mm (170 mm)
b) 5,4 kNm
c) $11{,}2\ \text{N/mm}^2$

863 a) $\sigma_{\text{schw b}} = 39{,}1\ \text{N/mm}^2$
b) $\tau_{\text{schw s}} = 5{,}8\ \text{N/mm}^2$

864 a) $F_A = 11{,}7$ kN
$F_B = 28{,}3$ kN
b) 28,3 kNm

865 a) $F_A = -1760$ N
$F_B = 4760$ N
b) $M_{b\,I} = 176$ Nm
$M_{b\,II} = 171{,}2$ Nm
$M_{b\,B} = 160$ Nm
$M_{b\,III} = 0$

866 2 IPE 200 mit
$W_x = 2 \cdot 194 \cdot 10^3\ \text{mm}^3$
$= 388 \cdot 10^3\ \text{mm}^3$

867 a) $F_A = 21{,}5$ kN
$F_B = 28{,}5$ kN
b) 20 kNm

868 a) $F_A = 5620$ N
$F_B = -620$ N
b) 7,2 kNm
c) IPE 140 mit
$W_x = 77{,}3 \cdot 10^3\ \text{mm}^3$

869 $h = 227$ mm (230 mm)
$b = 90{,}8$ mm (90 mm)

870 a) $D_2 = 120$ mm
$d_2 = 67$ mm
b) $W_1 = 98 \cdot 10^3\ \text{mm}^3$
$W_2 = 153 \cdot 10^3\ \text{mm}^3$
c) $F_1 = 39{,}27$ kN
$F_2 = 57{,}45$ kN

871 a) $F_A = 24{,}25$ kN
$F_B = 28{,}75$ kN
b) 50,25 kNm
c) IPE 270 mit
$W_x = 429 \cdot 10^3\ \text{mm}^3$

872 2 U 140 mit
$W_x = 2 \cdot 86{,}4 \cdot 10^3\,mm^3$
$= 172{,}8 \cdot 10^3\,mm^3$

873 a) $l_1 = 342{,}9$ mm
b) $M_{b\,max} = 856$ Nm
c) genügt kleinstes Profil: IPE 80 mit $W_x = 20 \cdot 10^3\,mm^3$

874 $h = 57{,}2$ mm (58 mm)
$b = 580$ mm

875 a) $F_A = 11{,}43$ kN
$F_B = 8{,}57$ kN
b) 1078 Nm
c) $d_3 = 60$ mm
d) $d_1 = 36$ mm
$d_2 = 33$ mm (34 mm)
e) $p_A = 7{,}9\,N/mm^2$
$p_B = 6{,}3\,N/mm^2$

876 a) $163\,N/mm^2$
b) $21{,}2\,N/mm^2$
c) $28{,}6\,N/mm^2$

877 a) 53 Nm
b) $65{,}4\,N/mm^2$
c) $98{,}7\,N/mm^2$
d) $52{,}1\,N/mm^2$

878 a) $F_r = 13\,850$ N
b) 1745 Nm
c) $19{,}5 \cdot 10^3\,mm^3$
d) $d = 58$ mm
e) $82{,}3\,N/mm^2$

879 a) IPE 330 mit
$W_x = 713 \cdot 10^3\,mm^3$
und $\sigma_b = 78{,}9\,N/mm^2$
b) IPE 330 wie unter a)
und $\sigma_b = 74{,}2\,N/mm^2$

880 a) $e_1 = 80{,}5$ mm
$e_2 = 79{,}5$ mm
b) $I = 2572 \cdot 10^4\,mm^4$
c) $W_1 = 319{,}5 \cdot 10^3\,mm^3$
$W_2 = 323{,}5 \cdot 10^3\,mm^3$
d) $11{,}3\,N/mm^2$

881 a) $F_A = F_B = 6$ kN
b) 9 kNm

882 $h = 81$ mm
$b = 27$ mm

883 a) $F_A = 6825$ N
$F_B = 12\,675$ N
b) 11 534 Nm
c) IPE 160 mit
$W_x = 109 \cdot 10^3\,mm^3$

884 $12{,}3\,N/mm^2$

885 a) $F_A = 500$ N
$F_B = 300$ N
b) 325 mm
c) 131,25 Nm
d) $d = 25{,}5$ mm (26 mm)

886 a) $F_A = 7$ kN
$F_B = 5$ kN
b) 11 250 Nm

887 a) $F_A = 7{,}4$ kN
$F_B = 6{,}1$ kN
b) 3000 Nm
c) IPE 100 mit
$W_x = 34{,}2 \cdot 10^3\,mm^3$

888 a) $42 \cdot 10^3$ Nm
b) 129 mm
c) $2{,}23 \cdot 10^8\,mm^4$
d) $W_1 = 1725 \cdot 10^3\,mm^3$
$W_2 = 1840 \cdot 10^3\,mm^3$
e) $24{,}4\,N/mm^2$
f) an der Trägerunterkante als Druckspannung

889 a) $F_A = 525$ N
$F_B = 1075$ N
b) 1310 Nm

890 a) $F_A = 31{,}36$ kN
$F_B = 34{,}64$ kN
b) 10,8 kNm
c) $5{,}2\,N/mm^2$

891 a) $F_A = 42$ kN
$F_B = 62$ kN
b) 44,25 kNm
c) IPE 240 mit
$W_x = 324 \cdot 10^3\,mm^3$

892 a) $F_A = F_B = 150$ kN
b) 7,5 kNm
c) $d = 82$ mm
d) $28{,}4\,N/mm^2$
e) $101{,}6\,N/mm^2$
f) $22{,}3\,N/mm^2$

893 a) $d = 28$ mm
b) $975\,N/mm^2$
c) $d = 53{,}5$ mm
d) $32{,}3\,N/mm^2$
e) $43{,}7\,N/mm^2$

894 a) $l_2 = l_1/\sqrt{2} = 2{,}828$ m
b) 1714 Nm

895 29,2 N

896 a) $f_a = 1{,}6$ mm
b) $f_b = 2{,}89$ mm
c) $f_c = 0{,}057$ mm
$f_{res} = 4{,}547$ mm

897 a) $151\,N/mm^2$
b) 0,64 mm
c) 0,275°
d) 1,92 mm
e) 39,48 mm

898 667 N

899 a) $d_1 = 21{,}6$ mm (22 mm)
b) $\nu = 143$

900 a) $8000\,mm^2$
b) Tr 120 × 14
c) $m = 150{,}2$ mm (150 mm)
d) $\lambda = 61{,}5 < \lambda_0 = 89$
e) $\sigma_K = 297\,N/mm^2$
f) $\sigma_d = 94{,}2\,N/mm^2$
g) $\nu = 3{,}15$

901 $d = 20{,}3$ mm (21 mm)

902 a) $F = 14\,513$ N
b) $59{,}2\,N/mm^2$
c) $m = 38{,}7$ (40 mm)
d) $\nu = 4{,}3$

903 a) $d_1 = 12{,}4$ mm (13 mm)
$d_2 = 14{,}3$ mm (15 mm)
b) $\sigma_{z1} = 22\,N/mm^2$
$\sigma_{z2} = 53{,}5\,N/mm^2$
c) $\sigma_d = 15{,}3\,N/mm^2$
d) $\nu = 9$

904 a) $I_N = 0{,}07371\,mm^4$
b) $I_y = 0{,}1\,mm^4$
c) $i_N = 0{,}27$ mm
d) $\lambda = 207 > \lambda_0 = 89$
e) $F_k = 48{,}7$ N

905 a) IPE 140 mit
$W_x = 77{,}3 \cdot 10^3\,mm^3$
b) $d = 87$ mm (90 mm)

906 $d = 44$ mm

907 $d = 26$ mm

908 $\nu = 11{,}7$

909 $d = 20{,}7$ mm (21 mm)

910 a) 35 × 10 mm mit
$\nu = 3{,}36$
b) 19 × 19 mm mit
$\nu = 5{,}43$

911 a) 5714 N
b) 17142 N
c) $I_{erf} = 769\,mm^4$

d) $D = 12{,}8$ mm (13 mm)
$d = 10$ mm
e) $i = 4{,}1$ mm
f) $\lambda = 74{,}4 > \lambda_0 = 70$

912 a) 10,3 N/mm²
b) 1,66 N/mm²
c) $\lambda = 167 > \lambda_0 = 89$
d) $\nu = 7{,}2$
e) 5774 N
f) 6,7 N/mm²
g) $41 < \lambda_0 = 105$
h) 39,3

913 a) $d = 48{,}9$ mm (50 mm)
b) $h = 170$ mm
$s = 17$ mm

914 a) 667 mm²
b) Tr 40 × 7 mit
$A_3 = 804$ mm²
c) $\lambda = 100 > \lambda_0 = 89$
d) 4,2
e) $m = 70$ mm
f) $D = 394$ mm

915 a) 8,33 cm²
b) Tr 44 × 7
mit $A_3 = 1018$ mm²
c) $\lambda = 156 > \lambda_0 = 89$
d) 1,74
e) $m = 98{,}2$ mm
f) $l \approx 735$ mm
g) $d_1 = 33{,}5$ mm

916 34,2 kN

920 299,3 kN

921 $\delta = 13$ mm

922 IPE 180 mit
$\sigma_\omega = 124$ N/mm²

923 $F = 102$ kN in beiden Fällen. Der Stab liegt im elastischen Bereich, hochwertigerer Werkstoff unnötig.

924 a) Stab 1: aus Druck und Biegung werden Zug und Biegung,
Stab 2: aus Zug wird Druck,
Stab 3: Druck und Biegung bleiben.
b) $s = 3202$ mm

c) 2 L 60 × 8
mit $\sigma_{\omega\,\text{vorh}} = 115$ N/mm²
für die y-Achse und
$\sigma_{\omega\,\text{vorh}} = 73{,}6$ N/mm²
für die x-Achse oder
2 L 65 × 7 mit
$\sigma_{\omega\,\text{vorh}} = 106$ N/mm²
für die y-Achse und
$\sigma_{\omega\,\text{vorh}} = 72$ N/mm²
für die x-Achse

925 U 80 DIN 1026 mit
$\sigma_{\omega\,\text{vorh}} = 119$ N/mm²

926 a) 335,3 kN
b) 2 ☐ 150 × 8
c) je 540 kN

927 a) 6,53 N/mm²
b) 17,9 N/mm²
c) 156,8 N/mm²
d) 174,7 N/mm²

928 a) $F_N = 6428$ N
$F_q = 7660$ N
$M_b = 4842$ Nm
b) 3,48 N/mm²
c) 2,92 N/mm²
d) 91,4 N/mm²
e) 94,3 N/mm²
f) 953,4 mm

929 $b = 220$ mm

930 a) $F_s = 26{,}5$ kN
b) $F_B = 31{,}4$ kN
c) 50
d) 216 × 12
e) 99,1 N/mm²

931 ① : $F_{max} = 1456$ N
② : $F_{max} = 1499$ N

932 a) U 100
b) 133, 224, 498, 365 N/mm²
c) 106, 160, 391, 285 N/mm²
d) in beiden Füllen überschritten!

933 a) 128 kN
b) 537,5 kN
c) 320 %

934 a) $F_2 = 3640$ N
b) 54 × 13,5 mm
c) wie unter b)
d) 121 N/mm²

935 a) Normalkraft $F_N = F$,
Biegemoment
$M_b = F\,l$
b) 69 250 N
c) 52,5 N/mm²
d) 87,5 N/mm²
e) $\sigma_{\text{res Druck}}$
$= 35$ N/mm²
$\sigma_{\text{res Zug}}$
$= 140$ N/mm²
f) 35,96 mm

936 a) $F_{max} = 10{,}35$ kN
b) $F_{max} = 10{,}01$ kN

937 ohne Berücksichtigung der Formänderung wird im Schnitt A–B:
$\sigma_z = 2{,}25$ N/mm²
C–D:
$\sigma_z = 2{,}25$ N/mm²
$\sigma_b = 54$ N/mm²
$\sigma_{max} = 56{,}25$ N/mm²
E–F: wie C–D
G–H:
$\tau_a = 2{,}25$ N/mm²
$\sigma_b = 47{,}25$ N/mm²

938 a) $F_{max} = 1592$ N
b) $M = 1{,}469$ Nm
c) $F_h = 24{,}5$ N
d) $m = 34{,}6$ mm (35 m
e) 11

939 a) 10 × 50 mm
b) 2 N/mm²
c) 300 Nm
d) $d = 42{,}4$ mm (44 mm
e) 14,3 N/mm²
f) 26 N/mm²

940 a) 120 Nm
b) 236 Nm
c) 247 Nm
d) 34,6 mm (35 mm)

941 a) 442 Nm
b) 540 Nm
c) 3,2 N/mm²
d) 1,98 N/mm²
e) 4 N/mm²

942 a) 60 Nm
b) 22,5 Nm
c) 43 Nm
d) 17,5 mm (18 mm)

943 a) 960 Nm
b) 800 Nm
c) 1076 Nm
d) 51 mm (52 mm)

944 a) 13,2 Nm
b) 12,2 mm (13 mm)
c) l = 30,8 mm (32 mm)
d) 14,4 N/mm²

945 a) F_A = 400 N
F_B = 19 600 N
b) d_2 = 55,6 mm (56 mm)
d_a = 10 mm
d_b = 56,6 mm (58 mm)
c) p_A = 1 N/mm²
p_B = 8,4 N/mm²

946 a) 298 N/mm²
b) 2
c) 99,5 N/mm²
d) 344 N/mm²
e) 1,7
f) 314 N/mm²
g) 205 N/mm²
h) 400 N/mm²

947 a) F_A = 5840 N
F_B = 4160 N
b) 416 Nm
c) 433 Nm
d) 42 mm

948 a) h = 32 mm
b = 8 mm
b) 84,5 N/mm²
c) 30,2 N/mm²
d) 92,1 N/mm²

949 a) M_I = 39,8 Nm
b) d_1 = 114 mm
c) z_2 = 61
d) F_{t1} = 698 N
e) F_{r1} = 254 N
f) F_A = 495 N
F_B = 248 N
g) $M_{b\,max\,I}$ = 49,5 Nm
h) M_{vI} = 55 Nm
i) d_I = 22,4 mm (23 mm)
k) M_{II} = 128 Nm
l) d_2 = 366 mm
d_3 = 200 mm
m) z_4 = 70,
d_4 = 560 mm
n) F_{t3} = 1280 N
F_{r3} = 466 N
o) F_C = 892,1 N
F_D = 1109 N
p) $M_{b\,max\,II}$ = 111 Nm
q) M_{vII} = 135 Nm
r) d_{II} = 30,2 mm (30 mm)

950 a) $d \approx$ 8 mm
b) 91 N/mm²
c) b = 52 mm

951 a) d = 23 mm
b) D = 63 mm
c) $h \approx$ 10 mm

952 M 20 mit
A_s = 245 mm²
($> A_{s\,erf}$ = 194 N/mm²)

953 a) 3183 N
b) d = 8,25 mm

954 a) 81 N/mm²
b) 49 N/mm²
c) 10 N/mm²
d) 1470 N und 2940 N
e) 294 Nm
f) 89 N/mm²
g) 14,6 N/mm²
h) $\approx$ 80
i) 7,5 mm

955 a) 21,2 kN
b) 21,2 kN
c) 7,5 N/mm²
d) 78,5 N/mm²
e) 7,5 N/mm²
f) 62 mm
g) $\approx$ 1,9 mm

956 a) 121 kN
b) 103,5 kN
c) 1540 Nm
d) 2200 Nm
e) 36,2 kN

957 a) 5774 N
b) 2309 N
c) 3945 N
d) 17 mm bei ν = 11,4
e) 377 Nm
f) 42 × 14 mm

958 F = 134 kN

959 $s \approx$ 21 mm

960 a) Der Querschnitt A–B wird belastet durch: eine senkrecht zum Schnitt wirkende Normalkraft $F_N = F \cdot \cos\beta$, sie erzeugt Druckspannung σ_d; eine im Schnitt wirkende Querkraft $F_q = F \cdot \sin\beta$, sie erzeugt Abscherspannungen τ_a; ein senkrecht zur Schnittfläche stehendes Biegemoment $M_b = F \cdot \sin\beta \cdot l$, es erzeugt Biegespannungen σ_b.

b) $\sigma_{res} = \sigma_d + \sigma_b = \frac{F}{b}\left(\frac{\cos\beta}{e} + \frac{\sin\beta \cdot 6 \cdot l}{e^2}\right)$

961 a) 50 Nm = $50 \cdot 10^3$ Nmm
b) $F_1 \approx$ 19,5 kN
c) F = 15,7 kN
d) $\approx$ 70 N/mm²
e) $\approx$ 10,5 N/mm²
f) $\approx$ 58 N/mm²
g) 29,7 kN und 10,7 kN
h) 2 Schrauben M 16 (bzw. M 18)
i) 27,5 kN je Schraube
k) $\approx$ 34,5 N/mm²
l) $\sigma_{schw\,b} \approx$ 84,5 N/mm²
$\tau_{schw\,s} \approx$ 22 N/mm²

6 Hydraulik

1001 79,79 mm

1002 79,52 N

1003 26,51 kN

1004 $F_1 = 188,5$ N
$F_2 = 3016$ N

1005 a) $\sigma_1 = 74,01 \frac{\text{N}}{\text{mm}^2}$
b) $\sigma_2 = 150 \frac{\text{N}}{\text{mm}^2}$
c) im Längsschnitt *C–D*
d) 160 bar

1006 6,154 mm

1007 a) 150,1 bar
b) 96,63 *l*/min

1008 21,85 mm und 178,4 mm

1009 84,38 bar

1010 141,4 mm

1011 a) 22,99 bar
b) 21,52 bar

1012 a) 53,41 bar
b) 0,8102
c) 317,6 kN
d) 0,1531 mm
e) 60 J
f) 48,61 J
g) 183

1013 2943 Pa = 0,02943 bar

1014 606,3 bar

1015 54200 Pa = 0,542 bar

1016 750,1 mm

1017 422,5 MN

1018 2021 N

1019 473,4 N

1020 221,9 N

1021 a) 24,03 kN
b) 1,167 m
c) $28,04 \cdot 10^3$ Nm

1022 a) 909,1 kg/m³
b) 14,52 mm

1023 323,8 N

1024 29,43 kN

1025 a) 9 m/s
b) – 0,225 bar (Unterdruck)

1026 49,86 mm

1027 a) 7,339 m
b) 22,34 m
c) 1,472 bar

1028 a) 4,202 m/s
b) 73 m³

1029 2 h 51 min 46 s

1030 12,56 mm

1031 0,9717

1032 a) 10,63 m/s
b) 123,7 m³/h
c) 101 m³/h

1033 34,64 m/s

1034 a) 6,583 m/s
b) 33,77 *l*/s
c) 13 min 25,5 s
d) 49 min 45 s

1035 a) 72,64 m/s
b) 1,284 m³/s
c) 3386 kW

1036 a) 0,6079 m/s
b) 14870 Pa = 0,1487 bar

1037 a) 6,338 m/s
b) 8,435 bar

1038 a) 36 mm
b) 1,965 m/s
c) 4,022 bar
d) 0,0193 bar
e) 6,003 bar
f) 1,201 kW

Umrechnungsbeziehungen für die gesetzlichen Einheiten

Größe	Gesetzliche Einheit: Name und Einheitenzeichen	Gesetzliche Einheit: ausgedrückt als Potenzprodukt der Basiseinheiten	Früher gebräuchliche Einheit (nicht mehr zulässig) und Umrechnungsbeziehung
Kraft F	Newton N	$1\,\mathrm{N} = 1\,\mathrm{m\,kg\,s^{-2}}$	Kilopond kp $1\,\mathrm{kp} = 9{,}806\,65\,\mathrm{N} \approx 10\,\mathrm{N}$ $1\,\mathrm{kp} \approx 1\,\mathrm{daN}$
Druck p	$\frac{\text{Newton}}{\text{Quadratmeter}}$ $\frac{\mathrm{N}}{\mathrm{m^2}}$ $1\,\frac{\mathrm{N}}{\mathrm{m^2}} = 1$ Pascal Pa $1\,\mathrm{bar} = 10^5\,\mathrm{Pa}$	$1\,\frac{\mathrm{N}}{\mathrm{m^2}} = 1\,\mathrm{m^{-1}\,kg\,s^{-2}}$	Meter Wassersäule mWS $1\,\mathrm{mWS} = 9{,}806\,65 \cdot 10^3\,\mathrm{Pa}$ $1\,\mathrm{mWS} \approx 0{,}1\,\mathrm{bar}$ Millimeter Wassersäule mmWS $1\,\mathrm{mm\,WS} \approx 9{,}806\,65\,\frac{\mathrm{N}}{\mathrm{m^2}} \approx 10\,\mathrm{Pa}$
Die gebräuchlichsten Vorsätze und deren Kurzzeichen	für das Millionenfache (10^6fache) der Einheit: Mega M für das Tausendfache (10^3fache) der Einheit: Kilo k für das Zehnfache (10fache) der Einheit: Deka da für das Hundertstel (10^{-2}fache) der Einheit: Zenti c für das Tausendstel (10^{-3}fache) der Einheit: Milli m für das Millionstel (10^{-6}fache) der Einheit: Mikro μ		Millimeter Quecksilbersäule mmHg $1\,\mathrm{mmHg} = 133{,}3224\,\mathrm{Pa}$ Torr $1\,\mathrm{Torr} = 133{,}3224\,\mathrm{Pa}$ Technische Atmosphäre at $1\,\mathrm{at} = 1\,\frac{\mathrm{kp}}{\mathrm{cm^2}} = 9{,}806\,65 \cdot 10^4\,\mathrm{Pa}$ $1\,\mathrm{at} \approx 1\,\mathrm{bar}$ Physikal. Atmosphäre atm $1\,\mathrm{atm} = 1{,}01325 \cdot 10^5\,\mathrm{Pa} \approx 1{,}01\,\mathrm{bar}$
Mechanische Spannung σ, τ, ebenso Festigkeit, Flächenpressung, Lochleibungsdruck	$\frac{\text{Newton}}{\text{Quadratmillimeter}}$ $\frac{\mathrm{N}}{\mathrm{mm^2}}$ $1\,\frac{\mathrm{N}}{\mathrm{mm^2}} = 10^6\,\frac{\mathrm{N}}{\mathrm{m^2}} = 10^6\,\mathrm{Pa}$ $= 1\,\mathrm{MPa} = 10\,\mathrm{bar}$	$1\,\frac{\mathrm{N}}{\mathrm{mm^2}} = 10^6\,\mathrm{m^{-1}\,kg\,s^{-2}}$	$\frac{\mathrm{kp}}{\mathrm{mm^2}}$ und $\frac{\mathrm{kp}}{\mathrm{cm^2}}$ $1\,\frac{\mathrm{kp}}{\mathrm{mm^2}} = 9{,}806\,65\,\frac{\mathrm{N}}{\mathrm{mm^2}} \approx 10\,\frac{\mathrm{N}}{\mathrm{mm^2}}$ $1\,\frac{\mathrm{kp}}{\mathrm{cm^2}} = 0{,}0980665\,\frac{\mathrm{N}}{\mathrm{mm^2}} \approx 0{,}1\,\frac{\mathrm{N}}{\mathrm{mm^2}}$
Drehmoment M	Newtonmeter Nm	$1\,\mathrm{Nm} = 1\,\mathrm{m^2\,kg\,s^{-2}}$	Kilopondmeter kpm $1\,\mathrm{kpm} = 9{,}806\,65\,\mathrm{Nm} \approx 10\,\mathrm{Nm}$ Kilopondzentimeter kpcm $1\,\mathrm{kpcm} = 0{,}0980665\,\mathrm{Nm} \approx 0{,}1\,\mathrm{Nm}$
Arbeit W, Energie W	Joule J $1\,\mathrm{J} = 1\,\mathrm{Nm} = 1\,\mathrm{Ws}$	$1\,\mathrm{J} = 1\,\mathrm{Nm} = 1\,\mathrm{m^2\,kg\,s^{-2}}$	Kilopondmeter kpm $1\,\mathrm{kpm} = 9{,}806\,65\,\mathrm{J} \approx 10\,\mathrm{J}$
Leistung P	Watt W $1\,\mathrm{W} = 1\,\frac{\mathrm{J}}{\mathrm{s}} = 1\,\frac{\mathrm{Nm}}{\mathrm{s}}$	$1\,\mathrm{W} = 1\,\mathrm{m^2\,kg\,s^{-3}}$	$\frac{\text{Kilopondmeter}}{\text{Sekunde}}$ $\frac{\mathrm{kpm}}{\mathrm{s}}$ $1\,\frac{\mathrm{kpm}}{\mathrm{s}} = 9{,}806\,65\,\mathrm{W} \approx 10\,\mathrm{W}$ Pferdestärke PS $1\,\mathrm{PS} = 75\,\frac{\mathrm{kpm}}{\mathrm{s}} = 735{,}498\,75\,\mathrm{W}$

Größe	Gesetzliche Einheit: Name und Einheitenzeichen	Gesetzliche Einheit: ausgedrückt als Potenzprodukt der Basiseinheiten	Früher gebräuchliche Einheit (nicht mehr zulässig) und Umrechnungsbeziehung
Impuls $F\Delta t$	Newtonsekunde Ns $1\ \text{Ns} = 1\ \frac{\text{kgm}}{\text{s}}$	$1\ \text{Ns} = 1\ \text{m kg s}^{-1}$	Kilopondsekunde kps $1\ \text{kps} = 9{,}80665\ \text{Ns} \approx 10\ \text{Ns}$
Drehimpuls $M\Delta t$	Newtonmetersekunde Nms $1\ \text{Nms} = 1\ \frac{\text{kgm}^2}{\text{s}}$	$1\ \text{Nms} = 1\ \text{m}^2\ \text{kg s}^{-1}$	Kilopondmetersekunde kpms $1\ \text{kpms} = 9{,}80665\ \text{Nms} \approx 10\ \text{Nms}$
Trägheitsmoment J	Kilogrammmeterquadrat kgm^2	$1\ \text{m}^2\ \text{kg}$	Kilopondmetersekundequadrat kpms^2 $1\ \text{kpms}^2 = 9{,}80665\ \text{kgm}^2 \approx 10\ \text{kgm}^2$
Wärme, Wärmemenge Q	Joule J 1 J = 1 Nm = 1 Ws	$1\ \text{J} = 1\ \text{Nm} = 1\ \text{m}^2\ \text{kg s}^{-2}$	Kalorie cal 1 cal = 4,1868 J Kilokalorie kcal 1 kcal = 4186,8 J
Temperatur ϑ	Kelvin K und Grad Celsius °C	Basiseinheit Kelvin K	Grad Kelvin °K 1 °K = 1 K
Temperaturintervall $\Delta\vartheta$	Kelvin K und Grad Celsius °C	Basiseinheit Kelvin K	Grad grd 1 grd = 1 K = 1 °C
Längenausdehnungskoeffizient α	Eins durch Kelvin $\frac{1}{\text{K}}$	$\frac{1}{\text{K}} = \text{K}^{-1}$	$\frac{1}{\text{grd}}$, $\frac{1}{°\text{C}}$ $\frac{1}{\text{grd}} = \frac{1}{°\text{C}} = \frac{1}{\text{K}}$

Die Basiseinheiten und Basisgrößen des Internationalen Einheitensystems

Meter m	für Basisgröße Länge	Kelvin K	für Basisgröße Temperatur
Kilogramm kg	für Basisgröße Masse	Candela cd	für Basisgröße Lichtstärke
Sekunde s	für Basisgröße Zeit	Mol mol	für Basisgröße Stoffmenge
Ampere A	für Basisgröße Stromstärke		